# 中国风景园林学会
# 女风景园林师分会

# 2022年会论文集

中国风景园林学会女风景园林师分会
《中国园林》杂志社有限公司

金荷仙　王磐岩　主编

和谐美丽的风景园林

萬物共生

中国建筑工业出版社

**图书在版编目（CIP）数据**

中国风景园林学会女风景园林师分会 2022 年会论文集/
金荷仙，王磐岩主编. —北京：中国建筑工业出版社，
2023.8

ISBN 978-7-112-28977-6

Ⅰ. ①中… Ⅱ. ①金… ②王… Ⅲ. ①园林设计—中
国—文集 Ⅳ. ①TU986.2-53

中国国家版本馆 CIP 数据核字（2023）第 145745 号

责任编辑：杜　洁　兰丽婷
责任校对：张　颖

**中国风景园林学会女风景园林师分会 2022 年会论文集**

中国风景园林学会女风景园林师分会
《中国园林》杂志社有限公司　　　　　　主编
金荷仙　王磐岩
\*
中国建筑工业出版社出版、发行（北京海淀三里河路 9 号）
各地新华书店、建筑书店经销
北京红光制版公司制版
北京中科印刷有限公司印刷
\*
开本：880 毫米×1230 毫米　1/16　印张：18　字数：629 千字
2023 年 9 月第一版　　2023 年 9 月第一次印刷
定价：**80.00** 元
ISBN 978-7-112-28977-6
　　　　（41717）

# 编委会

# 目　录

# 风景园林理论

# 基于社会生态模型的绿色空间对体力活动的影响机制研究进展及启示①②

Research Progress and Lessons of Influence Mechanism of Green Space on Physical Activity Based on Social Ecology Model

黄　倩　金荷仙*

摘　要：体力活动缺乏问题日益突出，提高体力活动对于促进公众健康水平具有重要意义。绿色空间已被证实与体力活动水平相关，但由于体力活动影响因素的复杂性，绿色空间与体力活动之间的影响机制尚未有定论。社会生态模型重视环境因素的作用，探讨影响体力活动的多维因素，为系统分析体力活动与绿色空间的关系提供综合框架。通过分析社会生态模型在体力活动领域的发展理念及其与环境的相关性发现，绿色空间干预受到人群和社会经济特征的影响，影响体力活动的绿色空间要素主要包括外部空间特征与内部场所特征。总结社会生态模型指导下绿色空间与体力活动相关性研究的不足与挑战，提出未来理论研究和实践的 3 个方向，包括多学科交叉协作、模型框架优化和绿色空间高质量发展，以期进一步厘清绿色空间与体力活动的影响机制。

关键词：风景园林；绿色空间；体力活动；影响机制；社会生态模型

Abstract：Physical inactivity is becoming more serious, and improving physical activity is of great significance for health promotion. Green space has been proved to be correlated with physical activity level, but the mechanism of influence between green space and physical activity has not yet reached a conclusion due to the complexity of factors affecting physical activity. Social ecology model provides a comprehensive framework for the systematic analysis of the relationship between physical activity and green space, as it attaches importance to the role of environmental factors and synthesizes the multi-dimensional factors affecting physical activity. This research analyzes the development concept of social ecological model in the field of physical activity and its correlation with the environment, finds differences of green space intervention in population and socio-economic characteristics, and concludes that green space factors affecting physical activity include external space and internal site characteristics. This paper summarizes the shortcomings and challenges of the research on the correlation between green space and physical activity based on the social ecology model, and looks forward to the future theoretical research and practice from the three aspects of interdisciplinary collaboration, model framework optimization, and high-quality quantitative development of green space, in order to further clarify the influence mechanism of green space and physical activity.

Keyword：Landscape Architecture; Green Space; Physical Activity; Influence Mechanism; Social Ecology Model

① 基金项目：国家自然科学基金面上项目"芳香植物配置对人体亚健康干预效应研究"（编号 51978626）和"视嗅感知协同作用下的城市绿地植物配置研究"（编号 52278084）共同资助。

② 本文已发表于《中国园林》，2023，39（3）：93-98。

公共健康研究一直是业界的热点话题，其中体力活动与公众健康水平息息相关。大量研究表明，参与体力活动对于各年龄段人群都具有积极作用，包括降低慢性疾病的患病风险[1]、缓解精神压力[2]、增加人口预期寿命[3]，以及改善生活质量和福祉等，参与体力活动已经成为健康促进的主要途径[4]。然而，近年来随着社会发展与生活方式的改变，世界范围内居民体力活动水平呈整体下降趋势[5]，中国居民体力活动缺乏情况也普遍存在。《中国居民营养与慢性病状况报告（2020）》[6]显示，中国各年龄段人群的体力活动和体质水平总体不佳。目前，缺乏体力活动已经成为威胁人类健康的第四大风险要素[7]，世界卫生组织提出将"到2025年全球体力活动不足率降低10%"作为改善预防和治疗非传染性疾病的9项全球目标之一[8]，提高公众体力活动水平已经成为亟待解决的问题。

识别影响公众参与体力活动的因素及其内在作用机制对于体力活动的理论研究与实践具有重要意义。早期研究，例如健康信念模型、归因理论和社会认知理论等，主张从心理学视角探索影响参与体力活动的个人因素[9-10]。有学者提出了个人主导干预的局限性，并指出环境和政策也是影响参与体力活动的重要因素[11-13]。建成环境作为承载公众进行体力活动的重要场所，为体力活动的开展提供了必要的支撑条件[14]，其中，相比于其他建成环境，绿色空间对于人群具有更大的吸引力和更高的健康促进作用[15]。目前，国内外众多学者[16-19]基于绿色空间—体力活动的关系展开探讨，归纳影响体力活动的绿色空间因素和影响结果。然而，由于学者研究视角与方法的差异，以及针对绿色空间与体力活动的相关研究多从环境单一层次进行分析，导致现阶段体力活动研究中存在绿色空间影响因素结论矛盾及归纳不全面、绿色空间与体力活动的作用机制尚不明确等问题[18,20]。因此，需要深入探讨绿色空间与体力活动之间的复杂关系。

体力活动是一个涉及多方面因素的综合性行为，仅从个人或环境因素等单一视角进行探讨过于绝对，个人或环境因素与体力活动之间并非简单的因果关系[14]。因此，体力活动的影响研究是多层次、多学科的交叉。社会生态模型是融合个人、社会等多维因素的系统框架，在健康行为研究领域已有广泛应用[9,21,22]，它主张除个人因素外，客观环境也是健康行为干预中的重要因素，该模型的提出为综合理解体力活动影响因素提供了系统框架[23-25]。为进一步科学评价绿色空间对体力活动的影响，进而指导绿色空间的改造与提升，本文通过系统回顾国内外相关文献，综合分析社会生态模型在体力活动领域的发展历程及其主要理论观点，探讨社会生态模型下绿色空间对体力活动的影响机制，并对未来体力活动与绿色空间的研究及实践提供方向。

# 1　数据来源与数据分析

本研究基于 Web of Science 核心合集数据库和中国知网数据库，以"绿色空间""体力活动""社会生态模型"相关关键词作为主题词进行搜索。其中，"绿色空间"相关关键词包括 greenspace、park、green land、green environment，以及绿色空间、绿地、公园、环境；"体力活动"相关关键词包括 physical activity、walk、jog、run、cycle、sports、exercise，以及体力活动、运动、锻炼、慢跑、步行、骑行；"社会生态模型"相关关键词包括 social ecological、social ecology，以及社会生态、生态模型、社会生态学。

审查检索文献的标题与摘要内容，按照如下标准排除无关冗余文献：①遵照《城市绿地规划标准》GB/T 51346—2019 及相关学者[26-27]的定义，绿色空间泛指城市中具有公共性质、可以承载体力活动、有植被覆盖的土地，包括向所有公众开放的城市公园，以及向部分公众开放的校园绿地、工作场所附属绿地等；②体力活动包括交通型体力活动与休闲型体力活动两类，前者指步行、骑行等交通性行为，后者指锻炼、运动等闲暇时间进行的行为；③将社会生态模型作为分析框架。最终得到237篇相关文献，作为研究文献数据库。

利用 VOSviewer 科学知识图谱分析软件，对相关文献进行关键词叠加可视化分析。根据主题与聚类分析可知，国外研究的开展时间早于国内，研究水平也较国内更高：国外已开展面向儿童、青少年、成年、老年各年龄层的针对性研究，探讨体力活动与环境的影响关系，并落实到了政策与实践层面；而国内研究以学生、成年人为主，仍处于起步阶段（图1、图2），需要进一步面向全年龄段与社会群体展开研究。

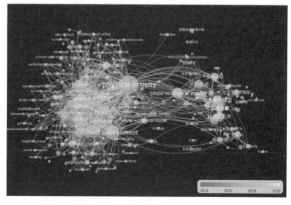

图1　基于社会生态模型的体力活动研究相关主题

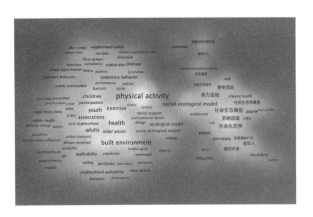

图 2 基于社会生态模型的体力活动研究聚类

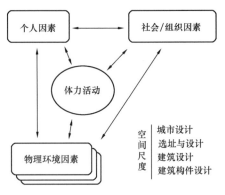

图 3 影响体力活动的社会生态模型
（图片来源：笔者改绘自参考文献［23］）

## 2 社会生态模型与体力活动

### 2.1 体力活动领域社会生态模型的发展历程

近 40 年来，社会生态模型被广泛应用于控烟、儿童发育成长[21]、健康促进与疾病预防[9]等领域，作为研究和实践的组织框架与范式。随着对体力活动研究的重视，基于体力活动的社会生态模型得到了快速发展。根据体力活动影响因素的维度，社会生态模型经历了 3 个发展阶段。早期研究中，体力活动并未形成针对性的社会生态模型，而是建立在健康促进行为的社会生态模型基础之上，以麦克罗伊（McLeroy）[9]和斯托科尔斯（Stokols）[28,29]为代表，总结健康促进相关行为的影响因素。例如，麦克罗伊提出了五层次影响因素，包括个人、人际、组织、社区和政策因素；斯托科尔斯进一步强调了实体环境因素是健康促进行为社会生态模型的重要组成。第二阶段开始形成针对体力活动的社会生态模型，并进一步深入探讨不同行为目的与地域背景的差异。例如，齐姆林（Zimring）[23]构建了建筑场地内影响人们体力活动的社会生态模型（图 3），并将体力活动影响因素划分为个人因素、社会/组织因素和物理环境因素。第三阶段，国际研究进一步完善，国内研究开始起步[10,30]。此阶段，开始形成基于不同行为主体的社会生态模型，并加强了与其他理论的融合，探讨影响因素之间的交互关系，以进一步阐明体力活动的影响因素并促进实践干预。目前已有大量针对学龄儿童[31]、成年人[32]、老年人[33]等不同年龄人群的社会生态模型，其中也涉及针对妇女群体[34]的探讨；融合了马斯洛需求理论[35]、自我决定理论[36]、互补理论与风险补偿理论[37]等，以讨论模型内部影响因素之间的交互作用。

### 2.2 体力活动领域社会生态模型的主要理论观点

综合社会生态模型的发展背景及实践，其理论观点主要包括以下几点。①体力活动的影响因素是多维度的干预。所有社会生态模型强调除个人因素之外环境因素的影响，倡导多维因素对体力活动发挥的作用[29,38]，影响因素包括个人、物理环境、社会环境与政策等方面[11,23,39]。②强调实体环境的干预作用，并丰富其类型与内涵。初期的社会生态模型并未对环境要素进行明确界定，随后众多学者根据不同体力活动类型、受众群体与发生环境，从空间层级与空间特性等角度丰富环境的维度，从而提高模型的异质性（表 1）。③体力活动影响要素之间存在交互作用。体力活动影响要素之间的交互关系主要体现在社会支持、环境因素与自我效能等个人因素的相互调节（图 4）。依托空间—行为互动理论与需求理论，环境空间设置会影响使用者认知与偏好，即个人动机，从而进一步影响体力活动行为。例如基于步行的需求模型[35]，空间环境可行性、安全性，以及舒适与愉悦的感知程度会影响个人的出行意愿，进而促进或阻碍步行行为。

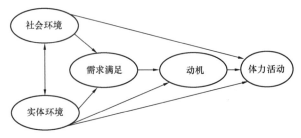

图 4 自我决定理论融合社会生态理论的模型框架
（图片来源：笔者改绘自参考文献［36］）

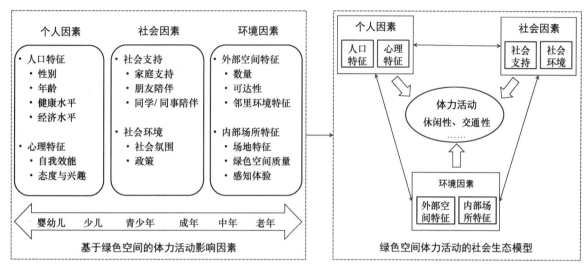

图 5　基于社会生态模型的绿色空间对体力活动的影响机制（图片来源：笔者改绘自参考文献 [23]）

体力活动社会生态模型中的环境类型与指标　　表 1

| 作者 | 分类依据 | 具体类别与评价指标 |
| --- | --- | --- |
| Sallis 等[24]、Wendel-Vos 等[32] | 空间类型 | 物理环境、社会文化环境、经济环境、政治环境 |
| Zimring 等[23]、Kasteren 等[40] | 空间尺度 | 城市、周边环境、自然环境、建筑环境、室内空间、空间元素 |
| Pikora 等[41]、Sallis 等[24] | 空间特性 | 功能性、可达性、便捷性、舒适性、安全性、审美性、目的性 |

综合社会生态模型的发展及其在体力活动研究领域的理论内涵，并结合建成环境的特点，总结体力活动与环境相关性研究及实践需要重视的内容与原则：①研究需要考虑多维的影响因素，重视环境与其他因素之间的交互关系，以及协同作用下对体力活动的影响；②模型需要具备针对性与特定性，确保研究对象行为特征与环境因素的对应关系，明确环境影响因素，提高模型的预测能力；③实践需要考虑多层面、多学科、多领域的投入，任何基于单一维度的措施并不能对体力活动产生持续影响。

# 3　基于社会生态模型的绿色空间对体力活动的影响机制

结合社会生态模型的核心理念与原则及绿色空间与体力活动的特点，绘制基于社会生态模型的绿色空间对体力活动的影响机制图（图 5）。重点分析绿色空间要素对体力活动影响过程中个人及社会因素的调节作用。此外，根据相关文献结果，对影响体力活动的绿色空间要素进行归纳，进一步分析绿色空间对体力活动结果的影响。

## 3.1　个人、社会因素对于绿色空间体力活动的影响

对检索得到的研究文献进行综合分析，发现绿色空间对体力活动的影响受到人群特征、社会经济特征等因素的调节，主要体现在针对不同人群特征及不同社会经济特征的绿色空间建设存在类型、规模等的差异。

### 3.1.1　人群特征的影响

体力活动促进面向所有群体。已有大量研究[31-33,42]基于社会生态模型分析不同年龄群体参与体力活动的影响因素，发现绿色空间对不同年龄段人群的体力活动水平有不同的影响，体现在影响要素及影响结果的差异。

澳大利亚的 Project PARK 研究是一项针对儿童、青少年、老年群体的定性步行研究，调查了公园特征对 3 个年龄段群体参与体力活动的影响。结果显示，配备攀爬架和秋千等多种游憩设施的公园更能吸引儿童，并鼓励儿童参与以公园为基础的体力活动[43]；对于青少年而言，运动场地、大型开放草地空间及运动设施是鼓励体力活动最重要的 3 个因素[44]；尽管老年群体具有更多的自由时间，但是到访公园的频率很低，老年人在公园进行的体力活动主要为散步，因此更注重步行道的设计，偏爱宁静的环境，重视环境的安全性[45]。不同年龄段群体对绿色空间需求的差异体现了不同年龄段群体的健康追求及对环境和体力活动类型的偏好差异，老年群体可能由于健康需求进行体力活动，而儿童和青少年几乎不可能为了远期健康而进行规律性锻炼。

### 3.1.2 经济社会属性特征的影响

世界范围内开展的大量绿色空间对体力活动影响的实证研究表明，由于国家或区域之间的社会因素差异，导致绿色空间对体力活动影响结果不一致。而萨利斯（Sallis）实施的一项国际横断面研究[46]针对 10 个国家的 14 个城市开展城市环境与体力活动的相关性调查，确定了造成成年人体力活动差异的城市环境属性。其中，公园密度与中高强度体力活动时间具有一致的相关性，公园密度的不同引起了体力活动水平的差异。

即使在同一个国家，不同城市之间也存在差异。《基于咕咚 App 的中国城市体力活动报告（2018）》显示，体力活动水平较高的城市主要集中在北京、上海、广州、深圳、杭州、成都等经济高速发展的地区，经济水平的快速发展带动了体力活动支持型绿色空间的兴建。

类似的环境差异还体现在乡村和城市之间，利用 CGSS 2010 调查数据展开的城乡居民规律性体力活动与支持性环境的相关研究[47]发现，空气污染和社区的体育锻炼适宜性是影响城市居民规律性体力活动参与的环境要素，而影响乡村居民规律性体力活动参与的主要环境要素是水污染、噪声污染和社区的体育锻炼环境的适宜性与设施的丰富性。针对同一个地区的研究指出，绿色空间周边用地性质的差异也会影响绿色空间要素对体力活动强度的干预[48]。

## 3.2 影响体力活动的绿色空间要素

通过对现有研究的梳理，将绿色空间的主要影响要素归纳为绿色空间内部场所特征和绿色空间外部空间特征，具体影响要素如图 6 所示。其中，绿色空间外部空间特征指绿色空间的空间位置、可使用性，以及到达绿色空间的便捷性，主要包括绿色空间的数量、可达性及邻里环境特征；绿色空间内部场所特征包括场地特征、绿色空间质量，以及公众的空间感知体验（安全性、景观偏好）。

### 3.2.1 绿色空间外部空间特征

绿色空间的数量及可达性衡量了使用者使用绿色空间及其附属设施的机会，侧面反映了使用者参与体力活动的可能性。不同类型的绿色空间可达性和邻近性与体力活动水平基本存在距离衰减关系，步行到达绿色空间的可能性随着距离的增加而减少[49-51]。有研究表明，周边绿色空间的数量与体力活动水平呈正相关[46,52]，周边更多的绿色空间分布提高了公众参与体力活动的意愿。

邻里环境特征包括绿色空间周边居住区、交通系统，

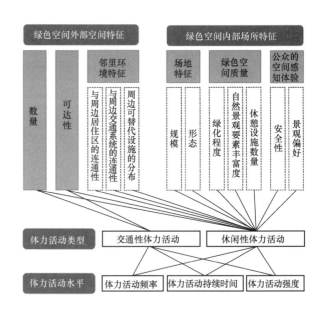

图 6　绿色空间对体力活动的影响因素及结果

以及可替代设施的分布与连通性。绿色空间与周边空间的连通性体现了使用空间的便捷程度，并影响使用者的选择。根据阿方佐（Alfonzo)[35]的城市步行需求模型，更少的交通障碍可以提高人的步行意愿。

### 3.2.2 绿色空间内部场所特征

绿色空间的场地特征，例如规模[53,54]、形态[55]等会对公众体力活动水平产生差异性影响。一般而言，绿色空间的规模与体力活动参与的可能性和持续时间呈正比[56,57]，但会受到可达性的调节作用[58]，600m 外步行的吸引力逐渐减弱。绿色空间的规则程度也与步行行为相关，相对来说，带状绿地的体力活动密度最高[55]。

绿色空间质量主要包括绿化程度、水体等自然景观要素的丰富程度及休憩设施数量等。良好的公园环境可以提高个人的体力活动水平[59]，自然景观要素与休憩设施越丰富的绿色空间越具有吸引力；步行道和庭荫树等具有自然、休憩特征的要素是影响公众在公园中进行体力活动的重要原因[60]。萨利斯指出，提高自然景观要素在环境中的比重有利于增加使用者在绿色空间的停留时间[11]，而绿化程度越高的社区绿地也会增加中老年群体散步及进行中高强度体力活动的时间与频率[61]。通过在绿色空间中丰富路径设施、休憩设施[62]，以及布置更多的运动场地和运动设施[63]，可以提高环境对体力活动的干预程度，并且不同类型的设施布置会产生不同的体力活动促进效果[64]，运动设施的设置利于提高运动水平。整体而言，绿色空间自然程度越高，对于使用者的吸引力越大。

公众在绿色空间的体力活动行为除受到客观环境的直接影响外，还受到公众对环境的主观感知影响。公众对绿色空间的感知特征包括绿色空间的安全性与景观偏好。绿色空间的安全性主要体现在环境安全方面，包括是否存在空气污染、噪声污染，以及是否具备灯光照明、道路是否安全等，影响公众参与体力活动的动机与意愿。空气质量水平是影响公众参与体力活动的重要因素，且空气污染程度与体力活动水平呈反比；而灯光照明为夜间运动提供可能，相关研究[65]指出，夜间照明的存在有利于提高青少年在公园内的体力活动持续时间及频率，尤其是女性青少年。个体偏好体现了对环境安全性、景观性、功能性的综合考量，并影响公众对空间的选择。环境偏好也成为衡量公众体力活动意愿的重要因素[66,67]，人们往往偏爱具有树木、草、水等自然要素且安全性更高的空间。有学者发现，公众对于环境的偏好受到年龄、性别、受教育程度等社会属性[68]的影响。

# 4　结语

绿色空间的重要性被逐渐挖掘，如何识别影响体力活动的绿色空间要素，如何将这些影响要素应用于实际，仍需要进一步探索。近年来，国内外学者致力于探索绿色空间与体力活动之间的复杂关系，在社会生态模型及相关理论指导下开展了大量调查与实证研究。社会生态模型为体力活动的相关性研究提供了一个系统框架，并且经过不断丰富和发展，已经展现了其在体力活动促进领域的理论与实践价值。但是由于社会生态模型涉及的要素众多，且针对特定体力活动类型与特定背景条件下的影响要素往往具有差异性，导致研究需要耗费大量的时间和资金，并且需要协调多个部门，难以开展大范围实践。尽管绿色空间与体力活动的相关性研究已经证明了绿色空间对于促进体力活动水平具有巨大潜力，但是随着社会环境与人们生活方式的改变，体力活动仍会受到各种潜在因素的影响，例如年龄差异、社会经济特征等个人和社会因素。近年来，相关政策的制定与颁布推动了绿色空间的建设与公众对体力活动的认知，而政策因素的影响往往没有被纳入研究模型。此外，最近有研究[69]发现，宜人的气味具有提高体力活动持续时间、降低运动疲劳程度的潜力，但是类似嗅觉、听觉等感知层面的环境要素尚未被纳入相关研究中，影响体力活动的绿色空间要素有待进一步细化与完善。

虽然目前无法阐明绿色空间与体力活动之间的影响机制，但是已有研究对于绿色空间的建设及体力活动的干预

仍然具有指导意义。基于绿色空间与体力活动的相关性研究，对未来研究提出以下思考与建议。①多学科交叉融合，加强各学科领域专家之间的交流与合作。体力活动的促进依赖多学科的理论知识以进一步识别影响体力活动的因素，而体力活动促进干预策略的实施需要多部门协作，包括管理者、城市规划师、风景园林师等相关部门成员的共同努力。②建立针对性研究框架，进一步落实干预措施。如上文所述，人群与社会经济特征的差异影响了绿色空间对体力活动的干预，不同特征的群体对绿色空间具有不同的需求与喜爱程度，并进一步影响了体力活动的结果。在未来研究中，应加强对弱势群体及地域差异的关注；在绿色空间的实际建设中，需要考虑不同年龄人群的需求差异及地域差异进行环境设计，配置针对性设施。③着眼绿色空间感知维度，推动高质量绿色空间建设。环境干预已经成为促进体力活动的重要途径，尽管绿色空间对体力活动的影响受到其他因素的干预，但是环境始终是体力活动的载体。在城市发展过程中，需要进一步挖掘绿色空间的潜力，关注绿色空间的感知维度，实现绿色空间的高质量发展。

## 参考文献

[1] LAWRENCE D F, ADHIKARI B, WHITE K R, et. al. Chronic disease and where you live: Built and natural environment relationships with physical activity, obesity, and diabetes [J]. Environment international, 2022, 158: 106959.

[2] YEH H P, STONE J A, CHURCHILL S M, et al. Physical, psychological and emotional benefits of green physical activity: An ecological dynamics perspective [J]. Sports medicine, 2016, 46(7): 947-953.

[3] LEE I M, SHIROMA E J, LOBELO F, et al. Effect of physical inactivity on major non-communicable diseases worldwide: An analysis of burden of disease and life expectancy [J]. The lancet, 2012, 380(9838): 219-229.

[4] SALLIS J F, SPOON C, CAVILL N, et al. Co-benefits of designing communities for active living: An exploration of literature [J]. The international journal of behavioral nutrition and physical activity, 2015, 12: 30.

[5] GUTHOLD R, STEVENS G A, RILEY L M, et al. Worldwide trends in insufficient physical activity from 2001 to 2016: A pooled analysis of 358 population-based surveys with 1.9 million participants [J]. The lancet global health, 2018, 6(10): e1077-e1086.

[6] 中国居民营养与慢性病状况报告(2020年)[J]. 营养学报, 2020, 42(6): 521.

［7］ TISON G H, AVRAM R, KUHAR P, et al. Worldwide effect
of COVID-19 on physical activity: A descriptive study［J］.
Annals of internal medicine, 2020, 173(9): 767-770.

［8］ World Health Organization. WHO guidelines on physical activ-
ity and sedentary behavior: at a glance［EB/OL］.［2022-12-
29］. https: //apps. who. int/iris/handle/10665/337001.

［9］ MCLEROY K R, BIBEAU D, STECKLER A, et al. An eco-
logical perspective on health promotion programs［J］. Health
education quarterly, 1988, 15(4): 351-377.

［10］ 钟涛, 徐伟, 胡亮. 体力活动的社会生态模型研究进展［J］.
体育科研, 2014, 35(2): 28-31.

［11］ SALLIS J F, BAUMAN A, PRATT M. Environmental and
policy interventions to promote physical activity［J］. Ameri-
can journal of preventive medicine, 1998, 15(4): 379-397.

［12］ KING A C, JEFFERY R W, FRIDINGER F, et al. Environ-
mental and policy approaches to cardiovascular disease preven-
tion through physical activity: Issues and opportunities［J］.
Health education quarterly, 1995, 22(4): 499- 511.

［13］ BOOTH S L, SALLIS J F, RITENBAUGH C, et al. Envi-
ronmental and societal factors affect food choice and physical
activity: Rationale, influences, and leverage points［J］. Nu-
trition reviews, 2001, 59(3): S21-S39.

［14］ 鲁斐栋, 谭少华. 建成环境对体力活动的影响研究: 进 展 与
思 考［J］. 国际城市规划, 2015, 30(2): 62-70。

［15］ COON J T, BODDY K, STEIN K, et al. Does participating
in physical activity in outdoor natural environments have a
greater effect on physical and mental wellbeing than physical
activity indoors? A systematic review［J］. Environmental sci-
ence & technology, 2011, 45(5): 1761-1772.

［16］ 王亚茹, 盛明洁. 国外城市绿色空间对体力活动的影响研究
综述［J］. 城市问题, 2019(12): 97-103.

［17］ 王开. 健康导向下城市公园建成环境特征对使用者体力活动
影响的研究进展及启示［J］. 体育科学, 2018, 38(1):
55-62.

［18］ 余洋, 王馨笛, 陆诗亮. 促进健康的城市景观: 绿色空间对
体力活动的影响［J］. 中国园林, 2019, 35(10): 67-71.

［19］ 张冉, 舒平. 基于休闲性体力活动的城市绿色空间研究综述
［J］. 风景园林, 2020, 27(4): 106-113.

［20］ 孙佩锦, 陆伟. 城市绿色空间与居民体力活动和体重指数的
关联性研究——以大连市为例［J］. 南方建筑, 2019(3): 34-
39.

［21］ BRONFENBRENNER U. The ecology of human develop-
ment: Experiments by nature and design［M］. Cambridge,
Mass: Harvard University Press, 1979.

［22］ WINETT R A. Ecobehavioral assessment in health life-
styles: Concepts and methods［M］//KARLOLY P. Meas-
urement strategies in health psychology. New York: John

Wiley and Sons, 1985: 147-181.

［23］ ZIMRING C, MARCH A J, MARCH G L N, et al. Influ-
ences of building design and site design on physical activity
［J］. American journal of preventive medicine, 2005, 28(2):
186-193.

［24］ SALLIS J F, CERVERO R B, ASCHER W, et al. An eco-
logical approach to creating active living communities［J］.
Annual review of public health, 2006, 27(1): 297-322.

［25］ KING K M, GONZALEZ G B. Increasing physical activity u-
sing an ecological model［J］. ACSM'S health & fitness jour-
nal, 2018, 22(4): 29-32.

［26］ SCHIPPERIJN J, STIGSDOTTER U K, RANDRUP T B, et
al. Influences on the use of urban green space - a case study in
Odense, Denmark［J］. Urban forestry & urban greening,
2010, 9(1): 25-32.

［27］ TAYLOR L, HOCHULI D F. Defining greenspace: Multiple
uses across multiple disciplines［J］. Landscape and urban
planning, 2017, 158: 25- 38.

［28］ STOKOLS D. Establishing and maintaining healthy environ-
ments toward a social ecology of health promotion［J］. The
American psychologist, 1992, 47(1): 6-22.

［29］ STOKOLS D. Translating social ecological theory into guide-
lines for community health promotion［J］. American journal
of health promotion, 1996, 10(4): 282-298.

［30］ 王耀武, 孙宇, 戴冬晖. 基于社会生态模型的国外城镇居民
体力活动研究综述［J］. 现代城市研究, 2020(4): 27-35.

［31］ 何玲玲, 王肖柳, 林琳. 中国城市学龄儿童体力活动影响因
素: 基于社会生态学模型的综述［J］. 国际城市规划, 2016,
31(4): 10-15.

［32］ WENDEL-VOS W, DROOMERS M, KREMERS S, et al.
Potential environmental determinants of physical activity in a-
dults: A systematic review［J］. Obesity reviews, 2007, 8
(5): 425-440.

［33］ THORNTON C M, KERR J, CONWAY T L, et al. Physical
activity in older adults: an ecological approach［J］. Annals of
behavioral medicine a publication of the society of Behavioral
Medicine, 2017, 51(2): 159-169.

［34］ 肖全红. 女性体力活动社会生态模型研究进展［J］. 中华健
康管理学杂志, 2022, 16(1): 55-58.

［35］ ALFONZO M A. To walk or not to walk? The hierarchy of
walking needs［J］. Environment and behavior, 2005, 37(6):
808-836.

［36］ ZHANG T, SOLMON M. Integrating self-determination
theory with the social ecological model to understand students'
physical activity behaviors［J］. International review of sport
and exercise psychology, 2013, 6(1): 54-76.

［37］ SCHÖLMERICH V L N, KAWACHI I. Translating the socio-ecological perspective into multilevel interventions: Gapsbetween the oryand practice[J]. Health education & behavior, 2016, 43(1): 17-20.

[38] KING A C, STOKOLS D, TALEN E, et al. Theoretical approaches to the promotion of physical activity: Forging a transdisciplinary paradigm[J]. American journal of preventive medicine, 2002, 23(2): 15-25.

[39] GILES-CORTI B, DONOVAN R J. The relative influence of individual, social and physical environment determinants of physical activity[J]. Social science & medicine, 2002, 54(12): 1793-1812.

[40] KASTEREN Y van, LEWIS L K, MAEDER A. Officeb ased physical activity: Mapping a social ecological model approach against CON-B[J]. BMC public health, 2020, 20(1): 163.

[41] PIKORA T, GILES-CORTI B, BULL F, et al. Developing a framework for assessment of the environmental determinants of walking and cycling[J]. Social science & medicine, 2003, 56(8): 1693-1703.

[42] ELDER J P, LYTLE L, SALLIS J F, et al. A description of the social-ecological framework used in the trial of activity for adolescent girls (TAAG)[J]. Health education research, 2007, 22(2): 155-165.

[43] VEITCH J, BALL K, RIVERA E, et al. Understanding children's preference for park features that encourage physical activity: an adaptive choice based conjoint analysis[J]. The international journal of behavioral nutrition and physical activity, 2021, 18(1): 133.

[44] RIVERA E, TIMPERIO A, LOH V H, et al. Important park features for encouraging park visitation, physical activity and social interaction among adolescents: A conjoint analysis[J]. Health & place, 2021, 70: 102617.

[45] VEITCH J, FLOWERS E, BALL K, et al. Designing parks for older adults: A qualitative study using walkalong interviews[J]. Urban forestry & urban greening, 2020, 54: 126768.

[46] SALLIS J F, CERIN E, CONWAY T L, et al. Physical activity in relation to urban environments in 14 cities worldwide: A cross-sectional study[J]. The lancet, 2016, 387(10034): 2207-2217.

[47] 王依明. 健康支持性环境对城乡居民规律性体力活动的影响——基于社会生态学的视角[J]. 现代城市研究, 2021(10): 111-117.

[48] 董雯, 朱逊, 赵晓龙. 社区绿道建成环境特征与体力活动强度关联性研究——以深圳市为例[J]. 风景园林, 2021, 28(12): 93-99.

[49] FRANK L D, HONG A, NGO V D. Causal evaluation of urban greenway retrofit: A longitudinal study on physical activi-

ty and sedentary behavior[J]. Preventive medicine, 2019, 123: 109-116.

[50] 谢波, 伍蕾, 王兰. 基于自然实验的城市绿道对居民中高强度体力活动的影响研究[J]. 风景园林, 2021, 28(5): 30-35.

[51] MOLINA-GARCÍA J, MENESCARDI C, ESTEVAN I, et al. Associations between park and playground availability and proximity and children's physical activity and body mass index: The BEACH study[J]. International journal of environmental research and public health, 2021, 19(1): 250.

[52] MAAS J, VERHEIJ R A, GROENEWEGEN P P, et al. Green space, urbanity, and health: How strong is the relation?[J]. Journal of epidemiology and community health, 2006, 60(7): 587-592.

[53] GILES-CORTI B, BROOMHALL M H, KNUIMAN M, et al. Increasing walking: How important is distance to, attractiveness, and size of public open space?[J]. American journal of preventive medicine, 2005, 28(2): 169-176.

[54] WANG H, DAI X L, WU J L, et al. Influence of urban green open space on residents' physical activity in China[J]. BMC public health, 2019, 19(1): 1093.

[55] 赵晓龙, 汤奕子, 卞晴, 等. 基于公众参与地理信息系统的城市绿地体力活动与建成环境特征相关性研究——以哈尔滨市为例[J]. 风景园林, 2021, 28(3): 101-106.

[56] SUGIYAMA T, FRANCIS J, MIDDLETON N J, et al. Associations between recreational walking and attractiveness, size, and proximity of neighborhood open spaces[J]. American journal of public health, 2010, 100(9): 1752-1757.

[57] 翟宇佳, 黎东莹, 王德. 社区公园对老年使用者体力活动参与和情绪改善的促进作用——以上海市15座社区公园为例[J]. 中国园林, 2021, 37(5): 74-79.

[58] ZHANG X H, MELBOURNE S, SARKAR C, et al. Effects of green space on walking: Does size, shape and density matter?[J]. Urban studies, 2020, 57(16): 3402-3420.

[59] BEDIMO-RUNG A L, MOWEN A J, COHEN D A. The significance of parks to physical activity and public health: a conceptual model[J]. American journal of preventive medicine, 2005, 28(2): 159-168.

[60] VEITCH J, BALL K, RIVERA E, et al. What entices older adults to parks? Identification of park features that encourage park visitation, physical activity, and social interaction[J]. Landscape and urban planning, 2022, 217: 104254.

[61] ASTELL-BURT T, FENG X, KOLT G S. Green space is associated with walking and moderate-tovigorous physical activity (MVPA) in middleto- older-aged adults: Findings from 203 883 Australians in the 45 and Up Study[J]. British journal of sports medicine, 2014, 48(5): 404-406.

［62］ 谭少华，高银宝，李立峰，等 . 社区步行环境的主动式健康干预——体力活动视角［J］. 城市规划，2020，44(12)：35-46＋56.

［63］ CHEN Y Y, LIU T, XIE X H, et al. What attracts people to visit community open spaces? A case study of the overseas Chinese town community in Shenzhen, China[J]. International journal of environmental research and pubilc health, 2016, 13(6)：644.

［64］ BLANCHARD C M, MCGANNON K R, SPENCE J C, et al. Social ecological correlates of physical activity in normal weight, overweight, and obese individuals[J]. International journal of obesity, 2005, 29(6)：720-726.

［65］ EDWARDS N , HOOPER P , KNUIMAN M , et al. Associations between park features and adolescent park use for physical activity[J]. International journal of behavioral nutrition and physical activity, 2015, 12(1)：21.

［66］ ZHOU H L, WANG J, WILSON K. Impacts of perceived safety and beauty of park environments on time spent in parks：Examining the potential of street view imagery and phone-based GPS data [J]. International journal of applied earth observation and geoinformation, 2022, 115：103078.

［67］ FRANK L D, SAELENS B E, POWELL K E, et al. Stepping towards causation：Do built environments or neighborhood and travel preferences explain physical activity, driving, and obesity? [J]. Social science & medicine, 2007, 65 (9)：1898-1914.

［68］ YEN I H, SCHERZER T, CUBBIN C, et al. Women's perceptions of neighborhood resources and hazards related to diet, physical activity, and smoking：focus group results from economically distinct neighborhoods in a mid-sized U. S. city [J]. American journal of health promotion, 2007, 22(2)：98-106.

［69］ KWON S, AHN J, JEON H. Can aromatherapy make people feel better throughout exercise? [J]. International journal of environmental research and public health, 2020, 17 (12)：4559.

## 作者简介

黄倩，1997 年生，女，浙江农林大学风景园林与建筑学院在读硕士。研究方向为风景园林规划与设计、康复景观。

（通信作者）金荷仙，1964 年生，女，博士，浙江农林大学风景园林与建筑学院，教授，博士生导师。研究方向为风景园林历史理论与遗产保护、康复花园、植物景观规划设计。电子邮箱：lotusjhx@zafu. edu. cn。

# 基于河流动态自然过程的生境修复策略①

## Habitat Restoration Strategy Based on River Dynamic Natural Process

许哲瑶

**摘　要**：全球气候变化和土地利用方式的改变对河流的动态自然过程带来不利影响。而目前人们对河流的修复重治理效果而轻自然过程，特别是风景园林与相关学科的交叉与融合研究较少，缺乏聚焦中、微尺度基于河流动态自然过程的生境恢复方法指导。基于此，从雨洪淹没、潮汐消落的河流动态自然过程规律着眼，提出对应的生境修复策略：①恢复水陆边界的自然属性，重建泛洪区和河岸的联系；②梯度式快速恢复近自然河岸带生境植被；③连通感潮河涌湿地和营建关键生物生境，实现多种共生生物栖息地的再生。该方法有助于恢复河流长期、稳定的自由流动，生境在河流动态潮汐作用下异质性不断提高，从而提高河流湿地的生物多样性，还能为城市中心的居民提供亲近自然的休闲空间，以期在河流生境修复实践方面为风景园林和多学科融合提供新思路。

**关键词**：风景园林；河流廊道；动态过程；生境；修复策略

**Abstract**：Global climate change and land use change adversely affect the dynamic natural processes of rivers. At the same time，the restoration of rivers focuses more on the effect of governance than on the natural process. In particular，there are few studies on the intersection and integration of landscape architecture and related disciplines，and there is a lack of guidance on habitat restoration methods focusing on medium and micro-scale dynamic natural processes of rivers. Based on this，the corresponding habitat restoration strategies are put forward from the perspective of the dynamic natural processes of flood inundation and tide ebbing：1. to restore the natural attributes of water and land boundaries and reconstruct the relationship between flood plain and river bank；2. gradient rapid restoration of near-natural riparian habitat vegetation；and 3. connecting tidal creek wetlands and constructing key biological habitats to realize the regeneration of various symbiotic habitats. The method is helpful to restore the long-term and stable free flow of rivers，and the heterogeneity of habitats is increasing under the action of dynamic tides of rivers，thus improving the biodiversity of river wetlands. It can also provide a close-to-nature leisure space for residents in urban centers，so as to provide new ideas for landscape architecture and multidisciplinary integration in river habitat restoration practices.

**Keyword**：Landscape Architecture；River Corridor；Dynamic Process；Habitat；Repair Strategy

　　全球气候变化和土地利用方式的改变对河流的动态自然过程带来不利影响。其中，栖息地改变是河流系统中的生物多样性和生态系统功能面临的最显著威胁[1-2]。不断增加的洪水风险，以及社会对生态系统服务和生物多样性的认识，促成了城镇化地区河流修复模式的转变。

---

① 本文已发表于《中国园林》，2023，39（3）：82-87。

近自然理念源自 20 世纪欧洲对河流的生态治理，以生态学与水工学理论为基础，欧盟、美国、日韩等国家和地区在近自然理念指导下，经历了将硬化河道改为近自然河流的过程，但存在对河流的修复重治理效果而轻自然过程的问题。城市河道修复广泛使用自然河道设计（natural channel design）的方法，该方法关注河道形态及结构的重建和设计，而非受损生态过程的修复[3]，很多研究表明，大部分城市河道设计项目的生态状况并没有得到明显改善[4]。

近自然作为生态保护修复先进理念纳入中国《山水林田湖草生态保护修复工程指南（试行）》。世界银行在2021 年发布的《基于自然的韧性城市解决方案》中提出恢复河流自然动态的基于自然的解决方案（NbS）：保护沿河的植被结构、现有的河道和河流的水文系统；再植河岸，保证溪流和支流的日光环境，恢复河流的自然动态过程[5]。基于自然的解决方案的理念以生态系统方法的科学和实践为基础[6]。从水生态系统理论的角度分析，NbS可能包括防止污染或控制侵蚀的缓冲区，保护和繁衍关键物种的多样化栖息地，并为关键生态系统建立更好的物理和功能连通性的垫脚石和走廊[7]。基于河道自然过程的修复方法，主要通过减缓或移除城镇化的制约要素恢复河流连通性，保障物质流、信息流和物种流的畅通，实现河道生态过程和生态服务功能自我恢复。河流连通性包括空间维度的上下游、地下水与大气、泛洪区与河岸连通，以及时间维度的水流季节性[8]、潮汐性的连通。目前，空间维度上国内外在河道采光、河漫滩连接、河岸廊道的重建、混凝土堤坝的拆除、河流或河床和河岸植被的恢复等方面已取得进展[9-13]。从时间维度研究河流自然过程的恢复主要应用水力学模型，包括模拟河流整治对栖息地和水生生物群落的季节性变化[14,15]、对环境保护的水文（如地下水）和生态影响[16]、河流在洪水过境前后河漫滩栖息地的变化[17]等方面。相关研究涉及的"水力生境"或"物理生境"作为标准中尺度单元应用广泛，但很少有中、微尺度上的研究[18]；构建水力学模型模拟的研究方式对于中、微尺度的河流廊道、河段修复项目实践指导性不强；植物作为河流生态系统的组成要素也未被纳入"水力生境"中。而应用风景园林学的方法对河流的动态生态过程进行的研究较少，主观判断成分较多，分析结果具有或然性[19]，且与相关学科的交叉与融合研究较少，缺乏聚焦中、微尺度基于河流动态自然过程的生境恢复方法指导。

综上所述，本文尝试运用河流地貌学、生态水力学、景观生态学和风景园林学在河流生境修复方面的相关理论和方法，研究河流时间维度的生境修复策略。聚焦中、微尺度河流廊道在面对气候变化和土地利用方式改变带来的问题，研究生物群落包括淡水水生生物、河漫滩及湿地的陆生生物，生境即河流—河漫滩系统，研究重点是从雨洪淹没、潮汐消落的自然动态变化过程中，找出河流随水文周期变化形成的动态特征、规律及其与生境修复策略的对应关系，从而提出恢复水陆边界的自然属性、梯度式恢复近自然河岸带生境植被、连通感潮河涌湿地和营建关键生物生境的恢复策略，以探索风景园林和多学科融合在河流生境修复实践方面的新思路。

# 1　河流时间维度生境修复方法的提出

潮汐淹没是一种典型的河流动态自然过程，作为潮间带湿地发挥作用的主要驱动力[20]，相关研究表明，潮间带生境的物质交换能力受植被、地形、基底土壤等多种因素的影响[21]。河流生境具有复杂性和多样性的特点，调控河流的流动状态在空间和时间上对生境的效果可能有很大的不同。有关生物群落研究的大量资料表明，生物群落多样性与非生物环境空间异质性（spacial heterogeneity）存在正相关关系[22]。在潮汐消落的动态变化中，感潮河涌携带的泥沙在河段中或淤积，或冲刷，通过改变河道的纵—横断面、平面形态和生境连接度来增加或减少栖息地面积、潮间带异质性和植被覆盖度多样性。因此，可利用潮汐动力及其变化规律，根据进水河道位置、潮差变化和涨落潮历时的不同，划分河流廊道的潮间带分区，再结合关键生物的生活史特征来选择适宜的植物品种和种植方式来恢复生境。根据水文梯度，感潮河段的横断面可划分为潮下带（淹没区）、低潮区（深水区）、中潮区（中水区）、高潮区（浅水区）和潮带以上（干出区），以此来配置适生植物，从而发挥植物的生态功能。在潮汐变化幅度较大的河段，硬质的驳岸、护堤和淤积的河道割裂了潮间带湿地系统内外的水文联系，造成护堤植物因超过其耐淹限度而生长不良，河道两侧生境（如高潮区的泥滩，是中华圆田螺和泥蟹生存的栖息地）被侵蚀和破坏，河道不稳定。感潮河段的两侧湿地被侵占、湿地生态系统人为淤堵，削弱了潮汐对河道生态的自然调节和物质能量转换的作用，导致鱼类的产卵栖息地减少，洄游区被淤泥和沉积物堵塞。

另外，潮汐的动态变化对不同生物影响机制不同，如底栖动物群落沿河口到湾内呈连续的梯度变化，但是潮汐对底栖动物群落影响并不明显，水体盐度和植被类型是主要影响因素，如红树林对林底的底栖动物种类组成和丰度有一定的影响[23,24]。潮间带湿地对鱼类的仔、稚、幼鱼具有重要哺育作用，是重要的育幼场；春、夏和秋季各个潮序的鱼类丰度一般均大于冬季[25]，潮间带湿地为鱼类提供了丰富的食物，包括底栖生物、甲壳类等，潮汐水文因子对鱼类的多样性呈显著相关[26]（表1）。

潮汐水文变化因子与生境景观因子的对应关系 表1

| 水文动态影响因子 | 潮间带 | 关键生物 | 适生植物特征 | 植物 | 生态功能 |
|---|---|---|---|---|---|
| 水位及周期性 | 潮下带（淹没区） | 鱼类、大型底栖动物 | 耐淹植物 | 短叶茳芏（Cyperus malaccensis）、纸莎草（C. papyrus） | 净化水质、鱼类栖息地 |
| | 低潮区（深水区） | 河蚬等贝类、沙蚕鱼类 | 浮水植物 | 海桑（Sonneratia caseolaris）、无瓣海桑（S. apetala）、芡实（Euryale ferox）、睡莲（Nymphaea tetragona） | 屏蔽干扰、鱼类栖息地（觅食） |
| | 中潮区（中水区） | 中华圆田螺、泥蟹 | 沉水植物、挺水植物 | 桐花树（Aegiceras corniculatum）、金鱼藻（Ceratophyllum demersum）、苦草（Vallisneria natans）、水松（Glyptostrobus pensilis）、池杉（Taxodium distichum var. imbricatum） | 净化水质、观赏植株 |
| | 高潮区（浅水区） | 泥蟹、中华圆田螺、禽类（候鸟） | 挺水植物 | 海漆（Excoecaria agallocha）、老鼠簕（Acanthus ilicifolius）、水松、落羽杉（Taxodium distichum）、池杉 | 屏蔽干扰、观赏植株 |
| | 潮带以上（干出区） | 鸟类 | 常绿阔叶林抗风、鸟媒树种 | 内河道：海南蒲桃（Syzygium hainanense）、蒲桃（S. jambos）、黄葛树（Ficus virens）；往出河口方向：黄槿（Hibiscus tiliaceus）、银叶树（Heritiera littoralis）、水黄皮（Pongamia pinnata） | 屏蔽干扰、吸引鸟类、观赏植株 |
| 水体盐度 | 高盐度 | 大型底栖动物 | 红树林 | 海桑、无瓣海桑 | 鱼类栖息地 |
| | 低盐度 | | 红树林、莲 | 睡莲、黄莲（Nymphaea mexicana） | |
| | 淡水 | | 水生园林植物 | 美人蕉（Canna indica） | |
| 水温 | 15～20℃ | 爬行动物、鱼类 | 遮阴树种 | 细叶榕（Ficus microcarpa）、水翁（Syzygium nervosum） | 调节水温、改善光照 |

综上所述，在河流廊道尺度上，河流时间维度的生境修复包括如下3个方面内容：①纵—横断面自然化，使得河流地貌多样，形成跌水—水塘序列，提高生境的多样性；②平面形态自然蜿蜒，形成浅滩—深潭，浅滩成为鱼类的产卵场，而深潭是鱼类遇到风暴时的避难所及洄游休息区；③使河流—河漫滩—湿地—水塘等相连通，促进能量的转换和物质循环。河流的再自然化目的是恢复河流的自然动态，通过河床和河岸的再自然化保护城市免受河流洪水侵袭和保障生态安全，同时为城市居民提供人文价值和休闲娱乐的社会场所。

## 2 基于自然的河流生境修复实践

### 2.1 现状问题分析

场地位于广州海珠国家湿地边缘、城市建设用地与生态用地交界的感潮河涌——西江涌，研究区域面积为150hm²。研究目标是基于动态自然过程的河流生境修复策略恢复范围内西江涌2km长的河道生境。区域年降雨量约为1783.8mm，汛期（4—9月）降雨量占年总量的80.6%。地处珠江三角洲的近入海口，是东北亚和我国重要的候鸟迁徙路线汇合地和中途停歇地。西江涌属于珠江水系，水源补给来自与珠江相连的感潮河涌——石榴岗河。其潮汐动态过程特征为：最高潮位2.53m，最低潮位−2.20m，多年平均高潮位0.8m，多年平均低潮位−0.59m，平均潮差1.39m[27]，潮差年际变化不大，但是年内变化较大。一天内出现2次高潮和2次低潮，涨落潮特征为涨潮历时短，落潮历时长，4—10月更为明显。汛期涨潮历时一般为5h左右、落潮历时一般在7h以上，枯水期涨潮历时一般为5h以上、落潮历时一般在6h以上。因此，西江涌具有江心洲湖泊、河涌、涌沟与果林镶嵌交错的潮间带复合湿地，对鸟类迁徙途中的停歇、觅食具有极其重要的生态服务功能，也对城市雨洪调蓄发挥着重要作用。

涌沟—半自然果林镶嵌复合湿地是连通感潮河涌面积最大的湿地类型，其中发达的滘、涌潮汐叉道，呈弯曲蜿蜒状，湿地生态系统受潮汐涨、落作用，滘、涌水网随之潮灌、潮排。数百年来，采用滘、涌水源灌溉，挖掘淤泥培基的传统生产方式，充分体现了资源的循环利用，对于疏通滘、涌，增加果林土壤肥力都具有重要作用，在一定程度上维系了湿地环境的稳定。自 20 世纪 70 年代起，为满足防洪需要，联围筑坝，兴修堤防，割裂了河涌间的水文联系。滘、涌因水陆交替而形成的自然驳岸被破坏，加之农田、建筑用地的不断侵占，大幅减弱了潮汐动力，改变了自然的水文情势，造成水流不畅、河道（滘、涌）淤积和水质污染加重；同时，城市发展加快、周边社区环境管理欠缺、果园种植农药和化肥的施用，导致了河涌湿地面源污染的加重（图 1）。

图 1　西江涌修复前滘、涌水系分析图

## 2.2　基于河流时间维度的生境修复策略

### 2.2.1　近自然恢复水陆边界连通性

重建河岸缓冲带缓解自然水温模式变化的影响，缓冲带的宽度取决于河流走向、河宽及植被类型。实践发现，沿狭窄的小型河流种植细叶榕、水翁等岭南特色大型乔木，能有效地形成遮阴效果，但在河面开阔的河流上，只能改善临近河岸鱼类活动水面的遮阴条件，即对光照和水温条件的改善效果有限。

根据潮汐水道性质，逐步恢复滘、涌水陆边界的自然生态属性，重建泛洪区和河岸的联系。水陆的交互作用使落、涌水陆边界成为物质循环、能量流动最为活跃的区域，具备了净化水质、水土保持、生物多样性维持等生态功能。因此，对滘、涌水陆边界自然属性进行恢复（表 2、图 2、图 3）包括 2 个阶段：①拆除硬质化护提，用木桩、石笼、浆砌石块等砌筑驳岸，恢复滘、涌生态系统与陆生生态系统间水分、营养元素、能量的运行与交流；②恢复、重建微地形，将滘、涌驳岸由刚性驳岸恢复为自然驳岸，进而恢复其水文情势。建成后河道断面最大宽度由原来的 15m 拓宽到 100m，对河道的排洪能力提升约 45%。

图 2　西江涌区位及修复区总平面规划图

改造前

改造后

图 3　西江涌改造前后场地现场（图片来源：邹思茗　摄）

基于自然的河流廊道水陆边界建设模式　　　表 2

| 边界类型 | 适用范围 | 建设目标 | 建设模式 |
|---|---|---|---|
| 自然型边界 | 有一定坡度 | 生态型人工措施，增强防洪能力 | 按驳岸原有生态位的植被模式进行补充和重植；采用天然石材、木材护底，上筑一定坡度的土堤，种植不同生活型或生态型的植物，形成固堤护岸植被林带 |
| 人工自然型边界 | 坡度较陡 | 防洪要求、生态功能、景观效果 | 河流水面—石头或树桩护堤；营造由"沉水植物—挺水植物—陆岸植物"组成、近自然状态下的群落结构来保护河岸 |

高且腹地较小的河段，在必须建造重力式挡土墙时，也要采取台阶式处理。在自然垫护堤的基础上，再用钢筋混凝土等材料，确保大的抗洪能力，如将钢筋混凝土柱或耐水圆木制成梯形箱状框架，并向其中投入大的石块，或插入不同直径的混凝土管，形成很深的鱼巢，再在箱状框架内埋入柳枝、棕榈皮等；邻水侧种植芦苇（*Phragmites australis*）、菖蒲（*Acorus calamus*）等乡土挺水植物，使其生长出繁茂、多层的草—灌结合的人工群落，以发挥人工型自然驳岸式廊道调节洪水、过滤污染物、净化水质、防止水土流失的作用，维持和保护生物多样性（图 4）。

图4　建成后的人工型自然驳岸式廊道

（图片来源：邹思茗　摄）

### 2.2.2　梯度式修复河岸带生境植被

在微地形恢复的基础上，根据水位梯度按滔、涌沉水植被→挺水植被→湿草甸的格局恢复植被。基于广州市湿地本底资料、野外调查、物种生态习性，结合护岸固堤、水质净化、湿地鸟类食物来源、景观美化的需求，在河、河堤带可种植宽2～4m的芦苇、茭草（*Zizania caducifolora*）、水葱（*Scirpus tabermaemontani*）等挺水植物，深水区种植宽3～5m的金鱼藻、穗状狐尾藻（*Yriophylum spicatum*）等沉水植物和以睡莲、眼子菜（*Potamogeton distinctus*）等浮叶植物为主的原生或乡土植物，营造湖和河岸带湿地植被群落，可以有效、快速地恢复动植物的栖息地和湿地植被景观。河岸带生境改造后，明显增加了对鹭科、秧鸡科等涉禽的吸引力。相关研究表明，大型水生植物和苔藓植物能够去除流动水体中的大量营养盐，河水流经苔藓植物河床时，磷的去除率达到高峰。

在恢复营造的同时引入河涌植被监测，监测引入的种类对原生植被的影响，以防止引入种扩散对乡土种产生的不利影响。以水文监测断面为河涌植被监测断面，每一断面根据河涌宽度设置3～5个1m×1m的监测样方；采用GPS定位后，记录样方物种组成、物候期、高度、盖度、多度，统计频度和测算生物量；同步测定水深、水温、流速、流量等环境因子；监测时间为生长季末期。此外，适当引进本地淡水底栖动物，促进鸟类食物链恢复，吸引鸟类栖息，进而恢复湿地生态结构和功能。

### 2.2.3　关键生物的生境再生

首先通过底泥疏浚，恢复涌沟和半自然果林镶嵌复合湿地的水文联系。然后从时间的维度，运用本地关键（指示）生物生活史特征与生境因子的相互关系（表3）来营造生境（图5）。如利用水环境因子与不同生活型底栖动物、鱼类（图6）、蛙类生境因子的相互关系，构建具有

图5　鲤鱼、罗非鱼等本地鱼类栖息地恢复

图6　净化后的中水进一步通过跌水和湿地过滤后再利用

相应水文和空间结构特征的近自然河岸带，按水势梯度配置沉水-浮叶-挺水植物群落生境（图7）。研究不同鸟类在四季的活动生态特征与偏好植物特性，根据鸟类本底调查结果，人工构建水生植物浮岛，种植黄槐（*Cassia surattensis*）、樟树（*Cinnamomum camphora*）、铁冬青（*Ilex rotunda*）等植物招引鸟类栖息，并且在河涌边缘种植火棘（*Pyracantha fortuneana*）等灌丛，形成围篱，同时栽种和播撒一些可以结籽的草本植物，如油菜（*Brassica campestris*）、狗尾巴草（*Setaria viridis*）等，增加鸟类食物种类和营巢场所，从而营造出多元的栖鸟微生境景观。通过湿地生境构建和关键物种招引，逐步形成结构完整、功能发挥正常的河湖湿地生态系统。使用物种数（*S*）、物种多度（*N*）、*Shannon*多样性指数（*H′*）、*Margalef*丰富度指数（*F*）对改造前后的场地物种多样性指数进行统计分析可知：生境恢复策略实施后，区域物种多样性增加了32%，其中鸟类由原来的10种增加至38种；爬行动物增加了5种，两栖动物增加了8种，鱼类增加了10种（表4）。

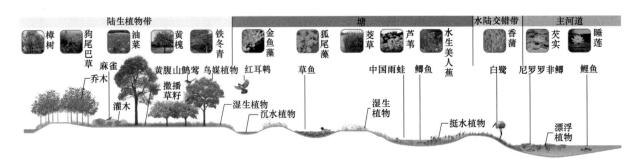

图 7　本地关键（指示）生物生境景观断面图

关键（指示）生物生活史特征与生境因子的相互关系　表 3

| 关键生物生活史特征 | 影响关键生物群落分布的生境因子 | 拟恢复关键生物 |
|---|---|---|
| 大型底栖动物：生活周期较长，需要相对较固定的栖息地 | 植物因子：植物群落组成、群落结构、平均树高[28]；底质环境因子：底质中值粒径、沉水植物生物量、氨氮含量[29] | 梨形环棱螺、铜锈环棱螺、方形环棱螺 |
| 爬行动物：亲体无孵卵和喂食幼体行为，胚胎性别由孵化温度决定[30] | 温度：卵存活孵化温度范围；湿度：水热条件、通透性 | 平胸龟、变色树蜥、中国石龙子 |
| 鱼类：鲫鱼、草鱼的喜爱流速上限为 0.6m/s，鲤鱼的喜爱流速上限为 0.8m/s，草鱼洄游适宜流速范围为 0.4～1.0m/s | 水环境因子：水深、水文、水力坡度 | 鲫鱼、鲢鱼、鲅鱼、草鱼、鲤鱼、泥鳅 |
| 蛙：冷血的变温动物，生长期比较长，对水温敏感 | 水环境因子：水深、水温（20～30℃）；一般盐度不高于 2‰c | 中国雨蛙、黑眶蟾蜍、牛蛙、沼水蛙 |
| 鸟类：栖息繁衍的鸟媒植物群落生境 | 植物因子：乔木高度、草本种类、草本数量和草本盖度 | 红耳鹎、暗绿绣眼鸟、白鹭、黄腹山鹪莺 |

改造前后西江涌生物生态指标　表 4

| 指标 | $S$ | $N$ | $H'$ | $F$ |
|---|---|---|---|---|
| 改造前 | 39 | 148 | 3.53 | 7.60 |
| 改造后 | 135 | 1108 | 4.67 | 19.11 |

注：Shannon 多样性指数 $H'$ 的计算公式：$H'=-\sum_{i=1}^{S}P_i\ln P_i$，式中，$P_i$ 表示 1 个特定样方中植物物种 $i$ 的相对丰度；$P_i$ 的计算公式：$P_i=n_i/N$，式中，$n_i$ 代表植物物种 $i$ 的个体数量，$N$ 代表 1 个特定样方中所有植物物种的个体总数；Margalef 丰富度指数：$F=\dfrac{S-1}{\ln N}$，式中，$S$ 代表植物物种的数量，$N$ 代表一个特定样方中所有植物物种的个体总数。

## 3　结论与讨论

本文基于河流动态自然过程生境修复策略的提出，

既不同于大多数生态水力学的角度通过提出概念性模型的方法对研究对象进行模拟，以推演出河流动态自然过程与生境恢复关系；也区别于现有的大多研究从风景园林视角剖析河流生境的景观营造方法和实施效果。而是通过对比研究和交叉分析法相结合，梳理、分析生态水力学和风景园林学在中、微尺度河流生境修复方面中研究思路、修复方法的优劣点和交叉点。运用生态水力学梳理出感潮河道动态自然过程与潮汐水文变化因子的关系，即归纳出河流随水文周期变化形成的动态特征，以及关键生物在不同水文环境下的生活史特征；同时从风景园林学角度筛选出影响近自然生境营造的关键性景观因子，并对应其与水文因子的反馈关系，再以景观生态学为媒，构建了生境修复策略与河流自然过程变化规律的对应关系。进一步地，通过城市中心区的高敏感区域感潮河涌——广州西江涌的实践，论证、总结了近自然恢复水陆边界连通性、梯度式修复河岸带生境植被及关键生物生境再生 3 种基于动态自然过程的生境营造修复策略，恢复了自然河岸形态和具有地域特色的半自然果林湿地生境，在城市湿地和高密度城市中心区之间形成自然再生的绿色缓冲带，为多种本地物种提供栖息地，同时为拥挤的城市中心区城市居民提供了亲近自然的休闲空间。基于动态自然过程的河流生境修复策略可以作为大规模城市水规划—管理战略的一部分发挥成效，重塑河流对于城市的价值，促进河流再生。以期在河流生境修复实践为风景园林和多学科融合方面提供新思路，也对促进 NbS 本土化发展具有现实意义。

致谢：本文是广州园林建筑规划设计研究总院有限公司《基于生态敏感性评价的景观廊道建设技术研究》和《基于多重功能的水环境景观构建技术研究》的成果，在此感谢项目组所有成员的付出，感谢所有资料提供者和审稿人，并向所有支持本研究并为之付出时间、经验和知识的人士表达诚挚的谢意。

## 参考文献

[1] ALLAN J D，CASTILLO M M. 河流生态学[M]. 黄钰铃，纪道斌，惠二青，等，译. 北京：水利水电出版社，2017：204.

[2] AZIZ O A，OLIVIER D H，FRANCOIS G G H，et al. Spatial dynamics and predictive analysis of vegetation cover in the Ouémé River Delta in Benin（West Africa）[J]. Remote sensing，2022，14(23)：6165.

[3] 李雅. 绿色基础设施视角下城市河道生态修复理论与实践——以西雅图为例[J]. 国际城市规划，2018，33(3)：41-47.

[4] PALMER M A，HONDULA K L，KOCH B J，et al. Ecological restoration of streams and rivers：Shifting strategies and shifting goals[J]. Annual review of ecology，evolution and systematics，2014，45(1)：247-269.

[5] World Bank. A catalogue of nature-based solutions for urban resilience. [EB/OL]. https：//openknowledge. worldbank. org/handle/ 10986/36507 License：CCBY 3.0 IGO. 2021.

[6] IUCN 中国. 基于自然的解决方案(NbS)和生态系统方法(EA)：互补与差异[R/OL]. (2021-10-26)[2022-12-22]. http：// www. npadata. cn/sf _ 470CAAE DFD2744C7BE135733855A08B3 _ 306 _ 504 6A385346. html.

[7] KRAUZE K，WAGNER I. From classical waterecosystem theories to nature-based solutions：Contextualizing nature-based solutions for sustainable city[J]. Science of the total environment，2019(655)：697-706.

[8] GRILL G，LEHNER B，THIEME M，et al. Mapping the world's free-flowing rivers[J]. Nature，2019，569(7755)：215-221.

[9] 谢雨婷，林晔. 城市河流景观的自然化修复——以慕尼黑"伊萨河计划"为例[J]. 中国园林，2015，31(1)：55-59.

[10] 崔鹤. 基于河流生态修复理论的城市河道景观生态化设计研究——郑州市贾鲁河高新区段滨河公园设计[D]. 北京：北京林业大学，2020.

[11] HENSON J M，CASSTEVENS C. Natural hazard. regulation：Adaptations for an urban river[J]. Imperiled：the encyclopedia of conservation，2022：192-197.

[12] BUCHANAN B P，NAGLE G N，WALTER M T. Long-term monitoring and assessment of a stream restoration project in central New York[J]. River research and applicaitons，2014，30(2)：245-258.

[13] TEDFORD M，ELLISON J C. Analysis of river rehabilitation success，Pipers River，Tasmania[J]. Ecological indicators，2018(91)：350-358.

[14] BUDDENDORF W B，MALCOLM I A，GERIS J，et al. Spatio-temporal effects of river regulation on habitat quality for Atlantic salmon fry[J]. Ecological indicators，2017(83)：292-302.

[15] KIM H G，RECKNAGEL F，KIM H W，et al. Implications of flow regulation for habitat conditions and phytoplankton populations of the Nakdong River，South Korea[J]. Water research，2021(207)：117807.

[16] ÅBEG S C，KORKKA-NIEMI K，RAUTIO A，et al. The effect of river regulation on groundwater flow patterns and the hydrological conditions of an aapa mire in northern Finland[J]. Journal of hydrology：regional studies，2022(40)：101044.

[17] XIAO Y，LIU J M，CARLO G，et al. The effect of natural and engineered hydraulic conditions on river-floodplain connectivity using hydrodynamic modeling and particle tracking analysis[J]. Journal of hydrology，2022(615)：128578.

[18] MILNER V S，GILVEAR D J. Characterization of hydraulic habitat and retention across different channel types：introducing a new field-based technique[J]. Hydrobiologia ，2012，694(1)：219-233.

[19] 徐佳芳. 静态景观格局的生态过程动态化研究——以贵州草海珍稀鸟类栖息地为例[J]. 中国城市林业，2013，11(3)：9-12.

[20] KRISTIAN K，KERRYLEE R，HUGHES M G，et al. An eco-morphodynamic modelling approach to estuarine hydrodynamics & wetlands in response to sea-level rise[J]. Frontiers in marine science，2022(9)：860910.

[21] DAI L J，LIU H Y，LI Y F. Temporal and spatial changes in the material exchange function of coastal intertidal wetland：A case study of Yancheng Intertidal Wetland[J]. International journal of environmental research and public health，2022(19)：9419.

[22] 董哲仁. 探索生态水利工程学[J]. 中国工程科学，2007(1)：1-7.

[23] 厉红梅，李适宇，蔡立哲. 深圳湾潮间带底栖动物群落与环境因子的关系[J]. 中山大学学报(自然科学版)，2003(5)：93-96.

[24] 何斌源，赖廷和，王欣，等. 廉州湾滨海湿地潮间带大型底栖动物群落次级生产力[J]. 生态学杂志，2013，32(8)：2104-2112.

[25] 张衡. 长江河口湿地鱼类群落的生态学特征[D]. 上海：华东师范大学，2007.

[26] 许宇田. 长江口南汇东滩潮间带盐沼湿地鱼类物种多样性及其营养结构[D]. 上海：华东师范大学，2019.

[27] 杨聪辉，王宝华. 网河区河涌群闸联控调水补水的研究[J]. 广东水利水电，2010(11)：12-14＋17.

[28] 黄业辉，范存祥，吴中奎，等. 广州市海珠湿地大型底栖动物群落物种组成和分布初探[J]. 湿地科学，2020，18(2)：200-206.

[29] SHEN Z B，YANG Y，AI L S，et al. A hybrid C A R T-

GAM smodel toevaluate benthic macroinvertebrate habitat suitability in the Pearl River Estuary，China[J]．Ecological indicators，2022(143)：109368.

[30] 许雪峰．生态因子对爬行动物胚胎发育影响的研究[J]．滁州师专学报，2003(3)：79-84.

## 作者简介

许哲瑶，1987 年生，女，硕士，广州园林建筑规划设计研究总院有限公司科技研发中心副主任，风景园林设计高级工程师。研究方向为风景园林规划与设计、生态规划、乡村景观。

# 城市道路绿化建设中的问题思考和建议①
## ——以杭州为例

Thoughts and Suggestions on Problems in Urban Road Greening Construction
—Taking Hangzhou as an Example

张 军 吴普英* 刘肖红

**摘 要**：以城市道路绿化建设为研究对象，调查研究杭州城市道路绿化，并思考绿化建设中的问题，分析由于道路断面设计、市政设施排布不合理等而影响道路绿化种植和良好道路绿化景观形成的原因，并提出相应对策；同时提出重视道路绿化与周边环境的融合、树种选择及配置、提升园林人的专业素养等问题，尽量减少道路工程中影响道路绿化的不利因素，为道路绿化植物创造合理的生长空间，更好地服务于道路功能，以期为今后城市道路绿化建设提供借鉴参考。

**关键词**：风景园林；城市道路绿化；行道树；分车绿带

**Abstract**：Taking the urban road greening construction as the research object, this paper analyzes the problems in the investigation and research of urban road greening and greening construction in Hangzhou, and the influence of road greening planting and the formation of good road greening landscape due to unreasonable road section design and municipal facilities layout, and puts forward corresponding countermeasures. At the same time, it is also emphasized to attach importance to the integration of road greening and the surrounding environment, the selection and configuration of tree species, and the improvement of professional quality, so as to minimize the adverse factors affecting road greening in road engineering, create reasonable growth space for road greening plants and sustainable development, better serve the road function, and provide reference for future urban road greening construction.

**Keyword**：Landscape Architecture；Urban Road Greening；Street Tree Green Belt；Road-dividing Green Belt

城市道路绿化构建了城市绿化骨架[1]，是城市绿地系统的重要组成部分，并联系着其他绿化空间。其能够直观代表城市公共形象，体现一个城市的地方文化特色，彰显城市建设水准。随着城市建设的迅速发展，以及全国众多城市争创国家园林城市、国家生态园林城市等，道路绿化建设成为当下城市绿化建设的重中之重。杭州历经创建生态园林城市、2016 年举办 G20 峰会及筹办 2022 年亚运会等大型事件，加上杭州行政区域的调整和城区的扩大，道路绿化建设如火如荼。因此，及时分析总结杭州市城市道路绿化建设中的问题显得尤为必要。

## 1 城市道路绿化建设

城市道路分为快速路、主干路、次干路和支路 4 个等级[2]，道路绿化建设要满足其相

① 本文已发表于《中国园林》，2023，39（3）：78-81。

应的通行能力和服务水平[2]。城市道路绿化是城市中有生命的公共基础设施，是主要以植物为载体的人工造景[3]。城市道路绿化建设是一个全过程、多方位的建设活动，涉及设计、施工、管养阶段，而接受绿化行政审批、建设监管等行政干预，又需要多部门、多专业统一协调，受诸多因素制约；但通过各参建单位、管理单位等的共同努力，可以减少道路建设中影响绿化的不利因素，为道路绿化植物创造合理的生长空间并可持续发展，更好地服务于道路功能。

图 1　杨公堤林荫路（图片来源：胡卫军　摄）

图 2　北山路林荫路（图片来源：胡卫军　摄）

## 2　杭州市城市道路绿化现状

### 2.1　已建成的城市道路绿化

　　杭州市城市道路自 2002 年 "33929" 工程、2004 年 "三口五路" 工程、2005 年 "一纵三横" 综合整治工程开

始，各级政府对道路绿化工作给予了高度的重视，于 2017 年完成了国家生态园林城市创建。据统计，2018—2022 年短短 5 年时间，杭州市快速路路网建设总里程达 480km，市域新建主次干路约 287km，地铁建设恢复道路 200km，这些道路工程的建设均同步实施了道路绿化。

　　如今，西湖景区道路已形成良好的道路绿化骨架网，以北山路、湖滨路、南山路、杨公堤、孤山路等为代表的林荫路（图 1、图 2）的沿线行道树均为 20 世纪不同年代种植的悬铃木，其冠大荫浓、枝稠叶茂，具有良好的林荫和景观效果；同时拥有以枫香为特色的龙井路、以水杉和枫香为特色的虎跑路林荫路。主城区的体育场路、环城东路、凤起路、解放路、江城路、天城路等道路绿化模式为一板两带式或两板三带式，其行道树也是悬铃木，历经 20 余年的生长也已形成林荫路；又如天目山路的香樟与枫杨、机场路的香樟等都是 20 世纪种植的，也构成了杭州市的道路绿化骨架；2016 年 G20 杭州峰会时提升改造的新塘路是典型的园林景观路；因地铁及下穿隧道施工而复绿改造提升的江南大道，其绿化景观也得到显著提升，已形成畅通便捷的林荫道，打造出共通、共融、共享的绿色开放空间。

　　杭州的城市道路绿化，虽已形成较好的绿化骨架和风貌，但随着建设工程条件的不断变化，在城市道路绿化建设中依然存在一些问题，亟待解决。

### 2.2　现阶段道路绿化的建设任务

　　现阶段杭州的道路绿化建设任务以 2022 年迎亚运道路整治项目、适应城市更新发展的改建项目、地铁建设及地下空间开发的道路绿化恢复项目、新城区的新建项目等为主，其中迎亚运项目已于 2022 年底基本完成，如 215 条亚运通勤道路、185 条地铁建设恢复道路、33 条快速路（包括下穿隧道、高架立交桥）提升改造工程。下一阶段将围绕新一轮杭州市综合交通专项规划，向着加快形成 "两环八横五纵八连" 的快速路网新格局迈进，这些道路绿化建设将面临新的挑战。

## 3　杭州城市道路绿化建设中存在的主要问题

### 3.1　道路断面设计不合理，影响绿化种植

　　目前，杭州城区的主干道、次干道道路断面类型多为

两板三带式、三板四带式或四板五带式，常规设计两侧分车绿带宽度多为1.5m，中间分车绿带为3m（少数5m），人行道标准为3~3.5m宽，也有2m甚至更窄。由于诸多原因，市政设计常有压缩分车绿带及人行道宽度的现象，容易出现断面设计不合理、道路绿地宽度不够且不连续的情况，很难设计成景[4]。

### 3.1.1　人行道宽度不足

部分道路人行道宽2.5m，为保证1.5m的有效通行宽度，树池难以达到《城市道路工程设计规范》CJJ 37—2012中1.5m的最小宽度要求，而树池偏小则不利于行道树生长，导致行道树长势不佳或树池拱根严重，造成人行道路面高低不平；甚至有些人行道宽度小于2.0m，无法种植行道树，严重影响了遮阴和道路景观；还有的人行道宽窄不一，造成行道树不连续，如解放东路、玉古路、学院路等均存在行道树缺株或不连续现象。

### 3.1.2　分车绿带偏窄或两侧分车绿带与人行道间距偏小

有些分车绿带宽度小于1.5m，不能满足乔木种植需求；分带绿带与人行道间距偏小，导致人行道和分车绿带未能同时种植乔木，降低了道路的绿化覆盖率，如登云路、绍兴路、建国路等。

### 3.1.3　道路交叉口渠化设计不科学

道路设计为在路口处增加转弯车道，导致分车绿带在路口段宽窄不一，甚至没有绿带，从而影响道路绿化的整体效果，如江陵路、复兴路、沈半路等的路口渠化。

## 3.2　市政设施未能科学排布，影响绿化效果

### 3.2.1　地下管线设置不合理

由于道路设计或施工原因，地下管线和其他市政设施侵占了道路绿化种植位置，且未按规范埋深，导致乔木种植深度不够、土层薄，影响植物的种植及生长。

### 3.2.2　栏杆设施多，景观效果差

近年来，杭州城区道路分车绿带基本都沿着绿带安装隔离护栏，但护栏高度没有得到很好控制，加上交通运输部门安装的交通隔离栏（桩）和城管部门安装的人行道护栏，致使同一条道路上栏杆设施过多、过高且形式不统一，一定程度上影响了绿化效果，如天城路。

### 3.2.3　路灯杆等地上设施未与绿化同步协调设计

在人行道及分车绿带中设计有等距分布的路灯，同时行道树种植也是等距分布的，但二者的模数常常不一致，造成乔木碰到灯杆而缺株断档或乔木间距被随意调整的现象。

## 3.3　未统筹考虑道路绿化与其退让红线的街景空间

道路绿化与其沿线退让红线地块通常分属不同建设主体，往往单独立项、设计和施工，易出现功能不统一、风格不协调、绿化种植不合理等问题。使道路红线内外出现"2张皮"的现象。如东新路，3m宽的人行道与紧贴的1.5m宽沿街商业附属绿带的行道树悬铃木与大规格樱花的种植间距不合理，同时铺装风格也截然不同，影响景观效果。

## 3.4　行道树等乔木树种较单一、配置欠合理

根据杭州智慧园林（由杭州市勘测设计研究院提供）的统计数据：截至2021年底，杭州市建成道路的行道树等乔木数量约57万株，其中香樟约28.8万株（占50.5%）、栾树5.9万株（占10.4%）、悬铃木4万株（占7.0%）、银杏3.44万株（占6.0%）、珊瑚朴3万株（占5.5%）、无患子2.6万株（占4.6%）、榉树2.31万株（占4.0%），杜英、枫香、水杉、女贞、鹅掌楸等其他树种共约6.85万株（占12%）。

从统计数据看来，道路绿化乔木树种略显单一，有些优良的乡土树种未得到开发应用。目前应用较多的树种为香樟、栾树、悬铃木、银杏、珊瑚朴、无患子、榉树7种，共占88%；其中常绿树香樟占比最大，从选用杭州市树体现地方特色来说是较好的，但从生物多样性和城市道路景观丰富性角度而言，其种植比例过大。特别是在冬季，东西向的道路或宽度较小的人行道就享受不了冬日暖阳。银杏、榉树等树种为直立型，树冠小、遮阴效果差；无患子落果较多且树种长势较慢，不适宜作为路幅较宽的道路行道树；而栾树、悬铃木、珊瑚朴3种树是优良的行道树树种，占比却只有22.9%。

也有道路出现植物配置不合理现象，在人行道与分车绿带间距较小路段，同时种植了行道树悬铃木与分车绿带香樟，由于间距小，几年之后便出现竞争势弱的被挤压现象。还有条件好的分车绿带不重视乔木种植，或盲目追求丰富的植物层次而出现植物杂乱等问题，甚至有在1.5m及以下宽度的分车绿带内种植妨碍安全视距及行车安全的植物，如桂花、石楠等。

## 3.5　道路绿化建设缺乏专业素养人才

随着工程建设模式的转变和工程总承包的不断深入，

城市道路绿化设计也一并纳入市政综合设计和施工，而市政设计和施工企业的园林专业人才往往比较缺乏，其力量重心在于市政主体而不在于配套的道路绿化。

# 4 杭州城市道路绿化建设的几点建议

## 4.1 做好系统规划，重视道路断面设计

建设前期各方全面了解场地条件，道路断面设计应同步考虑道路绿化条件，多方位比较设计方案，且建议绿化专业审查与市政专业审查同步进行，让绿化部门早参与到城市道路规划中，保证后期的绿化过程更顺利、绿化效果更佳。同时在道路能级提升过程中尽量不以牺牲绿带宽度来拓宽路面[5]，可以考虑向道路两侧拓宽，加宽分车绿带；建议合并设置宽度小于 1.5m 的分车绿带，有利于乔木种植。

## 4.2 加强隐蔽工程监管，保证前后工序有效衔接

加强园林绿化的行业监督，规范隐蔽工程的验收程序，让道路建设从一开始就充分考虑园林绿化的具体问题[6]。积极协调市政专业统筹安排各类管线，合理布置管线位置，使各类管线均能满足相关专业技术规范的要求，并保证树木正常生长必需的立地条件与生长空间[7]，再办理绿化场地交接手续，实施绿化建设。

## 4.3 融合道路绿地与后退红线的周边环境

城市道路绿地的每条绿带不是孤立存在的，而是一个统一的整体，应与道路红线外的构筑物、自然地形、地貌、水体等进行有机融合[8]。特别是在城市有机更新的道路改造过程中，改造设计的对象不能仅限于道路红线内，而应将沿街地块的建筑退让部分纳入设计范围一并改造，营造出功能统一、风格协调的整体街景效果。如 G20 杭州峰会时新塘路的改建，就很好地处理了人行道与路侧沿街零星商业绿地的关系，取得了较好的整体景观效果。

## 4.4 科学规划和选择树种，合理配置植物

为防止城市绿化的盲目性、随意性，建议对杭州新建

区域或有条件的改造区域，制定绿化树种规划和城市道路绿化规划[9]，使道路绿化网络化、街道绿化特色化、树种选择优良化、树种配置多样化[10]。

### 4.4.1 行道树树种选择

行道树树种的选择应既突出城市特色，又满足生物学与生态学特性的要求[9]，适应杭州地区道路的生长环境条件，择优选择冠大荫浓、树干挺拔、姿态优美，且季相色彩变化明显的树种。人行道树种选择要考虑夏日浓荫和冬日暖阳，建议旧城改造道路、东西走向道路等的行道树以选择落叶乔木为宜。

在杭州地区道路中较适合的 10 个乔木树种为：香樟、悬铃木、黄山栾树、珊瑚朴、榉树、无患子、千头椿、枫杨、重阳木、枫香。今后新建道路宜调整原有树种的比例结构，尤其是香樟的比例，同时增加常绿树的种类，如浙江楠、湿地松等。树种选择时也要因地制宜，宽敞的道路宜选择悬铃木、黄山栾树、珊瑚朴等，成形后遮阴效果好；狭窄的道路可以选择榉树、枫香，不影响周边采光。

悬铃木作为行道树之王，具有遮阴效果好、生长速度快、土壤要求低、抗逆性强、覆盖率高等特点。目前杭州的悬铃木种植比例正积极向上海、南京等城市靠拢。近年选择应用的少果悬铃木也是良好的树种，解决了飞絮问题，因此可以提高少果悬铃木的种植比例；同时乡土树种枫杨、重阳木等亦是很好的可选树种。

### 4.4.2 行道树连续种植

道路建设必须同步完成人行道上行道树的连续布置。《杭州市道路工程建设管理导则》明确要求在道路建设时，宽 2.5m 以上人行道必须连续种植行道树，对人行道现状无行道树且不具备行道树种植条件的路段，应在路侧绿带上的合适位置连续种植乔木，作为行道树遮阴不足的弥补[11]。

### 4.4.3 逐步推进林荫路建设

以创建全国生态园林城市为契机，推进林荫路建设，强调生态效益，从只注重街景美化向提高道路慢行空间的浓荫覆盖率和连续度的生态功能转变[12]。

杭州绿化主管部门正在编写《杭州市林荫道设计导则》，参考了《国家生态园林城市评价标准》及《上海林荫道评定办法》。目前，杭州城区道路（除西湖风景名胜区外）的林荫率尚有提升空间，特别是富阳、临安等新划入区域，林荫路的建设更显迫切。

## 4.5 提升园林人的绿化专业素养

目前，管理范围、建设规模与园林人才的储备有脱节

倾向。城市绿地占比越来越大，而建设主体、设计单位、施工单位、监理单位普遍缺乏园林绿化的专业人员，导致园林绿化项目建设质量有待提高，因此，培养绿化专业技术人员迫在眉睫。

# 5　结语

城市道路绿化建设需要积极改善种植环境、科学选择植物树种、合理配置植物，使其符合生态美学要求，让城市道路绿化既满足交通功能，又能赋予城市极具生命力的道路空间。因此，研究如何改善城市道路绿化建设具有重要意义。

## 参考文献

[1]　中华人民共和国住房和城乡建设部 . 城市绿地规划标准：GB/T 51346—2019[S]. 北京：中国建筑工业出版社，2019.

[2]　中华人民共和国住房和城乡建设部 . 城市道路工程设计规范：CJJ 37—2012[S]. 北京：中国建筑工业出版社，2016.

[3]　王毅娟，郭燕萍 . 城市道路植物造景设计与生态环境[J]. 北京建筑工程学院学报，2004，20(4)：75-78.

[4]　董兮 . 论北京城市道路绿化景观设计[ J ]. 设计，2017(9)：154-155.

[5]　童伶俐 . 乐清市市区道路绿化现状分析与建设建议[J]. 浙江园林，2021(2)：68-72.

[6]　尹冬勋 . 桂林城市道路绿化现状及发展对策研究[J]. 农业科技与信息(现代园林)，2009(8)：95-98.

[7]　中华人民共和国住房和城乡建设部 . 园林绿化工程项目规范：GB 55014—2021[S]. 北京：中国建筑工业出版社，2021.

[8]　吴海萍，张庆费，杨意，等 . 城市道路绿化建设与展望[J]. 中国城市林业，2006，4(6)：40-42.

[9]　吕先忠，楼炉焕，李根有 . 杭州市行道树现状调查及布局设想[J]. 浙江林学院学报，2000，17(3)：309-314.

[10]　徐文辉，范义荣，朱坚平，等 . 杭州市城市道路绿化现状分析及对策[J]. 浙江林学院学报，2003，20(3)：289-292.

[11]　杭州市城乡建设委员会 . 杭州市道路工程建设管理导则[Z]. 2022.

[12]　梁发，刘洁 . 国家生态园林城市创建背景下的武汉城市道路绿化设计实践[J]. 湖北林业科技，2022，51(5)：57-59＋22.

## 作者简介

张军，1966 年生，女，杭州市园林绿化发展中心高级工程师。研究方向为园林绿化建设和管理。

（通信作者）吴普英，1973 年生，女，浙江普天园林建筑发展有限公司正高级工程师，一级注册建造师。一级注册造价工程师。研究方向为风景园林规划与设计。电子邮箱：241711146@qq.com。

刘肖红，1970 年生，女，杭州市上城区园林绿化发展中心高级工程师。研究方向为园林绿化建设和管理。

# 惠山名胜的传承机制探析①②

## Study on the Inheritance Mechanism of Huishan Scenic Spots

范小凤　吴　葱　朱　蕾*

**摘　要**：无锡惠山，文献记载始自东汉，历经 2000 多年的历史传承至今，是包含了寺庙、名泉、园林、祠堂等诸多古迹的一处风景名胜区。通过实地勘测和文献资料考证，梳理惠山名胜的历史演变过程，分析不同时期名胜要素的发展脉络。康熙、乾隆的历次巡幸所带来的资金投入和政策支持，是名胜得以持续经营的关键。从名胜的形成、保护和阐释 3 个方面，探析惠山名胜的传承机制，进而总结名胜得以维系至今的原因，为当代名胜的保护和培育提供参考。

**关键词**：风景园林；惠山名胜；传承机制；保护；阐释；地以人胜

**Abstract**：Huishan in Wuxi has been inherited for more than 2,000 years since the Eastern Han Dynasty according to documentary records. It is a scenic spot containing temples, famous springs, gardens, ancestral halls and many other historic sites. Based on the field survey and literature research, this paper sorts out the historical evolution of Huishan scenic spots and analyzes the development context of elements in different periods. The capital investment and heritage value brought by the successive trips of Emperors Kangxi and Qianlong are the key parts of the sustainable management of the scenic spots. This paper analyzes the inheritance mechanism of Huishan scenic spots from three aspects: the formation, protection and interpretation of the scenic spots, and then summarizes the reasons for the maintenance of the scenic spots so far, to provide reference for the protection and cultivation of contemporary scenic spots.

**Keyword**：Landscape Architecture；Huishan Scenic Spots；Inheritance Mechanism；Conservation；Interpretation；A Place Prides Its Historical Figures

　　中国的名胜遗存十分丰富、遍布各地，因世代传承得以被今人所看到，并被学界所研究。而在追溯名胜古迹历史沿革时，却发现很少有实物如其所承载的历史那般长久地留存至今。在西方"权威化遗产话语"输入的背景下，本土古迹保护传承的智慧因被干扰和动摇而逐渐式微[1]，却又随着学界对世界遗产的理解，在西方的脚印中走向了自己最初的原点。无锡惠山的文献记载始自东汉，南朝始有建置，唐代成为名胜，历经 2000 余年的演变传承至今，仍为著名的风景名胜区。

　　近年来，随着文化遗产"申遗热"的不断升温，惠山得到了越来越多学者的重视，相关研究多集中于园林[2-5]、祠堂群[6]和名胜个案[7-9]等方面，而从名胜传承的角度，将惠山作

---

① 基金项目：国家自然科学基金项目"西方'权威化遗产话语'下中国传统保护思想观念的挖掘与研究"（编号 51378334）资助。

② 本文已发表于《中国园林》，2023，39（3）：88-92。

为一个整体进行解读的研究相对匮乏。部分学者从文学地理学的角度研究了惠山的文学景观价值[10]，所涉及的诗文作品解读为本文提供了新的视角。

"名胜"一词最早出现于晋代，指有文化和地位的才俊之士；南北朝时期，开始指代著名的风景地[11]；发展到现代，专指"有古迹或优美风景的著名的地方"[12]。可见名胜一词自出现就承载了文化的内涵，并逐渐融入了自然的元素，是文化和自然风景相融合的产物。本文将惠山名胜作为研究对象，梳理不同阶段名胜要素的变化，从名胜的形成、对名胜本体的保护和对名胜的阐释 3 个方面，探寻惠山名胜得以传承的机制，挖掘名胜形成背后所蕴含的古人对待古迹的做法与观念，对补充中国本土的古迹保护理论和更为妥善地保护文化遗产，具有重要的现实意义。

## 1　惠山名胜概况

惠山，位于江苏无锡西郊，为无锡诸山最大者，主山山脉由东至西共有九峰九坞，又有"九龙山"之称。东端接续一座小山，古为惠山东峰，后汉时名为锡山[13]。历史上，周边与惠山同脉者，皆可以惠山称；现代所指的惠山，则是九峰九坞在内的主体山脉，东侧与锡山相接。

惠山名胜，是区别于地理学上山脉称谓的名胜总称，主要包括锡山及惠山第一、二峰坞之间的古迹（图 1）。

图 1　惠山区位与惠山名胜
（图片来源：底图引自 2016 年谷歌地图）

21 世纪以来，寄畅园、天下第二泉庭院及石刻、惠山寺石经幢和惠山镇祠堂等惠山的胜迹，先后成为全国重点文物保护单位。2012 年，惠山古镇列入世界文化遗产预备名录。长期来看，在人为活动的加持下，名胜的价值不断积累、持续增长，惠山名胜尽管经历了数次动荡与波折，仍接续保护，传承至今。

## 2　惠山名胜的形成

根据唐代、元代、明代和清代 4 个主要时期文献中记载的惠山地区的名胜古迹，绘制惠山名胜历史沿革图（图 2）。总体来看，名胜内涵经历史层层积淀，数量逐渐丰富，内容趋于复杂，呈现多主体要素此消彼长、不断变化的机制。

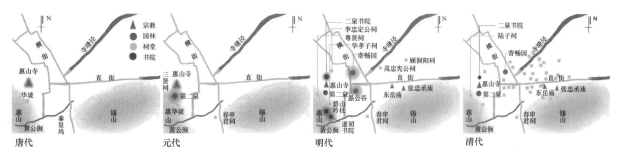

图 2　惠山名胜历史沿革图

### 2.1　自然山水之胜

惠山得天独厚的自然条件，是名胜形成的重要基础。惠山是浙江天目山支脉由东向西绵延的山脉，高 328m，周长约 20km，有"江南第一山"之称。山有九峰，由西北向东南望去，如苍龙盘踞。峰各有洞，洞各有坞，尤以锡惠两山之间的黄公涧和白石坞为最胜。山多泉水，惠山

"以泉名天下，泉之故于山为大"[13]，泉水源自第一峰与锡山之间的岩石中，据历代文献记载，泉源不下三四十处[14]，不仅造就了惠山众多泉池溪涧的美景，也为人类的居住繁衍提供了条件。山泉东流汇入梁溪，南达太湖，发达的水系交通使众多文人墨客流连此地，由此开启了惠山名胜长达千年的营建历程。

## 2.2 "地以人胜" 的名胜发展观

名胜的核心价值是人，惠山名胜的发展过程与名人息息相关。早期的惠山，以泉水之胜成为锡之名峰；战国时期，黄歇徙封路过白石坞，饮马于此，春申涧由此得名，锡惠两山之间又有秦皇坞，亦因秦始皇东巡而被记载流传；魏晋南北朝时期，孝子华宝的事迹和长史湛挺的归隐，为惠山留下了华坡和历山草堂，继而形成了华孝子故址、华孝子祠和惠山寺等胜迹；唐代惠山寺不断营建，在陆羽、若冰、李德裕等名人的影响下，惠山泉逐渐成名，惠山名胜进入萌芽期；宋元时，借"天下第二泉"之名，惠山成为一大名胜，继而吸引了宋高宗、孟忠厚、苏轼、苏舜钦、倪瓒、尤袤等前来游览寓居，诗篇碑刻空前繁盛，更加丰富了惠山的人文景观内涵；明代，惠山脚下兴建了众多的私家园墅，书院和诗社兴盛，秦氏家族及邵宝等人的活动，推动了惠山东麓祠堂与园林景观的营建，丰富了惠山名胜的内涵；清代，惠山脚下祠堂建设如火如茶，康熙、乾隆的数次南巡将惠山名胜推向鼎盛。

## 2.3 以天下第二泉名胜的形成过程为例

唐代以前，惠山地区人类活动相对稀少。惠山泉水源于山石，发于自然，文人士子多以"慧山泉""慧泉"称之①。从早期的诗文中可以看出，慧山泉水质清冽，宜于烹茶②。唐上元初（约 760 年），陆羽途经无锡，访友皇甫冉，因病留宿在惠山寺，并作《慧山寺记》一文。文中仅用 20 余字描写了惠山的泉水："夫江南山浅土薄，不有流水。而此山，泉源滂注崖谷，下溉田十余顷"[15]。可以看到，陆羽并未提及惠山泉水宜于烹茶一事。到唐代中期（约 814 年），文人张又新写《煎茶水记》一文，这是能够看到的最早描写惠山泉为天下第二的文章，品评山水的说法亦源于此。张又新描述了陆羽与李季卿会面一事，提及陆向李介绍了天下 20 种水的优劣；文中同时罗列了刘伯刍认为的 7 种宜茶之水。在以上 2 个对于水质的排序中，无锡惠山石泉水均列第二[16]。虽然其他描写李季卿与陆羽会面的文章，如《新唐书·陆羽传》《封氏闻见记》，均未提及两人品评山水一事，而且当时学界对于张又新《煎茶水记》里有关陆羽说法的真实性已有微词，如宋人欧阳修称其为妄狂险谲之士，其言难信，质疑此并非陆羽所说[17]。但是，此时陆羽已被称为"茶神"，其著作《茶经》广为流

传，在茶界享有很高的地位。时人或知品评泉水一说并非真实，但并不影响慧山泉以天下第二之名煊于全国。唐代末期，借茶圣之名，世人多以"陆子泉"和"第二泉"称之，自此，天下第二泉开始向名胜转变。

经宋元时期的进一步发展，天下第二泉的文化内涵愈发深厚。文人以饮陆羽品评的泉水为幸，越来越多的文人墨客前来品泉观景，题诗作画，因此产生了众多与惠山泉有关的诗文和绘画作品。《惠山集》中收录了宋元时期的惠山诗文共 93 首，其中直接描写惠山泉的多达 27 首，部分描写惠山的诗文里，也间接提及惠山泉[18]。另据学者统计[19]，宋元诗歌中与惠山泉有关的诗词多达百首，多围绕天下第二之名和陆羽展开。

始于自然的泉水，注入了名人的精神意蕴，文学作品继而丰富了其文化内涵，后人慕其名，追其迹，终成"天下第二泉"名胜。与二泉之名相为表里的院落景观，作为名胜的物质实体，基本沿用了元代"三池一堂一亭一祠"的布局，经历代修缮，延续至今（图 3）。

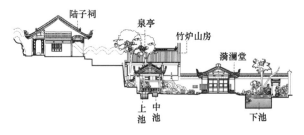

图 3　天下第二泉庭院纵剖面图
（底图来源：天津大学建筑学院历史与理论研究所）

## 3 惠山名胜的保护——物质层面的传承

人是名胜形成和延续的核心因素，以康熙、乾隆为代表的清代帝王是本土文化的重要传承者。清帝南巡对惠山名胜延续与增华的影响尤为深远。

### 3.1 清帝的 "价值评估"

帝王巡幸是稳定社会、巩固统治的重要措施。清帝南巡规模大、次数多，历史影响力尤为深远。南巡线路从京师出发，而无锡是京杭大运河的必经之地，运河经由惠山脚下入城。惠山成为清帝在南巡如此之长的线路中尤为喜

---

① 早期的相关文献中，"惠"与"慧"通用。

② "石脉绽寒光，松根喷晓凉。注瓶云母滑，漱齿茯苓香。野客偷煎茗，山僧惜净床。安禅何所изнес，孤月在中央"（僧若冰《题惠山泉》）；"惠山书堂前，松竹之下，有泉甘爽，乃人间灵液，清鉴肌骨，激开神虑，茶得此水，皆尽芳味也"（李绅《别泉石》）。引自：谈修．惠山古今考［M］//无锡文库·第二辑·第二十三册．南京：凤凰出版社，2011：8．

爱的名胜，得到多次巡幸。清帝"用脚投票"的行为是惠山名胜与清帝价值观契合的写照。

据《康熙起居注》《清实录》和御制诗等文献的记载，康熙帝六次南巡，五至惠山，皆为回銮途中短驻。期间留下7首吟咏惠山的诗及3副御书匾联，使惠山愈发受到官员及百姓的重视，如康熙二十九年（1690年）徐永言在《无锡县志》序中所写："天子南巡五载之中，驻跸锡山者，再重以宸翰亲题匾额，继之诗篇，草木泉石，与被荣施，盖千古旷典也。[20]"康熙帝的巡幸，为惠山名胜叠加了一次尤为重要的人文活动，使得乾隆南巡时更慕惠山之名。

乾隆帝效仿圣祖康熙，六巡江南，时间更长，规模更大，路线更复杂，留下了更加丰富的诗文碑刻和遗迹典故。每次往返各幸一次惠山，共计12次，作惠山名胜诗91首、匾联9副[18]，可见乾隆皇帝对惠山名胜的重视。

两朝帝王的17次巡幸为惠山名胜带来的人文价值不断积累，使得惠山诸名胜愈加为世人所重视，进而得到了更为妥善的保护。同时也因帝王身份，引发地方官员为接驾而对名胜的物质实体进行修缮、建设与增华。乾隆朝县令王镐为迎御驾，修御道，配建营盘，并在黄埠墩、惠山河塘等处增设码头；修整县城到惠山寺的道路，更换新砖，设为御道；沿街房屋重新涂泽，光亮如新，沿河两岸无房屋处，砌墙遮挡[21]。惠山寺、寄畅园、天下第二泉等御驾亲临之处更是修缮保护的重中之重，惠山名胜焕然一新（图4）。

图 4　乾隆时期的惠山名胜
（图片来源：《南巡盛典名胜图录》图六十二）

## 3.2　惠山寺

惠山寺作为惠山名胜的核心，自始建到清初的1200余年间，文献记载了1次废寺、4次大型火灾，以及多次的复建和修缮（表1），寺院位置基本未变，规模布局不断变化。

康熙南巡前惠山寺的修建沿革　　　　表 1

| 朝代 | 时间 | 状态 | 具体内容 |
| --- | --- | --- | --- |
| 南北朝 | 宋景平元年（423年） | 始建 | 历山草堂改为华山精舍 |
| | 梁大同三年（537年） | 改建 | 改建"法云禅院"，建大同殿 |
| 唐 | 垂拱年间（685—688年） | 废 | 武宗灭佛 |
| | 咸通年间（860—974年） | 复兴 | 寺门外右侧添置一石幢 |
| 宋 | 北宋至道年间（995—997年） | — | 赐额"普利院" |
| | 北宋熙宁年间（1068—1077年） | 增建 | 寺外山门左侧增建石幢 |
| | 南宋建炎初（约1127年） | 增建 | 大同殿后建白云堂 |
| | 南宋绍兴初（约1131年） | — | 改额"旌忠荐福寺" |
| 明 | 洪武初（约1370年） | 烧毁 | 不详 |
| | 洪武十四年（1381年） | 兴复 | 僧普真开始兴复寺院 |
| | 永乐五年（1407年） | 复建主殿 | 僧怀祖建佛殿 |
| | 永乐十八年（1420年） | 扩建 | 僧至迪增建 |
| | 正统元年（1436年） | 扩建 | 僧复原增建两庑 |
| | 正统十年（1445年） | 正殿毁于火灾 | 僧道斋、僧溥济修缮 |
| | 正统十二年（1447年） | 重建正殿 | 巡抚周忱、知县项忤重修 |
| | 成化年间（1465—1487年） | 扩建 | 僧道瑢修缮 |
| | 万历三年（1575年） | 遭火灾 | 不详 |
| | 万历二十三年（1595年） | 遭火灾 | 不详 |
| | 万历年间（1573—1620年） | 修复增饰 | 邹迪光重建右侧弥陀殿，并将其改称为竹炉山房；吴申锡建大殿；吴澄时建大殿右侧不二门 |
| | 崇祯末（约1644年） | 扩建 | 马瑞撤白云堂，改建护云关，关后建大悲阁 |
| 清 | 康熙十一年（1672年） | 局部重修 | 僧超杲重葺颓败，未完，复圮 |

明末清初，因朝代更迭，惠山寺逐渐衰败，康乾二帝的南巡为寺院带来了复兴。康熙二十三年（1684年）清帝第一次南巡时，惠山寺还是一番破败的景象。随着帝王"躬幸惠山寺，酌泉于亭，遂礼佛于殿上"[20]，次年，寺院便迎来了入清以来第一次大规模的整修，"邑人周弘词者，力加缮治，一切焕然，乃悬榜其上，曰'圣敬式临'，以志奇观"[20]。因皇帝的临幸，破败的寺院修治如新，复为惠山一大名胜。

惠山寺的第二次大修，则是在乾隆首次南巡之前（约1750年）。此时，距康熙帝南巡时的修缮已有近70年的时间，寺内建筑毁坏过半。惠山被列于巡幸名单之上，虽然乾隆下谕旨，仅令将名山古刹打扫干净，不得有增建，但地方官吏仍极尽所能精心准备，使惠山寺的建筑与环境焕然一新。另外，寺内增建了皇亭、御碑亭等建置，将竹炉山房辟为座落，供帝王品茶小憩，是清帝南巡为惠山增添的名胜实体，惠山寺由此维持了近一个世纪的稳定。

### 3.3　祠堂群

明清时期朝廷推行先贤祭祀制度，先贤祠和忠孝节义祠为主的祠堂群集结在惠山山麓，康乾南巡一直将祀典作为巡幸途中的要务，以此教化民众，巩固统治。乾隆帝对沿途 30 里(约 15km)之内的先贤忠烈祠墓，皆遣官祭祀；第二次南巡时，为惠山周敦颐祠御书匾额"光霁祠"并题诗，此举极大地提高了惠山祠堂的地位。此外，寄畅园作为无锡秦氏家祠得到康乾二帝的 11 次巡幸，在欣赏园林胜境的表观之上，更重要的是帝王对明清重臣世家的殷切希望。由帝王祭拜行为带来的是惠山兴建祠堂数量陡增并持续高涨(图 5)，祠堂群渐成惠山名胜的特色。

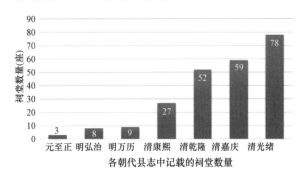

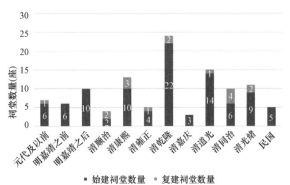

图 5　历代惠山兴建祠堂的数量

## 4　惠山名胜的阐释——精神层面的传承

### 4.1　竹炉与竹炉图卷

竹炉图卷始于洪武年间(约 1395 年)，惠山寺的高僧性海在听松庵举办竹炉茶会，请竹工制作了一只竹茶炉，甚是喜爱，画家王绂为其作山水画一副，并附《茶炉诗》一首，名流逸士相继赋诗撰文，共十余首。性海遂将这些诗文题于王绂的画作上，装帧成卷，藏于听松庵内，由此开启了文人竹炉煮茶、观画赋诗的文化风气。随后的 300 余年间，因竹茶炉的材质极易损坏，世人 2 次仿制新炉，每次照原样制作 2 只，并举办茶会，邀请明贤逸士一起赏画赋诗①，竹炉图卷承载的文化内涵也日渐丰富。康熙三十一年(1692 年)，江苏巡抚宋荦"念高僧往哲之风流"，将竹炉题咏系统地整理为 4 卷，共有 13 篇文章、92 首诗，涉及作者 67 人，仍交付惠山寺的高僧予以保存[9]。

拥有如此悠久文化底蕴的竹炉图卷在乾隆首次南巡时，便被大为赞赏，并命御用画师张宗苍绘听松庵品茗图，以补全第四卷遗失的图画，仍赐予寺僧保存。而后每次南巡，必至惠山寺欣赏竹炉图卷并赋诗，据笔者统计，南巡期间以竹炉或竹炉图卷为主题的御制诗多达 26 首[18]。

乾隆帝第四次南巡后，竹炉图卷因县令保管不善被焚毁。乾隆闻之大怒，甚为叹惜，于是御笔仿补卷首王绂的画，亲题"顿还旧观"四字；命皇六子及弘旿、董诰各补画一图，并补录前人题咏；又将内府所藏王绂的《溪山渔隐图》于第五次南巡时赐予惠山寺[22]。乾隆之举，延续了惠山竹炉图咏这一胜迹，体现出不苛责文物本体的原真性，更注重传承实物所承载的历史和文化价值的名胜保护传统。

### 4.2　以写仿阐释名胜

乾隆帝用写仿的方式对南巡途经的名胜做了更加写意、手笔更大的保护。多个惠山名胜都成为写仿原型，塑造了一系列皇家园林经典。惠山竹炉山房就是影响力很大的一处名胜。

首次南巡时，乾隆帝便命工匠仿制 2 个惠山竹炉带回北京。1 个放置于静明园，仿建竹炉山房收纳竹炉，还原

① 明永乐初(约 1403 年)，性海将竹炉赠予潘克诚，潘去世后又赠予杨孟贤；成化十二年(1476 年)，秦夔从杨家收回竹炉送到听松庵，并组织文人煮茶作诗。成化十九年(1483 年)，竹炉损坏，盛颙命侄子盛虞仿照原样做了 2 只新炉，1 只归盛颙，1 只归吴宽；明末，1 只竹炉毁坏，另一只又遗失；康熙二十三年(1684 年)，顾贞观依照样重做 2 只竹炉，并于纳兰性德处找回画卷，约好友煮茶作诗；雍正十年(1732 年)，僧人松泉找回明末遗失的竹茶炉。

在惠山使用竹炉煮茶的活动，又题玉泉为天下第一泉，与天下第二泉遥相呼应；另一个放置于静寄山庄千尺雪。随后乾隆帝在圆明园画禅室、香山静宜园竹炉精舍、清漪园春风啜茗台、承德避暑山庄甘味书屋等处，均布置仿制的竹茶炉，烹茶煮茗。乾隆帝在香山题《竹炉精舍烹茶作》一诗，字里行间流露着对竹炉烹茶这一活动的喜爱，"到处竹炉仿惠山，武文火候酌斟间，九龙蓍遇应予笑，不是闲人强学闲"[23]。乾隆帝如此喜爱惠山竹炉，却未将惠山原物带走，而是复刻多个使用，再次体现出不拘泥于物质本体，更重视文物承载的文化价值的理念。

后来又有在清漪园仿寄畅园建惠山园，仿黄埠墩建凤凰墩等园林的写仿，这些作品不仅增加了惠山名胜的知名度，还是对名胜文化的传承与延续，更是超越名胜本体的精神保护。

# 5　结语

惠山由自然山水转化为风景名胜，其演变过程与历史名人息息相关，即"地以人胜"。本文通过梳理不同时期惠山名胜主体要素的变化，构建了名胜立体的生长过程，在自然山水的基础上，借助名人事迹，不断丰富其文化内涵，使价值层层积淀，延续至今。

古人对惠山的保护和阐释，是名胜得以传承的核心机制，即物质本体的保存与精神价值的延续，有别于当代遗产保护观念中对"真实性"的要求，古人往往通过对名胜实体的不断修缮或重建，延续名胜的历史，传承名胜所承载的文化与精神。因此，无论经受怎样的社会动荡与毁坏，人们都会通过重建物质载体或纯粹文字记载的方式，将这些名胜传承下去。

## 参考文献

[1] 郭满 . 方志记载折射出的中国古代古迹观念初探 [D] . 天津：天津大学，2013.

[2] 黄晓 . 风谷行窝考——锡山秦氏寄畅园早期沿革 [C] //中国圆明园学会 . 《圆明园》学刊第十期，2010：178-199.

[3] 黄晓，刘珊珊 . 明代后期秦耀寄畅园历史沿革考[M]//清华大学建筑学院 . 建筑史（第 28 辑）. 北京：清华大学出版社，2012.

[4] 梁洁，郑炘 . 晚明无锡愚公谷考 [J] . 建筑师，2018(5)：107-114.

[5] 姚舒然 . 无锡古城西郊景园的历时性生长 [D] . 南京：东南大学，2020.

[6] 高大伟，张龙 . 无锡惠山祠堂群文化景观形成动因探析 [J] . 中国园林，2013，29(12)：117-120.

[7] 查清华，王洪 . 明嘉靖碧山吟社考论 [J] . 学术界，2013(1)：116-123+284.

[8] 姚舒然 . 无锡近郊"天下第二泉"名胜的形成 [J] . 中国园林，2018，34(6)：25-29.

[9] 王河 . 惠山听松庵竹茶炉与《竹炉图咏》[J] . 农业考古，2006(2)：248-252.

[10] 管晓彤 . 明代惠山文学景观研究 [D] . 无锡：江南大学，2020.

[11] 李晓东 . 关于名胜古迹的几个问题 [J] . 中国文物科学研究，2010(4)：81-83.

[12] 罗竹风 . 汉语大词典：第 3 卷 [M] . 上海：汉语大词典出版社，1988；3580.

[13] 邵宝，僧圆显 . 慧山记 [M] //王立人 . 无锡文库·第二辑·第二十二册 . 南京：凤凰出版社，2011.

[14] 无锡市地方志编纂委员会 . 无锡市志（第一册）[M] . 南京：江苏人民出版社，1995；563.

[15] 陆羽 . 游惠山寺记 [M] //无锡市园林管理局 . 梁溪古园：无锡古典园林史料辑录 . 北京：方志出版社，2007；7-9.

[16] 永瑢，纪昀，等 . 文渊阁四库全书影印版·子部·八四四册 [M] . 台北：商务印书馆，1986；809-810.

[17] 朱华 . 陆羽《毁茶论》事实考辨 [J] . 农业考古，2015(5)：178-182.

[18] 范小凤 . 清帝南巡与惠山名胜的保护培育传统研究 [D] . 天津：天津大学，2016.

[19] 王河，真理，龙晨红 . 惠泉茶事古文献叙录 [J] . 农业考古，2003(4)：164-176.

[20] 徐永言 . 无锡县志 [M] //王立人 . 无锡文库·第一辑 . 南京：凤凰出版社，2011.

[21] 黄印 . 乾隆南巡秘记 [M] //王立人 . 无锡文库·第二辑·第十九册 . 南京：凤凰出版社，2011；285-297.

[22] 裴大中，倪咸生 . 无锡金匮县志：卷十四 [M] . 南京：江苏古籍出版社，1991；196.

[23] 清高宗 . 竹炉精舍烹茶作·清高宗御制诗集三集卷二十六 [M] //清高宗御制诗文全集（五）. 台北：台北故宫博物院，1967；22.

## 作者简介

范小凤，1989 年生，女，天津大学建筑学院在读博士。研究方向为中国传统建筑理论、建筑遗产保护。

吴葱，1970 年生，男，天津大学建筑学院，教授、博士生导师。研究方向为中国传统建筑理论、建筑遗产保护、建筑遗产测绘与记录。

（通信作者）朱蕾，1978 年生，女，天津大学建筑历史与理论研究所。副教授，国家一级注册建筑师、文物保护工程责任设计师。研究方向为明清皇家建筑与园林、清代行宫、江南园林。电子邮箱：zhulei2012@tju.edu.cn。

# 遥感技术在风景名胜区监管中的应用研究
## ——以北京市国家级风景名胜区为例

Research on the Application of Remote Sensing Technology in the Supervision of Scenic Spots
—Taking National Scenic Spots in Beijing as an Example

李晓肃　黎　聪　邓武功

摘　要：成熟可靠的遥感技术已成为大尺度资源监管的重要应用手段。本文以北京市八达岭—十三陵和石花洞两个国家级风景名胜区为例，应用遥感技术开展了新增人类活动监测监管实践，形成了一套适用于风景名胜区的人类活动监测指标提取、监测数据核查和监管应用的方式方法，有效加强了对风景名胜区内人类活动的全面监管，为风景名胜区的实时、精细化管理提供了科学有效的技术保障，对自然保护地的未来监管具有借鉴意义。

关键词：遥感；风景名胜区；人类活动；监测监管

Abstract：Mature and reliable remote sensing technique has become an important application method for large-scale resource supervision. Taking Badalin & Shisanling and Shihuadong National Scenic Spots as examples，this paper has carried out new human activities monitoring and supervision practice by using remote sensing technology，and formed a set of ways and methods suitable for human activity monitoring index extraction，monitoring data verification，supervision and application in scenic spots，which has effectively strengthened the comprehensive supervision of human activities and provided a scientific and effective technical guarantee for the real-time and refined management of scenic spots. This will be a reference for the future supervision of nature reserve area.

Keyword：Remote Sensing；Scenic Spots，Human Activities；Monitoring and Supervision

近年来，随着建立以国家公园为主体的自然保护地体系工作的不断深入，以及三条控制线划定、中央环保督查、绿盾行动以及国家林草局开展的全国自然保护地大检查等专项行动不断出台，自然保护地监管工作被提到了前所未有的高度。如何科学地做好自然保护地监管工作，及时有效地保护自然文化资源，在应用传统的行政、政策、规划、检查等方式的同时，也要应用高分辨率卫星遥感技术、北斗导航技术等科技手段，保证监管工作的实时性、科学性和有效性，提高管理效能。

## 1　研究对象

风景名胜区内居民人口分布多且广，涉及很多城乡建设和农业生产活动，风景名胜区风景优美，旅游活动也很丰富，给风景名胜区带来复杂的人地关系和空间关系。风景名胜区与人类活动关系十分密切，受人类活动影响极大，也因此带来繁重的监管任务[1]。

北京市八达岭—十三陵、石花洞两处国家级风景名胜区同样具有以上典型特征。八达岭—

十三陵风景名胜区年游客量约 1700 万人次；八达岭片区包含了 5 个村庄，2000 余居民；十三陵片区涉及 7 个街道（镇）、约 3 万人。石花洞风景名胜区居民人口约 2.97 万人，人口密度达 346 人/km²，建设用地规模较大，约 4.42km²，占风景名胜区总面积的 5.16%。在实际管理中，城乡建设、农业生产生活、旅游开发等人类活动给两个风景名胜区带来了巨大压力，也对风景名胜区管理提出了非常高的要求，亟需借助先进科技力量作为监测手段，为管理部门提供准确的资源现状和动态变化信息，加强风景名胜区人类活动监管，保护自然文化资源，并为可能的破坏行为起到预警作用。

本文以八达岭—十三陵和石花洞两个国家级风景名胜区为例，应用卫星遥感技术，开展风景名胜区新增人类活动监测监管研究，建立一套适用于风景名胜区的人类活动指标体系和"天空地"一体化监测体系，加强风景名胜区规划数据、监测数据集成分析和综合应用[2]，及时发现违法违规现象，为下一步开展相关规划、执法检查等提供翔实的信息支撑，这将极大地提升北京市风景名胜区的监督管理水平。"天空地"一体化的风景区监测系统，可充分利用高分辨率卫星遥感技术、北斗导航技术、视频监控技术和地面核查等技术手段，实现风景名胜区资源变化和人类活动信息的快速感知、采集、传输、存储和可视化，可以解决风景名胜区监测监管中数据时空不连续的关键难点，显著提高信息获取保障率，实现对风景名胜区资源和人类活动信息全天时、全天候、大范围、动态和立体的监测与管理。

## 2　人类活动监测指标体系构建

人类活动最终要反映在对土地如何使用上，结合遥感数据的可靠性，充分考虑风景名胜区监督管理的要求和可操作性，综合《风景名胜区条例》、《土地利用现状分类》GB/T 21010—2017 和《自然保护区人类活动遥感监测与评价技术指南》等相关要求，最终选择土地利用分类来构建风景名胜区人类活动监测指标体系（表 1）。

**风景名胜区人类活动监测指标体系**　　　　表 1

| 一级类代码 | 一级类名称 | 一级类定义 | 二级类代码 | 二级类名称 | 二级类定义 |
|---|---|---|---|---|---|
| 1 | 农业用地 | 直接或间接为农业生产所利用的土地 | 11 | 水田 | 种植水稻、莲藕、茭白等水生农作物的耕地，包括实行水生、旱生轮作的耕地 |
| | | | 12 | 旱地 | 种植小麦、玉米、豆类、薯类、蔬菜等旱生、旱作农作物的耕地 |
| | | | 13 | 喷灌农田 | 利用专门灌溉设备灌溉的农田 |
| | | | 14 | 大棚 | 使用塑料薄膜覆盖的农业设施 |
| 2 | 居民点 | 因生产和生活需要而形成的集聚定居地点 | 21 | 城镇 | 指大中小城市及县镇以上建成区用地 |
| | | | 22 | 农村居民点 | 农村人口聚居的场所 |
| 3 | 工矿用地 | 独立设置的工厂、车间、建筑安装的生产场所以及在矿产资源开发利用的基础上形成和发展起来的工业区、矿业区 | 31 | 工厂 | 用以生产货物的工业建筑物 |
| | | | 32 | 矿山 | 具有一定开采境界的采掘矿石的独立生产经营单位 |
| | | | 33 | 油罐 | 储存原油或其他石油产品的容器 |
| | | | 34 | 油井 | 为开采石油，按油田开发规划的布井系统所钻的孔眼，石油由井底上升到井口的通道 |
| | | | 35 | 工业园 | 划定一定范围专供工业设施使用的场地 |
| | | | 36 | 商服用地 | 除旅游业以外的商业、服务业用地，如商务金融用地、汽车交易市场、小商品交易市场、建材市场、菜市场等彩钢屋顶厂房 |
| 4 | 采石场 | 开采建筑石（砂）料的场所 | 41 | 采石场 | 用以开采建筑用石材料的场所 |
| | | | 42 | 采砂场 | 用以开采建筑用砂材料的场所 |
| 5 | 能源设施 | 利用各种能源产生和传输电能的设施 | 51 | 风力发电场 | 利用风能产生电力的工厂 |
| | | | 52 | 水电设施 | 将水能转换为电能的综合工程设施 |
| | | | 53 | 变电站 | 用以改变电压的场所 |
| | | | 54 | 太阳能电站 | 利用太阳能电池组件将光能转化为电能的场所 |
| | | | 55 | 光伏电站 | 指利用太阳光能、特殊材料如晶板板、逆变器等电子元件组成的发电体系，与电网相连并向电网输送电力的光伏发电系统 |
| | | | 56 | 高压电塔 | 支持高压或超高压架空送电线路的导线和避雷线的构筑物 |

续表

| 一级类代码 | 一级类名称 | 一级类定义 | 二级类代码 | 二级类名称 | 二级类定义 |
|---|---|---|---|---|---|
| 6 | 旅游设施 | 用于开展商业、旅游、娱乐活动所占用的场所 | 61 | 旅游用地 | 为旅游提供商业、住宿、餐饮、停车等服务的设施及场地 |
| | | | 62 | 高尔夫球场 | 进行高尔夫球运动所需要的场所 |
| | | | 63 | 度假村 | 用作休闲娱乐的建筑群 |
| | | | 64 | 寺庙 | 专门用于宗教活动的庙宇、寺院、道观、教堂等宗教场所 |
| | | | 65 | 公园 | 供公众休闲娱乐的公共园林地 |
| 7 | 交通设施 | 从事运送货物和旅客的工具及设施 | 71 | 港口用地 | 可以停泊船只和运输货物、人员的场所及其附属建筑物的用地 |
| | | | 72 | 机场用地 | 供航空器停驻、客货邮件的上下、加油、维护工作所用的场地 |
| | | | 73 | 码头用地 | 海边、江河边专供乘客上下、货物装卸的建筑物 |
| 8 | 养殖场 | 在滩涂、浅海、沿江及内陆，养殖经济动植物的区域 | 81 | 水域养殖场 | 利用海水或淡水养殖水产经济动植物的场所 |
| | | | 82 | 畜禽饲养地 | 用于饲养畜禽的土地、棚舍等用地 |
| 9 | 道路 | 为运输货物和旅客提供行动线路或场所的基础设施及用地 | 91 | 铁路用地 | 指用于铁道线路及车站的用地 |
| | | | 92 | 高速公路用地 | 专供汽车分道高速行驶，并全部控制出入的公路及直接为其服务的附属用地 |
| | | | 93 | 轨道交通用地 | 指用于轻轨、现代有轨电车、单轨等轨道交通用地，以及场站的用地 |
| | | | 94 | 普通道路用地 | 连接城市间或城镇、村庄内部空间单元的道路及直接为其服务的附属用地 |
| | | | 95 | 交通服务场站用地 | 指城镇、村庄范围内交通服务设施用地，包括公交枢纽及其附属设施用地、公路长途客运站、公共交通场站、公共停车场等用地 |
| 10 | 其他人工设施 | 无法划分到以上类别的管护、教育科研、民生基础等设施，或由于判读经验限制无法准确认识别的人类活动及配套设施 | 101 | 堆土 | 由一定体积的泥土堆积而成 |
| | | | 102 | 施工工地 | 与建筑施工相关的施工工地 |
| | | | 103 | 生态修复工程 | 通过河道治理、生态护岸、植被、土壤修复、割灌等技术手段开展的具有生态效益的生态建设活动 |
| | | | 104 | 污染处理设施 | 包括污水处理厂、垃圾填埋场、中转站等 |
| | | | 105 | 其他人工设施 | 无法准确划分到以上人类活动类别中的设施 |

## 3 监测数据核查

### 3.1 数据源及预处理

本文应用的遥感影像主要是 2018 年 1 月和 2020 年 1 月北京二号（BJ-2）0.8m 融合影像，基础地理数据主要采用了该区域 1∶1 万数字高程模型（DEM）数据、北京市行政区划界、北京市国家级风景名胜区边界的矢量数据以及核心景区、功能分区规划数据等。

影像预处理的主要内容包括原始影像质量的检查、正射纠正、影像配准、影像融合、影像镶嵌、匀色以及影像裁切等工作，最终生成满足数据精度要求的数字正射影像图（DOM）[3]。以 1∶1 万数字地形图为基准，挑选 2018年 BJ-2 影像和地形图上有明显特征的同名地物点为纠正控制点，并采用有理多项式模型进行影像纠正。最后以纠正的 2018 年 BJ-2 号影像为基准，将 2020 年 BJ-2 号影像和 2018 年 BJ-2 影像配准。基础数据的预处理主要是将核心景区和功能分区等规划数据与 1∶1 万地形图进行几何校正、配准等预处理，提取出核心景区和功能分区边界的矢量数据以便分析使用。

### 3.2 解译标志

基于构建的人类活动监测指标体系，研究各监测指标在高分辨率影像上的光谱特征，并建立解译标志；在建立解译标志过程中，需要判断各地类的可区分性，针对不易区分的细类，需要采用试验研究与外业结合的方法，研究判读该细类在影像上的纹理、颜色等特征。

### 3.3 人机互译

利用 2020 年 BJ-2 影像，在解译标志和其他辅助数据的支持下，应用遥感和 GIS 技术，通过监督分类，按照每种监测指标的主要光谱特征进行粗分类，并通过人机交互解译，对计算机分类结果进行修改，提取北京市国家级风景名胜区 2018—2020 年新增人类活动信息。

由于监督分类存在一定程度的局限性，造成分类结果并不能完全与实际情况相符合。因此，还需要进行人为干预。将监督分类结果与 2020 年 BJ-2 影像叠加分析，通过人机交互的方法，对分类结果进行调整。

## 3.4　人工校核

根据遥感监测的新增人类活动图斑，组织专业外业团队逐地逐块进行实地核查，核查的内容包括活动（设施）名称和类型、所在功能区、规模、活动（设施）现状、环评审批手续等情况。

根据实地核查结果，对遥感监测的新增人类活动图斑进行修订，对漏判的人类活动图斑进行补充，对错判、误判的人类活动图斑进行属性修改。

## 3.5　处理结果

两处国家级风景名胜区 2018—2020 年共发现疑似新增人类活动图斑 29 个，变化面积 25.02hm²，新增类型以工矿用地、其他人工设施和旅游设施为主，面积各为 8.85hm²、6.94hm² 和 6.41hm²，分别占总新增面积的 35.37%、27.74% 和 25.62%（表 2）。

**2018—2020 年北京市国家级风景名胜区新增人类活动情况表**　　表 2

| 一级类 | 数量（个） | 面积（hm²） | 二级类 | 数量（个） | 面积（hm²） |
|---|---|---|---|---|---|
| 工矿用地 | 3 | 8.85 | 工厂 | 1 | 7.06 |
| | | | 商服用地 | 2 | 1.79 |
| 采石场 | 1 | 0.57 | 采石场 | 1 | 0.57 |
| 其他人工设施 | 11 | 6.94 | 生态修复工程 | 6 | 5.17 |
| | | | 施工工地 | 1 | 0.85 |
| | | | 堆土 | 1 | 0.51 |
| | | | 污染处理设施 | 2 | 0.34 |
| | | | 其他人工设施 | 1 | 0.07 |
| 旅游设施 | 3 | 6.41 | 旅游用地 | 1 | 5.31 |
| | | | 公园 | 1 | 0.92 |
| | | | 寺庙 | 1 | 0.18 |
| 道路 | 4 | 1.59 | 高速公路用地 | 1 | 0.28 |
| | | | 普通道路用地 | 3 | 1.31 |
| 农业用地 | 3 | 0.32 | 大棚 | 3 | 0.32 |
| 居民点 | 2 | 0.18 | 农村居民点 | 2 | 0.18 |
| 养殖场 | 2 | 0.16 | 畜禽饲养地 | 2 | 0.16 |
| 小计 | 29 | 25.02 | — | 29 | 25.02 |

其中八达岭—十三陵风景名胜区疑似新增人类活动图斑 16 个，面积 7.1hm²，新增类型以其他人工设施、道路为主，具体数据见表 3；石花洞风景名胜区疑似新增人类活动图斑 13 个，面积 17.92hm²，新增类型以工矿用地、旅游设施和其他人工设施为主，具体数据见表 4。图 1、图 2 为典型新增人类活动图斑遥感示意图。

**2018—2020 年八达岭—十三陵国家级风景名胜区新增人类活动情况表**　　表 3

| 一级类 | 数量（个） | 面积（hm²） | 二级类 | 数量（个） | 面积（hm²） |
|---|---|---|---|---|---|
| 其他人工设施 | 7 | 4.05 | 生态修复工程 | 2 | 2.28 |
| | | | 施工工地 | 1 | 0.85 |
| | | | 堆土 | 1 | 0.51 |
| | | | 污染处理设施 | 2 | 0.34 |
| | | | 其他人工设施 | 1 | 0.07 |
| 道路 | 3 | 1.28 | 高速公路用地 | 1 | 0.28 |
| | | | 普通道路 | 2 | 1 |
| 旅游设施 | 1 | 0.92 | 公园 | 1 | 0.92 |
| 工矿用地 | 1 | 0.13 | 商服用地 | 1 | 0.13 |
| 采石场 | 1 | 0.57 | 采石场 | 1 | 0.57 |
| 农业用地 | 2 | 0.11 | 大棚 | 2 | 0.11 |
| 养殖场 | 1 | 0.04 | 畜禽饲养地 | 1 | 0.04 |
| 小计 | 16 | 7.1 | — | 16 | 7.1 |

**2018—2020 年石花洞国家级风景名胜区新增人类活动情况表**　　表 4

| 一级类 | 数量（个） | 面积（hm²） | 二级类 | 数量（个） | 面积（hm²） |
|---|---|---|---|---|---|
| 工矿用地 | 2 | 8.72 | 工厂 | 1 | 7.06 |
| | | | 商服用地 | 1 | 1.66 |
| 旅游设施 | 2 | 5.49 | 旅游用地 | 1 | 5.31 |
| | | | 寺庙 | 1 | 0.18 |
| 其他人工设施 | 4 | 2.89 | 生态修复工程 | 4 | 2.89 |
| 道路 | 1 | 0.31 | 普通道路用地 | 1 | 0.31 |
| 农业用地 | 1 | 0.21 | 大棚 | 1 | 0.21 |
| 居民点 | 2 | 0.18 | 农村居民点 | 2 | 0.18 |
| 养殖场 | 1 | 0.12 | 畜禽饲养地 | 1 | 0.12 |
| 小计 | 13 | 17.92 | — | 13 | 17.92 |

图 1 （左）其他人工设施（2018 年）转变为（右）污染处理设施（垃圾分类中转站，2020 年）

图 2 （左）施工工地（2018 年）转变为（右）高速公路用地（附属设施，2020 年）

## 4 监管应用

### 4.1 资源调查应用

　　风景名胜包括具有观赏、文化或科学价值的山河、湖海、地貌、森林、动植物、化石、特殊地质、天文气象等自然景物和文物古迹，革命纪念地、历史遗址、园林等人文景物和它们所处的环境以及风土人情等[1]。由于风景名胜区具有资源多样性，同时其面积较大，环境复杂，大多属于地域广袤、海拔差异较大的森林湿地、高山峡谷等，依靠传统的资料收集、实地调查方式进行资源调查是远远不够的。卫星遥感具有宏观性、及时性、客观性等特点，是开展风景名胜区资源调查、人类活动监管等的最佳手段[1]。结合风景名胜区的自然地理环境特征，构建适合的资源分类体系，通过建立遥感监测解译标志，对区域内的森林、湿地、水域等自然资源和生态状况进行动态监测，摸清风景名胜区内各类资源的种类、面积、空间分布特征等现状，并及时发现资源动态变化情况，从而满足风景名胜区资源监管与保护工作的需要。

### 4.2 日常管理应用

　　基于以上遥感监测获取的疑似新增人类活动图斑，建立风景名胜区人类活动台账，跟踪监测人类活动点位整改销账等动态信息，形成卫星遥感监测—数据下发—基层单位核查—审核销账的闭环管理模式[4]。首先将疑似新增人类活动图斑下发至各区风景名胜区主管部门、属地政府和各景区负责机构进行业务核查，参照《风景名胜区条例》，重点排查是否存在未批先占、未批先建的建设项目，是否存在开山、采石、采矿等破坏自然生态环境的活动，是否设立开发区、房地产开发等建设项目，核心景区是否新建宾馆等与资源保护无关的建筑物等，将实地核查结果和整改方案提交至风景名胜区主管部门，由主管部门进行监督检查、审核销账。具体技术流程见图3。例如，通过遥感监测分析得出，八达岭—十三陵国家级风景名胜区共有遥感监测疑似新增人类活动图斑16个，石花洞国家级风景名胜区共有遥感监测疑似新增人类活动图斑13个，具体分布见图4～图6。管理机构根据监测情况，对这些点位进行实地核查确认，提交核查结果。存在问题的点位需要整改的提出整改方案，并组织整改，完成整改后进行销账。

图5　八达岭—十三陵风景名胜区
（延庆区）人类活动点位分布图

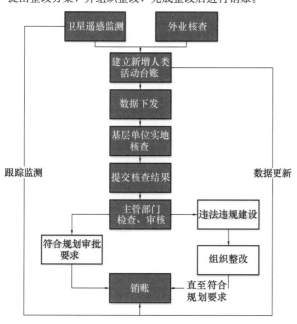

图3　遥感辅助人类活动业务核查流程图

图6　石花洞风景名胜区人类活动点位分布图

## 4.3　重大事项与规划管理应用

随着工业化和城镇化的快速发展，保护与开发的矛盾日益突出，风景名胜区内的人类活动大幅度增加，对区内的自然资源、景观等的干扰日益严重。在推进风景名胜区监管过程中，由于风景名胜区面积较大，一些违法违规事项具有分布分散、位置隐蔽等特点，仅仅依靠人工巡查，很难及时发现风景名胜区内的违法违规情况。通过使用卫星遥感监测技术，监管部门可以快速发现区内人类活动重大事项的痕迹线索，并与监管人员实地调查相结合，全面、高效地发现违法违规问题[5]。通过应用高分辨率卫星遥感影像动态监测风景名胜区的违法违规事项，使风景名胜区的监管工作变被动为主动，变粗放为精细，能够进

图4　八达岭—十三陵风景名胜区
（昌平区）人类活动点位分布图

一步加强风景名胜区监督管理，强化资源保护，提升保护管理水平[4]。

此外，通过应用遥感技术进行长期不间断监测，可以对风景名胜区规划的实施情况进行评估，还可以为今后风景名胜区规划如何处理这些点位提供清晰准确的基础数据，有利于风景名胜区规划更加科学，数据更加准确、贴合实际，从而更加精确地指导管理[6]。

### 4.4　数据库建设

根据国家及行业相关标准，整合风景名胜区的基础地理数据、资源本底数据、动态监测数据等，对已有信息资源数据进行标准化改造，建设风景名胜区综合数据库，实现数据资源的集中存储、统一管理、维护和更新[4]。通过建设统一的数据库，一方面，以资源共享为核心，加强风景名胜区数据资源管理，统一业务口径，打破资源分散、封闭状况，避免"数据烟囱"，促进数据开发利用和共享，防止重复建设，提高信息资源效益；另一方面，为推进风景名胜区的信息化建设提供数据支撑软环境，并为各类业务应用打下坚实的数据基础，全面支撑风景名胜区日常办公、资源监管、生态保护和公共服务等工作，提升风景名胜区管理效率和水平，对推进风景名胜区管理信息化、智慧化具有重要意义。

## 5　结论与讨论

研究表明，遥感技术能够全面掌握风景名胜区资源保护现状和规划建设动态情况，可以为景区人类活动监测监管和规划落实情况评估提供科学有效的技术支撑，具有广泛的应用前景。

（1）初步构建"天空地"一体化的风景名胜区监测体系

应用遥感技术初步构建了一套适用于风景名胜区的资源调查遥感监测技术方法，快速、准确地获取风景名胜区资源本底、动态变化及新增人类活动信息，及时掌握风景名胜区资源现势信息和人类活动干扰情况，为实现风景名胜区资源的全面保护和人类活动监管提供了强有力的技术保障。

（2）助力风景名胜区规划落实情况评估

应用遥感手段可以对风景名胜区规划落实情况开展评估，通过叠加核心景区、功能分区等景区规划数据，辅助了解景区规划建设动态和规划落实情况，改善行业内"重

规划轻监管"的现状，为风景名胜区规划的有效落实和监管提供技术支撑。

（3）构建卫星遥感监测—数据下发—基层单位核查—审核销账的人类活动监管模式

将"天空地"一体化监测技术应用于风景名胜区人类活动核查中，对风景名胜区设施建设等人类活动实施全面监控，建立风景名胜区人类活动台账，形成卫星遥感监测—数据下发—基层单位核查—审核销账的闭环管理模式，构建"天眼"监测助力决策和问题驱动监管的双向保护措施，切实有效加强风景名胜区监督管理工作。

（4）加强风景名胜区内违法违规事项管理

通过应用高分辨率卫星遥感影像动态监测风景名胜区的人类活动，及时、高效地发现风景名胜区内开山、采石、开矿、开荒、盗伐、建设宾馆/疗养院等违法违规问题，使风景名胜区的监管工作变被动为主动，变粗放为精细，能够进一步加强风景名胜区监督管理，强化资源保护，提升保护管理水平。

（5）建设风景名胜区综合数据库

通过建设风景名胜区综合数据库，实现数据资源的集中存储、统一管理、维护和更新，促进数据开发利用和共享，为风景名胜区信息化建设提供数据支撑，推进风景名胜区管理信息化、智慧化进程。

（6）持续深入推进从遥感信息到风景行业信息的有效性、可靠性和可读性

随着高分辨率对地观测系统重大专项的实施以及民用领域遥感卫星产业的发展，遥感数据源变得极为丰富，为地面信息的获取提供了极大的便利。然而受限于遥感提取解译准确度和精度，从遥感信息到行业用户需要的信息还需要进一步研究和转化。未来，随着遥感技术、大数据和人工智能技术的发展，多遥感数据元、多行业数据以及AI结合实现的信息解译与成果生产，其解译信息的精度和可靠性将不断提高，从遥感信息到风景行业信息的有效性和可靠性也会逐步提升，同时遥感信息的表达必然是用户能够接受的专题地图、数据图表等定量信息和定量定性结论，故我国遥感技术未来发展应为基于遥感、大数据和AI技术的最终成果服务。

### 参考文献

［1］罗靖. 风景名胜区保护、监测与管理对策的研究[D]. 重庆：重庆大学，2003.

［2］中共中央办公厅，国务院办公厅. 关于建立以国家公园为主体的自然保护地体系的指导意见[Z]. 2019.

［3］ 李霞. 遥感技术在小流域规划治理中的应用研究——以北京市南湾小流域为例［J］. 水土保持研究，2014，21（1）：127-131.

［4］ 中共北京市委办公厅，北京市人民政府办公厅. 关于建立以国家公园为主体的自然保护地体系的实施意见［Z］. 2020.

［5］ 郝少英. 3S技术在林业资源调查上的应用研究［J］. 种子科技，2020，38（5）：91-92.

［6］ 刘丹丹. 3S技术在森林公园规划和管理中的应用研究［D］. 北京：北京林业大学，2005.

## 作者简介

李晓肃，1963年生，女，北京市园林绿化局，高级工程师。研究方向为自然和文化保护地规划与管理。

黎聪，1984年生，女，二十一世纪空间技术应用股份有限公司，林业业务事业部工程师。研究方向为林业遥感应用。

邓武功，1979年生，男，中国城市规划设计研究院，风景院所长，教授级高级工程师。研究方向为国土空间规划、自然和文化保护地规划设计、城市园林绿地规划设计。

# 生态茶园景观管理的生物多样性与经济绩效研究①
## ——以浙江绍兴御茶村为例

Research on Biodiversity and Economic Performance of Ecologial Tea‑Garden Landscape Management：Case Study of the Royal Tea Village in Shaoxing，Zhejiang

徐　曦　刘志荣　秦　晨　冉景丞　陈楚文　金敏丽

**摘　要**：茶园作为生产性农用地，是人为干扰下的半自然生态系统，具有多方面的生态系统服务功能。然而常规茶园对山体景观和植被的破坏，使得水土流失加剧；同时由于种植过程中农药、化肥、除草剂的使用以及景观异质性低，导致生物多样性支撑能力下降、病虫害控制力弱等问题，而这加剧了茶园生产对农药、除草剂的依赖，进入恶性循环。如何通过以生物多样性保护为目的的景观管理，提高茶园生物多样性支持能力，使茶园生产与生态的物质能量循环更具可持续性，是亟待探讨的主要问题。本研究以绍兴御茶村生态茶园为研究对象，以鸟和杂草为指示生物类群开展物种调查，比较生态茶园和对照茶园样方间的生物多样性差异，评估生态茶园对生物多样性保护的成效，找出茶园生态化的景观管理与生物多样性支持作用之间的关系，及其带来的减少农药投入、增加土壤肥力等效益。结果显示：经过将近 5 年的生态化管理，御茶村茶园在景观多样性、杂草种数、鸟类多样性等方面都优于采用常规和放荒两种管理模式的对照茶园；并且逐渐建立起新的物质能量平衡关系，使得农药投入减少、土壤肥力得到有效提升，逐渐实现生态产品、生态旅游、生态品牌效益的价值，是利用生物多样性保护实现可持续经营的重要案例。

**关键词**：生态茶园；景观管理；杂草多样性；鸟类多样性；可持续经营

**Abstract**：As productive agricultural land，tea gardens are semi-natural ecosystems under human interference，and have various ecosystem service functions．However，conventional tea gardens destroy mountain landscapes and vegetation making soil erosion aggravated．At the same time，due to the use of chemical pesticides，fertilizers，herbicides，and low landscape heterogeneity，the biodiversity support ability has been degraded which makes the weakening of pest and disease control by the ecosystem and the dependence on pesticides and herbicides has been aggravated．How to improve the biodiversity support capacity of tea gardens through landscape management，so as to make the material and energy cycle more sustainable，is the main issue to be discussed．In this study，the ecological tea garden of Yucha Village in Shaoxing was taken as the research object，and the species survey was carried out with birds and weeds as the indicator biological groups．The correlation study has been carried out between the landscape management measures，the supporting ability by the biodiversity，and the benefits it brings，such as reducing pesticide input and increasing soil fertility．The results showed that after nearly 5 years of ecological landscape management，the tea gardens in Yucha Village were superior to the control tea gardens in terms of landscape diversity，number of weed species，and bird diversity；and gradually establishing a new material-energy balance relationship，reducing pesticide input，effectively improving soil fertility，and gradually realizing the value of ecological products，eco-tourism，and eco-brand benefits，which makes it be an important case of using biodiversity conservation to achieve sustainable management．

**Keyword**：Ecological Tea Garden；Landscape Management；Weeds Diversity；Birds Diversity；Business Sustainability

① 基金项目：浙江农林大学科研发展基金人才启动项目（2034020099）资助。

随着生物多样性丧失的形势日益严峻、2021 年生物多样性缔约方第十五次大会（COP15）的召开，以及新冠病毒对全球健康、生态、社会和经济的影响，人们对生命及生物多样性的认识逐渐加深[1]。同时，中国在抗击气候变化和生物多样性丧失等全球重大议题方面的责任和作用也日益凸显[2]。自 20 世纪 80 年代起以英国为首的欧洲各国政府开始意识到健康的生态系统对可持续发展至关重要，于是开始重视景观管理并将其纳入城乡规划[3]与农业环境政策[4, 5]体系。茶园作为生产性农用地，是一种人为干扰下的半自然—半人工生态系统，其生态系统状况与茶园企业的可持续经营高度相关[6]。通过景观和生产管理（二者往往不可分割），影响着同时也依赖着生物多样性和生态系统[7]。景观是可持续发展的载体，扭转生物多样性不断丧失的趋势，需要良好的景观管理与可持续经营措施[8]。因此，以生产性农用地为研究对象，找出景观生态化管理的生物多样性维持机制，对促进实现全球生物多样性保护的共同目标具有重要意义[9]。

以往对基于生物多样性保护的景观管理及其生态、经济综合绩效方面的研究较少，仅从生态种植技术与茶叶品质提升、生态效益和经济效益等方面分别有一些探索与总结。①生态种植技术与茶叶品质提升方面：降低农药残留和重金属含量可以提高茶叶营养成分和口感、增加茶叶产量等[10-22]。在保持土壤肥力、控制杂草和虫害的同时，平衡好投入物、产量和残余物的关系是茶园种植管理的关键[6]。不少研究从提高茶叶产量和质量的角度分析，大量使用农药造成特定害虫抗药性激增、天敌种类和数量下降，造成农药花费提高，相比之下农药使用量少的茶园，天敌的生物控虫效果反而更好[10]。周边植被丰富、茶园伴生杂草时，能保护天敌昆虫等节肢动物群落多样性，提高自然控虫能力，有助于减少农药使用[11-14]；茶园种草[12]、间作绿肥[15-18]、剪枝覆盖[19]、人工除草[20]等方式控制和保护杂草，不仅可显著提高茶园昆虫生物多样性，而且能调节土壤温度、湿度，减少水土流失，保护土壤结构与有机质含量[21]，对提高茶叶品质（茶叶中氨基酸、茶氨酸等的含量）和茶叶产量均有明显益处[20-21]。②生态效益方面：茶园的生物多样性景观管理不仅对茶园病虫害综合防治具有正面的作用价值，能增强茶园遭遇严重生物或非生物灾害时的抗逆性[22]，而且具有调节小气候、保持土壤肥力、防止水土流失、涵养水源、净化空气等生态效益[23]。③经济效益方面：从目前生态茶园经济效益研究的角度，人们更关注生态茶园在茶叶文化、生态旅游、互联网经济等层面带来的经济收益，而对景观生态化管理带来的投入产出分析以及环境外部性如何显化为经济效益的研究较少[24-30]。

然而，通过基于生物多样性保护的景观管理，提升生产性农用地的生态系统平衡，构建杂草—昆虫—鸟类等的完整食物链，促进生态系统发挥生态服务功能，构建循环可持续的经济体系，一直以来是中国五千年农业文明的精髓。本文通过御茶村生态茶园案例，剖析茶园生态化转型所面临的挑战与机遇，探讨如何利用基于生物多样性保护的景观管理实现生态效益及经济的可持续性，帮助经营者将生态系统良态与商业经营联系起来，推动更多的景观管理转型为以生物多样性保护和利用为重要方式[1, 30]，从而促进生物多样性保护目标的实现。

# 1　研究方法

## 1.1　研究区域

研究区域位于浙江绍兴会稽山脉南侧（东经 120°42′，北纬 29°56′）。自 20 世纪 60 年代起为连片的国有茶场，1993 年以来接受日资共同建成御茶村，囊括了富盛、皋埠、鉴湖、稽东、王坛、兰亭各镇的连片茶场，面积约 4200 亩，后改造为可供机械化作业的标准茶园，并在 2001 年通过了有机生产认证、有机加工认证。2006 年起经营者在有机茶园的基础上，开展了种植方式的试验和转型：核心茶园（约 3500 亩）逐片转型为基于生物多样性管理的茶园，本文简称"生态型茶园"；零星有茶园采用常规法（使用农药、化肥、除草剂）和放荒为野生茶等管理方式（表 1）。本研究在茶园中选取了同时期转型的 14 个 200m 半径的圆形样地进行生物本底调查（图 1）。其中，生态型茶园 9 块样地，编号为 ycc1～ycc9；常规型茶园 4 块样地，编号为 dfh1～dfh3 和 yl1，其中 dfh1～dfh3 与平水江水库毗邻，yl1 样地位于杭绍台高速公路与 212 省道交叉口；放荒型茶园有 1 块样地，编号为 fh1，位于平陶公路北侧、生态型茶园样地对面（表 1）。

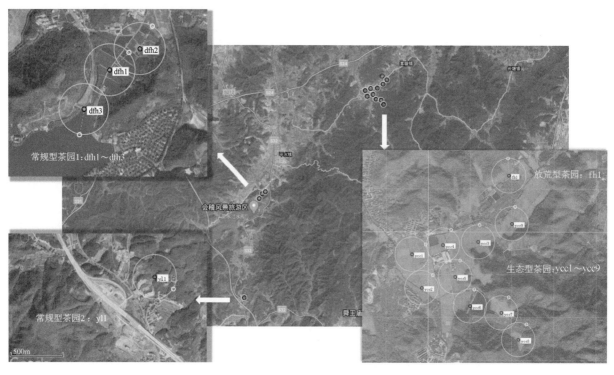

图 1　三种管理方式的茶园调查样地分布图

**茶园调查样地基本情况**　　　　　　表 1

| 管理类型 | 样地编号 | 管理方式 | 位置 |
|---|---|---|---|
| 生态型茶园 | ycc1～ycc9 | 在有机茶园标准的基础上，转型为基于生物多样性原理管理的茶园：不使用化学农药、化肥、除草剂；人工割草还田、杂草覆盖土壤；自制肥料参与养分循环；通过种植果树、鸟嗜植物、蜜源植物等方式增加植物多样性，重建生态系统食物链 | 会稽山脉南麓 |
| 常规型茶园 | dfh1～dfh2 | 在有机茶园的基础上，放弃有机茶园的种植管理方式，大量使用农药、化肥、除草剂进行常规式管理 | 会稽山脉南侧平水江水库东北 |
| | dfh3 | 平水江水库旁，作为鸟类调查背景值 | |
| | yl1 | 使用农药、化肥、除草剂进行茶园管理 | 会稽山南侧，杭绍台高速与212省道交叉口 |
| 放荒型茶园 | fh1 | 在有机茶园标准的基础上，进行放荒式管理，除开一年一次的采摘外，不做其他管理 | 与生态型茶园隔开一条马路相对 |

## 1.2　调查方法

本研究选择鸟类作为指示动物类群来反映企业对生物多样性管理的成效。原因在于，鸟类作为食物链的顶层物种，食用害虫的同时也食用天敌昆虫，客观上控制并反映着昆虫多样性水平[31]；鸟类的迁移性使得它们能根据自身需求选择适宜生境栖息，能很好地代表区域内的生物多样性整体性水平，反映生态系统健康程度[32]；并且鸟类观察和记录的难度较其他动物低，有利于积累数据开展横向（不同空间）及纵向（不同时间）的监测和对比研究，是国内外生物多样性整体性研究常采用的指示动物类群[33-36]。

鸟类调查采用样点-样线法。本次调研共 14 个 200m 半径圆形样地，在样地中以样点法进行鸟类调查，记录样地所有看见、听见的鸟类的种类和数量。每块样地 3 个样点（共 42 个样点），样点间距离＞100m，每个样点观察 10min，前 2min 不计数，待鸟类适应调查者后记录 8min。每个样地在茶园种植区分散设置 5 个 5m×5m 茶树调查样方（共 42 个），记录样方内的茶树密度、蓬径、高度、盖度，以及茶树种植区域的杂草种类和盖度；并在每个茶树样方中随机收割 0.5m×0.5m 的杂草，记录其地上部分鲜重。同时，记录样地的环境信息，包括生境类型及占比、建筑道路占比、水面占比、生境复杂程度、植被群落结构复杂性、人为干扰强度、乔木种数、灌木种数等。调查工具包括 Kowa 双筒望远镜、Sony DSC-RX10M4 数码照相机，并辅以奥维地图手机 APP 记录位置、测量距离和计算面积等。

茶园企业调查采用座谈、走访、资料收集等方法，通过现场问答、录音整理与现场考察相结合，确定企业近年来参与生物多样性保护与利用的动机、措施、投入与收益等多方面信息，分析企业参与过程中遇到的困难、问题，以及转化为新机遇的关键节点。

运用自然资本核算的方法，将生物多样性绩效、经济绩效、资金绩效、景观管理措施等联系起来，详细考察人类管理活动的同时，经济与生态发生的变化情况。虽然没有将生物多样性绩效的实物量转化为价值量进行核算，但对可量化指标进行了相关性分析，确认具有显著相关性的指标，指出几者之间的关系以及生态绩效转化为经济绩效的过程。

### 1.3　数据统计与分析

采用鸟类群落的丰富度、多度、Shannon-Wiener 多样性指数、Pielou 均匀性指数、Simpson 优势度指数来测量鸟类多样性状况[37,38]；通过 SPSS18.0 软件对鸟类多样性与杂草多样性、生境类型、生境特征因子等进行相关性分析，找出具有显著相关性的生境因子，并进行景观管理措施与结果的因果分析。

利用会计计量方法，列出生态化种植转型前后主要的投入与产出，包括实物量和价值量两个部分，对生态经济价值实现过程进行分析。

## 2　结果与分析

### 2.1　茶园鸟类多样性

2020 年秋季在茶园开展的鸟类多样性调研中，共记录到 10 目 25 科 39 种 1095 只鸟类。其中，有国家二级重点保护野生动物 4 种，包括：红隼（*Falco tinnunculus*）、游隼（*Falco peregrinus*）、普通鵟（*Buteo buteo*）和红喉歌鸲（*Calliope calliope*）。除大白鹭（*Ardea alba*）、斑嘴鸭（*Anas zonorhyncha*）和小䴙䴘（*Trachybaptus ruficollis*）三种水鸟仅出现在平水江水库（dfh3）的开阔水面以外，其他 36 种在生态型茶园样方中均有记录。其中，雀形目（Passeriformes）鸟类，种类占 64.1%、数量占 94.5% 均为最多；种类排名：隼形目 3 种，鹳形目（Ciconiiformes）、鸻形目（Charadriiformes）、鸽形目（Columbiformes）均为 2 种，其余 1 种；数量排名：鸽形目 32 只、雁形目（Anseriformers）14 只。科水平鸟类

种数最多为雀形目的鸦科（Corvidae）与鸫科（Turdidae），均为 4 种；数量最多的三个科为鸦雀科（Pradoxornithidae，32.9%）、鹎科（Pycnonotidae，22.1%）、椋鸟科（Sturnidae，6.77%）。其中，鸦科、鸫科、椋鸟科均为中等体型的杂食性鸟类，以无脊椎动物、幼鸟、小型哺乳动物、土壤动物、昆虫及各种果实、种子为食；而数量占比最多的鸦雀科和鹎科都是食虫为主，兼食果实与种子。它们的存在说明鸟类种群多为茶园益鸟，帮助茶园控制病虫害，并保护着生态系统的稳定和健康。

鸟类丰富度方面，生态型茶园（36 种）＞常规型茶园（6 种）＞放荒型茶园（4 种）。平均每样点鸟类丰富度：生态型茶园（8 种）＞放荒型茶园（4 种）＞常规型茶园（2 种）。在半径同为 200m 的圆形样地中，生态型茶园的样地鸟类多度远超过其他茶园（图 2）。鸟类丰富度

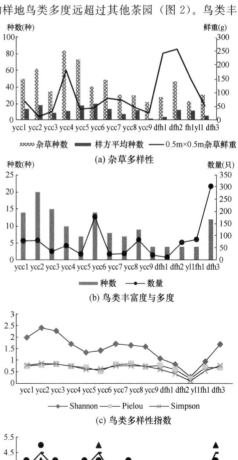

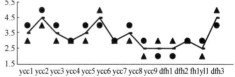

图 2　2020 年秋季茶园生物多样性调查样点情况图

较高度样地为 ycc2（20 种）、ycc3（15 种）、ycc6 和 ycc1（14 种）；其次为平水江水库 dfh3（12 种，作为环境背景值）、ycc4（10 种）和 ycc9（9 种）；鸟类种数较少的样地为 dfh2、yl1 和 fh1（均为 4 种），dfh1（5 种）。鸟类多度较高的样地依次为 dfh3（301 只）、ycc6（134 只）、fh1（86 只）、ycc9（83 只）、ycc2（82 只）、ycc1（80 只）、yl1（73 只）。其中样地 fh1 和 yl1 的鸟类数量较多（>70 只）、种数少（4 种），受成群的棕头鸦雀（*Paradoxornis webbianus*）和红头长尾山雀（*Aegithalos concinnus*）等小型鸟类集群影响较大。

茶园样地中调查鸟类的 Shannon 多样性指数、Pielou 均匀度指数以及 Simpson 优势指数大致呈现较为一致的分布趋势，均为生态型茶园>放荒型茶园>常规型茶园。生态型茶园有几块样地的鸟类多样性指数甚至高出作为环境背景值的平水江水库，可以初步判断为生态型茶园对林鸟比人工水库更具吸引力。

## 2.2　鸟类多样性与环境因子的相关性分析

鸟类多样性与环境因子的相关性分析表明：生境复杂性、植被群落垂直复杂性、25m² 茶树样方杂草种数以及茶树蓬径与鸟类种数呈显著正相关；水面占比、生境复杂性和植被群落水平复杂性与鸟类数量呈显著正相关；而植被占比（单一化茶树种植）、道路占比与鸟类数量呈显著负相关。鸟类的 Simpson 多样性指数和 Pielou 均匀度指数与人为干扰呈显著负相关，鸟类的 Shannon 多样性指数与植被群落垂直复杂性呈显著正相关（表 2）。

鸟类多样性与环境因子相关性分析　　　　　　表 2

| 相关性 | 人为干扰 | 道路占比 | 植物占比 | 水面占比 | 生境复杂性 | 植被群落水平复杂性 | 植被群落垂直复杂性 | 样方杂草种数 | 茶树蓬径 |
|---|---|---|---|---|---|---|---|---|---|
| 鸟类种数 | | | | | 0.740 ** | | 0.808 ** | 0.548 * | 0.661 ** |
| 鸟类数量 | | −0.539 * | −0.858 ** | 0.903 ** | 0.610 * | 0.681 ** | | | |
| Pielou 均匀度 | −0.660 * | 0.549 * | | 0.628 * | | | | | |
| Shannon 指数 | | | | | | | 0.636 * | | |
| Simpson 指数 | −0.655 ** | | | | | | | | |

注：** 表示显著性水平为 0.01 时，统计检验的相伴概率值≤0.01；* 表示当显著性水平为 0.05 时，统计检验的相伴概率值≤0.05。

# 3　景观管理措施的生态与经济绩效分析

## 3.1　提高景观异质性

常规型茶园为了提高生产力、方便作业、减少病虫害，常做统一化管理，使得茶园景观单调，仅有茶树、池塘和荒草地 3 种景观斑块类型。而生态化管理的茶园特意保留了茶园中的溪流、池塘、水库、遗产保护地，还增植了果树如樱桃（*Cerasus pseudocerasus*）、梨树（*Pyrus bretschneideri*）、桑树（*Morus alba*）等，药用植物如杜仲（*Eucommia ulmoides*）等，蜜源植物如黄秋英（*Cosmos sulphureus*）、百日菊（*Zinnia elegans*）、凤仙花（*Impatiens balsamina*）、薰衣草（*Lavandula angustifolia*）、太阳花（*Portulaca grandiflora*）等，使其景观结构更为丰富、生境斑块类型更为多样（表 3）。

茶园景观特征与茶树种植区植物样方对比　　　　　　表 3

| 茶树种植区域的植物特征 | 生态型茶园 ycc | 常规型茶园 dfh | 常规型茶园 yl | 放荒型茶园 fh |
|---|---|---|---|---|
| 生境斑块类型数 | 10 | 1 | 3 | 2 |
| 茶树平均密度（丛/25m²） | 54 | 39.75 | 32 | 33 |
| 茶树平均蓬径（m） | 0.646 | 0.5 | 0.4 | 0.633 * |
| 茶树平均盖度（%） | 89.5 | 73.3 | 52.89 | 65% ** |
| 杂草平均盖度（%） | 9.333 | 15.75 | 20.5 | 26.66 |
| 裸露土壤比例（%） | 1.17 | 10.95 | 26.61 | 8.34 |
| 杂草种数（种/25m²） | 14.6 | 3.75 | 9 | 12.33 |
| 杂草平均鲜重（g/m²） | 99.38 | 134.35 | 147.85 | 257.37 |

注：常规型茶园 1dfh 和放荒型茶园 fh 原本与生态型茶园 ycc 同为有机茶园，最初蓬径相差不多，2006 年起开始采用不同的种植管理方式后，由于茶树修剪、死亡、更替等多种原因造成茶园景观逐渐不一致。

## 3.2　茶树种植与杂草管理

生态型茶园的茶树种植密度为平均 54 丛/25m²，高于其他茶园（32～40 丛/25m²）；茶树平均蓬径（0.646m）高于其他茶园（0.4～0.633m）；通过缩小土壤裸露面积[生态型茶园土壤裸露面积平均为 1.17%，远小于其他种植方式的茶园（8.34%～26.61%）]，达到控制杂草、保持土壤水分的作用。在 5m×5m 的茶树样方中，生态型茶园茶树种植区杂草平均盖度仅为 9.33%，平均鲜重为 99.38g，低于常规型茶园和放荒型茶园样方（15.75%～26.66%，134.35～257.37g）；同时，生态型茶园植物样方的平均种数（14.6 种）远高于两个常规化种植的茶园（3.75 种和 9 种），也高于放荒式茶园（12.33 种）。可见生态型茶园杂草呈现丰富度高、多度小的趋势，反映其生物多样性较高，杂草群落得到优化与控制（图 3）。

图 3　御茶村 ycc-5 样地景观（茶园周围
人工间杂栽种植物的生态管理模式）

根据 14 个样地中茶树蓬径和盖度与植被相关性分析（表 4），茶树蓬径与样地植物种数、样方杂草种数呈显著正相关；茶树盖度与样方杂草鲜重和盖度呈显著负相关。

可知生态型茶园的大蓬径种植方式，在不使用除草剂的情况下，有效地抑制了杂草多度，同时提高了杂草多样性。

**茶树种植方式与杂草多样性相关性分析**　　表 4

| | 植物种数 | 样方杂草种数 | 样方杂草鲜重 | 样方杂草盖度 |
|---|---|---|---|---|
| 茶树蓬径 | 0.533 * | 0.628 * | — | — |
| 茶树盖度 | — | — | −0.737 * * | −0.563 * |

注：* * 表示显著性水平为 0.01 时，统计检验的相伴概率值≤0.01；* 表示当显著性水平为 0.05 时，统计检验的相伴概率值≤0.05。

## 3.3　土壤肥力管理

自 2016 年始生态型茶园全面使用有机肥替代化学肥料，然而第一年使用外购有机肥（带有害虫虫卵）导致虫害爆发，引起农场生物多样性失控，损失惨重。痛定思痛，管理者决定使用生物除虫剂控制害虫，不再使用外购有机肥，同时自行生产土壤肥料，建立肥料生产厂房，养殖生态猪，利用自产的牲畜粪便、植物残枝等副产品，通过加入微生物进行发酵生产大量土壤改良物，施用于茶园进行土壤肥力改良。生态转型中，使用的生物除虫药剂比以往使用化学农药每年投入增加 30 万元。而当有机肥料生产中心全面运行以后，从 2021 年起每年自行生产 5000t 有机肥，比购买外部有机肥节省 200 万元，相比原来使用化肥时节省约 50 万元。总体上，生态转型后在肥料和农药投入上每年节省 20 万元，同时土壤得到持续改良。引发的无形价值不仅体现在产品质量的提高和产量可持续性上，更体现在茶园生态效益的外部性上，通过企业品牌含金量的提升、人才培养与知识输出等方面的贡献，逐渐显化为社会效益和经济效益（表 5）。

**生态转型前后生态型茶园每年控制病虫害和施肥方面的投入比较**　　表 5

| 投入与产出 | 实物量 | | | | | 价值量 | | |
|---|---|---|---|---|---|---|---|---|
| | 化学农药使用量（kg） | 生物药剂使用量（kg） | 化学肥料使用量（t） | 有机肥料使用量（t） | 有机肥料生产量（t） | 控虫投入（万元） | 肥料投入（万元） | 投入总计（万元） |
| 生态转型前 | 500 | 0 | 100 | 0 | — | 50 | 50 | 100 |
| 转型中 | — | — | — | 1000 | 1200 | 50～80 | 200 | |
| 生态转型后 | 0 | 600～700 | 0 | — | 5000 | 80 | 0 | 80 |
| 增量 | | | | | | 30 | −50 | −20 |

## 3.4　教育培训与访客管理

生态型茶园相比其他茶园增加了教育培训和访客管理的投入。通过开展自然教育、茶叶种植、生态管理培训等活动，培养不同年龄段学生的生态保护意识；同时

开展与高校、科研院所的合作，加强了茶园生态种植技术创新和后备人才培养。通过控制车辆进入茶园，对访客进行了一定的行为规定，减少游客对茶园的人为干扰，同时提高了游客素质和茶园生态环境的体验品质。使其从依赖经销商而不注重消费端的原料生产加工茶

园，转型为通过自身品牌形象提升、逐步建立起自身营销网络的综合性茶园。生态转型前后，其在广告、公关等销售投入方面基本保持不变。而生态转型后商务访问和参加培训的人数（茶业经营者、种植者以及大学生等）显著增加，来访的游客和中小学生实践团体也逐渐增多。随着到访受训人数和游客的增多，通过真实的生态体验带来的品牌效应开始深入人心，逐渐建立起基于企业自身的营销网络（表6）。

**生态转型前后茶园在教育培训和生态旅游方面的参与人数和收支变化** 表6

| 投入与产出 | 实物量 | | | | | | 价值量 | |
|---|---|---|---|---|---|---|---|---|
| | 生态型茶园管理师培训班（期） | 参会企业（家） | 受训学生（人次） | 因生态转型而引起的商务考察（人次） | 散客（人次） | 中小学生实践课（人次） | 广告公关投入（万元） | 营收（万元） |
| 生态转型前 | 0 | 0 | 0 | 0 | 500～1000 | 0 | 5～10 | 0 |
| 生态转型后 | 2 | 100 | 500 | ＞200 | ＞2000 | 500 | 5～10 | 10 |
| 增量 | 2 | 100 | 500 | ＞200 | ＞1000 | 500 | 0 | 10 |

## 4 结论与讨论

根据上文分析可以得出以下结论：①在茶园中增加生境多样性、植被群落结构复杂性、茶树蓬径和杂草种数将提高茶园鸟类多样性；②适当提高水面占比、减小茶树占比、提高植被群落结构的水平复杂性是鸟类数量增加的重要原因。③生态型茶园通过种植鸟嗜乔木、保留荒草地、保持溪流自然性等措施，使得茶园生境复杂性和植被群落结构水平及垂直多样性均得以提高，为鸟类提供了食物和栖息地，起到提升鸟类多样性的效果。④茶树密植及提高蓬径的修剪方式，在追求茶叶产量最大化的同时，使得杂草数量下降，实现不使用除草剂控草，从而使得杂草种数得到提高。⑤杂草可以为节肢动物、软体动物等提供重要的食物和栖息地，根据已有的鸟类对节肢动物的响应[6,23]研究反推，害虫和非害虫都是鸟类的食物，杂草多样性增加支持更多不同物种，引起食物链反应，增加了鸟类多样性，同时，鸟类给生态型茶园及其周边地区带来重要的虫害控制这一生态系统服务价值。生态茶园进行以生物多样性保护为目的的景观管理，其中所应用的生态学规律主要包括：利用物种栖息地理论、生态位理论、生态演替理论、食物链理论构建健康的半人工—半自然生态系统；利用"消费者—分解者—生产者"物质循环理论恢复土壤肥力，构建循环经济模式。

生态茶园在生态经济价值实现过程中有几个重要的因素，既要保持对投资—回报时间上有足够的宽容度，又要对重建生态系统平衡和利用生物多样性做功的原理和规律深度认可，并且对新生产方式带来的新挑战和机遇充分敏感和快速应对。在利用自然做功的同时，积极有效地进行人工干预，做到有为和无为并行，在生态效益与经济效益间寻找平衡点。这是生态化管理不同于放荒式管理的部分。具体体现在：①生态要素之间存在复杂的相关关系，生态化种植增加的投入与产出不一定一一对应：如在生态化转型之初使用从外部购入的有机粪肥，造成新增病虫害在茶园内大爆发导致减产，使投资人之间发生严重意见分歧，几令转型停滞。促使管理者打破常规思维，开始自行生产清洁的有机肥料，化不利为有利，反而使得肥料生产成为循环经济扭亏为盈的关键。②不使用农药、除草剂和化肥的初期，产量急剧下降，经过两年跌到谷底。而在此期间茶树逐渐重建植物根系、土壤微生物和土壤动物之间的微妙关系，两年后产量逐渐回升，重新趋向优质高产的状态。③生态型茶园的种植方式转型从最初仅利用便捷工具进行"生态志愿者"式的试点，转变为拥有若干科研骨干、创新力量的生态化新型生产队伍，是人力资本和知识资本的重构。开始进行农业生态学的系统性观察和思考，进而发展到对生态化茶园管理方式的主动传播与推广培训，又增加了社会关系资本的积累。从而逐渐实现各种潜在资本的增加，实现品牌价值提升和经济价值显化。

致谢：感谢贵州省林业科学研究院冉景丞教授、贵州省凯里学院大健康学院罗祖奎教授对本研究给与的指导；感谢绍兴御茶村茶业有限公司工作人员谢良妹、金李孟、吕闻强等对数据收集提供的帮助；感谢 Abovefarm 生态农场评级机构工作人员曹碧缨、卓雯静等参与数据收集工作；感谢朱艳等对本文方法论与行文提出的指导意见。

### 参考文献

[1] 肖能文．全球生物多样性保护形势与中国作用[J]．当代世界，2021(11)：10-15.

[2] 周方治．"两山论"：推进全球生物多样性保护的中国经验[J]．当代世界，2021(11)：28-33.

[3] 鲍梓婷，周剑云 . 英国景观特征评估概述——管理景观变化的新工具[J]中国园林，2015，31(3)：46-50.

[4] KLEIJN，D，SUTHERLAND W J，How effective are European agri environment schemes in conserving and promoting biodiversity[J]. Journal of applied ecology，2003，40(6)：947-969.

[5] BATÁRY P，BALDI A，EKROOS J，et al.，Biologia futura：landscape perspectives on farmland biodiversity conservation [J]. Biologia futura，2020，71：9-18.

[6] 曹林奎 . 农业生态学原理[M]. 上海：上海交通大学出版社 . 2011：42-51

[7] FINISDORE J，HASON C，RANGANATHAN J，et al. The corporate ecosystem services review：Guidelines for identifying business risks and opportunities arising from ecosystem change version 2. 0[M]. Wangshington DC：World Resources Institute，2012.

[8] 赵阳 . 国外企业参与生物多样性新范式——建立"环境损益账户"案例分析和对我国启示[J]. 环境保护，2020，48(6)：70-74.

[9] 张敏，杨晓华，蓝艳，等 . 爱知生物多样性目标实施进展评估与对策建议[J]. 环境保护，2020，48(19)：60-63.

[10] 曾明森，刘丰静，王定锋，等 . 4 种不同类型农药茶园使用效果综合评价[J]. 茶叶科学技术，2014(2)：22-27.

[11] 刘晨，陈国华，唐嘉义，等 . 不同茶园昆虫群落结构及稳定性分析[J]. 云南农业大学学报(自然科学版)，2010，25(6)：786-791.

[12] 冯明祥，姜瑞德，王继青，等 . 茶园种草对茶树主要害虫及其捕食性天敌的影响[J]. 山东农业科学，2010(10)：89-91.

[13] 季敏，孙国俊，朱叶芹，等 . 不同树龄茶园杂草群落物种组成及多样性差异[J]. 杂草科学，2014，32(1)：19-29.

[14] 潘铖，韩善捷，韩宝瑜 . 管理模式对 4 类茶园节肢动物群落时空格局和多样性影响[J]. 茶叶科学，2015，35(4)：316-322.

[15] 程章平 . 套种绿肥对茶园节肢动物群落的影响[D]. 福州：福建农林大学，2014.

[16] 吴满霞 . 茶园间作增进生物多样性和提升茶叶品质的研究[D]. 北京：中国农业科学院，2010.

[17] 许丽艳 . 茶园间作不同绿肥对假眼小绿叶蝉和主要茶虫天敌的影响[D]. 福州：福建农林大学，2013.

[18] 胡磊 . 套种圆叶决明和施肥对茶园土壤固氮微生物群落的影响[D]. 福州：福建农林大学，2010.

[19] 孙永明，李小飞，俞素琴，等 . 茶园不同控草措施效果比较[J]. 南方农业学报，2017，48(10)：1832-1837.

[20] 黎健龙，唐劲驰，吴利荣，等 . 间作与覆盖对茶园生物多样性及茶叶产量的影响[J]. 广东农业科学，2010，37(11)：29-32.

[21] 胡桂萍，曹红妹，石旭平 . 间作植被对茶园生态环境和茶叶产量的影响[J]. 江西农业大学学报，2019，41(2)：300-307.

[22] 杨晓丹，胡菀，温馨 . 庐山云雾茶园秋季杂草群落多样性分析[J]. 安徽农业科学，2020，48(13)：137-143.

[23] 杨丽锟，彭飞，熊鹏飞，等 . 福建省安溪县生态型茶园与非生态型茶园生态效益比较研究[J]. 自然与文化遗产研究，2019，4(11)：101-105.

[24] 张新武 . 宁化县生态型茶园建设及茶叶产业可持续发展的探讨[D]. 福州：福建农林大学，2017.

[25] 郭璇，刘思梦，曾小红，等 . 生态茶园模式推动革命老区乡村经济振兴——以江西省修水县大椿乡新庄村为例[J]. 现代农业研究，2020，26(7)：11-13.

[26] 张耀武，张静姝 . 探索茶文化传承　助力茶产业发展——九畹丝绵茶业有限公司的文化担当[J]. 蚕桑茶叶通讯，2020(1)：35-37.

[27] 王振鹏 . 茶园生态资源与旅游资源深度融合发展的实施策略分析[J]. 福建茶叶，2017，39(2)：112-113.

[28] 石莹 . 生态茶园环境与旅游经济协调发展研究[J]. 旅游纵览，2018，(16)：164＋166.

[29] 谢宁光 . 生态茶园环境与旅游经济协调发展研究[J]. 福建茶叶，2018，40(5)：130-131.

[30] 张新武 . 宁化县生态茶园建设及茶叶产业可持续发展的探讨[J]. 福州：福建农林大学，2017.

[31] SMITH C，MILLIGAN M C，JOHNSON M D，et al. Bird community response to landscape and foliage arthropod variables in sun coffee of central Kenyan highlands[J]. Global ecology and conservation，2018，13：1-9.

[32] HU R C，WEN C，GU Y Y，et al. A birds view of new conservation hotspots in China［J］. Biological conservation，2017，211：47-55.

[33] XU X，XIE Y J，QI K，et al. Detecting the response of bird communities and biodiversity to habitat loss[J]. Science of the total environment，2018，624：1561-1576.

[34] IVITS E，BUCHANANG OLSVIG-WHITTARERL et al. European farmland bird distribution explained by remotely sensed phenological indices[J]. Environment Modeling & assessment 2011，16(4)：385-399.

[35] 徐曦，罗祖奎，张宪英，等 . 生态学信息在城市总体规划中的导入与应用[J]. 城市发展研究，2020，27(10)：9-16.

[36] 马克平，刘玉明 . 生物群落多样性的测度方法 I α 多样性的测度方法(下)[J]. 生物多样性，1994，2(4)：231-239.

[37] 陈俊华，文吉富，王国良，等 . Excel 在计算群落生物多样性指数中的应用[J]. 四川林业科技，2009，30(3)：88-90＋60.

[38] 吕闰强 . 抹茶茶园病虫害防治技术现状与趋势[J]. 中国茶叶，2019，41(2)：14-16.

## 作者简介

徐曦，1981 年生，女，浙江农林大学风景园林与建筑学院，讲师。

刘志荣，1971 年生，男，高级工程师，浙江绍兴御茶村茶业有限公司，董事长。

秦晨，1977 年生，女，上海 Abovefarm 生态农场评级机构，创始人。

冉景丞，1969 年生，男，教授，贵州省林业科学学院，贵州省林业科学研究院院长。

陈楚文，1968 年生，男，浙江农林大学风景园林与建筑学院副教授，浙江农林大学园林设计院院长。

金敏丽，1981 年生，女，浙江农林大学风景园林与建筑学院讲师，浙江农林大学园林设计院保护地所所长。

# POI 空间密度与绿容积率的关系研究①

## Analysis of the Relationship between POI Spatial Density and Green Plot Ratio

武梦婷　姚崇怀*

**摘　要**：以武汉市三环线以内的中心城区为研究区域，划分为公里网格，采用核密度估计法和空间自相关分析，对绿容积率和 POI（point of interest，兴趣点）空间密度的分布态势进行分析，并利用 SPSS 和地理加权回归模型 GWR（geographically weighted regression）对绿容积率和 POI 空间密度的关系进行探讨。研究表明：①POI 和绿容积率都具有正的空间自相关性，呈现出高值聚集的特征。②绿容积率空间密度与公共用地 POI、产业用地 POI、商业用地 POI、居住用地 POI、交通用地 POI 的空间密度呈现显著负相关关系，与休闲绿地 POI 的空间密度呈现显著的正相关关系。绿容积率增加一个点，休闲绿地 POI 的空间密度增加 0.047，公共用地 POI、产业用地 POI、交通用地 POI、商业用地 POI、居住用地 POI 的空间密度分别减少 0.002、0.006、0.007、0.002、0.009。③各类型 POI 空间密度与绿容积率空间密度的关系具有显著的空间异质性，其中对绿容积率空间密度的负影响中，商业用地 POI＞交通用地 POI＞居住用地 POI＞公共用地 POI＞产业用地 POI。研究结果可为设施完善化和绿化效益扩大化的共存提供新视角。

**关键词**：风景园林；绿容积率；兴趣点（POI）；武汉；GWR

**Abstract**：Taking the central urban area within the third ring road of Wuhan as the study area, it is divided into kilometer grids, and the distribution of green plot ratio and POI（point of interest）spatial density is analyzed by kernel density estimation method and spatial autocorrelation analysis. SPSS and geographic weighted regression model GWR（Geographically Weighted Regression）discussed the relationship between green plot ratio and POI spatial density. The research shows that：1. POI and green plot ratio both have positive spatial autocorrelation, showing the characteristics of high value aggregation. 2. The spatial density of green plot ratio has a significant negative correlation with the spatial density of public land POI, industrial land POI, commercial land POI, residential land POI, and transportation land POI, and has a significant positive correlation with the spatial density of leisure green land POI. The green area ratio per square kilometer increases by one point，the POI of leisure green space increases by 0.047, the POI of public land, industrial land POI, transportation land POI, commercial land POI, and residential land POI decrease by 0.002，0.006，0.007, 0.002，and 0.009 respectively. 3. Each The relationship between the spatial density of type POI and the spatial density of green plot ratio has significant spatial heterogeneity. Among the negative effects on the spatial density of green plot ratio, commercial land POI ＞ transportation land POI ＞ residential land POI ＞ public land POI ＞ industry land POI. The research results can provide a new perspective on the coexistence of facility improvement and greening benefit expansion.

**Keyword**：Landscape Architecture；Three-dimensional Green Volume；Point of Interest；Wuhan；Geographically Weighted Regression（GWR）

① 基金项目：国家自然科学基金"城市绿容积率分析及规划调控研究"（项目编号 105-401417121）。

# 引言

城市是多类用地混合构成的空间复合体[1]，近年来，利用 POI（point of interest）数据进行城市用地的识别和界定取得了突破性的进展和优化[2-4]，使得工作流程简化、工作量减少和准确度提升。POI 是指包含名称、类别等属性信息和经纬度、位置等空间信息的反映与人类日常生活密切相关的各类设施分布状态的地理空间兴趣点数据[5]。有研究表明 POI 与人口的活动分布具有较高的一致性[6]。人们通常采用样方密度法、基于 Voronoi 图法和核密度分析法三种方法对点数据进行分析[5,7]，前两种方法均是基于欧氏距离的理想化分析方法，认为空间是同一均质的，忽视了城市中空间的连接是以路网为基础，并且过渡不光滑，在分割单元交界处密度值变化突兀；核密度估计法是一种从数据本身出发对数据分布特征进行研究的非参数估计方法[8]，可以对数据的偏度和多模态等特征提供有意义的分析信息[9]，其优势在于权重分析，每一个要素点根据距离的由近及远将自身的密度值从高到低以连续光滑的形式分配给周围，即"距离衰减效应"[10,11]。

在城市各类用地之中，近年来人们对于绿地空间尤为关注，认为城市绿地代表着一个城市的生态环境质量、生活质量和发展水平，映射出人类"趋蓝向绿"的本性[12]，既往在城市绿地空间评价方面使用的人均绿地面积、绿地率等二维平面上的绿地评价指标主要关注城市绿地的面积和数量[13]，在衡量城市绿地的结构与功能、生态服务效益和促进"环境公平"等方面存在明显的不足[14]，绿容积率概念的提出弥补了这一缺憾，它使用单位面积上植物的叶面积总量从三维角度评价城市绿化的生态功能和环境效益，反映绿化的空间结构[15]。因此，通过研究绿容积率与城市各类用地 POI 的聚集情况及相关关系，使得从空间的角度探究城市的绿色空间规划布局与人类各种日常活动的关系和规律成为可能。

目前有关 POI 在空间分析上的应用主要关于城市功能区划分[2-4]、城市中心（边界）识别[16-18]、业态集聚分析[19]和选址匹配最优解[20-22]四个方面，尚未有在城市空间尺度运用 POI 数据对城市绿容积率进行关联研究的报道，基于这一认识，本研究借助高德地图 POI 数据，以武汉市三环线范围内的主城区为研究区域，分析城市各类型 POI 空间密度与绿容积率空间的相互关系，为提升城市生态环境质量、优化城市绿地格局提供新视角。

# 1　研究方法

## 1.1　研究区域及数据采集

### 1.1.1　研究区域

武汉市是中国华中地区的中心城市，其中三环线以内的主城区人口与设施集聚，城市绿化的生态服务效益如滞尘减噪、杀菌净化和娱乐健身与居民之间关系尤为密切。该区域总面积约为 524.3km²，占武汉市总面积的 6.12%（图 1），该区域内各类用地与绿色空间呈较为明显的镶嵌状态。

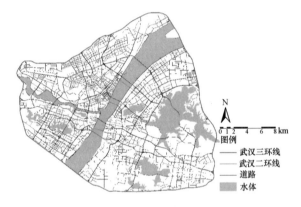

图 1　研究区域概况

### 1.1.2　POI 数据的获取

POI 数据基于 python 通过高德地图 API 接口获取，下载时间为 2021 年 4 月 15 日，高德地图将 POI 数据分为 23 类。去除样本量小且参考价值不大的地名地址信息、事件活动、室内设施和通行设施数据，笔者对剩余的 19 类 POI 数据根据其属性及与相关用地的关系进行重分类（表 1）。

POI 重分类结果及数量特征　表 1

| POI 大类 | POI 小类 | 武汉市三环线内数量（个） | 占比 |
|---|---|---|---|
| 公共用地 POI | 体育休闲服务、医疗保健服务、政府机构及社会团体、科教文化服务、公共设施 | 46728 | 28.5% |
| 休闲绿地 POI | 风景名胜 | 866 | 0.5% |
| 产业用地 POI | 公司企业 | 15533 | 9.5% |
| 交通用地 POI | 交通设施服务、道路附属设施 | 17433 | 10.6% |
| 商业用地 POI | 汽车服务、汽车销售、汽车维修、摩托车服务、餐饮服务、购物服务、金融保险服务、生活服务、住宿服务 | 73033 | 44.5% |
| 居住用地 POI | 商务住宅 | 10519 | 6.4% |
| 合计 | | 164112 | 1 |

### 1.1.3　影像及绿容积率数据的获取

本研究利用卫星遥感影像采集、获取研究区绿容积率数据，卫星影像数据来自 2018 年 4 月 28 日的 SPOT-6 卫星遥感影像，影像分辨率全色波段为 1.5m，多光谱波段为 6m，对影像进行正射校正、图像融合和图像拼接等预处理操作后，用于后续研究（图 2、图 3）。

图 2　调研样点分布图

图 3　卫星影像图

## 1.2　研究方法

### 1.2.1　POI 数据处理

使用 POI 来表征城市中不同空间的分布聚集情况，运用核密度分析法对数据进行分析，核密度分析法计算公式为：

$$f(s) = \sum_{i=1}^{n} \frac{1}{h^2} k\left(\frac{s - c_i}{h}\right)$$

式中　$f(s)$ 为空间位置 $s$ 处的核密度计算函数；$h$ 为距离衰减阈值；$n$ 为与位置 $s$ 的距离小于或等于 $h$ 的要素点数；$k$ 函数则表示空间权重函数[5]。

核密度分析法的结果受距离衰减阈值的影响显著[23]。较小的距离衰减阈值显现出的细节化程度较高，体现出局部的离散程度，较高的距离衰减阈值全局化程度较高，但容易忽略一些细节。为了消减该影响，研究前选

取 200m、500m 和 800m 的带宽进行公共用地 POI 的核密度分析比较，最终优选 500m 的带宽。

### 1.2.2　绿容积率的计算

（1）现场绿容积率实测

对武汉市三环线内公园、游园、高校校园、风景区等各类典型绿地的不同植物群落进行实地调研，运用 Hemiview 冠层分析系统进行叶面积指数的测定，采集 534 个样点数据，剔除受干扰的无效样本，最终获得有效样点数据 308 个。因为叶片为双面，所以实际使用的叶面积指数为 Hemiview 测量值的两倍。

（2）植被指数提取

在 ENVI5.3 平台上根据植被指数计算公式分别运算得出研究区的比值植被指数（RVI）、归一化植被指数（NDVI）、土壤调节植被指数（SAVI）、增强型植被指数（EVI）、修正土壤调节植被指数（MSAVI）、转换型植被指数（TVI）、差值植被指数（DVI）和垂直植被指数（PVI）等 8 项植被指数数值并生成植被指数图，植被指数数据导入 ArcGIS10.2.2 中用于提取样点的植被指数值（表 2）。

（3）反演模型构建

将有效的 308 个样点的植被指数和叶面积指数相对应。根据统计学原理，随机抽取三分之一的数据即 102 个有效样点数据用于配对样本 T 检验，剩余三分之二的数据即 206 个有效样点数据导入 SPSS 软件中用于公式反演。植被指数和叶面积指数之间的方程极少为一元回归方程且数据自身差异较小，因此对植被指数和叶面积指数乘以十再取对数后建立 $\ln(10VI) - \ln(10LAI)$ 的模型分析。最终根据反演方程的 $R^2$、$F$ 值和精度检验结果得到最优模型。

植被指数表　　表 2

| 植被指数 | 缩写 | 公式 |
| --- | --- | --- |
| 比值植被指数 | RVI | $RVI = \dfrac{\rho_n}{\rho_r}$ |
| 归一化植被指数 | NDVI | $NDVI = \dfrac{\rho_n - \rho_r}{\rho_n + \rho_r}$ |
| 土壤调节植被指数 | SAVI | $SAVI = (1+L)\dfrac{\rho_n - \rho_r}{\rho_n + \rho_r + L}$ |
| 增强型植被指数 | EVI | $EVI = G \times \dfrac{\rho_n - \rho_r}{\rho_r + C_1 \times \rho_r - C_2 \times \rho_{BLUE} + L}$ |
| 修正土壤调节植被指数 | MSAVI | $MSAVI = \dfrac{2\rho_n + 1 - \sqrt{(2\rho_n + 1)^2 - 8(\rho_n - \rho_r)}}{2}$ |
| 转换型植被指数 | TVI | $TVI = \sqrt{NDVI + 0.5}$ |

续表

| 植被指数 | 缩写 | 公式 |
|---|---|---|
| 差值植被指数 | DVI | $DVI = \rho_n - \rho_r$ |
| 垂直植被指数 | PVI | $PVI = \dfrac{N - a\varphi_r - b}{\sqrt{a^2 + 1}}$ |

（4）植被指数与绿容积率的关系方程优选

样本实测的绿容积率与各类植被指数的相关性分析结果见表 3，可以看出植被指数 RVI、NDVI、SAVI、MSAVI 和 TVI 与叶面积指数的皮尔森相关性系数大于 0.8，呈现出高度相关性（表 4），将这五项植被指数与 ln（10LAI）进行曲线模拟，ln（10TVI）－ln（10LAI）模型的 $R^2$ 值与 F 值最大，皮尔森相关性系数也为第二大值 0.891，相关性较高，将此模型拟定为最优模型。根据配对样本检验结果，T 值为 0.649，其显著性值为 0.518，大于 0.05，表明预测数据和实测数据间不存在显著性差异，方程精度较高（表 5）。

综上所述，运用 ln（10TVI）－ln（10LAI）的三次曲线模型 $Y = -72.252 + 43.297x - 1.930x^3$ 进行反演得到武汉市三环线内 LAI 分布图，即绿容积率分布图（图 4）。

植被指数与 ln（10LAI）的相关性分析　　　　表 3

| | | ln（10RVI） | ln（10NDVI） | ln（10SAVI） | ln（10EVI） | ln（10MSAVI） | ln（10TVI） | ln（10DVI） | ln（10PVI） |
|---|---|---|---|---|---|---|---|---|---|
| | 皮尔森相关 | 0.879** | 0.892** | 0.892** | 0.147* | 0.891** | 0.891** | 0.711** | 0.647** |
| | 显著性（双尾） | 0.000 | 0.000 | 0.000 | 0.035 | 0.000 | 0.000 | 0.000 | 0.000 |
| ln（10LAI） | 平方和及交叉乘积 | 20.730 | 18.202 | 18.203 | 11.940 | 12.632 | 4.258 | 20.445 | 15.758 |
| | 共异性 | 0.101 | 0.089 | 0.089 | 0.058 | 0.062 | 0.021 | 0.100 | 0.077 |
| | N | 206 | 206 | 206 | 206 | 206 | 206 | 206 | 206 |

注：* 表示相关性在 0.05 层上显著（双尾）；** 表示相关性在 0.01 层上显著（双尾）。

针对 ln（10LAI）的曲线模拟　　　　表 4

| 植被指数 | 方程式 | $R^2$ | F | 显著性 | 常数 |
|---|---|---|---|---|---|
| ln（10NDVI） | 线性 | 0.796 | 796.874 | 0.000 | −1.115 |
| | 二次曲线模型 | 0.796 | 397.046 | 0.000 | −0.637 |
| ln（10RVI） | 线性 | 0.772 | 691.839 | 0.000 | −5.157 |
| | 二次曲线模型 | 0.796 | 396.985 | 0.000 | −25.432 |
| ln（10SAVI） | 线性 | 0.796 | 796.712 | 0.000 | −2.371 |
| | 二次曲线模型 | 0.796 | 396.961 | 0.000 | −1.592 |
| ln（10MSAVI） | 线性 | 0.794 | 787.948 | 0.000 | −4.572 |
| | 二次曲线模型 | 0.797 | 398.151 | 0.000 | 0.198 |
| ln（10TVI） | 线性 | 0.795 | 789.744 | 0.000 | −26.619 |
| | 二次曲线模型 | 0.797 | 398.185 | 0.000 | −94.536 |
| | 三次曲线模型 | 0.797 | 398.243 | 0.000 | −72.252 |

配对样本 T 检验结果　　　　表 5

| | 相关性 | 平均数 | 标准偏差 | T | df | 显著性（双尾） |
|---|---|---|---|---|---|---|
| 实测 LAI & 反演 LAI | 0.833 | 0.085 | 1.319 | 0.649 | 101 | 0.518 |

### 1.2.3　统计分析方法

以研究区域内的公里网格为基本单元进行各类型 POI 空间密度和绿容积率空间的相关性分析，获得 500 余组数据，大量的样本数据具有明显的统计学意义，运用 SPSS 软件进行各类型 POI 空间密度和绿容积率空间密度的皮尔森相关性分析与单一变量逐步回归分析。为了探究 POI 空间密度和绿容积率空间密度之间关系的空间异质性，利用 ArcGIS 建立 POI 空间密度和绿容积率空间密度之间的地理加权回归分析模型（GWR, geographically weighted regression）。

## 2　结果与分析

### 2.1　绿容积率的空间分布

由图 5 可得，研究区绿容积率空间密度差异不大，最大值为 6.83 点/km²，最小值为 1,266.83 点/km²，越靠近城市发展中心，绿容积率越低。研究区域内北部和东部绿容积率密度值较高。高绿容积率区域主要分布于东湖风景区周边、东西向山体，其余散点分布于月湖公园、解放公园等公园，准确呈现了武汉市绿地系统规划中的"两轴

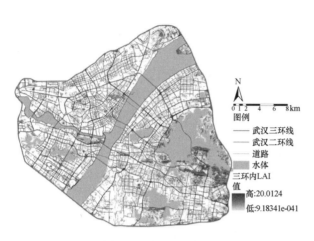

图 4　三环内 LAI 分布图

——山水绿化景观轴"的基本结构。此外绿容积率高值区域存在着沿武珞路的断点式高密度轴，该轴线连接中南财经政法大学、武汉大学、华中师范大学、华中科技大学等高校和黄鹤楼公园、首义公园、洪山公园等游憩地，周边围绕群光广场、湖北省妇幼保健医院、中南战区总医院以及居住小区等与人们生活密切相关的各类设施点。

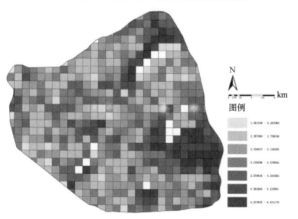

图 5　绿容积率空间分布密度图

对绿容积率空间密度进行全局空间自相关分析，Moran I 指数为 0.51，P 为 0.000，Z 得分为 16.57，具有显著的空间正相关性。通过高低聚类发现武汉三环内绿容积率空间密度呈现出高值集聚的特征。经局部空间自相关分析，研究区域呈现出明显的高-高集聚特征，主要围绕沿江大道、东湖风景区和马鞍山森林公园。

## 2.2　POI 的空间分布

POI 空间密度的区域差异性较大，其中汉口区密度最

大，达到 2433.85 点/km$^2$，研究区域东部和北部的密度较小。POI 高密度区域呈现出三区一轴多点的特征，以光谷片区、沙湖片区和汉口滨江地区三大片区为主，呈现出越靠近城市中心密度值越高的态势，形成了沿长江的十字交叉高密度轴和沿武珞路的断点式高密度轴，多点分散连绵分布。

对各类 POI 进行全局空间自相关分析，所有类型 POI 的 Moran I 指数均大于 0，介于 0.37～0.73，P 值均为 0.000，Z 值介于 13.02～24.30，武汉三环内 POI 具有正的空间自相关性，通过高低聚类发现武汉三环内 POI 空间密度呈现出高值聚集的特征。对各类 POI 进行局部空间自相关分析，各类型 POI 都呈现出明显的高—高集聚特征，休闲绿地 POI 的高—高集聚空间主要围绕部分江汉区、月湖风景区、沙湖公园和东湖风景区。其余类型 POI 的高—高集聚空间呈现出高度的空间重叠性，主要围绕部分江汉区和武珞路的断点式高密度轴，部分沿江散点分布（图 6～图 8、表 6）。

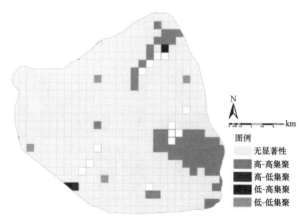

图 6　绿容积率空间聚集特征

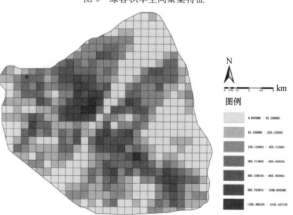

图 7　POI 空间分布密度图

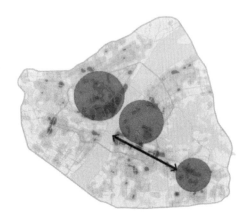

图 8　POI 分布特征图

**POI 的全局莫兰指数汇总表**　　　　表 6

| | 公共用地 POI | 休闲绿地 POI | 产业用地 POI | 交通用地 POI | 商业用地 POI | 居住用地 POI |
|---|---|---|---|---|---|---|
| *Moran I* | 0.71 | 0.37 | 0.53 | 0.72 | 0.69 | 0.73 |
| *P* 值 | 0.000 | 0.000 | 0.000 | 0.000 | 0.000 | 0.000 |
| *Z* 值 | 23.81 | 13.02 | 17.87 | 24.14 | 22.96 | 24.30 |

## 2.3　POI 空间密度与绿容积率的关系分析

### 2.3.1　POI 空间密度与绿容积率的相关性

所有类型的 POI 空间密度与绿容积率空间密度均在 0.01 级别（双尾），呈现出显著的相关性。其中仅休闲绿地 POI 与绿容积率分布密度呈现正相关关系，相关系数为 0.219。公共用地 POI、产业用地 POI、商业用地 POI、居住用地 POI、交通用地 POI 分布密度与绿容积率分布密度呈现负相关关系，相关系数较小。整体上看，所有 POI 分布密度与绿容积率分布密度之间呈现出显著的负相关关系，相关系数为 −0.210，验证了 POI 与绿容积率分布的交错状态（表 7、图 9）。

**相关性分析结果**　　　　表 7

| | 皮尔森相关系数 | 显著性（双尾） |
|---|---|---|
| 公共用地 POI | −0.158 | 0.000 |
| 休闲绿地 POI | 0.219 | 0.000 |
| 产业用地 POI | −0.182 | 0.000 |
| 交通用地 POI | −0.203 | 0.000 |
| 商业用地 POI | −0.216 | 0.000 |
| 居住用地 POI | −0.171 | 0.000 |
| 所有 POI | −0.210 | 0.000 |

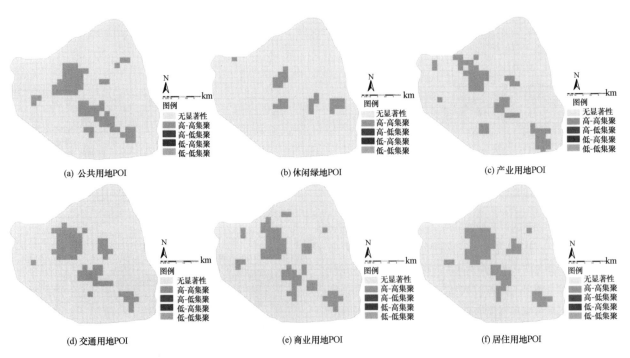

图 9　POI 空间聚集特征

### 2.3.2　POI 空间密度与绿容积率的函数关系

对 POI 空间密度与绿容积率空间密度进行逐步回归分析，绿容积率空间密度对各类型 POI 空间密度的解释

能力总体不强，调整后的 $R^2$ 值均小于 0.1。根据建立的线性回归模型，每平方公里绿容积率增加一个点，休闲绿地 POI 空间密度增加 0.047，公共用地 POI、产业用地

POI、交通用地 POI、商业用地 POI、居住用地 POI 的空间密度分别减少 0.002、0.006、0.007、0.002、0.009。数值较小的原因是研究区绿容积率密度值差异较小。

### 2.3.3　POI 空间密度与绿容积率关系的空间异质性

经地理加权回归后，公共用地 POI、休闲绿地 POI、产业用地 POI、交通用地 POI、商业用地 POI、居住用地 POI 的模型拟合优度均较高且数值相差较小，分别达到了 0.572、0.565、0.613、0.592、0.591、0.579 和 0.596。整体来看，所有 POI 分布密度对于绿容积率分布密度的解释能力达到 59.6%。地理加权回归模型的解释能力是相应的线性回归模型解释能力的 2 倍以上，这表示 POI 空间分布密度对绿容积率分布密度的影响具有显著的空间异质性（图 10）。

从休闲绿地 POI 来看，正值区域占比 77.2%，休闲绿地 POI 分布密度与绿容积率分布密度呈现出显著的正相关。靠近城市中心尤其是武汉市二环线内呈现出正相关系数的低值特征，主要原因是越靠近城市中心，绿容积率值越低且相差不大。研究区域边界附近分散交叉分布着显著的正相关区域和负相关区域，这与研究区域边界处具有大量未建成地块以及工业用地有关，未建成地块情况复杂，绿容积率值可能高可能低，工业用地的绿容积率值一般较低。

从公共用地 POI、产业用地 POI、交通用地 POI、商业用地 POI 和居住用地 POI 来看，负值区域占比分别为 89.6%、85.9%、91.9%、95.2% 和 90.9%，对于绿容积率分布密度的负影响商业用地 POI＞交通用地 POI＞居住用地 POI＞公共用地 POI＞产业用地 POI，负值区域占比越小说明此类设施点聚集与绿容积率高的共存越有可能。这 5 种类型 POI 的 GWR 回归模型空间分布结果有较高的重叠性，在研究区域北部与东南部表现出明显的负作用，这可能与城市急速扩张，设施点由内向外不断完善而绿化建设未跟上有关。此外，公共用地 POI、交通用地 POI、商业用地 POI 和居住用地 POI 在东湖风景区表现出正相关倾向，这说明东湖风景区的设施与绿化均衡发展，实现了设施点聚集与绿容积率密度值高的共存。

从所有 POI 分布密度与绿容积率分布密度的 GWR 空间分布结果来看，负值区域占比 93%，整体上 POI 分布密度与绿容积率分布密度呈现出显著的负相关。对比而言，所有 POI 的 GWR 空间分布结果与公共用地 POI 的 GWR 空间分布结果具有最高的重叠性，这一特点与武汉市拥有 80 余所高等院校，是一个科教城市的性质有关。

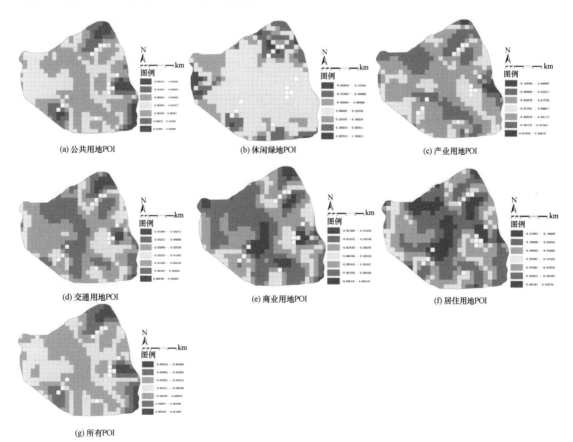

(a) 公共用地POI　　(b) 休闲绿地POI　　(c) 产业用地POI

(d) 交通用地POI　　(e) 商业用地POI　　(f) 居住用地POI

(g) 所有POI

图 10　POI 空间密度与绿容积率空间密度 GWR 模型系数的空间分布

## 3 结论与讨论

### 3.1 结论

本研究通过相关性分析和 GWR 地理加权回归模型分析 POI 空间密度与绿容积率的关系，结果表明：①POI 和绿容积率都具有正的空间自相关性，呈现出高值聚集的特征。②绿容积率空间密度与公共用地 POI、产业用地 POI、商业用地 POI、居住用地 POI、交通用地 POI 的空间密度呈现显著负相关关系，与休闲绿地 POI 的空间密度呈现显著的正相关关系。③GWR 地理加权回归模型表明绿容积率空间密度对各类型 POI 的拟合优度均较高，表示 POI 空间密度与绿容积率空间密度的关系具有显著的空间异质性。

### 3.2 讨论

POI 表示城市内各种类型的设施点，将城市划分为各类用地，代表着一个城市的服务水平和城镇化进程。中心城区的绿容积率较低是较为普遍的现象，是城市绿地结构不均衡、城市各类用地挤压绿色空间用地的结果。人口的聚集变化牵动着设施分布情况，改变着城市用地格局，对城市绿化分布及其生态效益起到强烈干扰作用，导致 POI 空间密度与绿容积率空间密度呈现交错状态是常见情况。因此，在未来城市建设中，城市建设者应该平衡好设施完善化和绿化效益最大化之间的关系，精细化研究设施点聚集与绿容积率密度值高的共存机制，从国土空间规划、绿地系统规划、城市详细性控制规划层面将完善基础设施与提升绿容积率两手抓，通过增加植被覆盖度、规划合理群落结构和建设小游园来提升绿容积率值，满足人们日常生活需要。

### 参考文献

［1］ JIAO J, FU B. Overview and Applicability of land use-mixed indices in the smart city［C］// 2020 4th International conference on smart grid and smart cities (ICSGSC)，2020：118-123.

［2］ 杨俊宴，邵典，王桥，等 . 一种人工智能精细识别城市用地的方法探索——基于建筑形态与业态大数据［J］. 城市规划，2021，45(3)：46-56.

［3］ 姜佳怡，戴菲，章俊华 . 基于 POI 数据的上海城市功能区识别与绿地空间评价［J］. 中国园林，2019，35(10)：113-118.

［4］ 黄怡敏，邵世维，雷英哲，等 . 运用网络核密度估计与克里格插值识别城市功能区［J］. 测绘地理信息，2019，44(4)：14-18.

［5］ 禹文豪，艾廷华 . 核密度估计法支持下的网络空间 POI 点可视化与分析［J］. 测绘学报，2015，44(1)：82-90.

［6］ 高航，李德平，周亮，等 . 长沙市人口分布相关 POI 数据的获取分析［J］. 测绘与空间地理信息，2020，43(12)：55-57+62.

［7］ SCHABENBERGER O, GOTWAY C A. Statistical methods for spatial data analysis［M］. Boca Raton：Chapman & Hall/CRC，2005.

［8］ 李存华，孙志挥，陈耿，等 . 核密度估计及其在聚类算法构造中的应用［J］. 计算机研究与发展，2004(10)：1712-1719.

［9］ SILVERMAN BERNARD W. Density estimation for statistics and data analysis［M］. London：Chapman & Hall，1986.

［10］ SHEATHER S J, JONES M C. A reliable data-based bandwidth selection method for Kernel Density Estimation［J］. Journal of the royal statistical society：Series B statistical methodology，1991，53(3)：683-690.

［11］ OKABE A, SATOH T, FURUTA T. A Kernel density estimation method for networks, its computational method and a GIS-based tool［J］. International journal of geographical information science，2009，23(1)：7-32.

［12］ CHO S H, POUDYAL N C, ROBERTS R K. Spatial analysis of the amenity value of green open space［J］. Ecological economics，2008，66(2-3)：403-416.

［13］ 姚崇怀，李德玺 . 绿容积率及其确定机制［J］. 中国园林，2015，31(9)：5-11.

［14］ 李方正，郭轩佑，陆叶，等 . 环境公平视角下的社区绿道规划方法——基于 POI 大数据的实证研究［J］. 中国园林，2017，33(9)：72-77.

［15］ WATSON D J. Comparative physiological studies on the growth fieled crops：I. Variation on net assimilation rate and leaf area between species and varieties and within and between years［J］. AnnBot，1947(11)：41-76.

［16］ 康翔，潘剑君，朱燕香，等 . 一种基于 POI 大数据的城市核心区识别方法［J］. 遥感技术与应用，2021，36(1)：237-246.

［17］ YU W H, AI T H, SHAO S W. The analysis and delimitation of Central Business District using network kernel density estimation［J］. Journal of transport geography，2015(45)：32-47.

［18］ 许泽宁，高晓路 . 基于电子地图兴趣点的城市建成区边界识别方法［J］. 地理学报，2016，71(6)：928-939.

［19］ 陈蔚珊，柳林，梁育填 . 基于 POI 数据的广州零售商业中心热点识别与业态集聚特征分析［J］. 地理研究，2016，35(4)：703-716.

［20］　戚荣昊，杨航，王思玲，等 . 基于百度 POI 数据的城市公园
　　　　绿地评估与规划研究［J］. 中国园林，2018，34（3）：32-37.

［21］　祝明明，罗静，余文昌，等 . 城市 POI 火灾风险评估与消防
　　　　设施布局优化研究——以武汉市主城区为例［J］. 地域研究与
　　　　开发，2018，37（4）：86-91.

［22］　姜佳怡，戴菲，章俊华 . 以提升空间热度为导向的上海花木-
　　　　龙阳路绿道选线及优化研究［J］. 中国园林，2020，36（1）：
　　　　70-74.

［23］　CHIU S T . Bandwidth selection for kernel density estimation

［J］. The annals of statistics，1991，19（4）.

## 作者简介

武梦婷，1998 年生，女，华中农业大学园艺林学学院风景园林
学在读研究生。

（通信作者）姚崇怀，1962，男，华中农业大学园林系，教授、
硕士研究生导师。

# 基于交互设计理论的城市口袋公园设计方法研究

## Research on the Design Method of Urban Pocket Park Based on Interaction Design Theory

罗　倩　唐艳红 *

**摘　要**：在当前城市发展方式加快转变和城市空间品质持续提升的背景下，通过城市口袋公园的建设，可以解决因急剧的土地开发导致城市绿化用地异常紧张问题，满足人们对于城市景观的各种行为需求以及精神需求。交互性景观为城市口袋公园提供了多感知交互体验的设计思路和方法策略，有利于提升城市口袋公园使用者的知觉、行为、情感体验。本文结合口袋公园的发展和研究现状，从交互设计理论入手，总结交互设计理论下的城市口袋公园设计原则、设计方法和设计流程，以期为城市景观空间与居民活动之间建立动态的交互联系。

**关键词**：口袋公园；交互景观；设计方法

**Abstract**：The creation of urban pocket parks can address the issue of abnormally tight urban greening land due to rapid land development and meet the various behavioral and spiritual needs of people for urban landscape today，according to the current of accelerating the transformation of urban development and promoting the improvement of urban space quality. Interactive landscape is helpful for improving the perceptual，behavioral，and emotional experience of urban pocket park users as a design concept and methodological technique to actualize multi-sensory interactive experience in urban pocket parks. In order to create a dynamic interactive link between urban landscape space and inhabitants' activities，we combine the development and research status of pocket parks to outline the design concepts，design methodologies，and design processes of urban pocket parks under interaction design theory.

**Keyword**：Pocket Park；Interactive Landscape，Design Approach

## 1　交互性城市口袋公园概述

### 1.1　交互设计理论

　　1984 年，IDEO 创始人 Bill Moggridg 提出将交互设计发展成为一门独立学科，并将其命名为 "Interaction Design"（交互设计）。交互设计协会（IXDA）对交互设计的定义为：交互设计是定义产品或系统行为的学科[1]。在《软件观念革命——交互设计精髓》一书中，Alan Cooper 认为：交互设计是了解用户想要什么的工具。它关注的更多是如何通过设计满足人们对产品或服务交互时的需求和期望，是以 "用户体验为目标导向" 的新型设计方法。用户体验设计是以用户研究为中心，从产品用户的角度出发，其设计的对象不仅仅是产品或者服务本身，而是产品或服务的整个用户体验过程，贯穿产品或服务的整个生命周期[2]。用户体验的要素包括用户能触摸到的（如实物产品和外包装）、听到的（广告和声音标识），甚至是味道（如品尝到的水果香味），以及除了和事物交互外的数字界面和人之间的交互，多种用户体验融合在一起可以形成丰富的体验。而有益的用户体验需要包括多个设计学科的参与方协同合作，重点关注三个方面：形式、行为和内容。交互设计关注行为的设计，也关注行为如何与形式和内容产生联系。

## 1.2 建设交互性城市口袋公园的必要性

交互性口袋公园的碎片化增绿、见缝插绿建设，可以改善城市局部环境，为居民提供健身、休息、游玩的去处，创造良好的人居环境，同时也能更灵活地展现多元的社区日常以及社会文化。

## 1.3 现存交互性城市口袋公园存在的问题

现存交互性口袋公园缺乏系统的建设标准，在服务内容以及建设发展方面仍存在较多不合理的现象。一些项目初期调研以及场地建设过程中缺乏居民的参与，导致口袋公园设计未能完全适应居民对于场地动态使用诉求和使用场景的变化，也突显了目前城市公园的设计在一定程度上忽略了用户的体验，未有效结合交互性口袋公园的独特性进行整体的项目建设。

## 2 交互理论下的城市口袋公园设计

景观设计的最终服务对象是人，设计师是联系景观与人的桥梁，让景观的受益者和使用者参与空间环境的建设、生长中，在时间的作用下和空间共同生长并产生知觉、行为和情感联系，以用户体验为核心的景观设计可以带来高黏性用户，为之后景观的建设和后期维护减少阻力，增加景观活力。

## 2.1 交互设计下的景观设计

依托环境知觉理论的描述，交互体验包含人的活动体验、感官体验、时间觉体验、空间觉体验、逻辑知觉体验等。交互体验式景观是一种体验性的景观，具体划分为视觉互动体验、听觉互动体验、嗅觉互动体验、触觉互动体验、时间觉互动体验、空间觉互动体验[3]。将"交互设计"的理念引入城市口袋公园景观设计中，使用现代科学、理论和材料，整合新的技术方法和艺术形式，创造出符合场所特点、满足使用需求的景观，并使人作为构成要素参与到景观设计中来，从而形成人与景观的交流互动[4]。

## 2.2 城市口袋公园交互体验需求层次分析

交互性口袋公园是以景观为载体引导受众与景观建立交互行为的设计，受众指的是景观的参与者以及接受者。受众的参与层次可以分为知觉交互、行为交互和情感交互[5]。而景观的信息传达可以分为浅交互、深交互和交互积累升华三个递进层次[6]。单一的体验以及单向的信息是受众在接受后理解产生的认知，而交互性景观追求的是第三个层次，基于人与景观双向信息反馈后的体验和感知。它根据受众的年龄、受教育程度、生活背景、职业素养以及主客观因素会形成千差万别的受众需求。只有在满足受众需求下的准确的设计定位以及设计信息的传达和设计表现，才能激发受众主动接受景观设计的心理。

### 2.2.1 知觉交互

城市口袋公园根据景观元素的有机组合，将景观中的植物、水体、道路以及基础服务设施结合，以光、形、色、声唤醒和引导人们在触觉、视觉、听觉与嗅觉上的感官体验，居民在人脑中理解、组织、加工和重组的过程引发居民良好的身心和情感体验，也可以提高体验的多样性和节奏性。

### 2.2.2 行为交互

影响行为交互的因素主要有空间环境和行为个体，空间环境对交互行为的影响体现在空间的自由度和开放性上，适度自由开放的景观空间能够引导积极的行为活动发生；其次，由于生活方式、生活经历和习惯的不同，个体的差异也会影响交互行为的过程[7]。交互性景观通过设计手段，结合科技、文化、艺术方法，诱导人与景观的双向甚至多向信息发生，促进两者的互动体验过程，因此，易用性、可用性以及安全性是交互性景观设计的基础，在此之上根据景观的特点和居民的需求，创造灵活的、可调整的、多样化的景观，创造多样的活动机会以及更高频次的交互行为，可以通过数字手段营造动态的、有吸引力的以及富有趣味性的景观吸引居民持续性使用，活跃景观互动氛围。

### 2.2.3 情感交互

情感渗透于景观设计，即"人景交互"[8]，以用户体验为导向的交互性景观需要以人的行为习惯以及感知需求作为评判标准。设计除了满足居民基础的功能性、舒适性需求外，最重要的是能够产生符合景观定位的情感反馈，结合景观历史、地块背景、社区人文以及社会内涵，满足居民对于空间的归属感、景观舒适性、场所公共性、活动私密性以及文化共鸣感的需求，体现景观环境的情感属性。

### 2.2.4 交互性口袋公园的创新意义

通过上述讨论可知，交互设计关注的是传统设计不太涉及的人的行为设计的领域。交互设计强调"人和景"的交互行为，"景"的交互聚焦在实用目标和体验目标上[9]，人完整的交互行为包括知觉交互、行为交互和情感交互三个层面。口袋公园作为居民日常生活使用频率高，在未来建设有更多灵活性的城市公园类型，引入景观交互设计理念，从使用者的需求出发，以使用者目标为导向的景观设计可以重塑人和空间的紧密关系，为开放空间使用者提供更多的活动形式和行为模式，通过景观满足提升使用者心理上的认同感和情感上的归属感。此外，在城市建设中引导公众参与社区空间建设，可以激发城市空间活力，拓展城市公共空间的功能，培育地区更新势能。

## 3 交互性口袋公园景观设计方法

口袋公园的建设从使用者的需求出发，针对性制定设计策略，满足居民休闲、娱乐、健身、文化等多方面的需求，提高居民对口袋公园日常化、需求化、参与化的共鸣，建立以使用者在知觉需求、行为需求和情感需求为核心的设计方法，提高人们在口袋公园全阶段建设的参与感和交互体验，是当前口袋公园设计急需解决的问题，需要通过以用户需求为核心的理论模式指导城市口袋公园建设。

### 3.1 知觉交互下的城市口袋公园设计方法

知觉交互的设计，是指用户在看见景观后感官最初感受到的，并且未对景观作品有进一步活动之前的感受。它可以是景观设计的视觉外观，也包括传送的声音。知觉交互设计的目的不只是为了获取用户对表面美的关注，而更多的是为在特定场景下引起用户的心理和情感的反应，为情感交互的共鸣提供先决条件。以知觉交互为目的的景观

设计可以细分为视觉交互、听觉交互、触觉交互、嗅觉交互和味觉交互。

### 3.1.1 视觉交互

人对环境的感知首先是通过视觉触发的，设计师可以在设计中加入文化元素，突出视觉焦点的同时体现城市社区文化底蕴；亦可以利用艺术装置的色彩变化，通过太阳光或镜面材质设置不同角度的折射、反射完成色彩的变化，营造奇幻玄妙的氛围；再者可以通过依据当地植物习性完成植物配置形成丰富的色彩和形态组合，展现当地城市特色，引导受众感受和自然的心灵互动；也可以在景观元素造型上结合场地特征设计特定地点的创意作品，激发使用者进入空间的欲望。比如来自中国深圳的"天壤云影"花园在 200m² 利用植物的纹理、水面、光影变化提供了令人难忘的空间体验，随机分布的桅杆高至 10m，在微风中轻柔地摆动，赋予了空间高度感和戏剧性。

### 3.1.2 听觉交互

以听觉感知为主导的口袋公园设计可以通过交互作品进行声音的强化和减弱，通过艺术装置在音效上模拟自然声、工业声、居民区声或进行节奏创作，形成不同场景下的沉浸式听觉体验，从而提升游憩乐趣。除了交互装置的模拟声音，自然环境发出的声音如风声、鸟叫声和枝叶晃动声都可以丰富使用者的感受，拓展互动体验，丰富体验层次。口袋公园的听觉交互要符合人对听觉的需求，可以考虑富有韵律的声音组合，为使用者增添情景交融的游憩体验。例如位于意大利 Ceto 遗址公园内的 80m 长的声音装置与人产生听觉互动，使人回想起祖先们打磨石器的声音，提示着古老岩石的存在，通过声音的震动和涂层材料变化以及瓷砖的特殊雕刻来同时刺激视觉、听觉和触觉，在与游客交互的过程中刺激他们记忆深处的感觉和情绪。

### 3.1.3 触觉交互

触觉作为用户与景观浅层的交互活动，可以帮助用户感知环境信息。因此交互性的口袋公园，在触觉交互层设计上需要考虑体验关系、参与关系和交流关系。景观元素的光滑度、温度、湿度、形态可以通过软性的植物、自然的元素、软硬可塑的材质，根据用户触摸时间长短带给用户不同层次的体验。而触觉交互的口袋公园景观其设计可以通过交互性装置、交互性灯光和交互性公共设施实现。交互性装置指的是影像交互、装置交互和动态雕塑的应用；交互性灯光指的是建筑景观轮廓灯、空间环境灯和局部激光灯的交互应用。

### 3.1.4 嗅觉交互

人体对环境的嗅觉可以分为自然形式和人工形式，本文研究的重点在于自然形式的嗅觉交互设计的口袋公园设

计，探究通过自然芳香植物和水体所产生的气味和湿度形成的嗅觉交互。

自然芳香植物所产生的天然植物气味可以调动人体嗅觉，从而调节人的心理状态，单一气味以及组合型气味可以调整人在公园中行走时的心理感受，促进身心健康，减少负面情绪。不同于针对病患或者残疾者的具有特殊性的强康复型景观，口袋公园建设于社区周围，目的是帮助人们缓解压力，减轻消极心态，唤起人们对生活的兴趣，因此由交互性口袋公园更多的是通过感官的刺激来改善人们日常的消极情绪，在植物的选择上可使用具有芳香气味的亲和性植物，通过不同维度的搭配丰富层次。

水景可改善公园局部的小气候，因此可以结合场地的规模，综合考虑安全性、美观性和舒适性，在有限的口袋公园中设置带喷泉的水池、旱喷广场、亲水水流和跌水景观，满足人在空间中亲水需求的同时，也能提高景观空间的辨识度。

### 3.1.5　味觉交互

传统的城市口袋公园甚至是综合公园设计很少会将设计出发点与味觉体验联系在一起。味觉是非常容易被忽视的感官互动。"事实上，所谓品尝，是一项集闻、尝以及肌理触感等多感于一堂的体验"[10]。在交互性口袋公园中，味觉交互和其他的知觉感受是不可分割的。社区或者管理方可以通过对饮食商户招商入驻，在公园内为使用者提供食物、饮料，也可以通过社区活动、节日庆典或者露天集市、音乐会等为居民提供在公共空间触发味觉体验的机会；设计师也可以通过设计"可食用景观"作为交互体验的新模式。

### 3.2　行为交互下的城市口袋公园设计方法

行为交互是基于知觉交互的更深层次互动形式，人在城市口袋公园中的行为分为静态和动态两类，静态行为交互指的是像静坐和聆听这类接受型模式，动态行为交互指的是步行和跑步等动态选择型模式。静态行为交互设计需要注重座椅的舒适性和位置的合理性，既满足周围居民在口袋公园中的短暂休息需求，也可以引导人们展开亲密性的交谈，此外，除了向外的交谈引导，对于单人的使用者可以提供冥想区域，通过结合场地形与水体、植物的组合搭配，为静坐的人提供可放松的自然之声。动态行为交互设计则需要关注口袋公园交通动线设计，不同于大型综合性公园，口袋公园需要在有限的空间内创造节奏性和引导性的路线。中国古典园林中有"一步一景"的意境美，口袋公园可以以此为借鉴，通过合理规划道路，与公园景观

相呼应，提升空间的趣味性和丰富性。因此在公园的设施和空间营造中通过静态和动态两种模式的行为交互引导可以更好地服务于周边不同年龄段的居民，可以通过为老年人提供棋牌桌椅或者智能感应设施、为青少年提供滑板场、为儿童提供跷跷板或创作式感应设施，让人们在行走和停留中都可以置身特定的场景和氛围中。

### 3.3　情感交互下的城市口袋公园设计方法

情感交互是所有交互行为中更高层次的心理感知，口袋公园面积虽小，却是居民日常使用频率最高，与生活密切相关的公园类型，因此在景观设计的场景中融入当地历史文化和社会民俗，通过情景交融的设计手法，可以增强人们在景观中的认同感和归属感，产生深度的沉浸感和情感共鸣。设计师可以通过城市文化抽象化形成设计符号融入口袋公园的设计中，对景观进行情感化的抽象设计，使用户产生情感共鸣；同时在交互设计中通过多样化的社交行为在景观与人、人与人之间丰富用户在实体景观中的行为，以达到深层次的人对景观、对生活、对自然的思考。

## 4　交互性口袋公园设计流程

以用户需求为中心的交互性的口袋公园设计流程既能够满足用户的需求和目标，又能满足业务和实现技术需求的解决方案，这个过程可以分为 6 个阶段，即用户研究、用户目标和认知场景建模、定义可行性概念方案、从设计框架到局部细化、运营管理和用户反馈。通过集合社区、利益相关单位、居民代表，探索"设计＋管理"的多方共同治理共同建设耦合路径，形成"设计过程参与＋实施过程参与＋建成后评估参与"的评估模式，达到设计全流程围绕着用户需求展开，为用户提供更深层次的口袋公园景观体验。

### 4.1　用户研究

景观设计的对象是空间，而使用空间的对象是用户，因此建立完善的以用户体验为中心的用户需求分析是重要的设计前置阶段，可以帮助景观设计更为专注在针对性的使用人群，更能引起用户、景观和设计师三方形成共鸣，在设计启动阶段更快速地决定设计语言、元素和空间表达。用户研究的分析方法可以分为两类：定性用户研究和定量用户研究。定性用户研究是在小规模的样本中，通过

与少数用户的互动获得初步开放性的设计想法，其结果没有指向性，但有范围性；定量用户研究是通过大量样本，从统计学意义上准确了解用户的真实情况，可以验证想法的可行性以及准确性。设计师需要通过分析和整理用户需求，为后续设计目标和实现方法提供方案基础。

### 4.1.1 定性用户研究

定性用户研究可以帮助设计师理解设计的问题集合、情景和约束条件，可以更快地识别景观核心用户和潜在用户的行为模式、设计构想态度。定性用户研究可以分为访谈、现场调研、可用性测试，以及通过其他资源比如文献和网络调研获取信息。具体包括：访谈利益相关者（场地管理者、委托方、居委会、街道办事处等）、访谈口袋公园专题相关专家、访谈周围居民和高频使用者（房主、出租户、清洁工、商场人员、周围上班人员等）、用户现场研究、文献调研以及同类型口袋公园调查。访谈利益相关者可以收集的信息有对于景观的最初想象、经费预算、项目进度计划、技术支持以及制约点、景观内盈利/非盈利目标以及利益相关者对于周围使用者的认知；对于不同设计定位以及功能考虑需要咨询特定领域专家，比如医疗专家可以提供康复疗养指导，工程师可以提供感应式交互设计技术支持；文献调研的范围包括城市区域规划、发展策略、用户调查、技术规范和白皮书、主题领域下技术期刊文献、场地周围居民相关新闻和设计支持数据等。

### 4.1.2 定量用户研究

包含两个步骤，一是测试细分使用选项，提供用户使用场景，收集用户类型；二是创建定性需求，细分使用需求，其中包括亲近自然、娱乐锻炼、社会集庆和情感归属等。Hugh Beyer 和 Karen Holtzblatt 在《Contextual Design》中将揉和了浸入式观察和引导式访谈的访谈技术称为"情景访谈"。参考这一方法，笔者整理了定量用户研究的方法（表1）。

定量用户研究方法 表1

| 方法 | 研究问题 | 注意事项 |
| --- | --- | --- |
| 用户角色假设 | ①使用景观不同类别人员；②用户需求和行为变化情况；③用户行为研究范围和可创建环境类型 | ①在口袋公园场地进行，给用户最直观和真切的场景感受；②避免固定发散问题；③关注调研用户需求，但不能让用户成为设计师；④避免与用户讨论技术问题；⑤鼓励用户讲故事，包括场地历史、周围新闻，必要时可进行相关材料演示；⑥避免诱导性问题，比如预设某种景观特性，询问用户是否会使用 |
| 用户信息与行为统计 | 年龄、性别、居住位置与口袋公园距离、日常活动需求、景观需求、分时段行为 | |
| 人数统计变量 | 使用口袋公园频率、对口袋公园的喜爱程度、使用口袋公园的动机 | |

## 4.2 用户目标和认知场景建模

在进行了用户研究后，需要对用户目标和行为数据进行处理。用户目标可以分为体验目标、最终目标和人生目标，分别对应知觉层面、行为层面和情感层面。知觉层次的交互设计伴随着用户在进入空间触达景观的最直观感受，通常体现在视觉外观的处理；行为层次的交互设计既要满足用户日常行为，也要为用户创造潜在的动作和活动；情感层次的交互设计是在设计周期上长期存在的用户与景观关系，设计上可以使用可预见设计。研究用户目标是基于景观的外观和感觉基础，结合用户的使用和日常场景以及在整体设计中让用户遍历一系列潜在场景发掘用户的目标和心理模型，了解人的交互（自我的交互、个人与他人的交互、集体交互）、景观与人的交互关系，为后续的行为设计作铺垫。

将研究结果生成用户认知场景可以使用"人物角色"的模型工具，模型建立步骤可分为确定用户分类、个体需求分类、显著行为识别和优先级排序。

### 4.2.1 确定用户分类

对用户类型进行分类有助于更好地理解和塑造用户场景。用户类型可以根据年龄（儿童、青少年、中青年、老年人）或者职业（学生、普通白领、国企及公务员、个体户、农民工、自由职业者、离退休人员、其他）进行分类。

### 4.2.2 个体需求分类

个体的需求除了代表个体本身，也可以代表某一类用户的行为模式和使用模式。可将个体的行为转换成为大部分关键用户在口袋公园中的行为，比如：静态休息（闲坐、歇脚、社交）、公共集会（晨练、合唱、广场舞、学习、观影、太极）、自然体验（玩沙、戏水、探险）、游戏活动（滑滑梯、攀爬、弹跳）、球类运动（打羽毛球、乒乓球或篮球）、棋牌休闲（下象棋或玩扑克牌）。

### 4.2.3 显著行为识别

将用户类型与用户行为进行关系建立映射后，不同的对应关系可能是离散型的变量，设计师需要识别出较为显著的行为模式，这样可以快速地找到设计的切入点，形成具有逻辑或因果关系的行为。

### 4.2.4 优先级排序

Kano 模型是由东京理工大学狩野纪昭教授发明的，是针对用户需求进行系统分类和优先级排序的一种分析工具[11]。Kano 模型可以在项目前期以用户满意度为切入点研究不同用户的需求，根据设计属性进行详细分类，辨别用户在公园设计要素和用户态度倾向之间的关系，进而获取用户深层认知，采集用户隐形需求，监测项目可行性，指导口袋公园迭代优化中要完善的实践活动；也可以了解用户的行为、态度、目标以及动机，为叙述式景观提供概念设计框架，在后续优化阶段为设计师的方案修正提供反馈，以保证设计上的正确性和一致性。

## 4.3　定义可行性概念方案

通过对用户的信息以及用户模型进行分析后，可以清晰地了解用户对于口袋公园的使用目标，下一步需要将对用户的理解转换成以用户目标为导向的概念性景观设计方案。这个过程主要分为 2 个步骤，即用户交互过程形成和用户场景与用户需求确定。用户交互过程形成是通过叙述的方式，设计师为景观设计设定结构性和叙述性的场景，引导用户在特定的环境中完成空间体验；用户场景与用户需求确定可以先根据设计动机定义设计的用户目标，再根据用户的心理和表现完成实现的设计行为和表达，接着可以根据口袋公园中的用户和活动设定场景剧本，之后可以根据数据、功能或其他需求确定用户真正的使用场景。比如美国哥伦布市通过建立 Envision Columbus. org 交互式网站，结合数字化与虚拟化的交互策略，将全城规划项目转化成可视化地图，从项目启动到方案最终演示，引导公众选择自己感兴趣的建设项目并自主决定参与项目公开会议，号召市民参与制定新的市区战略发展计划，通过线上交流讨论和线下推进的多元渠道相互配合，广泛而深入地了解用户需求的数据信息，鼓励市民参与城市建设。用户对景观的需求收集应是长期开放的公众参与过程，在整个项目设计中通过了解用户需求和用户满意度整合居民的建议，为城市发展过程中提供了与公众对话的机会。

## 4.4　从设计框架到局部细化

分类型的用户评价以及用户反馈后可以获得可推进的设计框架，接下来需要将局部设计进行方案侧重点设计和时间排期，确定优先次序。局部细化可以从用户需求出发，将用户需求分为重用需求和非重用需求，目的是在可重用需求上节约开发时间，例如园区的标准化配套设施，在非重用需求上则需要付出更多的时间用于研发，尤其对于非标准化的交互作品，细化各阶段产品开发、测试到验收过程。

## 4.5　运营管理

城市口袋公园在设计建设初期有基金和委托方的资

金支持，但部分口袋公园在后期运营维护中面临管理和维护人员短缺以及维护资金不足的问题，因此应利用城市口袋公园的社区性和公众参与性，鼓励周围居民参与公园的施工与设计，为居民定期举办像露天集市一类的交互场景，提高居民对口袋公园的认同感，减少人为损害带来的公园损耗率。此外，稳定的人流量可以提高园区内商家经济效益，保证园区内场地租赁费用缴纳。这些对于当地居民、园区内商家、园区管理者以及公园都是正向的促进作用。

## 4.6　用户反馈

不同于概念方案后小范围的用户设计评价，口袋公园投入使用后，大范围的使用者也为园区带来了多样的用户评价，园区管理者和设计师可以使用问卷调查、一对一访谈、行为观察法、影音记录法收集用户反馈信息，但是用户提供的信息可能是零散的、单一的，因此可以通过分析主观评价、观感评价、易用性评价、性能评价、可维护性评价、安全性评价和文化性评价几类反馈，其评价形式可以是线上或者线下，了解用户需求和用户满意度的关系。

## 5　结语

交互设计理论在互联网和产品设计领域应用较广，在景观方面尤其是遍布城市的口袋公园中应用仍较少。本文立足于研究城市口袋公园的交互性特征，通过理论分析、文献研究等方法对城市口袋公园现存问题以及用户需求进行分析，提出以交互设计的视角展开口袋公园的交互性景观设计，并对设计策略的设计原则、设计方法和设计流程进行了探讨。

但口袋公园的建设是一个周期较长且流程复杂的过程，本文结合交互设计理论和城市口袋公园的景观研究中只将其中重点的 6 个通用设计流程进行了总结，其中每个流程节点仍有较大探索空间，尤其是对于不同主题的交互性口袋公园进行对应的设计方法和理论探索。在设计行为层面、组织管理层面以及用户反馈层面引导口袋公园进行服务建设升级，更契合当代城市居民对于城市公共景观空间的需求，加强景观与公众在知觉层面、行为层面和情感层面的互动，进而营造更有归属感、创造力、舒适感的城市口袋公园。

## 参考文献

[1] 惠晨新. 交互式设计在商业环境导视系统设计中的应用[D]. 太原：太原理工大学，2013.

[2] 欧阳波，贺赟. 用户研究和用户体验设计. 江苏大学学报（自然科学版），2006(S1)：55-57＋77.

[3] 尹静. 社区共享空间交互体验式景观设计探究解析[J]. 现代园艺，2021(10)：41-42.

[4] 韩宇翃，高世敏，齐羚，等. 可持续理念下的交互景观设计策略与方法研究[J]. 中国园林，2020，36(12)：47-51.

[5] 黄缨舒. 基于交互设计理论的消极空间优化设计研究——以广西师范大学公共空间为例[D]. 桂林：广西师范大学，2019.

[6] 丁明静. 景观交互性设计研究[D]. 合肥：合肥工业大学，2014.

[7] 孙静. 城市触媒理论下的交互性口袋公园设计策略研究[D]. 青岛：青岛理工大学，2018.

[8] 温全平，詹颖. 交互性景观设计理论与方法初探[J]. 设计，2018(3)：70-72.

[9] SHARP H，ROGERS Y，PREECE J，Interaction design：Beyond human-computer interaction[M]. New York：John Wiley & Sons Ltd，2015.

[10] DESALLE R Our senses：An immersive experience[M]. New Haven：Yale University Press. 2018.

[11] 薛红艳. 赵鲁生. 邢行. 智慧城市共享产品优化创新设计的思维与方法——以青岛市旅游共享产品为例[J]. 南京艺术学院学报（美术与设计），2019(3)：189-193.

## 作者简介

罗倩，1994 年生，女，意大利米兰理工大学景观建筑硕士。研究方向为城市与交互景观、建筑与设计。曾任职于澳洲艺普得城市设计公司、意大利 CE＋A 事务所。

（通信作者）唐艳红，1963 年生，女，硕士，中国城市规划学会风景园林规划技术学术委员，意大利米兰理工大学特聘教授，清华大学建筑学院景观系客座教授，易兰规划设计院 ECOLAND 合伙人/集团副总。研究方向包括国际国内大型项目的前期策划与管理、城市规划设计及环境景观规划设计，涵盖旅游度假项目、大型综合开发项目、社区规划、文化教育设施、城市设计和市政项目等众多领域。

# 城市多尺度灰绿空间对 PM$_{2.5}$影响研究进展与展望①

## Progress and Prospect of Scale Effect of Urban Grey-green Space on PM$_{2.5}$

戴　菲　李姝颖　陈　明*

**摘　要**：城市灰绿空间对 PM$_{2.5}$起到"源"和"汇"的作用，与 PM$_{2.5}$浓度有明显的相关性，其尺度效应是相关研究的重要考量条件，对该类研究进行梳理有利于从理论层面完善研究体系，从实践层面加强城市规划设计对公共健康的积极影响。本文从宏观、中观、微观三类尺度较全面地梳理了既往关于 PM$_{2.5}$浓度与灰绿空间数量、形态指标相关性特征研究，探究灰绿空间对 PM$_{2.5}$浓度的深层影响机制，并进行研究设计评述，总结了目前主要采用的研究单元、PM$_{2.5}$测度估算方法与相关性研究方法。基于以上研究，提出目前研究存在的问题以及可进一步探索的研究方向，并从城市规划实践的角度提出展望。

**关键词**：绿色空间；灰色空间；尺度效应；PM$_{2.5}$

**Abstract**：Urban gray-green space plays a role of "source" and "sink" for PM$_{2.5}$, and has an obvious relationship with PM$_{2.5}$ concentration. Its scale effect is an important consideration for related research. The study of such research is conducive to improving the research system from the theoretical level and strengthening the positive impact of urban planning and design on public health from the practical level. This paper from the macro, medium and micro scale more comprehensive about the PM$_{2.5}$ concentration and gray green space number, form index correlation characteristics, explore the deep influence mechanism of PM$_{2.5}$ concentration, and the research design review, summarizes the main research unit, PM$_{2.5}$ measure estimation method and correlation research method. Based on the above studies, the problems existing in the current research can be further explored, and the prospect from the perspective of urban planning practice.

**Keyword**：Green Space；Grey Space；Scale Effect；PM$_{2.5}$

## 引言

　　大气颗粒物污染是当前较为严重的环境问题之一，且以 PM$_{2.5}$为主的重雾霾天气对居民健康、全球气候及大气能见度带来严重威胁。目前中国环境空气质量形势严峻，且 2019 年全国未达标的 261 个城市 PM$_{2.5}$浓度降低速率明显放缓，说明 PM$_{2.5}$的防治已进入瓶颈期[1]。不同区域对于 PM$_{2.5}$的控制力度不平衡，特别是受不利地形和气象条件影响的城市，仍是环境颗粒物污染防治的重点。基于上述背景，许多城市在"国民经济和社会发展第十四个五年规划"中提出要加强城市空气污染协同控制，强化精细化城市管理[2]。

① 基金项目：国家自然科学基金面上项目"'源—流—汇'协同作用下消减颗粒物污染的城市空间形态研究"（编号 5217081825）资助。

整体来说，城市空间对 PM$_{2.5}$ 浓度的影响一直是多学科交叉研究的重点，此前对 PM$_{2.5}$ 污染物的治理多从环境学科入手，近年来基于城市总体布局与规划治理视角，发现控制污染源和促进污染颗粒物消减的城市灰绿空间精细化规划是进一步优化空气质量的重要途径。城市灰绿空间各类指标在微中观尺度对 PM$_{2.5}$ 浓度影响较大，因此有一些研究提出微中观空间特征会显著影响城市乃至区域尺度的 PM$_{2.5}$ 浓度情况，但随着尺度扩大，这种影响逐渐趋于平稳甚至可以被忽略。因此，深入探讨城市灰绿空间对 PM$_{2.5}$ 浓度的尺度效应及其影响机制，明确关键灰绿空间数量、形态指标对 PM$_{2.5}$ 浓度影响的敏感尺度，对今后不同尺度的城市规划编制和相关参数调控具有实际意义。城市规划建设通过调整宏观、中观、微观空间各类指标，可有效缓解城市当前与未来的大气污染，对于人居环境改善和空气环境治理具有重要意义。

本文系统性地梳理与 PM$_{2.5}$ 浓度具相关性的灰绿空间数量、形态指标，挖掘城市多尺度灰绿空间对 PM$_{2.5}$ 影响机制，归纳目前普遍采用的研究单元、研究方法，基于此总结出城市规划层面灰绿空间对 PM$_{2.5}$ 影响的尺度效应盲点，并提出研究发展方向：一方面从研究的科学性、系统性出发，对人居环境学科背景下 PM$_{2.5}$ 研究体系的完善提出展望，另一方面从城市规划的实践性出发，提出研究内容的补充建议。

# 1 城市多尺度灰绿空间对 PM$_{2.5}$ 浓度影响

关于城市灰绿空间各类指标对 PM$_{2.5}$ 浓度影响的研究主要通过研究区域和研究目的确定研究空间单元与研究方法，需要综合考虑研究过程的可操作性、研究结果的可靠性。

## 1.1 研究空间单元

样本单元往往影响 PM$_{2.5}$ 浓度数据精度，合理的样本单元有利于提高研究结果的合理性与准确性。目前研究所采用的样本单元主要包含统计空间单元、栅格网络单元和服务空间单元。

统计空间单元是通过对城市或部分区域按照特定规划单元（城市群、都市圈、控规单元）和行政边界（省/自治区/直辖市、市、市辖区、街道）进行划分得到的一类空间单元。由于 PM$_{2.5}$ 具有显著扩散特征，城市群、都市

圈在 PM$_{2.5}$ 的时空特征[3]以及气象、城镇化水平[4]、人文[5]等因素影响研究方面成为重要的区域类空间单元。针对城市个体来说，控规单元具有实际意义，郭亮等以武汉市 1101 个控规单元为单位，分析了包括灰绿空间在内的五类城市规划因素与 PM$_{2.5}$ 浓度关系[6]。另有以行政边界作为划分依据进行分析：施开放等通过研究中国 250 个城市 7 个景观指标与 PM$_{2.5}$ 浓度的相关性，发现城市的紧凑程度是影响 PM$_{2.5}$ 浓度的重要因素[7]。统计空间作为基本单元，其城市空间形态数据、PM$_{2.5}$ 浓度数据均有数据库支撑，方便获取且较为精准，但存在因空间尺度差异较大而难以直接比较的劣势，且各单元间存在空间异质性和相关性。

栅格网络单元即按照规定尺度对研究区域进行均等的网格划分，划分尺度通常与 PM$_{2.5}$ 浓度数据精度相匹配，再通过一定方式计算栅格单元中空间指标和 PM$_{2.5}$ 浓度值关系。如通常将武汉市划分为 1km×1km 的网格，分析城市建成区环境与高空间分辨率（1km×1km）PM$_{2.5}$ 浓度关系[8]或模拟城市空间布局对武汉城区空气质量的影响；冯徽徽等通过对中国六大城市群进行 10km×10km 尺度的栅格处理，获取景观格局指数与 PM$_{2.5}$ 浓度分布图以进行相关性分析[9]。通常栅格网络单元可以弥补 PM$_{2.5}$ 浓度数据并不完全覆盖研究区域的问题，但需要进一步对栅格进行数据赋值，并且只有用于区域、城市的宏观层面才能保证数据误差的合理性。

服务空间单元即以监测点为中心，建立以一定距离为缓冲距离的圆形或方形缓冲区域来进行 PM$_{2.5}$ 浓度与缓冲区域内空间要素的相关性分析和回归拟合。此类划定服务缓冲区的方式数据获取方便，可针对特定空间指标进行精确分析，在关注城市景观格局和土地利用方面应用较多：雷雅凯等通过对郑州市 9 个国控监测点建立 1km×1km～6km×6km 的缓冲区以分析绿地景观格局与 PM$_{2.5}$ 的相关关系[10]；杨婉莹等对长株潭城市群 24 个国控监测点提取14 个不同半径的缓冲区各类土地利用数据，并计算相应土地类型景观格局指数与 PM$_{2.5}$ 浓度关系[11]。服务空间单元可用于宏观、中观、微观尺度的研究，是应用最广泛的空间单元，但存在缓冲区不能完全与研究区域重叠导致数据（空间形态指标）需进一步处理的问题。

## 1.2 研究方法

### 1.2.1 PM$_{2.5}$ 测度估算方法

获得研究区域的 PM$_{2.5}$ 数据，是研究 PM$_{2.5}$ 与人类时空活动之间关系的基础，传统对 PM$_{2.5}$ 浓度和空间分布的

监测手段为实地监测，主要包含固定监测和移动监测。固定监测点数据精确，但存在监测点稀疏、分布不均匀的问题。小尺度研究运用移动监测较多，如街道、社区、公园绿地等，但受人为影响较大。对于较大尺度研究来说，常需利用样本 PM₂.₅ 浓度数据模拟研究区域整体的 PM₂.₅ 浓度数据，目前国内外模拟方法主要有空间插值法、遥感反演法和土地利用回归法。

空间插值法是利用已知样本数据估计未知数据的一种重要方法，常用的空间插值方法有反距离加权（IDW）插值、普通克里格（OK）插值和趋势面（TS）插值[12,13]。通常的做法是利用区域内空气质量监测站点的监测数据进行空间插值，不同区域的空间插值分布可采用不同的插值方法来纳入不同的插值效应和精度[14]。由于目前空气质量监测站点主要集中分布在城市中心区，在郊区和农村点位较少，该方法获得的区域整体污染物浓度分布结果存在较大不确定性。

遥感反演法是利用卫星反演的气溶胶光学厚度（aerosol optical depth，AOD）对研究区域内 PM₂.₅ 进行广泛监测，是目前解析 PM₂.₅ 浓度时空分布特征及污染来源的主要方法。PM₂.₅ 与 AOD 之间的关系模型最初为简单线性相关，随着土地利用、地理参数、气象参数等多种因素被考虑在内，更精确的非线性统计模型被应用，如地理加权回归模型[15]、线性混合效应模型等[16]。

土地利用回归法是模拟颗粒物浓度时空分布最主要、最体系化的方法之一[17]，构建土地利用回归模型（LUR）需综合土地利用、道路交通、人口和地形等多项因素，其精确度取决于所选取的缓冲区数量、地理变量及监测点的数量与分布均匀度[18]。通常将选取的变量与 PM₂.₅ 进行双变量相关性分析以筛选，将显著相关的自变量与 PM₂.₅ 进行多元回归分析，留一检验后通过回归映射得到研究区域 PM₂.₅ 浓度空间分布情况，如曾元梓等基于 LUR 模型分析了武汉市湖泊湿地建成环境对空气 PM₁₀、PM₂.₅ 浓度的关键影响因子[19]。

此外，还有建立空气质量模型、数值模拟预测空间 PM₂.₅ 浓度的方法。空气质量模型可模拟 PM₂.₅ 传输过程并预测其空间分布情况，常用的社区多尺度空气质量模型（CMAQ）、综合空气质量模型（CAMx）、化学天气研究与预报模型（WRF-Chem）多用于城市和区域类综合性评估，如许华等以武汉市为例采用 WRF/CMAQ 耦合UCM 模型的方法，分析 PM₂.₅ 的时空分布特征[20]。中微观尺度多运用基于计算流体动力学（CFD）模拟的方法，特别针对街道峡谷等包含建筑在内灰色空间形态指标与 PM₂.₅ 浓度关系进行研究[21]。综合考虑植物与 PM₂.₅

浓度的相关性研究，多应用 Envi-met 软件进行模拟。该软件能够模拟建筑表面、植物和大气之间的相互作用，并输出风速、污染物浓度等环境因子的预测数值及空间分布[22]。

### 1.2.2　分析方法

将 PM₂.₅ 浓度分布情况与城市灰绿空间各项指标进行相关性分析或回归分析等定量分析是研究的关键，相关性分析是回归分析的基础。

相关性分析多利用相关系数及显著性系数判断各因素与 PM₂.₅ 浓度是否显著相关，且呈正相关或负相关。常用的相关系数为 Person 相关性系数，方法为双变量相关分析，由于 PM₂.₅ 的浓度分布存在空间自相关现象，目前也多运用空间自相关分析。

PM₂.₅ 浓度回归分析中若探究单一因素与 PM₂.₅ 浓度的关系则运用一元回归分析，但 PM₂.₅ 浓度往往涉及多个因素，因此通常建立多个因素与 PM₂.₅ 浓度间的线性或非线性关系以判定各自对 PM₂.₅ 浓度影响作用的大小，即进行多元回归分析。如戴菲等通过双变量相关分析与一元回归分析揭示了武汉市街区形态与 PM₁₀、PM₂.₅ 的相关性及其影响规律，通过多元线性回归分析不同街区形态对PM₁₀、PM₂.₅ 变化的贡献度[23]。考虑到 PM₂.₅ 浓度受到不同地理因素影响，有学者运用地理加权回归分析以量化空间异质性。如周丽霞等人通过多尺度地理加权回归模型探讨 PM₂.₅ 浓度对土地利用/覆盖转换的多尺度空间响应过程，耕地与林地的位置对 PM₂.₅ 浓度变化影响较大。[24]

## 1.3　灰色空间

"灰色空间"最初由日本建筑师黑川纪章提出，指建筑内外部环境的过渡空间。Benedict 等认为在城市地区，"灰色空间"是城市中的非自然环境，包括道路、建筑物和其他建筑[25]。本文将城市灰色空间定义为城市建筑、道路等灰色基础设施为主要存在或由其围合而成的城市空间类型。

### 1.3.1　宏观尺度——土地利用与空间结构

土地利用反映城市功能，不同土地利用对颗粒物浓度影响不同，建设用地中居住、行政、工业、交通和商业等用地类型的 PM₂.₅ 浓度分布在不同研究地区存在差异[26-28]。黄旺发现重庆中心城区居住地及工业建设地PM₂.₅ 浓度值较高[29]，而黄亚平[6]等发现武汉市居住区与 PM₂.₅ 浓度的显著相关性使居民暴露于空气污染的风险很高，相较城市工业用地，交通已成为城市 PM₂.₅ 的主要来源，高复合性土地利用与空气质量没有显著关联。

空间结构是城市发展在空间维度的反映，城市建设的加快使其对颗粒物浓度有重要影响。城市中心特征是城市空间结构的重要特征之一，通常具有单中心或多中心特征，目前针对不同中心特征的颗粒物浓度影响研究结果存在差异：一些学者认为单中心城市结构建设强度集中，最利于大气污染防治[30]，就我国城市群而言，多中心化的城市群结构在一定程度造成大气污染[31]。另有研究对多要素综合考虑，认为以就业与居住平衡为前提的多中心结构可节省通勤距离以减少污染物排放，更利于降低颗粒物浓度[6,32]。

### 1.3.2 中观尺度——街区形态

街区是人们日常生活接触最频繁的尺度空间，更易于以人工调控的方式进行颗粒物污染防治，街区的二维、三维指标与围合方式往往和 PM$_{2.5}$ 浓度显著相关，优化其空间形态利于风道构建从而影响 PM$_{2.5}$ 扩散。

街区的二维指标中容积率、建筑密度、道路面积与密度对 PM$_{2.5}$ 扩散有不同影响。许华华提出采用高容低密的建设模式相比分散式布局和引入通风廊道可更大程度地大范围降低 PM$_{2.5}$ 浓度[20]；汪芳等发现在相同交通承载能力下，北京地区密度低的高等级公路网比密度高的低等级公路网更能降低 PM$_{2.5}$ 浓度，提高支路和次级道路的比例、保持交通路口的畅通均能缓解 PM$_{2.5}$ 污染[33]。

街区的三维指标比二维指标对 PM$_{2.5}$ 浓度影响作用更强，这是由于三维指标对城市气象因素（气温、相对湿度和风速）影响更为显著[34]，而气象因素常常主导 PM$_{2.5}$ 的传播扩散。KeBen 等的研究证实了这一结论，并在此基础上发现建筑高度密度（建筑高度的空间变化程度）、补丁丰富度（建筑物高度的分类数）与 PM$_{2.5}$ 浓度存在负相关，说明不同建筑高度的组合形式有利于 PM$_{2.5}$ 的扩散[35]。

在街区围合方式方面，高密度居住区的不同建筑布局，其地面 PM$_{2.5}$ 浓度分布及扩散有显著区别：中点式和行列式建筑布局、增大宅间距能降低 PM$_{2.5}$ 浓度[36]。这一现象存在季节特征，春、夏、秋季，多组团集中式布局的居住区 PM$_{2.5}$ 质量浓度较高，行列式、合院式较低。冬季则反之亦然[37]。

### 1.3.3 微观尺度——街道峡谷

一条相对狭窄的街道，两侧建筑物连续排列，这种典型配置就是街道峡谷[38]，街道峡谷（街谷）是街区特殊的空间形式，是具有特定小气候的单元[39]。

既往研究表明，街道峡谷的污染物浓度相对较高[40]，城市街道峡谷三维空间结构特征［高宽比（AR）、天空可视因子（SVF）］为主要影响街道峡谷内污染物浓

度和扩散的形态学指标。由于研究地区及方法不同，街道峡谷 AR 与 PM$_{2.5}$ 浓度的相关性结论并不完全相同。李苹苹等通过 ENVI-met 模拟沈阳市 3 种 AR 的 PM$_{2.5}$ 浓度，发现呈中街谷＞窄街谷＞宽街谷的分布情况[41]；而苗纯萍等通过现场测量与统计方法定性评估沈阳市中心城 23 个不同类型街道峡谷的 AR 及 SVF 对真实环境中 PM$_{2.5}$ 浓度影响，发现 AR 越大、SVF 越小，行人高度 PM$_{2.5}$ 浓度越低[42]。另有学者发现街道峡谷中 PM$_{2.5}$ 具垂直扩散特征，PM$_{2.5}$ 浓度随垂直高度降低而下降[43]。

上述研究多侧重于街道峡谷的平均高度，而避免沿街建筑高度的一致性有利于 PM$_{2.5}$ 扩散。邱巧玲等建议将街谷高宽比、长高比、两侧建筑高度比分别控制在 0.6～1.2、5、2 或＜1 时，能促进通风从而降低颗粒物浓度[44]；魏中华等人通过对北京一系列单独的非对称街道峡谷中 PM$_{2.5}$ 浓度分布计算机模拟，结合交通流量状态发现车辆使得 PM$_{2.5}$ 高浓度多集中于建筑背风处，且 SCER（街道峡谷围护比＝背风建筑高度：道路宽度：迎风建筑高度）＝2：1：2 时最不利于 PM$_{2.5}$ 的扩散，SCER＝2：2：1 时最利于 PM$_{2.5}$ 扩散[45]。

## 1.4 绿色空间

西方将城市绿色空间称为城市开敞空间，绿色空间在苏联的绿地概念里指的是绿色植被在空间上的分布[46]。城市内的绿色空间一般包括公园绿地、防护绿地、广场用地和附属绿地[47]。城市绿地对 PM$_{2.5}$ 浓度的影响机制主要包含两方面：一方面作为城市风道的重要组成部分，其形态格局通过影响风道进而影响颗粒物的流动扩散；另一方面突出植被滞尘效应，PM$_{2.5}$ 通过干沉降的方式滞留、附着、黏附于植物的叶、枝干结构，从而起到降低污染物浓度的作用[48]。

### 1.4.1 宏观尺度——区域、城市绿地系统

PM$_{2.5}$ 因其粒径较小，具有悬浮性久、不易沉降、远距离扩散的特征，易造成区域性乃至全球性污染[49-51]，而城市甚至区域范围适当宽度的绿色生态廊道能有效促进郊区风进入城市，从而提高风道的调节能力，在我国实际规划中"绿廊"、"绿环"[52]、"绿楔"[53]、"绿网"[54]这几种绿地结构被认为有利于缓解城市大气污染。

城市绿地作为城市风道过滤空气的主要场所，其面积、空间形态对气象条件产生影响进而影响颗粒物浓度。在面积方面，于畅[55]等通过研究京津冀样本城市 PM$_{2.5}$ 浓度与绿地面积的关系，发现在其他条件不变的情况下，绿地面积比重每提高 1%，PM$_{2.5}$ 浓度将下降约 0.05μg/m³；

在空间形态方面，相关研究探讨了景观水平上的各景观格局指数与PM₂.₅浓度的相关性及贡献大小，如吴健生等通过对北京城市绿地与PM₂.₅污染水平研究发现，越均匀和越分散的城市绿地格局更利于PM₂.₅浓度的降低[56]。

### 1.4.2 中观尺度——各类城市绿地

街区尺度的绿色空间是城市居民接触和利用最频繁绿色空间，以基于不同空间单元形式划分的城市所有街区、若干样本街区、绿地个体等对象进行探究，发现其绿量和空间形态与PM₂.₅浓度相关。

城市所有街区的研究，通常采用1km甚至更大尺度的规则栅格网，对于指导街区绿色空间的精细化布局仍有待进一步研究。尽管如此，研究发现大气颗粒物浓度存在显著的空间自相关现象，并且与树木、草地覆盖率和三维绿量等指标[57,58]，绿色空间的破碎度、聚集度、形状指数、边缘密度等景观格局指数均显著相关[9]。

若干样本街区的研究，往往更深入地关注到街区绿色空间肌理，常以城市中国控监测点进行缓冲分析构建街区单元。相关研究仍从数量与形态两方面，得出绿化覆盖率、三维绿量与大气颗粒物浓度之间呈显著负相关[59,60]，以及景观格局指数与大气颗粒物浓度之间的关系[10]，但个别景观格局指数与颗粒物之间的关系受研究地区、研究方法差异的影响存在不一致或矛盾，这也说明了进行大量样本街区研究的必要性。近年来，形态学空间格局分析被用于分析绿色空间的7种形态特征与PM₂.₅之间的关系，并得到其对PM₂.₅的非线性影响方式[61]，是对绿色空间形态表征的新尝试。

在城市各类绿地个体研究中，公园绿地（尤其综合公园）对大气颗粒物的消减效果最显著，居住区绿地次之，道路绿地、校园绿地、广场用地、工业绿地等对大气颗粒物消减也起到一定作用，总体来说，绿地面积、周长、形状指数与PM₂.₅消减量之间的显著正相关关系[62]。对于居住区绿地，绿化覆盖率越高，绿地对大气颗粒物的消减量往往也越大[63]，在布局形态上，分散式、带状集中式、片状集中式3种布局对大气颗粒物的消减效果依次减弱[64]。对于道路绿地，不同等级道路采用的绿带宽度、植被类型均影响PM₂.₅浓度：城市主干道—10m、次干道—5m、支路—5m的"道路等级—绿带宽度"模式对PM₁₀、PM₂.₅消减作用最明显[65]，高污染道路的3DGV（树木、灌木和草等所有植被的冠部和茎的三维体积）与PM₂.₅浓度相关性较弱，而生物量垂直分布均匀、植被种类多样化的道路绿地能降低PM₂.₅浓度[66]。

### 1.4.3 微观尺度——植物滞尘

城市绿色植物作为大气过滤器，能够有效缓解空气污染[67]，优化城市植物种类、植物配置方式以改变植物微结构、植物郁闭度、疏密度[68]，进而充分利用植物的滞尘效应降低PM₂.₅浓度是城市规划设计层面实践性较强的一种调控方式，因此许多学者关注不同绿地类型中植物本身对PM₂.₅浓度的影响。目前主要通过测量和计算叶片滞留颗粒物质量或利用颗粒物沉降速率判定植物滞尘能力，若考虑时空动态变化的影响可通过仪器对植物附近空气污染物浓度直接测量。

不同植物种类因其生活型、生理结构等特性的差异，对PM₂.₅影响能力不同，选择合适的植物种类进行栽植对PM₂.₅的消减有重要作用。研究表明，针叶树种叶片对PM₂.₅的吸附能力优于阔叶树种[69]；无论是单位叶片面积还是单位绿地面积，海棠、木樨对PM₂.₅滞留能力均较好[70]。

传统植物配植多以赏心悦目或生态服务为主要目的，而配植方式对PM₂.₅浓度具有一定影响，地理空间、季节时间、交通环境等因素变化使得这一影响机制并不稳定。王国玉等对北京市三处道路绿地样点监测对比分析，提出传统以美观为主要目的"乔—灌—草"配植模式消减PM₂.₅效果弱于"（乔、灌、草）—乔"的植物配植模式[71]；而孙晓丹通过对青岛市主干道四种配植模式对PM₂.₅的消减率分析，提出消减能力顺序为"乔—灌—草"＞"乔—灌"＞"乔—草"＞"灌—草"[72]；李新宇通过对北京市4家公园内典型植物配置群落全年大气PM₂.₅的测定，发现纯林绿地或乔木型绿地消减作用最强，纯草坪绿地消减作用最弱[73]。但总体来说，乔木较大的冠幅有利于增加郁闭度，而低矮的植物类型可减小绿地疏透度，增加乔木的复层混交是大多研究认可的提高植物群落对PM₂.₅污染消减效应的重要技术措施[74]。

## 2 总结与展望

本文从宏观、中观和微观三种尺度出发，总结已有文献研究中城市灰色空间、绿色空间与PM₂.₅浓度分布特征的规律性，重点对象主要包括区域和城市绿地系统、各类城市绿地、植物本身、土地利用与城市结构、街区形态与街区峡谷。同时，本文对该类型研究设计进行评述，从研究单元和研究方法（PM₂.₅测度估算、分析方法）两方面进行归纳，对各类研究单元及方法的优缺点和应用条件进行分析。结合以上两个部分的详细讨论，本文从理论与实践层面总结目前研究存在的问题，提出未来研究前景及趋势。

基于研究尺度来说，宏观尺度研究相较于中微尺度研究较少，一方面较大尺度的 $PM_{2.5}$ 浓度数据难以获取，较高精度的模拟于非该研究领域的专业人士存在困难，另一方面就区域及城市尺度，很难单纯地讨论灰色/绿色空间与污染物浓度的关系，多涉及风道、下垫面等气象与地表因素，涉及较多交叉学科的知识与建模技术。建议应当发挥建筑、城乡规划和风景园林学科优势，可选取不同地域、人口规模的典型城市，总结出不同典型城市的污染特征，侧重将城市结构与形态、城市绿地系统中各级支系统［如水系统（湖泊、湿地等）、都市农业与林业系统、绿地与公园系统、绿道与慢行系统］的各项指标与 $PM_{2.5}$ 浓度建立直接关联，以供其他城市借鉴，另外由于 $PM_{2.5}$ 带来的空气污染并不以行政区划为边界，可增加城市群、都市圈等区域范围的研究。

中观和微观尺度已有较广泛的研究。在研究方法上，现有研究已基本全部采用定量研究，但目前的分析模型大多选择忽略时空影响因素的传统线性回归模型，而一些研究发现我国城市 $PM_{2.5}$ 浓度分布存在显著空间自相关，应当多运用地理加权回归分析、地理模型和地理统计的方法。在 $PM_{2.5}$ 浓度数据方面，基本以日、月、季、年的 $PM_{2.5}$ 浓度均值进行分析，而 $PM_{2.5}$ 浓度逐时的显著变化对城市居民的暴露风险有重要影响。另外，在研究指标方面，无论是基于何种尺度的灰绿空间，各研究对于指标选取依据鲜有进行阐述，而目前针对绿色空间研究的主要指标有景观格局指数，包括斑块面积、密度、破碎度、均匀度、形状指数等，以及七类形态格局指标，灰色空间指标主要有建筑密度、高度、容积率、天空可视因子、道路格局、长度、宽度、长宽比、建筑高度与街道宽度比等，未来可对各指标间的相互关系、影响尺度、影响方式、影响程度等展开深入研究。

总体来说，三种尺度的研究对颗粒物防治的理论知识体系进行了完善补充，但研究成果对于实践的指导性较弱。首先，目前的城市规划设计多以实用性、美观性为主要考量因素，特别是针对本身功能属性较强的街区，如教育、工业、旅游、行政、居住等职能的街区，生态性很难作为主导设计的重要因素，因此笔者建议可结合城市功能单元展开相关研究，以提出针对性措施。其次，如今多数城市已进入局部城市更新阶段，大拆大建的可能性较小，应当通过研究补充可应用于该阶段的促进 $PM_{2.5}$ 浓度降低的城市灰绿空间建设意见，可结合平面与竖向设计，选择试点区域进行研究型设计并进行模拟验证。

## 参考文献

[1] 张瑾，薛彩凤，温彪，等 . 浅谈 $PM_{2.5}$ 的危害及我国的控制历程与经验[J]. 环境与可持续发展，2021，46(1)：109-114.

[2] 刘超，金梦怡，朱星航，等 . 多尺度时空 $PM_{2.5}$ 分布特征、影响要素、方法演进的综述及城市规划展望[J]. 西部人居环境学刊，2021，36(4)：9-18.

[3] 柏玲，姜磊，陈忠升 . 长江中游城市群 $PM_{2.5}$ 时空特征及影响因素研究［J］. 长江流域资源与环境，2018，27（5）：960-968.

[4] 吴浪，周廷刚，温莉，等 . 基于遥感数据的 $PM_{2.5}$ 与城市化的时空关系研究——以成渝城市群为例[J]. 长江流域资源与环境，2018，27(9)：2142-2152.

[5] 王振波，梁龙武，王旭静 . 中国城市群地区 $PM_{2.5}$ 时空演变格局及其影响因素[J]. 地理学报，2019，74(12)：2614-2630.

[6] GUO L, LUO J, YUAN M, et al. The influence of urban planning factors on $PM_{2.5}$ pollution exposure and implications：A case study in China based on remote sensing, LBS, and GIS data[J]. Science of the total environment，2019，659：1585-1596.

[7] SHI K F, WANG H, YANG Q Y, et al. Exploring the relationships between urban forms and fine particulate（$PM_{2.5}$）concentration in China：A multi-perspectivestudy［J］. Journal of cleaner production，2019，231：990-1004.

[8] YUAN M, SONG Y, Huang Y P, et al. Exploring the association between the built environment and remotely sensed $PM_{2.5}$ concentrations in urbanareas[J]. Journal of cleaner production，2019，220：1014-1023.

[9] FENG H H, ZOU B, TANG Y M. Scale-and region-dependence in landscape-$PM_{2.5}$ correlation：Implications for urban planning[J]. Remote sensing，2017，9(9)：918.

[10] 雷雅凯，段彦博，马格，等 . 城市绿地景观格局对 $PM_{2.5}$、$PM_{10}$ 分布的影响及尺度效应[J]. 中国园林，2018，34(7)：98-103.

[11] 杨婉莹，刘艳芳，刘耀林，等 . 基于 LUR 模型探究城市景观格局对 $PM_{2.5}$ 浓度的影响——以长株潭城市群为例[J]. 长江流域资源与环境，2019，28(9)：2251-2261.

[12] HUEGLIN, C, GEHRIG R, BALTENSPERGER, U, et al. Chemical characterisation of $PM_{2.5}$, $PM_{10}$ and coarse particles at urban, near-city and rural sites in Switzerland[J]. Atmospheric environment. 2005，39(4)：637-651.

[13] VAN DONKELAAR A, MARTIN R V, SPURR, R J, et al. High-resolution satellite-derived $PM_{2.5}$ from optimal estimation and geographically weighted regression over North America[J]. Environmental science & technology，2015，49(17)：10482-10491.

[14] 刘妍月，李军成 . 长沙市大气中 $PM_{2.5}$ 浓度分布的空间插值方法比较[J]. 环境监测管理与技术，2016，28(2)：14-18.

[15] MA Z W, HU X F, Huang, L, et al. Estimating ground-level PM$_{2.5}$ in China using satellite remote sensing[J]. Environmental science & technology, 2014, 48(13): 7436-7444.

[16] LEE H J, LIU, Y, COULL B A, et al. A novel calibration approach of MODIS AOD data to predict PM$_{2.5}$ concentrations[J]. Atmospheric chemistry and physics 2011, 11(15): 7991-8002.

[17] 刘炳杰, 彭晓敏, 李继红. 基于LUR模型的中国PM$_{2.5}$时空变化分析[J]. 环境科学, 2018, 39(12): 5296-5307.

[18] 江笑薇, 任志远, 孙艺杰. 基于LUR和GIS的西安市PM$_{2.5}$的空间分布模拟及影响因素[J]. 陕西师范大学学报 (自然科学版), 2017, 45(3): 80-87+106.

[19] 曾元梓, 陈奕汝, 郭慧娟, 等. 城市湖泊湿地建成环境对PM$_{10}$、PM$_{2.5}$浓度影响因子分析——以武汉市为例[J]. 中国园林, 2018, 34(7): 104-109.

[20] 许华华, 陈宏. 应对空气污染的城市空间布局模式研究——以武汉市为例[J]. 西部人居环境学刊, 2020, 35(6): 73-78.

[21] MENG M R, CAO S J, KUMAR P, et al. Spatial distribution characteristics of PM$_{2.5}$ concentration around residential buildings in urban traffic-intensive areas: From the perspectives of health and safety[J]. safety science, 2021, 141: 105318.

[22] BRUSE M, FLEER H. Simulating surface-plant-air interactions inside urban environments with a three dimensional numerical model[J]. Environmental modelling & software, 1998, 13(3-4): 373-384.

[23] 戴菲, 陈明, 王敏, 等. 城市街区形态对PM$_{10}$、PM$_{2.5}$的影响研究——以武汉为例[J]. 中国园林, 2020, 36(3): 109-114.

[24] 周丽霞, 吴涛, 蒋国俊, 等. 长三角地区PM$_{2.5}$浓度对土地利用/覆盖转换的空间异质性响应[J]. 环境科学, 2022, 43(3): 1201-1211.

[25] BENEDICT M A, MCMAHON E T. Green infrastoucture: Smart conservation for the 21st centry[J]. Renewable resources journal 2002, 20(3): 12-17.

[26] YANG H O, CHEN W B, LIANG Z F. Impact of land use on PM$_{2.5}$ pollution in a representative city of middle China[J]. International journal of environmental research and public health, 2017, 14(5): 462.

[27] 于静, 尚二萍. 城市快速发展下主要用地类型的PM$_{2.5}$浓度空间对应——以沈阳为例[J]. 城市发展研究, 2013, 20(9): 128-130+144.

[28] 唐新明, 刘浩, 李京, 等. 北京地区霾/颗粒物污染与土地利用/覆盖的时空关联分析[J]. 中国环境科学, 2015, 35(9): 2561-2569.

[29] 黄旺. 重庆市主城区PM$_{2.5}$时空分异模拟与分析[D]. 重庆: 重庆交通大学, 2019.

[30] ANDERSON W P, KANAROGLOU P S, MILLER E J. Urban form, energy and the environment: A review of issues, evidence and policy[J]. Urban studies, 1996, 33(1): 7-35.

[31] 刘凯, 吴怡, 王晓瑜, 等. 中国城市群空间结构对大气污染的影响[J]. 中国人口·资源与环境, 2020, 30(10): 28-35.

[32] 孙斌栋, 潘鑫. 城市空间结构对交通出行影响研究的进展——单中心与多中心的论争[J]. 城市问题, 2008(1): 19-22+28.

[33] WANG F, PENG Y, JIANG C. Influence of road patterns on PM$_{2.5}$ concentrations and the available solutions: The case of Beijing City, China[J]. Sustainability, 2017, 9(2): 217.

[34] CAO Q, LUAN Q, LIU Y, et al. The effects of 2D and 3D building morphology on urban environments: A multi-scale analysis in the Beijing metropolitan region[J]. Building and environment, 2021, 192: 107635.

[35] KE B, HU W, HUANG D, et al. Three-dimensional building morphology impacts on PM$_{2.5}$ distribution in urban landscape settings in Zhejiang, China[J]. Science of the total environment, 2022: 154094.

[36] 王薇, 夏斯涵, 张蕾. 基于ENVI-met的高密度城市住区空间PM$_{2.5}$分布模拟研究[J]. 住宅科技, 2021, 41(11): 29-34.

[37] 吴正旺, 韩宇婷, 吴彦强. PM$_{2.5}$在北京几种典型居住区中的分布及扩散比较[J]. 华中建筑, 2016, 34(8): 38-41.

[38] NICHOLSON S E. A pollution model for street-level air[J]. Atmospheric environment, 1975, 9(1): 19-31.

[39] MUNIZGAAL L P, PEZZUTO C C, DE CARVALHO M F H, et al. Urban geometry and the microclimate of street canyons in tropical climate[J]. Building and environment, 2020, 169: 106547.

[40] YIM S H L, FUNG J C H, LAU A K H, et al. Air ventilation impacts of the "wall effect" resulting from the alignment of high-rise buildings[J]. Atmospheric environment, 2009, 43(32): 4982-4994.

[41] 李苹苹, 苗纯萍, 陈玮, 等. 城市街谷行道树对PM$_{2.5}$浓度影响的数值模拟研究[J]. 生态学杂志, 2021, 40(12): 4044-4052.

[42] MIAO C P, YU S, HU Y M, et al. How the morphology of urban street canyons affects suspended particulate matter concentration at the pedestrian level: An in-situinvestigation[J]. Sustainable cities and society, 2020, 55: 102042.

[43] CHAN L Y, KWOK W S. Vertical dispersion of suspended particulates in urban area of Hong Kong[J]. Atmospheric environment, 2000, 34(26): 4403-4412.

[44] 邱巧玲, 王凌. 基于街道峡谷污染机理的城市街道几何结构规划研究[J]. 城市发展研究, 2007, 14(4): 78-82.

[45] WEI Z H, PENG J X, MA X W, et al. Toward PM$_{2.5}$ distribution patterns inside symmetric and asymmetric street canyons: Experimental study[J]. Journal of environmental engi-

neering，2021，147(7)．

[46] 刘淼．基于 GIS 和 RS 的天津城市绿色空间研究[D]．天津：
天津大学，2018．

[47] 中华人民共和国住房和城乡建设部．城市绿地分类标准：CJJ/T
85—2017[M]．北京：中国建筑工业出版社，2017．

[48] 陈小平，焦奕雯，裴婷婷，等．园林植物吸附细颗粒物
（$PM_{2.5}$）效应研究进展[J]．生态学杂志，2014，33(9)：
2558-2566．

[49] CHOU C K，LEE C T，YUAN C S，et al．Implications of the
chemical transformation of Asian outflow aerosols for the
long-range transport of inorganic nitrogenspecies[J]．Atmo-
spheric environment，2008，42(32)：7508-7519．

[50] MATSUDA K，FUJIMURA Y，HAYASHI K，et al．Deposition
velocity of $PM_{2.5}$ sulfate in the summer above a deciduous forest in
central Japan[J]．Atmospheric environment，2010，44 (36)：
4582-4587．

[51] LIU J F，MAUZERALL D L，HOROWITZ L W，et al．
Evaluating inter-continentaltransport of fine aerosols：（1）
Method-ology，global aerosol distribution and optical depth
[J]．Atmospheric environment，2009，43(28)：4327-4338．

[52] 左长安，邢丛丛，董睿，等．伦敦雾霾控制历程中的城市规
划与环境立法[J]．城市规划，2014，38(9)：51-56＋63．

[53] 陈宇峰．基于气候特异性的北京城区楔形绿地体系构建[D]．
北京：北京林业大学，2015．

[54] 刘媛媛．基于雾霾影响下的城市空间重构研究——以郑州市
为例[D]．长春：吉林建筑大学，2016．

[55] 于畅，徐畅，熊立春，等．森林城市建设对大气质量的影响
[J]．林业经济，2019，41(3)：72-78．

[56] WU J S，XIE W D，LI W F，et al．Effects of urban landscape
pattern on $PM_{2.5}$ pollution—a Beijing case study[J]．Plos
one，2015，10(11)：e0142449．

[57] 杨伟，姜晓丽．华北地区大气细颗粒物（$PM_{2.5}$）年际变化及
其对土地利用/覆被变化的响应[J]．环境科学，2020，41
(7)：2995-3003．

[58] LU D B，MAO W L，YANG D，Y et al．Effects of land use
and landscape pattern on $PM_{2.5}$ in Yangtze River Delta，China
[J]．Atmospheric pollution research，2018，9(4)：705-713．

[59] 陈明，戴菲．城市街区植物绿量及对 $PM_{2.5}$ 的调节效应——以
武汉市为例[C]//中国风景园林学会．中国风景园林学会 2018
年会论文集．北京：中国建筑工业出版社，2018：340-345．

[60] 戴菲，陈明，朱晟伟，等．街区尺度不同绿化覆盖率对
$PM_{10}$、$PM_{2.5}$ 的消减研究——以武汉主城区为例[J]．中国园
林，2018，34(3)：105-110．

[61] 陈明，戴菲．基于 MSPA 的城市绿色基础设施空间格局对
$PM_{2.5}$ 的影响[J]．中国园林，2020，36(10)：63-68．

[62] 陈明，胡义，戴菲．城市绿地空间形态对 $PM_{2.5}$ 的消减影
响——以武汉市为例[J]．风景园林，2019，26(12)：74-78．

[63] 祝玲玲，顾康康，方云皓．基于 ENVI-met 的城市居住区空
间形态与 $PM_{2.5}$ 浓度关联性研究[J]．生态环境学报，2019，
28(8)：1613-1621．

[64] 薛思寒，马悦，王琨．建筑和绿地布局对郑州市住区 $PM_{2.5}$
的综合影响[J]．建筑科学，2021，37(6)：86-95．

[65] 牟浩．城市道路绿带宽度对空气污染物的削减效率研究[D]．
武汉：华中农业大学，2013．

[66] SHENG Q Q，ZHANG Y L，ZHU Z L，et al．An experimen-
tal study to quantify road greenbelts and their association with
$PM_{2.5}$ concentration along city main roads in Nanjing，China
[J]．Science of the total environment，2019，667：710-717．

[67] 王兵，张维康，牛香，等．北京 10 个常绿树种颗粒物吸附
能力研究[J]．环境科学，2015，36(2)：408-414．

[68] 顾康康，钱兆，方云皓，等．基于 ENVI-met 的城市道路绿
地植物配置对 $PM_{2.5}$ 的影响研究[J]．生态学报，2020，40
(13)：4340-4350．

[69] 鲁绍伟，蒋燕，李少宁，等．北京西山绿化树种 $PM_{2.5}$ 吸附
量及叶表面 AFM 特征分析[J]．生态学报，2019，39(10)：
3777-3786．

[70] 吴翠蓉，江波，张露，等．杭州 8 种绿化树种滞纳 TSP 和
$PM_1$、$PM_{2.5}$、$PM_{10}$ 的效应研究[J]．浙江林业科技，2020，
40(5)：13-20．

[71] 王国玉，白伟岚，李新宇，等．北京地区消减 $PM_{2.5}$ 等颗粒
物污染的绿地设计技术探析[J]．中国园林，2014，30(7)：
70-76．

[72] 孙晓丹，李海梅，刘霞，等．不同绿地结构消减大气颗粒物
的能力[J]．环境化学，2017，36(2)：289-295．

[73] 李新宇，赵松婷，郭佳，等．公园绿地植物配置对大气
$PM_{2.5}$ 浓度的消减作用及影响因子[J]．中国园林，2016，32
(8)：10-13．

[74] 谢滨泽．城市绿地植物叶表面微结构及配置方式对其滞留
$PM_{2.5}$ 等颗粒物的影响[D]．西安：西安建筑科技大学，2015．

## 作者简介

戴菲，1974 年生，女，博士，华中科技大学建筑与城市规划学
院，教授。研究方向为城市绿色基础设施、绿地系统规划。电子邮
箱：58801365@qq.com。

李姝颖，1998 年生，女，中国市政工程中南设计研究总院有限
公司助理工程师。电子邮箱：476631920@qq.com。

（通信作者）陈明，1991 年生，男，博士，华中科技大学建筑
与城市规划学院，讲师。研究方向为绿色基础设施，城市微气候。
电子邮箱：chen_m@hust.edy.cn。

# 现代私园的浪漫与挣扎
## ——京郊私家宅园调查与研究
## The Romance and Struggle of Modern Private Gardens
## —A Research on Suburban Private Gardens in Beijing

刘心怡　曾洪立*

**摘　要**：由于用地限制，自发建造的私家宅园大多位于各大城市的郊区，缺乏系统的研究和评估。本文从文脉延续、城市绿地风貌等多个角度寻访探究现代的城市私园，并讨论它们如何寄托现代人自己的情怀、影响城市的整体面貌。本文通过对京郊若干处私家宅园的实测与分析，初步总结了私家宅园的营建特征。希望这些分析能对未来私家庭园的营建有所帮助。

**关键词**：私家宅园；附属绿地；庭园设计

**Abstract**：Due to land constraints, most of the spontaneously constructed private gardens are located in the suburbs of major cities, which lack systematic research and evaluation. This paper investigates modern private gardens from various perspectives, such as cultural continuity and urban green landscape, and discussed how they affect the sentiments of residents themselves and the overall appearance of the city. This paper summarizes the characteristics of private gardens through the analysis of several private gardens in the suburbs of Beijing. It is hoped that these analyses will be useful for the construction of future private gardens.

**Keyword**：Private Gardens；Appendix Green-space；Garden Design

　　私家宅园是中国历史上源远流长的一类园林形式，自宋朝以降的文人园林就是最好的例证：这些文人雅士通过建设私家宅园供自己游憩赏乐，寄托自己的思想情感。可以说，古代私园已经成为传统文化的一部分。通过一个人的宅园可以了解他的思想、志向与意趣，古典私家宅园堪称一张独特的"文化名片"。即使是百姓民居、杂院，其中往往用住宅围合出院落，种植几棵果树，或是摆放盆景作为装饰，春季观赏花朵、夏季乘荫纳凉、秋季结出果实，居民的市井生活是和这些质朴的院落紧密联系在一起的。然而，近代以来，随着公园绿地的普及，私家园林这一中国传统的园林形式逐渐销声匿迹，似乎现代人再也无从找到一个能与私园相提并论的情感寄托。

　　为了解这些独特的、充满活力的城市绿色斑块的情况，笔者在京郊展开了一系列的调查。

# 1　城市私园的消亡与复兴

## 1.1　城市私园的消亡

　　城市中私家院落和宅邸，就像是一个个细胞一样组成了整座城市的肌体，而其中的庭园绿意，也就跟随着细胞蔓延开来，成为城市的绿色图底。北京在这方面表现得尤为明显，从内城的王府花园，再到寻常百姓的四合院之庭院，均可见到人们自发地追求生活美感，对其居住的院落空间进行了绿化改造。在古代，这些私家宅园可以说构成了今天所说的"居住附属绿地"的大部分；进而通过这种城市的分形特征影响着整个北京古城的城市绿化结构，构成了老城绿化的基本图底关系。

在古画和古籍记载中，我们能清楚地看到，无论是高门贵府还是农宅小户，均对庭园的生活情趣有着自己的追求和经营（图 1）。这种私人宅园的经营，一直延续到了民国时期，观宋庆龄、鲁迅、李大钊等近代名人的故居（图 2、图 3），也能看到被宅邸簇拥在其中的一二小院，其中种植的植物可能与当时有所不同，但也展现了近代城市私园的面貌。到了现代，人们的居住方式发生了天翻地覆的变化，由于城市中居住的人不再拥有自己私人的土地，也无法再借此抒怀自己的情感，纯粹为个人或单个家庭服务的城市私园终于走向了消亡。

图 1　（清）徐扬《盛世滋生图》中的民宅绿意

图 2　上海宋庆龄故居
（图片来源：上海发布）

图 3　北京鲁迅旧居
（图片来源：北京鲁迅博物馆）

## 1.2　城市私园的转身

尽管如今的北京仍然维持着南北中轴的大体格局，但其分形结构已经渐渐消失，或者说渐渐由更复杂的城市形态所替代了。多层住宅的兴起使得居住区的绿化不再由居民自发组织营建，而成为居住区建设项目的一部分——也是另一重意义上的"公共绿地"。

但这并不意味着自发建造的私家宅园失去了其存在价值和研究意义。一方面，在北京二环之内的老城区，伴随着住户和产权的几番更迭，它们的使用性质发生了一些改变，老四合院内的院落绿化也有了新的变化和新的特征。许多项目也在这些历史街区的更新和维护上展开了自己的思考，为北京旧城内的四合院院落空间带来了新的活力。比如 MAD 事务所北京胡同泡泡 218 号项目（图 4），又如李兴钢设计的大院胡同 28 号"微缩北京"改造项目（图 5）等。另一方面，随着居民生活水平的提升和北京非首都功能的向外纾解，京郊及邻近省市靠近北京的区域建造了大量别墅区。这些别墅区有一些由开发商建造的"公共"庭园；也有每家住户自己开辟建造的小花园，与外部的公共绿化共同构成了这些新生的城市细胞的绿色基底。

## 1.3　研究意义

私家宅园与人的生活是联系最为紧密的，也造就了亲切宜人的居住环境、影响着城市的整体面貌。本文旨在关注它们的营建尺度、风格和形式，对它们呈现出的总体特点加以总结和归纳，从而了解京郊私家宅园当前的发展情况。这是一项以人为本的研究，也是在关注城市发展的同时，重视个体幸福感的提升和对美好生活的期待和向往。

图 4　北京"胡同泡泡"218 号
（图片来源：网络）

图 5　大院胡同 28 号"微缩北京"
（图片来源：参考文献 [2]）

希望这一研究能为新的小区规划、私家宅园的营建和郊区城市环境的建设与发展提供参考。

## 2　研究分析

本研究分为两个部分：第一部分基于北京林业大学风景建筑课程的踏查与测绘，共测绘统计了北京远郊原乡美利坚社区的 15 个私人住宅庭院的情况；第二部分则是对京郊其他私家宅园（禾蓉居）的补充调查，以了解更多私家宅园的风格特征。

### 2.1　研究区位

原乡美利坚社区位于延庆区边缘，毗邻古崖居，三面环山，南临官厅水库，周边有大批旅游景区和丰富的设施，建筑形式为美国西部风格的度假小独栋别墅。位于怀柔区九渡河镇团泉村的禾蓉居则是典型的北京四合院。

### 2.2　私园特征分析

在踏查过程中，可以见到无论建筑形式如何，几乎每个家庭都精心营造自己家的一块小庭院，设计、施工和养护三个阶段均有自行完成与聘请专业人员完成两种选择，从而在设计风格、私园面貌和实际效果上出现了较大差异。

#### 2.2.1　总体特点

京郊私家宅园总体呈现出了如下特点：

（1）基地条件多种多样，设计水平良莠不齐。部分园主请设计师对花园进行了一对一的精致设计，其景观或精致或清新，尺度比较得宜，休息空间、种植空间和主要观赏面也比较清晰；也有园主是几户共同请同一家设计公司进行设计，导致他们的花园风格比较接近，稍显雷同。也有一些园主自行建造自家花园，往往设计建造比较随意，许多场地没有具体的、确切的使用功能，种植也比较混乱。

（2）风格多样，且常存在杂糅的现象。以原乡美利坚社区为例，它的住宅风格是美式的，一些公共绿地的设计也偏向美式乡村风格，但与房屋搭配的庭园则没有表现出明确的倾向，主要是以业主个人喜好为准。而且在单个花园内也经常出现风格杂糅的现象，美式、和式和中式风格的景观要素拥挤在几百平方米的小园之中。

（3）实用为先，体现出实用园的特征。各家各户，无论面积大小，通常都会留出一块区域作为菜园或果园，种植一些蔬果，有些户主甚至将整个花园种满了各种农作物。这些蔬果作物有些具有观赏性（如一些庭园中的樱桃树），也有些看上去不甚美观。但无论菜地还是业主留出的户外烧烤等活动空间，于他们自己而言是非常实用的，也体现出中国传统的实用经济的价值观，不能一概以美丑来论述这些设计。

（4）构筑物较少。京郊现存私人别墅庭园的尺度普遍较小，与其布置大量的构筑，不如多留出空间供人使用，或是种植一些绿色植物。国内的园艺市场远没有欧美国家发达，构筑物的商品化情况远远不如国外，一些构筑物的

营建成本很高，又需要工人长时间地在庭园中作业。出于
这两方面的考量，京郊庭园内常见的构筑物是廊架、园艺
拱门、栅栏和小的工具房或储藏间等；少见大体量的
构筑。

（5）这些花园是园主的感情寄托。谈到他们的花园，
园主人往往有很多想说的话题，他们对庭园生活有着独特
的见解和设计。花园已经成为他们生活中密切相连又亲切
可爱的一个部分。

### 2.2.2　植物特征

植物是小尺度的私家宅园最重要的元素之一。植物的
配植直接决定了院落的面貌，其选择也与园主人的性格偏
好有很大关系。私家宅园的植物选择受到很多限制，如成
本、运输和养护等，主要呈现出三个特征。

第一，丰富性。花园类型丰富，培育方式多样。出
于对私人宅园的热爱，几乎每家每户的植物种类都很
多，园内花团锦簇，四季都有很好的观赏价值。一些花
园植物种类甚至可以达到 50 种，少的也超过了 20 种。
值得一提的是，许多宅园都在园内精心营造了花境，或
是作为层级设置的花台（图 6），或是作为草坪的镶边
（图 7），其艺术性值得称道。这些花境的主要组成花卉
为北方地区常见的宿根或球根植物，也有部分一二年生
的草本。

图 6　"素园"的台地花境

（图片来源：王柯力 摄）

第二，实用性。每个花园或多或少种有可食用的作
物，草本有生菜、卷心菜、马齿苋等，小灌木和乔木有山
楂、海棠等，不一而足。

第三，局限性。私人宅园的苗木获得渠道有限，养护
管理专业性差。很多时候是一些业主合起来一起购买植
物，因此一些花园的植物种类高度重合。此外，由于缺少
专业知识，有些主人亲自养护植物的私园植物得不到妥善

图 7　作为草坪镶边的花境

照顾，也有些业主青睐不适合在京郊冷凉气候生长的植
物，其养护费力而成效不佳，最终造成植物景观效果不尽
如人意。

### 2.3　个例解读

#### 2.3.1　具杂糅特征的示例

以原乡美利坚社区的其中一个庭园为例，它的面积和
营建水平在整个小区中都属于中等，其建筑占地面积约
150m²，庭院面积约 250m²，建筑周围有近 3m 的高差。
经过对私人宅园的实地测量，笔者绘制了此处别墅庭院的
平面图（图 8）与剖面图（图 9）。

这个庭园的总体情况较为典型地反映出了前文描述的
特征：其主体设计是由专业设计师完成的，但部分景观由
业主按自身喜好进行了改动；拱门和月季花藤的设计则隐

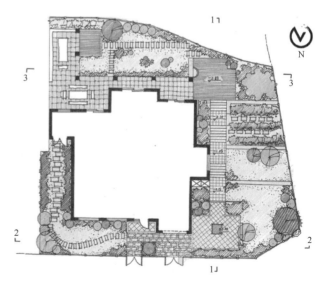

图 8　平面图

约表现出欧式风格；庭园中摆放的水池上有中式传统的浮雕；木平台、轮胎和一些点缀的摆设则偏美式风格。设计的风格具有一定程度的杂糅（图10）。园主在庭园的西南角开辟了一块面积不大的菜园。园中植物搭配较为丰富（表1），基本可以达到四季有景的要求。

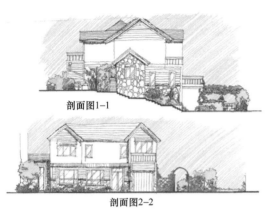

剖面图1-1

剖面图2-2

剖面图3-3

图9　剖面图

中式浮雕的水池

美式风格的轮胎小品

欧式月季花拱门

图10　存在风格杂糅现象的景物

**实例1 苗木表**　　　　　　　　　　　　表1

| 植物种类 | 序号 | 植物名称 | 高度（m） | 胸径/地径（cm） |
|---|---|---|---|---|
| 常绿乔木 | 1 | 白杆 | 5 | 10 |
| 落叶乔木 | 2 | 碧桃 | 5 | 10 |
| | 3 | 鸡爪槭 | 2 | 10 |
| 落叶灌木 | 4 | 天目琼花 | 1 | 3 |
| | 5 | 忍冬 | 1.5 | 5 |
| | 6 | 海棠 | 2.5 | 10 |
| | 7 | 溲疏 | 2 | 10 |
| | 8 | 黄栌 | 5 | 10 |
| | 9 | 美人梅 | 5 | 10 |
| | 10 | 连翘 | 1.7 | 5 |
| | 11 | 锦带花 | 1.2 | 5 |
| | 12 | 丁香 | 2 | 10 |
| 地被 | 13 | 黑桫椤 | 1.5 | — |
| | 14 | 地被菊 | 0.2 | — |
| | 15 | 石竹 | 0.1 | — |

续表

| 植物种类 | 序号 | 植物名称 | 高度（m） | 胸径/地径（cm） |
|---|---|---|---|---|
| | 16 | 沿阶草 | 0.3 | — |
| | 17 | 紫菀 | 0.35 | — |
| | 18 | 月季 | 1.1 | — |
| | 19 | 玉簪 | 0.7 | — |
| | 20 | 矾根 | 0.5 | — |
| | 21 | 八仙花 | 0.45 | — |
| | 22 | 酢浆草 | 0.2 | — |
| | 23 | 过路黄 | 0.05 | — |
| | 24 | 大丽花 | 0.7 | — |
| | 25 | 金银花 | 1.5 | — |
| | 26 | 天蓝绣球 | 0.6 | — |
| | 27 | 海棠 | 0.15 | — |
| | 28 | 天竺葵 | 0.3 | — |
| | 29 | 木茼蒿 | 0.1 | — |
| | 30 | 香雪球 | 0.2 | — |
| | 31 | 芍药 | 0.5 | — |
| | 32 | 长春花 | 0.2 | — |
| | 33 | 细叶芒 | 1.8 | — |
| | 34 | 蓝花丹 | 0.2 | — |
| | 35 | 马齿苋 | 0.1 | — |
| | 36 | 甘蓝 | 0.15 | — |
| | 37 | 翠菊 | 0.1 | — |
| | 38 | 风车草 | 1.6 | — |
| | 39 | 卷丹 | 0.3 | — |
| | 40 | 萱草 | 0.15 | — |
| | 41 | 滨菊 | 0.4 | — |
| | 42 | 长春花 | 0.7 | — |
| | 43 | 鼠尾草 | 0.3 | — |
| | 44 | 荷兰菊 | 0.7 | — |
| | 45 | 活血丹 | 0.08 | — |
| | 46 | 狗牙花 | 1.2 | — |
| | 47 | 费菜 | 0.7 | — |
| | 48 | 绣线菊 | 0.7 | — |
| | 49 | 玫瑰 | 0.7 | — |
| | 50 | 美女樱 | 0.7 | — |
| 藤本 | 51 | 蔷薇 | — | — |
| | 52 | 铁线莲 | — | — |
| | 53 | 常春藤 | — | — |

　　私家宅园的营建总是与户主息息相关，凝练着户主人的生活印记和设计思想。他们对自己的花园有很多想法，并积极参与设计和实际施工的过程。通过访谈，笔者了解到了户主一家人与花园发生的互相关系，户主家庭的生活方式，户主的思想理念等。也许这一庭园在专业人士看来，仍然存在各种各样的问题，但对于庭园主人而言，这是他们用自己的双手营建出来的一种景观，是富有成就感和生活意趣的活动。

### 2.3.2　中式园林风格示例

　　禾蓉居一处一进私宅庭园，院落正房是坐北朝南的一层五开间硬山卷棚屋顶仿古民居，西厢房是一层，东侧是双坡顶连廊，东南角开大门，设砖雕影壁。这处私园的主人有风景园林学科的教育背景，在设计中有许多的思考与细节处理，因此，这一部分将从园主营园的角度来进行简介。

　　庭园的整体营建遵循一般的北方传统民宅营建形式，

园主对整体宅院的结构进行了补全，一则增置影壁，二则以廊架补全合院结构（图 11～图 13）。由于宅园本身较小，为了给园内的活动留出空间，影壁与宅门之间的距离极窄，仅有 0.5m，容一人通过。这样的设置导致一进宅门的感受是十分逼仄和压抑的，但给其后的庭园腾出了充足的空间，只要绕过影壁就豁然开朗，一狭一宽的对比十分鲜明，反而使全园的空间产生了鲜明的节奏感。侧厢房对面的廊架则以构筑物的形式补全了民宅院落正房加两个侧厢房的结构，其下能够休憩小坐、遮蔽风雨，但又避免了完全封闭的体量占据庭园空间。

虽然是私家宅园，但此园以较为明确的轴线控制了全园景观的展开（图 14）：以正房的正门、门前台阶、横跨水体的小桥和墙边的置石共同构成了这条轴线，恰好隐隐与远处山峰的高点相呼应，引园外之景入园作为补充，是

传统园林借景手法的一种体现。

此外，这一庭园在"末梢"之处的处理也颇为讲究（图 15）。园中有两道桥：其一在园子的中央，另一则在"水尾"处，通过一道玻璃桥隔开了一处很小的水面，水边设有置石和一处很小的叠瀑，有古典园林中见山之一角便能联想到山水湖川的意境含蕴。这里四周高墙狭窄，将水面紧紧簇拥在中间，有古典园林中的"深潭"之感，倒映着的天空也颇具诗意。在宅门的一侧，还有一个很小的凹槽，或可称为壁龛，其中设置了一处很小的雕塑，使此处成了别致的一景。

园中匠心还有很多，园主试图在这处小园之中凝结过往生活的各种经历，大量采用了石磨盘、石槽等物品作为户外家具。与前面所述的实例不同，此园的一石一木都是

图 11　实景照片

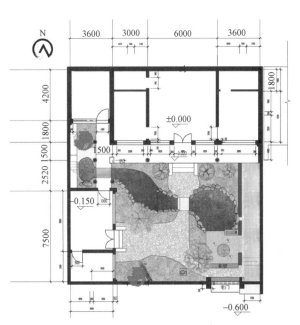

图 12　平面实测图

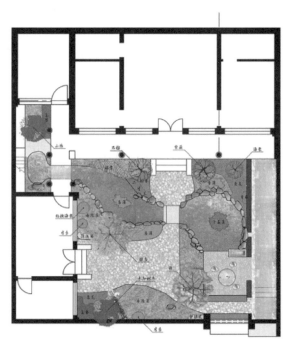

图 13　植物种植图

图 14　轴线与借景关系

图 15　水尾与壁龛的处理

由园主人挑选的，每样物品都有独特的蕴意。

如果要说营建的水平，这样的私人宅园当然是无法与宋元明清时期的文人园林相比，也难以再现留园、网师园和环秀山庄的辉煌，但其中留下的中国传统园林文化的印记，可视为传统私园文化在现代的一种延续。

## 3　结语与展望

随着居民生活水平的提高，不同收入的群体都有对庭园、花园营建的需求，中高收入的群体，尤其是有一定教育背景的群体，对于庭园的休闲娱乐、怡情养性功能的需求更加重视，是园主自我情感的寄托。

尽管如此，北京作为首都，也是我国北方最重要的城市，其私人郊野别墅的庭园设计也依然存在一些问题。大部分家庭虽有亲自参与庭园设计的意愿，但缺乏相关的专业知识和技能；与庭园和园艺相关的专业人员素质参差不齐，设施配套程度较低，园林园艺产品也不丰富、市场供应体系不健全，让许多庭园在营建时受到极大的限制，面临巧妇难为无米之炊的窘境；此外，私园设计风格上的杂糅和与现成住宅建筑的呼应也是一个重要的问题。就目前来看，当前的京郊私园的整体水平还有待大幅度提高，需要培养和提升园主的营园意识，也需要发展完善相关的产业链条。

## 参考文献

[1] 侯仁之. 试论元大都城的规划设计[J]. 城市规划，1997(3).

[2] 李兴钢，侯新觉，谭舟. "微缩北京"——大院胡同 28 号改造[J]. 建筑学报，2018(7)：5-15.

[3] 颜俊. 英国私人小型屋顶花园的启示[J]. 园林，2013(2)：20-24.

[4] 孙满成. 京东宅园一奇葩 感受冯其庸大师小院的文化气息[J]. 风景园林，2013(3)：152-153.

［5］ 秋水堂 . 长木花园的前世今生 美国最美私人花园游记［J］. 绿
化与生活，2017(1)：4-7.

［6］ 林继卿 . 三坊七巷私家园林空间模式初探［J］. 农学学报，
2017，7(12)：85-91.

［7］ 张甜甜，王浩，连泽峰 . 从沧浪亭的变迁看苏州私园的历史
保存和延续［J］. 中国园林，2018，34(2)：133-137.

［8］ 傅娜 . 现代居住空间中的私园情结［D］. 武汉：湖北工业大
学，2011.

［9］ 李映彤，傅娜 . 现代居住空间中的私园情结［J］. 科技信息，
2011(6)：397-398.

［10］ 海棠大屋 有机生活［J］. 安家，2009(9)：146-149.

［11］ 宋凤，刘光文，丁国勋 . 济南近代私家园林营建特征及影响
因素［J］. 山东建筑大学学报，2009，24(6)：522-528.

［12］ 薛思寒 . 基于气候适应性的岭南庭园空间要素布局模式研究
［D］. 广州：华南理工大学，2016.

［13］ 孙小力 . 从《金瓶梅》看明季城镇私园［J］. 广西师院学报，
1992(2)：99-104＋17.

［14］ 王晶晶 . 私人定制住宅的社交型空间设计研究——以东泉别
墅为例［D］. 大连：大连理工大学，2013.

［15］ 陈喆华 . 近代上海私家园林异化的过程及意义［D］. 上海：
同济大学，2008.

［16］ PORTER C M，WECHSLER A M，HIME S J，et al. Adult
health status among native American families participating in
the growing resilience home garden study.［J］. Preventing
chronic disease，2019，16.

［17］ BONETA A，RNFi-SALiS M，ERCILLA-MONTSERRAT
M，et al. Agronomic and environmental assessment of a poly-
culture rooftop soilless urban home garden in a mediterranean
city.［J］. Frontiers in plant science，2019，10.

［18］ VOGL-LUKASSER B，VOGL C R. The changing face of
farmers' home gardens：A diachronic analysis from Sillian
(Eastern Tyrol，Austria).［J］. Journal of ethnobiology and
ethnomedicine，2018，14(1).

［19］ 严军，张瑞，关玉凤 . 徽州古民居宅园空间特征及类型分析
［J］. 建筑与文化，2015(4)：91-94.

［20］ 汤辉，沈守云 . 基于私人产权的潮汕传统宅园现状与保护研
究［J］. 中国园林，2015，31(9)：43-46.

［21］ 苑晓旭 . 近代广东住宅园林布局特点浅析［J］. 广东园林，
2014，36(2)：33-35.

［22］ 张艺璨，付军 . 浅析山西古代私家园林的历史发展和造园意
匠［J］. 北京农学院学报，2014，29(3)：78-82.

［23］ 吴肇钊，初玉霞 . 新版"片石山房"进驻高层住宅楼［J］. 风景
园林，2010(4)：106-109.

## 作者简介

刘心怡，女，北京林业大学硕士。

（通信作者）：曾洪立，女，博士，北京林业大学，副教授。

# 高原湖泊流域人居环境研究热点与趋势分析[①]

## Analysis On The Research Hotspots and Trends Of Human Settlements In Plateau Lakes Basin

王　静　周　英　宋钰红*

**摘　要**：为了解我国生态脆弱区高原湖泊流域研究情况，综合运用 CiteSpace 和 VOSviewer 软件，对中国知网（CNKI）论文数据库中高原湖泊研究领域的文献特征、热点演化、发展趋势进行归纳和分析，并对今后的未来发展方向进行展望。结论：1. 研究发文呈逐渐增长趋势，目前对高原湖泊的研究重点主要集中在青藏高原湖泊和云贵高原湖泊两个集群；2. 关于青藏高原地区研究内容更加关注湖泊面积变化，关于云贵高原地区研究内容更加关注水质、流域污染、生物多样性等，对于聚落空间及人居环境等方面的研究较少，典型的高原湖泊受关注较多的有抚仙湖、异龙湖、滇池等；3. 根据研究热点问题分析，研究方法从提出问题到解决问题，研究方向从研究湖泊水质、水体变化，到流域景观格局、生态修复，逐渐开始关注人居环境与生态系统演化之间的相互作用及驱动力研究。高原湖泊流域聚落空间和人居环境的发展与演变是目前亟待关注的重点问题。

**关键词**：高原湖泊；人居环境；生态系统服务

**Abstract**：In order to understand the research situation of plateau lake basins in ecologically vulnerable areas in China，CiteSpace and VOSviewer software are comprehensively used to summarize and analyze the literature characteristics，hot spot evolution and development trend of plateau lake research field in the CNKI paper database，and make prospects for the future development direction. Concluded as follow：1. The research publications show a gradual increasing trend，and focuses mainly on two clusters，the Qinghai-Tibet Plateau lakes and the Yunnan-Guizhou Plateau lakes；2. The research content pays more attention to changes in lake area on the Qinghai-Tibet Plateau，and pays more attention to water quality，watershed pollution，biodiversity and human settlements on the Yunnan-Guizhou Plateau. The typical plateau lakes that pay more attention to are Fuxian Lake，Yilong Lake，Dianchi Lake，etc. 3. According to the analysis of research hotspots，the research methods ranged from raising problems to solving problems，and the research directions ranged from studying lake water quality and water body changes to studying watershed landscape pattern and ecological restoration，and gradually began to focus on the interaction and driving force between human settlements and ecosystem evolution. It is concluded that the development and evolution of settlement space and human settlement environment in plateau lake basin are the key issues that need urgent attention at present.

**Keyword**：Plateau Lakes；Human Settlements；Ecosystem Services；CiteSpace

---

① 基金项目：国家自然科学基金（51968064），云南省高层次人才培养支持计划"产业技术领军人才"专项（YNWR-CYJS-2020-022），云南省研究生优质课程建设项目"风景园林规划设计理论与方法"（云学位〔2019〕13 号），云南省高校少数民族园林与美丽乡村科技创新团队共同资助。

# 引言

流域是人类聚落发展的起源，以其特殊的地域性、实用的空间性，成为承载人类文明的重要依托，是人地关系和谐共生的充分体现[1]。高原湖泊流域地处我国西南边陲，是城市与乡村聚落的主要聚集地，在气候调节、水土保持、水源涵养、生物多样性保护方面发挥着重要作用。由于"生态脆弱区、民族文化多元融合区、乡村经济发展活跃区"等诸多因子，作为多重特征的典型区域，其生态价值显著，对区域经济、社会发展起着重要支撑作用[2]。然而在经济快速发展的过程中，流域周边人居环境面临的"发展与保护"问题日益凸显。

党的十八大以来，国家作出了加强生态文明建设的重大决策部署，要进一步做好生态环境系统保护和生态修复，坚决扭转湖泊保护治理的不良局面，要站在生态系统整体性和流域系统性角度，保护好高原湖泊及其生态环境[3]。高原湖泊流域以水资源为主体、以流域为研究空间，以流域内人与自然共同形成的复合生态系统为研究对象，是研究人地协调发展关系的关键[4]。深入分析我国西部地区生态敏感区的发展特点、驱动机理及优化路径，顺应了我国乡村振兴的实际需求，也为缓解人地矛盾、保护生态脆弱地区的人居环境提出规划策略。

高原湖泊流域内的人居环境是在特殊气候条件、地形地貌、产业类型、民族文化等环境下孕育出的，具有独特的空间形态和风貌特色，是高原山地人居环境的主要构成[5]。随着人口的高速增长和城镇化的快速发展，高原湖泊流域周边土地利用和景观格局发生了巨大的变化，导致生态系统服务功能下降、生态用地流失和环境健康风险加剧，生态安全问题日益突出。近年来，学者对于高原湖泊的关注也逐渐向生态与环境问题侧重，本文尝试借助文献计量学，采用定性和定量相结合的方法对高原湖泊领域的研究热点和发展脉络进行梳理、分析及总结，揭示该领域的研究态势，为高原湖泊人居环境建设和可持续发展提供新思路。

# 1　数据来源与研究方法

## 1.1　数据来源

研究数据来源于中国知网（CNKI）论文数据库，检索期刊中，主题为"高原湖泊"或"高原湖泊流域"的论文，不限年限，共检索出 1672 篇文献数据，经过人工筛选，除去新闻报道、通信、会议等与主题相关度较低的文献后，得到 1229 篇有效文献以 Refworks 的格式导出，最早研究记录为 1963 年。

## 1.2　研究方法

本文根据 CNKI 的可视化工具整理文献发表时间及发文量的数据统计，借助 CiteSpace（5.8.R3）和 VOSviewer 软件进行共现分析。通过调试相关参数，以一年为时间切片（TimeSlice），时间阈值为 1963 年至 2022 年，采用最小生成树（MST）算法修剪网络。采用寻径算法（Pathnder）对文献的关键词和发文机构进行分析，并以可视化的方式呈现不同时期的研究热点。

# 2　研究现状与分析

## 2.1　发文量分析

文献数量在一定程度上能够反映研究领域的发展状况和变化规律[6]。通过对检索文献的统计分析（图 1），1963—

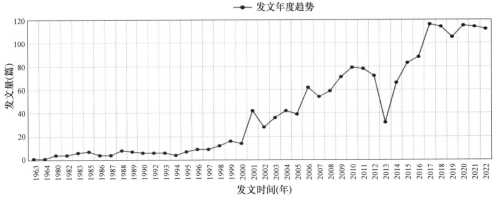

图 1　1963—2022 年论文年度发表分布统计图

2000 年的论文数量增长缓慢，由于 1998 年特大洪水灾害发生后，我国开展了多项生态修复工程，高原湖泊的生态环境保护和修复逐渐受到重视。2001 年出现发文量突增，2017 年发文量达到最高，最近五年的发文量较为平均，占总文献数量的 25％以上，表示最近几年学者对高原湖泊的研究热度较高。

## 2.2　作者与研究机构分析

作者与研究机构的共现分析可识别该研究领域内的二者之间的合作强度和互引关系等[6]。在 VOSviewer 软件中，选取前二十位作者及所属单位（表 1）。统计表明，出现频次最高的作者为张虎才[7]，其次为朱立平[8]。发文机构出现频次在 10 次以上的有 22 家机构，其中高校占比 50％，云南大学、中国科学院青藏高原研究院和云南师范大学出现频次位居前三，可以看出对高原湖泊的研究地域性较强，主要集中在云南等地区的高等学校和科研机构，云南大学从 1985 年开始致力于高原湖泊研究，具有较好的研究基础和技术手段。中国科学院专门设置青藏高原研究院，为青藏高原的研究提供专业技术支撑。

1963—2022 年高原湖泊研究前 20 位作者及所在机构　表 1

| 发文量（篇） | 作者 | 单位 |
| --- | --- | --- |
| 18 | 张虎才 | 云南大学 |
| 14 | 朱立平 | 中国科学院青藏高原研究所 |
| 14 | 段立曾 | 云南大学 |
| 13 | 常凤琴 | 云南大学 |
| 11 | 李绍兰 | 云南大学 |
| 11 | 李治滢 | 云南大学 |
| 10 | 杨丽源 | 云南大学 |
| 10 | 董明华 | 昆明学院 |
| 9 | 吴献花 | 玉溪师范学院 |
| 9 | 文丽娟 | 中国科学院西北生态环境资源研究院 |
| 8 | 姜成林 | 云南大学 |
| 8 | 王君波 | 中国科学院青藏高原研究所 |
| 8 | 陈光杰 | 云南师范大学 |
| 8 | 吴汉 | 云南大学 |
| 7 | 吴丰昌 | 中国环境科学研究院 |
| 7 | 徐丽华 | 云南大学 |
| 7 | 黄遵锡 | 云南师范大学 |
| 7 | 侯居峙 | 中国科学院青藏高原研究所 |
| 7 | 郭小芳 | 西藏大学 |
| 7 | 郭秒 | 首都医科大学 |

图 2　高原湖泊研究主要作者合作共现图谱

## 2.3　关键词分析

关键词的出现频次可以反映该领域的热点内容以及发展脉络[9]。利用 VOSviewer 软件对高原湖泊研究领域文献关键词进行可视化，提取每个时区中被引频次最高的 50 个关键词，得到关键词共现图谱（图 3），不同圈层颜色的节点代表不同年份关键词出现的频率，连线粗细代表共现关系强度[10]。对同一语义的关键词进行整理删除，并作筛选对比（表 2），主要聚焦在"高原湖泊""多样性"等关键词，"抚仙湖""异龙湖"等高原湖泊作为典型研究区域多次出现，"空间分布""人居环境"也作为近几年的研究热点被持续关注。

论文的核心内容很大程度上由关键词表示，关键词出现频次越多，表明受关注度越高[10]。在默认视图的基础上在 CiteSpace 软件中进行关键词聚类提取，最终形成 15 个关键词聚类（图 4），研究领域主要集中在两大聚类圈：一是以青藏高原为中心的遥感技术与典型湖泊青海湖研究，二是以云南省九大高原湖泊为中心的水体演变、富营养化与典型湖泊星云湖研究[11-13]。笔者将其细分为 3 个分支领域：青藏高原与遥感技术、高原湖泊富营养化与生物多样性、高原湖泊人居环境与湿地景观格局。

**高原湖泊高频共现词前十及筛选后共现词对比表　表 2**

| 序号 | 频次 | 高频共现词 | 年份 |
|---|---|---|---|
| 01 | 834 | 高原湖泊 | 1963 年 |
| 02 | 141 | 青藏高原 | 1963 年 |
| 03 | 140 | 多样性 | 1965 年 |
| 04 | 136 | 酵母菌 | 1968 年 |
| 05 | 133 | 理化因子 | 1963 年 |
| 06 | 131 | 时空分布 | 1968 年 |
| 07 | 128 | 驱动因素 | 1968 年 |

续表

| 序号 | 频次 | 高频共现词 | 年份 |
|---|---|---|---|
| 08 | 108 | 抚仙湖 | 1963 年 |
| 09 | 91 | 异龙湖 | 1963 年 |
| 10 | 74 | 沉积物 | 1963 年 |
| 序号 | 频次 | 筛选后共现词 | 年份 |
| 01 | 49 | 气候变化 | 1992 年 |
| 02 | 28 | 滇池 | 2005 年 |
| 03 | 21 | 星云湖 | 1963 年 |
| 04 | 19 | 泸沽湖 | 1980 年 |
| 05 | 16 | 洱海 | 1997 年 |
| 06 | 10 | 空间分布 | 2015 年 |
| 07 | 9 | 景观格局 | 2016 年 |
| 08 | 8 | 人居环境 | 2013 年 |
| 09 | 7 | 土地利用 | 2011 年 |
| 10 | 2 | 乡村聚落 | 2016 年 |

图 3　高原湖泊研究关键词共现图

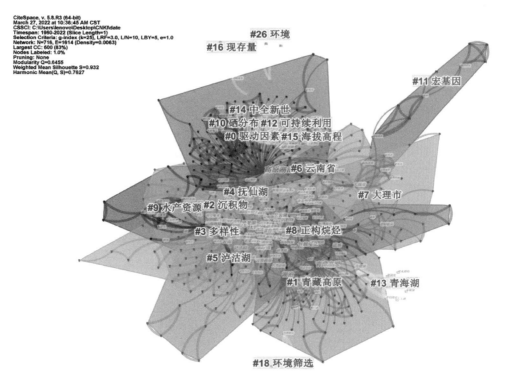

图 4　高原湖泊研究关键词聚类图谱（$k=25$, $LRF=3.0$, $LBY=5$, $e=1.0$）

## 3　研究热点演变

### 3.1　青藏高原与遥感技术

中国高原湖泊主要研究区域为：青藏高原湖区、云贵高原区和黄土高原区，其中青藏高原的储水量最为丰富，占全国湖泊总储水量75.8%[14]。朱立平[8]等分析了近40年来青藏高原湖泊的变化，研究表明未来20年青藏高原内陆封闭湖泊水量将继续增长，对于青藏高原的湖泊研究应聚焦宏观尺度的水量赋存与水量平衡、湖水主要理化性质与生态系统参数，以及湖泊变化在大尺度气候变化中的水循环作用过程。云贵高原区的主要研究对象是云南省九大高原湖泊（表3）。肖茜[13]等运用遥感监测与时空分析研究了近三十年云南省九大高原湖泊水面面积变化。综上，高原湖泊是气候变化的重要指示器，其水体面积的扩张与收缩对区域气候变化的响应具有明显的空间差异性，遥感技术被广泛用于湖泊变化监测和水量平衡[14]。

### 3.2　高原湖泊富营养化与生物多样性

高原湖泊区自然条件独特，动植物资源丰富。但同时，受地形、季节性降雨的影响，水资源相对匮乏，且分布差异大，循环周期长，抗污能力弱。高原湖泊的富营养化问题始于20世纪70年代末80年代初，主要集中在云南典型高原湖泊，严重阻碍了当地的社会经济发展[15]。近年来，云南高原湖泊整体上仍处于持续富营养化的状态，农业用地和建设的扩张导致部分湖泊周边处于不可恢复的状态，生态系统服务、生态修复、生物多样性研究不断被更多学者关注，从研究文献数量看，此部分研究占了相关研究的30%，为目前研究的核心领域。

### 3.3　高原湖泊人居环境与湿地景观格局

云南省九大高原湖泊分别地处澜沧江、珠江、金沙江水系，高原湖泊群为三大水系提供了宝贵的水资源补给。高原湖泊湿地是陆生生态系统和水生生态系统之间的过渡带，具有调节气候、涵养水源的功能，高原湖泊湿地的研

云南省九大高原湖泊概况  表 3

| 序号 | 湖泊名称 | 地理位置 | 湖面海拔（m） | 流域面积（km²） | 所属水系 | 城市及景区级别 |
|---|---|---|---|---|---|---|
| 1 | 滇池 | 东经102°30′~103°00′ 北纬24°28′~25°28′ | 1886 | 2920 | 金沙江 | 第一批国家级历史文化名城、国家级风景名胜区 |
| 2 | 抚仙湖 | 东经102°39′~103°00′ 北纬25°13′~25°46′ | 1721 | 675 | 珠江 | 中国最大高原深水湖、第二深淡水湖、第一批省级风景名胜区 |
| 3 | 星云湖 | 东经102°45′~102°48′ 北纬24°17′~24°23′ | 1722 | 378 | 珠江 | — |
| 4 | 杞麓湖 | 东经102°33′~102°52′ 北纬24°04′~24°14′ | 1796 | 354 | 珠江 | — |
| 5 | 洱海 | 东经99°32′~100°27′ 北纬25°25′~26°16′ | 1974 | 2565 | 澜沧江 | 第一批国家级历史文化名城、国家级自然保护区、国家级风景名胜区 |
| 6 | 泸沽湖 | 东经100°45′~100°51′ 北纬27°41′~27°45′ | 2690 | 247.6 | 金沙江 | 中国第三深水湖泊、国家级风景名胜区 |
| 7 | 程海 | 东经100°38′~104°01′ 北纬26°27′~26°28′ | 1501 | 318.3 | 金沙江 | 第三批省级重点湿地 |
| 8 | 阳宗海 | 东经102°55′~103°03′ 北纬24°27′~24°54′ | 1770 | 192 | 珠江 | — |
| 9 | 异龙湖 | 东经102°28′~102°38′ 北纬23°28′~23°42′ | 1414 | 360.4 | 珠江 | 第三批省级风景名胜区 |

究主要集中在云南省。徐坚及其团队[16,17]围绕区域景观格局，对洱海、异龙湖等高原湖泊湖滨人居环境进行研究，分析高原湖滨人居环境的特点及景观格局演变。黄耘[18]在人居环境科学的基础上，研究泸沽湖流域摩梭人人居环境的发展和演变。但是，随着旅游业的不断发展，人口密度的增加，以及湖泊周边居民的围湖造田、过度打捞、工业及生活废水的排放等行为，导致水体污染严重，人地关系紧张，高原湖泊生态系统的脆弱性凸显，造成高原湖泊与高原湖滨人居环境相互依存的关系被打破。

# 4 研究展望

本文重点关注高原湖泊流域人居环境领域的研究内容，但目前国内对于高原湖泊流域人居环境研究的内容相对匮乏，参考文献不足，需借鉴国内外流域人居环境的研究来对高原湖泊流域人居环境作出合理展望。

## 4.1 国内流域人居环境研究

目前在我国主要以七大流域为主要研究范围[19]，主要研究该区域的国土空间规划、人居环境建设等内容（表4）。长江流域人居环境研究起步较早，其研究体系和方法对我国流域人居环境建设研究有一定的开创性和指导性[20]；吴良镛[21]教授作为人居环境科学主要创始人之一，持续研究滇西北三江并流人居环境，在人居环境保护与发展方面取得重大成果。

国内七大流域人居环境相关研究参考文献  表 4

| 序号 | 流域名称 | 发表年份 | 第一作者 | 文献来源 | 题目 |
|---|---|---|---|---|---|
| 1 | 长江流域 | 2005 | 赵炜 | 重庆大学 | 乌江流域人居环境建设研究 |
| 2 | 黄河流域 | 2020 | 汪芳 | 地理研究 | 黄河流域人地耦合与可持续人居环境 |
| | 黄土高原小流域 | 2005 | 刘晖 | 西安建筑科技大学 | 黄土高原小流域人居生态单元及安全模式——景观格局分析方法与应用 |
| 3 | 珠江流域 | 2005 | 李志勇 | 华南师范大学 | 珠江三角洲城市人居环境研究 |
| | 泛珠江流域 | 2006 | 周勤 | 水资源与水工程学报 | 泛珠江流域水资源可持续利用对策 |
| 4 | 滇西北三江并流 | 2010 | 徐坚 | 华中建筑 | 滇西北人居环境景观格局特征及生态适应性分析 |
| 5 | 太湖流域 | 2013 | 张瞳熙 | 西安建筑科技大学 | 太湖流域历史城市人居环境营造理论与方法研究——以江苏常熟为例 |
| 6 | 西江流域 | 2018 | 吕文杰 | 中国建筑设计研究院 | 广西西江流域代表性乡土聚落与气候环境因子关系研究 |
| 7 | 西南地区流域 | 2008 | 周珊 | 重庆大学 | 西南地区流域开发与人居环境建设研究——基于流域的城市文化的保护与发展 |

在中国城镇化进程中，流域的发展持续面临水资源问题、生态平衡破坏、地域文化丧失等矛盾，对于流域人居环境建设，重点探讨"人水关系、人地关系"，系统研究流域经济、流域生态，流域人文以及流域城乡协调发展。国内主要根据不同流域的特点因地制宜地进行研究和实践，但技术手段相对匮乏，对于不同流域的人居环境研究体系建设亟待加强。

## 4.2　国外流域人居环境研究

以流域为对象，对流域内的土地利用及人居环境研究的机构主要集中在美国。美国流域保护中心（Center for Watershed Protection，CWP）[22]主要研究流域规划、流域恢复和洪水防治，以保护江河、湖泊等珍贵的国家资源为目标，评价人类活动与生态系统的关系及作用为结果，国外对于大河流域的开发治理，往往采用相关的政策与措施并制定完善的相关法律法规[23-25]。

国外流域人居环境实践侧重于以流域开发与管理形成水资源综合利用机制，以资源型建设带动流域沿岸人居环境综合发展[26]。不同类型的流域，其开发管理模式各不相同。美国利用多元化开发模式，解决田纳西河（Tennessee River）流域的水环境问题[27]。麦克哈格在《设计结合自然》中提到"流域被描述为与水统一起来的，是个不变的单元"，运用生态流域开发模式对波托马克河（Potomac River）流域自然地理区域进行研究[28]。英国泰晤士河（Thames River）流域运用江河流域综合管理的方法，实行分段分级保护，对不同的阶段推行不同的管理导则与管理技术[29]。总体来说，以"流域人居环境"为核心的课题在国内外已有理论成果和实践经验。进一步了解国内外流域人居环境现状，可为高原湖泊流域人居环境提供借鉴。

## 4.3　高原湖泊流域人居环境研究趋势

学者们在高原湖泊人居环境的研究中，对研究区有多种叫法，如高原湖泊流域、环高原湖泊、高原湖滨、高原湖区等，但都是将高原湖泊作为核心，以流域内的范围为研究区。在国内外流域人居环境研究的基础上，笔者将高原湖泊人居环境未来研究趋势归纳出4个分支：高原湖泊流域土地利用与景观格局演变、高原湖泊流域生态系统服务与生态安全、高原湖泊流域人居环境与可持续发展，以及高原湖泊流域聚落保护发展与景观资源评价。

### 4.3.1　高原湖泊流域土地利用与景观格局演变

高原湖泊流域土地利用影响着湖泊水质和水环境，景观格局演变与人地关系密切。张洪等人[14]以云南省高原湖泊为研究对象，利用EKC模型研究土地利用与流域水环境变化异质性的关系；祁兰兰[30]等人以滇中"三湖流域"为研究区域，将PD、LSI、SHDI作为关键因子，研究高原湖泊流域土地利用与景观格局演变对水质影响。此方向可重点探讨人类活动影响下的土地利用对湖泊面积变化的影响，以及景观格局演变的影响因素及驱动力分析。

### 4.3.2　高原湖泊流域生态系统服务与生态安全

生态系统服务是近年来国内外专家研究的热点问题。湖泊生态系统服务功能受人类生活与流域经济的直接影响，连接自然和社会两大系统，开展对流域内生态系统的分析与评价，合理调控生态系统服务，系统梳理高原湖泊的演变历程，依据湖泊演化阶段、生态系统发育阶段、流域社会经济特征等，划分湖泊的管理类型并提出生态安全调控途径，可促进湖泊周边社会−经济−自然系统的可持续发展。

### 4.3.3　高原湖泊流域人居环境与可持续发展

高原湖泊人居环境研究主要集中在云南省，云南省天然湖泊众多，湖边多为沼泽地，生物多样性丰富，形成了涵养水土、净化水体、降解污染物的高原湿地。毛志睿等人[5]以洱海湿地公园为例，研究高原湖泊型湿地人居环境保护与发展；马少春[31]运用RS、GIS、Fragstats等技术分析了高原湖泊流域乡村聚落景观格局的演变规律和驱动机制。人居环境的研究适合使用多学科交叉，综合人类学、文化地理学、历史学等方法和内容，综合了解典型区域景观的空间演变与人居发展规律，为生态脆弱区的可持续发展提供科学评价。

### 4.3.4　高原湖泊流域聚落保护发展与景观资源评价

云南自古以来就是多民族的聚居地，环高原湖泊周边保留着许多少数民族聚落，随着旅游业迅速发展，聚落的历史文化受到极大冲击。李凌舒[32]、曾琳莉[33]、张敏敏[34]等人从多角度探析泸沽湖流域摩梭文化传承与民族旅游的融合发展路径，提出摩梭村寨保护与更新策略。如何保护聚落的完整性和真实性，以及聚落文化景观的认知管理，对流域内聚落类型进行合理划分，分析其景观资源评价指标及权重，就聚落景观保护发展提出优化建议，成为亟待解决的难点和现实问题。

## 5　结论与讨论

本文首先分析了当前高原湖泊流域研究热点问题，根据关键词共现图谱，立足当前研究热点，借助流域人居环境研究内容，对高原湖泊流域人居环境进行梳理和归纳，对未来研究重点关注的方向进行研判，以丰富典型地域人居环境的研究内容。研究结果显示：①从发文时间来看，高原湖泊发文数量经历了缓慢增长、快速增长和平稳增长三个阶段；②从发文作者和机构来看，主要集中在云南地区高校，其次分布在环境资源局、科学院等专业研究所，地域性比较突出，核心作者联系强度较弱，各研究机构之间学科差异较大；③从关键词来看，主要研究还是集中在湖泊"沉积物""多样性"上，随着国家对加大生态环境保护的力度，逐渐开始关注"湖泊湿地""景观格局""人居环境"等方向。综上，流域是人类文明的发源地，高原湖泊流域因特殊的地理位置和自然文化资源，使其人居环境独具特色。以流域为空间结构的研究主要目的是保护水资源，加强流域空间资源的合理利用，促进流域周边经济、社会、环境、生态等要素的相互协调可持续发展。

针对目前的研究进展，对今后高原湖泊流域人居环境研究提出三点建议：①完善典型区域人居环境研究的理论基础。因地制宜建立科学合理、权威有效的高原湖泊流域人居环境评价指标评估体系，开展更具有针对性的典型区域人居环境保护与研究工作。②重视高原湖泊流域人地关系。了解土地利用动态变化下影响流域内景观格局动态变化的规律及影响因子，分析人类活动与社会经济在流域演化下驱动作用，实现高原湖泊流域内土地利用的可持续发展。③多维度系统性综合研究。高原湖泊流域是一个自然、经济和社会的复合生态系统，需要掌握流域内自然与社会关系的权衡变化，对流域未来生态系统格局进行模拟和预测，是下一步研究的重点。

## 参考文献

[1] 周国华，贺艳华，唐承丽，等．中国农村聚居演变的驱动机制及态势分析[J]．地理学报，2011，66(4)：515-524．

[2] 崔宁，于恩逸，李爽，等．基于生态系统敏感性与生态功能重要性的高原湖泊分区保护研究——以达里湖流域为例[J]．生态学报，2021，41(3)：949-958．

[3] 石珊珊，王兴源，李林，等．云南："湖泊革命"守护"高原明珠"[N]．中国水利报，2022-02-11(1)．

[4] 吴明豪，刘志成，李豪，等．景观水文视角下的城市河流生态修复——以洛杉矶河复兴为例[J]．风景园林，2020，27(8)：35-41．

[5] 毛志睿，陆莹．高原湖泊型湿地人居环境保护与发展对策研究——以大理洱源西湖国家湿地公园为例[J]．西部人居环境学刊，2013(4)：72-78．

[6] 芮盼盼，惠怡安．基于 CiteSpace 的中国乡村人居环境研究知识图谱分析[C]//中国城市规划学会．面向高质量发展的空间治理——2021 中国城市规划年会论文集．北京：中国建筑工业出版社，2021：595-605．

[7] 张虎才，常凤琴，段立曾，等．滇池水质特征及变化[J]．地球科学进展，2017，32(6)：651-659．

[8] 朱立平，张国庆，杨瑞敏，等．青藏高原最近 40 年湖泊变化的主要表现与发展趋势[J]．中国科学院院刊，2019，34(11)：1254-1263．

[9] 陈悦，陈超美，刘则渊，等．CiteSpace 知识图谱的方法论功能[J]．科学学研究，2015，33(2)：242-253．

[10] 王俊帝，刘志强，邵大伟，等．基于 CiteSpace 的国外城市绿地研究进展的知识图谱分析[J]．中国园林，2018，34(4)：5-11．

[11] 杨珂含，姚方方，董迪，等．青藏高原湖泊面积动态监测[J]．地球信息科学，2017，19(7)：972-982．

[12] 李浩杰，种丹，范硕，等．近三十年云南九大高原湖泊水面面积遥感变化监测[J]．长江流域资源与环境，2016，25(S1)：32-37．

[13] 肖茜，杨昆，洪亮．近 30a 云贵高原湖泊表面水体面积变化遥感监测与时空分析[J]．湖泊科学，2018，30(4)：1083-1096．

[14] 张洪，陈震，张帅，等．云南省高原湖泊流域土地利用与水环境变化异质性研究[J]．水土保持通报，2012，32(2)：255-260+266．

[15] 刘吉峰，吴怀河，宋伟．中国湖泊水资源现状与演变分析[J]．黄河水利职业技术学院学报，2008(1)：1-4．

[16] 徐坚，陈嘉慧，许永涛．环高原湖泊自然村空间分布特征分析——以云南省异龙湖为例[J]．云南地理环境研究，2016，28(5)：1-5+85．

[17] 卢锡锦，徐坚，汪小圆．环高原湖泊人居环境景观格局的空间分布特征分析[J]．南阳理工学院学报，2017，9(4)：63-70．

[18] 黄耘．西南少数民族人居环境研究的文化人类学视野——以泸沽湖摩梭人人居为例[J]．中外建筑，2012(12)：46-49．

[19] 姜付仁，刘树坤，陆吉康．流域可持续发展的基本内涵[J]．中国水利，2002(4)：20-21．

[20] 周学红．嘉陵江流域人居环境建设研究[D]．重庆：重庆大学，2012．

[21] 毛其智．中国人居环境科学的理论与实践[J]．国际城市规划，2019，34(4)：54-63．

[22] 谈国良，万军．美国田纳西河的流域管理[J]．中国水利，2002(10)：157-159．

[23] DOXIADIS C A. Ekistics：An introduction to the science of human settlements [M]．Oxford：Oxford University Press，1968．

[24] N H P. The Danube river basin environmental programme：

plans and actions for a basin wide approach[J]. Water policy, 2000，2(1-2)：113-129.

[25]　WOLSINK M. River basin approach and integrated water management：Governance pitfalls for the Dutch Space-Water-Adjustment Management Principle [J]. Geoforum，2006，37 (4)：473-487.

[26]　LEE C S，CHANG S P. Interactive fuzzy optimization for an economic and environmental balance in a river system[J]. Water research，2005，39(1)：221-231.

[27]　DELDEN H V. LUJA P，ENGELEN G，Integration of multi-scale dynamic spatial models of socio-economic and physical processes for river basin management[J]. Environmental modelling & software，2007，22(2)：223-238.

[28]　DANIELS T. McHarg's theory and practice of regional ecological planning：Retrospect and prospect [J]. Socio-Ecological practice research，2019，1(3-4)：197-208.

[29]　KORT I A T，BOOIJ M J. Decision making under uncertainty in a decisionsupport system for the Red River[J]. Environmental modelling & software，2007，22(2)：128-136.

[30]　祁兰兰，王金亮，叶辉，等. 滇中"三湖流域"土地利用景观格局与水质变化关系研究[J]. 水土保持研究，2021，28(6)：199-208.

[31]　马少春. 环洱海地区乡村聚落系统的演变与优化研究[D].

郑州：河南大学，2013.

[32]　李凌舒，禹莎. 多视角探析泸沽湖景区乡村文化保护与发展[C]//活力城乡 美好人居——2019 中国城市规划年会论文集. 北京：中国建筑工业出版社，2019：2221-2229.

[33]　曾琳莉，赵春兰，高政轩. 多元文化的互动与际会：摩梭祖母屋的内部空间解析——以四川省盐源县泸沽湖镇木垮村格萨古村落为例[J]. 建筑学报，2020(S1)：109-113.

[34]　张敏敏，王英，陈赖嘉措. 摩梭文化与旅游发展失衡困境下泸沽湖发展路径选择[J]. 原生态民族文化学刊. 2017，9(2)：150-156.

## 作者简介

　　王静，1992 年生，女，西南林业大学园林园艺学院在读博士，风景园林学专业，研究方向为风景园林历史与理论。

　　周英，1996 年生，女，硕士，西南林业大学园林园艺学院，风景园林学专业，研究方向为风景园林历史与理论。

　　（通信作者）宋钰红，1970 年生，女，西南林业大学园林园艺学院/国家林业和草原局西南风景园林工程技术与研究中心，教授，博士生导师，研究方向为风景园林历史与理论、传统村落景观和文化景观。

# 城市道路绿地率与道路绿化覆盖率的探讨

## Discussion on Road Green Space Ratio and Road Greenery Coverage Ratio

赵　娜　牛铜钢　张亚楠

**摘　要**：城市道路绿地是城市绿地系统的重要组成部分，衡量道路绿化水平的最常用指标是道路绿地率和道路绿化覆盖率。通过对道路绿地率和道路绿化覆盖率相关规范文件的研究，基于国内七座城市（地区）道路绿地率的现状调研数据，结合道路不同板带形式道路绿地率的模拟计算，提出不同宽度城市道路的绿地率建议取值。在道路绿地率既定的情况下，通过合理的人工手段提高绿化覆盖率可大幅提升道路绿量，提升使用者的舒适性。

**关键词**：城市道路绿化；道路绿地率；道路绿化覆盖率

**Abstract**：Urban road green space is an important part of urban green space system. The road green space ratio and the road greenery coverage ratio are the most commonly used indexes to measure the road greening. Based on the research of relevant normative documents and the current investigation data of road green space ratio in seven major cities or areas in China, combined with the simulated calculation of road green space ratio with different strip forms, the reasonable value with different widths is proposed. Under the condition that the road green space ratio is fixed, increasing the greenery coverage ratio by reasonable means can greatly improve the road green quantity and the comfort of road users.

**Keyword**：Urban Road Greening；Road Green Space Ratio；Road Greenery Coverage Ratio

## 引言

　　城市道路绿地是城市绿地系统的基本骨架和连接纽带，同其他各类绿地一同为城市发挥着生态、景观、游憩和安全防护等方面的功能。道路绿化是道路绿地中不可或缺的重要组成部分，道路绿化与其他交通要素共同组成的道路街景是展现城市地域风貌的重要载体，甚至可以成为城市名片，如南京中山陵陵园路的法桐。

　　城市道路绿化指道路红线范围内的绿化，包括带状绿化、交通岛绿化、停车场绿化以及边角空地等处的绿化[1]。带状绿化包括中间分车绿带、两侧分车绿带、行道树绿带以及路侧绿带的绿化，交通岛绿化包括中心岛、导向岛及立体交叉绿岛的绿化。

　　目前国内衡量道路绿化水平最常用的指标是道路绿地率和道路绿化覆盖率[2]。绿地率是指绿地面积占总用地面积的百分比，因道路绿地多以带状形式分布在道路上，道路标准横断面各种绿带宽度之和占道路红线宽度的百分比近似等于道路各种绿带面积所占道路用地面积的百分比，由于宽度比的方式实操性更强，实践中道路绿地率常采用宽度比的方式简化计算。道路绿化覆盖率延引城市绿化覆盖率的概念，指道路绿地中所有植物垂直投影面积占道路用地面积的百分比[3]。

目前国内关于城市道路设计的相关规范、标准对道路绿地率或道路绿化覆盖率均有提及，在此仅对国标、行标中的数据进行对比分析，地方出台的地标不做统一讨论。《城市绿化规划建设指标的规定》中规定：城市道路应根据实际情况搞好绿化。其中主干道绿带面积占道路总用地比例不低于 20%，次干道绿带面积所占比率不低于15%[4]。《城市道路绿化规划与设计规范》CJJ 75—97 对道路绿地率有以下规定：（1）园林景观路绿地率不得小于40%；（2）红线宽度大于 50m 的道路绿地率不得小于30%；（3）红线宽度 40～50m 的道路绿地率不得小于25%；（4）红线宽度小于 40m 的道路绿地率不得小于20%[5]。《工程建设标准强制性条文》（城乡规划部分）[6]和《城市道路工程设计规范》CJJ 37—2012[7]中规定道路绿化的宽度、绿地率应符合现行行业标准《城市道路绿化规划与设计规范》CJJ 75 的相关规定。《城市综合交通体系规划标准》GB/T 51328—2018 于 2018 年 9 月 11 日发布，自 2019 年 3 月 1 日起实施，行业标准《城市道路绿化规划与设计规范》CJJ 75—97 的第 3.1 节和 3.2 节同时废止。《城市综合交通体系规划标准》第 12.8.2 条规定，城市道路路段的绿化覆盖率宜符合表 1 的规定，城市景观道路可在表 1 的基础上适度增加城市道路路段的绿化覆盖率，城市快速路宜根据道路特征确定道路绿化覆盖率[8]。《园林绿化工程项目规范》GB 55014—2021 中规定城市新建道路应合理配置绿地比例，主干路道路绿地率应大于 20%[9]。

**城市道路路段绿化覆盖率要求**　表 1

| 城市道路红线宽度（m） | >45 | 30～45 | 15～30 | <15 |
| --- | --- | --- | --- | --- |
| 绿化覆盖率（%） | 20 | 15 | 10 | 酌情设置 |

注：城市快速路主辅路并行的路段，仅按照其辅路宽度适用上表。

从以上规范、规定中可看出，相关规范、标准对城市道路绿化率和绿化覆盖率指标的界定标准不统一。广大道路绿化设计人员多以现行行业标准《城市道路绿化规划与设计规范》CJJ 75—97 为参考，但此标准出台时间为1997 年，1998 年 5 月 1 日起正式实施，距今已有二十余年。目前我国大多数城市已由快速发展阶段进入建设宜居城市的新阶段，《城市道路绿化规划与设计规范》CJJ 75—97 中关于道路绿地率的相关条款需要依据近二十多年的实践重新考量。对道路绿地率进行实地调研、分析总结已十分必要，以便广大从业人员在道路绿化设计过程中对道路绿地率和绿化覆盖率有更加科学清晰的认识，在坚守道路绿地率的同时想方设法提高道路绿化覆盖率，使道路绿化最大限度发挥其应有功能。

# 1　调查对象和调查方法

选取北京（含北京城市副中心）、雄安新区、广州、深圳、南京、杭州、成都等国内七座城市（地区）进行城市道路绿地率的实地调研或通过相关主管部门收集数据，参照《城市综合交通体系规划标准》GB/T 51328—2018对所选择道路按照 45m 以上、30～45m、15～30m、小于15m 进行分类并汇总调研结果。因道路绿化覆盖率涉及植被覆盖面积的统计和计算，实地调研无法精确测量，因此本次调研未纳入。

选择城市道路常见的断面形式，在满足道路防护要求的基础上，用分车绿带最小宽度（1.5m）计算道路绿地率理论最小值（表 2）。快速路主路机动车行车道宽度按 3.75m 计，其他类型机动车行车道宽度按 3.5m计；非机动车道、人行道和路缘带宽度按照《城市道路工程设计规范》CJJ 37—2012 第 5.3 条中规定的一般值取值。道路红线宽度 W 的计算公式为 $W=(A+B+C+D+E+F+G+H+I+J+K+L)\times 2+M$，公式中字母代号如图 1 所示。

**常见城市道路断面组成及宽度（单位：m）**　表 2

| 功能等级 | 断面形式 | 车行道数量 | 红线宽度 W | 人行道 A | 行道树绿带 B | 非机动车道 C | 路缘带 D | 两侧分车绿带 E | 路缘带 F | 辅路机动车道 G | 路缘带 H | 主辅分车绿带 I | 路缘带 J | 主路机动车道 K | 路缘带 L | 中间分车绿带 M |
| --- | --- | --- | --- | --- | --- | --- | --- | --- | --- | --- | --- | --- | --- | --- | --- | --- |
| 快速路 | 地面整体多幅式 | 双向 6 车道 | 63.5 | 3 | 1.5 | 3.5 | 0.25 | 1.5 | 0.25 | 7 | 0.25 | 1.5 | 0.5 | 11.25 | 0.5 | 1.5 |
| 主干路 | 四板五带 | 双向 6 车道 | 46 | 3 | 1.5 | 3.5 | 0.25 | 2.5 | 0.25 | — | — | — | — | 10.5 | 0.25 | 2.5 |
|  |  | 双向 4 车道 | 39 | 3 | 1.5 | 3.5 | 0.25 | 2.5 | 0.25 | — | — | — | — | 7 | 0.25 | 2.5 |
|  | 三板四带 | 双向 6 车道 | 44 | 3 | 1.5 | 3.5 | 0.25 | 2.5 | 0.25 | — | — | — | — | 10.5 | 0.5 | — |
|  |  | 双向 4 车道 | 37 | 3 | 1.5 | 3.5 | 0.25 | 2.5 | 0.25 | — | — | — | — | 7 | 0.5 | — |

续表

| 功能等级 | 断面形式 | 车行道数量 | 红线宽度 W | 人行道 A | 行道树绿带 B | 非机动车道 C | 路缘带 D | 两侧分车绿带 E | 路缘带 F | 辅路机动车道 G | 路缘带 H | 主辅分车绿带 I | 路缘带 J | 主路机动车道 K | 路缘带 L | 中间分车绿带 M |
|---|---|---|---|---|---|---|---|---|---|---|---|---|---|---|---|---|
| 次干路 | 三板四带 | 双向 4 车道 | 35 | 3 | 1.5 | 3.5 | 0.25 | 1.5 | 0.25 | — | — | — | — | 7 | 0.5 | — |
| | | 双向 2 车道 | 28 | 3 | 1.5 | 3.5 | 0.25 | 1.5 | 0.25 | — | — | — | — | 3.5 | 0.5 | — |
| | 两板三带 | 双向 4 车道 | 32 | 3 | 1.5 | 3.5 | | | | — | — | — | — | 7 | 0.25 | 1.5 |
| | | 双向 2 车道 | 25 | 3 | 1.5 | 3.5 | | | | — | — | — | — | 3.5 | 0.25 | 1.5 |
| | 一板两带 | 双向 4 车道 | 28.5 | 3 | 1.5 | 2.5 | | | | — | — | — | — | 7.0 | 0.25 | 0 |
| | | 双向 2 车道 | 21.5 | 3 | 1.5 | 2.5 | | | | — | — | — | — | 3.5 | 0.25 | |
| 支路 | 一板两带 | 双向 2 | 19 | 2 | 1.5 | 2.5 | | | | — | — | — | — | 3.5 | | |

注：（1）路侧绿带的有无和宽度因实际情况而定，本表计算过程未包含路侧绿带。
（2）城市快速路双向 6 车道指主路双向 6 车道，两侧分车绿带含主辅分车绿带和机非分车绿带，共计 4 条。
（3）依据《城市道路工程设计规范》CJJ 37—2012 第 16.2.2 第 3 款的规定，快速路的中间分车绿带不宜种植乔木，按照最小宽度 1.5m 计算。
（4）分车绿带最小宽度按 1.5m 计；行道树绿带按 1.5m 计；主干路分车绿带按不小于 2.5m 的要求取最小值 2.5m。
（5）实际绿带宽度常作为道路断面的调节空间使用，本表取最小值。

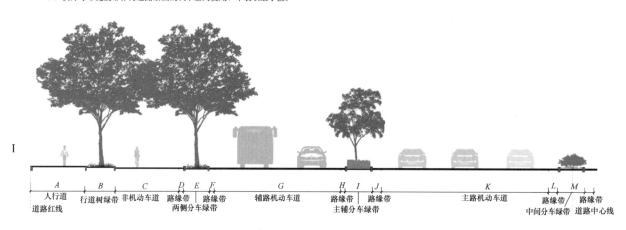

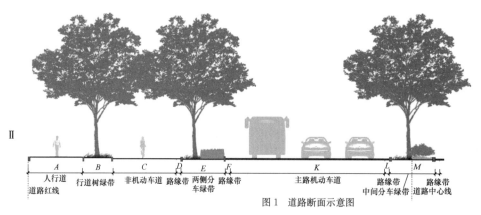

图 1　道路断面示意图

注：Ⅰ示双向 6 车道地面整体多幅式快速路，Ⅱ示双向 6 车道四板五带式主干路

## 2　结果分析

实地调研和收集数据汇总结果见表 3。郑州市中心城区 40 条道路的平均绿地率为 10.16%，绿地率超过 20% 的道路仅有 8 条[10]。济南市市区 21 条道路的平均绿地率为 14.7%[11]。长沙市 14 条城市主干道的平均绿地率为 9.97%[12]。西安市道路绿地率均值较高，几乎能达到 30%[13]。数据汇总分析结果和相关文献均指示多数城市道路的实际绿地率达不到《城市道路绿化规划与设计规范》CJJ 75—97 的规定指标。北京城市副中心和雄安新区

均为新建城区，其道路绿化建设代表了国内道路绿化的发展方向，体现了城市道路绿化的新理念和新要求。

**重点城市部分道路绿地率统计表** 表3

| 城市名称 | 红线宽度 W（m） | | | |
|---|---|---|---|---|
| | W>45 | 45≥W>30 | 30≥W>15 | W≤15 |
| 北京 | 31.3% | 21.3% | 16.5% | 20.6% |
| 北京城市副中心 | — | 39.8% | 35.0% | 18.7% |
| 雄安新区 | — | 25.6% | 22.6% | 20.0% |
| 广州 | 20.7% | 21.8% | 14.1% | 20.1% |
| 深圳 | 36.1% | 28.8% | 19.3% | 16.8% |
| 南京 | 23.0% | 22.4% | 20.1% | 17.7% |
| 杭州 | 27.6% | 19.2% | 17.6% | 21.7% |
| 成都 | 27.3% | 18.0% | 15.2% | 21.5% |
| 平均值 | 27.7% | 24.6% | 20.1% | 19.6% |
| 剔除北京城市副中心数据后平均值 | 27.7% | 22.4% | 17.9% | 20.0% |

注：标记"—"表示未统计到。

常见板带形式的城市道路绿地率模拟计算结果见表4，结果亦显示《城市道路绿化规划与设计规范》CJJ 75—97中道路绿地率指标偏高。

**城市道路绿地率理论最小值计算表** 表4

| 功能等级 | 断面形式 | 车行道数量 | 红线宽度计算值（m） | 中间分车绿带宽度（m） | 两侧分车绿带宽度合计（m） | 行道树绿带宽度合计（m） | 绿带宽度合计（m） | 绿地率（%） |
|---|---|---|---|---|---|---|---|---|
| 快速路 | 地面整体多幅式 | 双向6车道 | 63.5 | 1.5 | 6 | 3 | 10.5 | 16.5 |
| 主干路 | 四板五带 | 双向6车道 | 46 | 2.5 | 5 | 3 | 10.5 | 22.8 |
| | | 双向4车道 | 39 | 2.5 | 5 | 3 | 10.5 | 26.9 |
| | 三板四带 | 双向6车道 | 44 | — | 5 | 3 | 8 | 18.2 |
| | | 双向4车道 | 37 | — | 5 | 3 | 8 | 21.6 |
| 次干路 | 三板四带 | 双向4车道 | 35 | — | 3 | 3 | 6 | 17.1 |
| | | 双向2车道 | 28 | — | 3 | 3 | 6 | 21.4 |
| | 两板三带 | 双向4车道 | 32 | 1.5 | — | 3 | 4.5 | 14.1 |
| | | 双向2车道 | 25 | 1.5 | — | 3 | 4.5 | 18.0 |
| | 一板两带 | 双向4车道 | 28 | — | — | 3 | 3 | 10.5 |
| | | 双向2车道 | 21.5 | — | — | 3 | 3 | 14.0 |
| 支路 | 一板两带 | 双向2车道 | 19 | — | — | 3 | 3 | 15.8 |

## 3 结论

调研结果、相关文献均显示多数城市道路的实际绿地率基本都达不到《城市道路绿化规划与设计规范》CJJ 75—97的规定指标，"主干道绿地率不低于20%，次干道绿地率不低于15%"的规定相对更接近现实情况。

道路在规划过程中，绿带宽度作为可调节空间，实际宽度往往大于表2中的最小值，因此表4计算得出的道路绿地率值较实际情况可能偏低。依据调研结果和模拟计算值，笔者提出城市道路绿地率的建议值（表5），其中一般值由调研结果确定，最小值由计算结果确定。在山地城市、旧城更新等特殊情况下，可适当降低标准采用最小值。其中城市道路分级参照《城市综合交通体系规划标准》GB/T 51328—2018的分级方式。

**城市道路绿地率建议值** 表5

| 城市道路红线宽度（m） | | >45 | 45≥W>30 | 30≥W>15 | W≤15 |
|---|---|---|---|---|---|
| 绿地率（%） | 一般值 | ≥25 | ≥20 | ≥15 | — |
| | 最小值 | 15 | 10 | | — |

## 4 讨论

城市道路绿地率取值的决定因素并不只是红线宽度，表5给出的建议值是相对简化的分类方法，设计工作中还应当综合考虑道路横断面形式、道路功能和性质、道路周边用地情况以及使用人群等多重因素。快速路主路一般为封闭式道路，以车辆快速通行为主要功能，其绿地率结合实际情况酌情设置。宽度大于45m的道路一般为大城市的主干路，车流量大，交通污染严重，需要用绿化加以防护，且主干路的绿化是突出城市风貌、增强道路识别性的重要载体，有条件、有需求增加路侧绿带的布设，因此其绿地率常大于表4计算值。宽度30～45m（含）的道路路幅较宽，有条件安排较多的绿化用地，其绿地率可以适当调高。宽度为15～30m（含）的道路，断面形式多样，绿地率的下限是15%，需保证基本的道路遮阴。山地城市建设用地受限，城市道路满足正常通行功能的最基本要求常需要较大工程量，其绿地率可采取最小值以节约用地和投资。旧城区道路一般较窄、交通通行需求大且地下管线较多，绿化栽植空间受限。经相关部门评估确认确实属于特殊情况的道路，适当降低道路绿地率可使道路绿化在有限的条件下发挥应有的功能。实际道路工程在新建或改建过程中，常出现忽视道路绿化或压缩绿化带宽度让步硬质路面的情况，导致道路绿地率得不到保障，道路绿化主管部门或设计人员应当坚守底线，与其他专业共同努力协商解决。

在道路断面结构相同的情况下，道路绿化覆盖率与绿带中种植乔木的冠幅成正比[2]。绿化初期道路绿化覆盖率随着植物的不断生长呈持续增加趋势，至乔木成年呈相对稳定状态，后期由于植物寿龄限制或管理上的原因，部分植物的衰亡又会折损部分绿化覆盖率。不同树种生长速度不同，生长至成年所需年限也有较大差异，同时种植间距对乔木成年树冠的大小有很大影响。因影响因素众多，目前道路绿化覆盖率尚无明确的量化指标，实践中相对较难把握。

《城市综合交通体系规划标准》GB/T 51328—2018 提出了不同等级城市道路路段绿化覆盖率指标，该标准实施后，《城市道路绿化规划与设计规范》CJJ 75—97 中道路绿地率指标规定废止。这意味着道路绿地率被取代，但给予的绿化覆盖率值过低，既不能真正约束道路绿地所占面积（或宽度）比例，也远达不到绿荫覆盖的林荫效果。

一般来说，道路绿地率是由交通规划部门、道路工程设计确定，到道路绿化设计阶段已经是既定的结果，绿化设计常常是在道路设计甚至施工完成之后进行，是在既定的预留绿化带位置进行绿化设计，或是在已有绿化基础上进行改造，绿地率已无法增加，这时只能通过提高绿化覆盖率来提升道路绿量、提升道路使用者的舒适性。道路绿化覆盖率的提高可从以下几个方面着手。①合理的树种选择。城市道路绿化应以乔木为主，行道树和两侧分车带在条件允许的情况下均应选择冠大荫浓的大乔木树种，保障慢行交通的林荫覆盖。中间分车绿带尽可能种植乔木，大大提高绿化覆盖率的同时，在生态功能上也能有效降低路面温度，降低热岛效应。②科学的配置。速生树和中生、慢生树合理搭配、科学配置，初期速生树快速覆盖路面，远期中生树、慢生树保障林荫效果。③良好的养护。科学、适当、合理的养护能明显改善树木生长环境，促进道路绿化快速覆盖路面。

道路规划设计是一个综合多专业的学科，既要满足车辆、行人的安全通行需求，又要布置地上架空线、地下管线管廊等基础设施以及公交车站、路灯、信号灯、监控、指示牌等公共设施，还要预留足够的绿化用地。道路设计时既不能只重视功能需求有意回避道路绿化或随意降低绿地率指标，也不能一味追求高绿地率忽视硬质设施的客观存在。有条件的情况下，在道路交通规划设计阶段即应统筹安排道路绿化与道路

照明、交通设施、地上杆线、地下管线管廊、安防监控等设施，应用地下综合管廊、多杆合一等现代化设计手法，实现道路交通功能与各项配套的一体化设计，满足交通功能的同时，保证合理道路绿地率的实现，解决绿化树木必需的立地生长条件与各种设施之间的矛盾，还能通过合理的树种选择提高道路绿化覆盖率提升使用舒适度，体现设计的科学性与合理性。

致谢：感谢中国城市规划设计研究院、国信腾远（北京）工程设计有限公司、北京林业大学、上海市园林设计研究总院有限公司、深圳市北林苑景观及建筑规划设计院有限公司、南京市园林规划设计院有限责任公司、广州市城市规划勘测设计研究院等七家单位相关工作人员在现状调研阶段的数据支持。

## 参考文献

[1] 杨震宇. 城市道路绿化规划设计指标体系探究[J]. 城市道桥与防洪，2009(4)：17-19＋10.

[2] 杨英属，彭尽辉，粟德琼，等. 城市道路绿地规划评价指标体系研究进展[J]. 西北林学院学报，2007，22(5)：193-197.

[3] 陈广艺. 城市道路绿地规划指标探讨[J]. 上海建设科技，2015(6)：47-49.

[4] 中华人民共和国建设部. 城市绿化规划建设指标的规定[Z]. 1993.

[5] 中华人民共和国建设部. 城市道路绿化规划与设计规范 CJJ 75—97[S]. 北京：中国建筑工业出版社，1998.

[6] 中华人民共和国建设部. 工程建设标准强制性条文（城乡规划部分）[Z]. 2000.

[7] 中华人民共和国住房和城乡建设部. 城市道路工程设计规范 CJJ 37—2012[S]. 北京：中国建筑工业出版社，2012.

[8] 中华人民共和国住房和城乡建设部. 城市综合交通体系规划标准 GB/T 51328—2018[S]. 北京：中国建筑工业出版社，2018.

[9] 中华人民共和国住房和城乡建设部. 园林绿化工程项目规范 GB 55014—2021[S]. 北京：中国建筑工业出版社，2021.

[10] 王献，郭英，田朝阳. 郑州市道路绿化分析、评价及模式构建[J]. 中国园林，2017，33(5)：80-85.

[11] 王增孔. 济南城区道路绿化调查与研究[D]. 咸阳：西北农林科技大学，2013：18.

[12] 陈春贵. 长沙城市道路绿地景观设计研究[D]. 长沙：中南林业科技大学，2007：18.

[13] 杨小玲，王光奎，奚庆. 西安市道路绿化研究[J]. 山西建筑，2019，45(3)：196-197.

## 作者简介

赵娜，1987 年生，女，高级工程师，北京当代科旅规划设计有限责任公司，景观设计师。主要研究方向：植物景观与生态修复设计。

牛铜钢，1983 年生，男，高级工程师，中国城市规划设计研究院，风景园林和景观研究分院，副总工程师。

张亚楠，1989 年生，女，工程师，北京花乡花木集团有限公司，景观设计师。

# 公共外交语境下使馆园林兼容并蓄的身份

## The Comprehensive Identity of Embassy Gardens in the Context of Public Diplomacy

李程成

**摘　要**：使馆园林在建造之前就被赋予了推进公共外交和传播文化的重要任务，在多维要求下需要担当国家身份、外交身份和平民身份。多重身份属性所带来的共同作用组成了复杂、矛盾的关系网，馆区园林及其周边公共空间在这种条件下具有功能和文化上的并蓄特征。在并蓄的功能方面，需要构建外交形象的空间载体、公共外交的支撑平台、"设计人生"的共情场所、优化激活的公共领域和安全友好的公共边界等。使馆园林的文化标识性是内外兼顾的，通过"文化的尊重和融入"并蓄"引发共鸣的文化输出"促进公众的积极互动，成为公共外交的增进剂，影响海外受众进而提升文化吸引力和软实力，以推进外交政策目标。

**关键词**：风景园林；使馆园林；文化传播

**Abstract**：Before the construction of the embassy garden，it was given the important task of promoting public diplomacy and disseminating culture. Under the multi-dimensional requirements，the embassy garden needs to assume the national identity，diplomatic identity and civilian identity. The combined effects of multiple identity attributes form a complex and contradictory network of relationships. Under this condition，the garden in the library area and its surrounding public space have the characteristics of functional and cultural co-accumulation. In terms of the functions of co-storage，it is necessary to build the space carrier of diplomatic image，the support platform of public diplomacy，the compassionate place of "designing life"，the optimized activated public sphere and the safe and friendly public boundary. The cultural identity of the embassy garden is both internal and external. Through "cultural respect and integration" and "resonating cultural export"，it promotes the positive interaction of the public and serves as a promoter of public diplomacy. It influences overseas audiences to enhance cultural attraction and soft power，to advance foreign policy goals.

**Keyword**：Landscape Architecture；The Embassy Gardens；Cultural Transmission

党的十八大报告提出，要"扎实推进公共外交和人文交流，维护我国海外合法利益。"这是"公共外交"首次被写入中国共产党全国代表大会报告，公共外交被提升到国家发展的战略高度。"讲好中国故事，传播中国声音"是当前中国公共外交的核心议题[1]。开展公共外交的方式和手段多样，驻外使馆建设是公共外交实践的重要渠道之一，是打造和树立国际形象的主要窗口。

# 1　多重身份

　　使馆园林在建造之前就被赋予了推进公共外交和传播文化的重要任务，并且至少在外国人眼中表达了民族性格。使馆不仅要满足和驻在国的各种交流需求、对本国多方位的展示和宣传作用，而且要完成对所在国的本国侨民保护和关怀的责任，更要完成对驻在国所在地区公共空间安全及提升的多维要求，因此，使馆需要同时担当多重身份[2]：国家身份、外交身份、平民身份，即代表驻在国保护下的本国的异国领土，具有国家身份；所属国的代言者，它的态度表达其所属国的态度；侨民在异国他乡安全的栖息地以及当地国民有机会接触和了解派遣国的地方。

# 2　多重身份下的并蓄功能

　　使馆的多重身份属性所带来的共同作用组成了复杂、矛盾的关系网，馆区园林及其周边公共空间在这种条件下产生。

## 2.1　外交形象的空间载体

　　使馆作为外交形象的空间载体。意大利设计大师阿尔贝托·阿莱西谈到柏林的新使馆区时说："根据公共外交理论，使馆具有'广告'这一新的功能，即需要宣传它所代表的国家"。外交形象建设必然反映国家意志和核心利益的需要[3]，为国家层面的交流和政治礼仪要求提供场所和空间氛围。

## 2.2　公共外交的支撑平台

　　外交交往是使馆日常频繁的活动，使馆的园林空间需要为交流价值提供有效的支撑，服务两国之间文化合作交流、人员往来沟通等方面的互动，具体内容包括文化学术交流合作、体育医疗卫生合作交流和民间往来等，具体形式诸如文化年、旅游年、艺术节、研讨会、交流会、智库对话和商会活动等（图1）。园林空间需要在有限的场地内创造灵活多变的场所满足各种规模及形式的活动，并合理协调组织嘉宾和访客路线。

图1　使馆室外空间承载着丰富的日常活动

## 2.3　"设计人生"的共情场所

　　大部分使馆的工作和生活地点都在使馆的区域范围内，因此使馆工作人员的工作和生活界限通常很模糊。外交官都是从国内派遣来的，在国外生活和工作是需要一些勇气和适应能力的，包括他们的家人需要长期在一个陌生的环境中学习和生活。在这种情况下，使馆园林的场地空间组织首先要解决使馆工作人员8小时以外的生活需求。正如在中国驻英国大使馆新馆舍项目的沟通过程中，工程办形容馆区的场所设计亦是为外交工作者"设计人生"，工作人员及其家人的工作和生活需要在有限的场地空间内，有穿西装的空间，更要有脱下西装穿上运动装来彻底放松的空间，且工作和生活空间通过流线的合理引导，互不干扰。

## 2.4　优化激活的公共领域

　　国之交在于民相亲。场地设计不仅要满足"地皮协议"中所规定的使馆建筑及其公共领域必须遵守的驻在国相关法规进行建设，涵盖了包括容积率、绿地率、建筑高度、退线等具体要求，更要思考如何激活馆区边界的所有正面，包括"优化面向公共街道的空间界面，提升公共领域的环境和活力"，"对边缘公共领域的管理、安全和安保弹性"，"为周边区域带来实质性的公共利益"，"揭示场地遗产资源的重要性"等。

## 2.5　安全友好的空间边界

　　馆区及其周边公共空间于友好亲和的外在形象中并蓄安全防护的考虑，以防止国家机密被窃取，保护工作人员

在驻在国各种突发事件，如政变、恐怖活动以及过激民众
的暴力行为等中避免和少受伤害。如中国驻英国大使馆新
馆舍的前庭仅作礼仪形象功能，将活动功能设置在内庭
院；在入口区设置独立的花池，花池不能使用卵石和水
面，防止为示威人员提供工具和助跑的距离；馆区除设置
防撞桩外，围墙禁止栽植攀爬植物，且围墙内部须留有安
全绿化距离，禁止直接接壤铺装地面；签证广场与市政道
路之间通过防撞花池作为空间界定来平衡空间的活跃度和
安全性。

## 3 多重身份下的文化并蓄

使馆园林的文化标志性是内外兼顾的，它受到城市文
脉的限制。既要强调本国的文化传统，又要容纳和接受驻
在地的文化影响和场地特质，将异国文化融入城市文脉
中，形成一个对立而又相互渗透的矛盾。

### 3.1 文化的尊重

在国际关系中，本国和他国之间求同存异，搁置"自
我"与"他者"两种认知主体之间的差异，充分表达出对
所在国文化的尊重与接受，展现一种友好的姿态，体现了
两国文化之间的互动，对促进两国之间的深入交流具有积
极的意义。走进异邦的国家形象，外来文化和本土文化的
相融渗透是使馆园林的重要特色。

以英国驻外使馆为例：英国驻突尼斯大使馆就像一千
零一夜的梦——一座白色的宫殿，1850 年代以折中主义
风格建造了这座宫殿，反映了当时的突尼斯建筑，其政治
目的是挑战法国在突尼斯的贸易主导地位[4]。据说它是
所有英国海外使团中"最美味、最香的"。馆舍花园占地
15 英亩，主轴是一条柏树大道，里面有橄榄树林、果园，
以及壮观的蓝花楹树和龙树（图 2）。再如英国驻巴西利
亚大使馆，如果说 20 世纪六七十年代的巴西利亚普遍带
有一丝未来主义的气息，那么该官邸就是雷鸟。这是一部
时代作品，既精彩又有时略显荒谬。建筑形态长而低，有
一个不对称的入口和一种反山墙，前门位于一个凹处，用
作门廊。两个突出的"耳朵"原来是通风井。客厅是一个
不规则的七边形，全长玻璃窗可以俯瞰花园，花园形态语
言亦表达出对不对称、直角和对角线的热情（图 3）。室
内配有现代沙发和 18 世纪的挂毯，以及艺术家拉斯金·
斯皮尔和维克多·帕斯莫尔的画作。

中国驻英国大使馆新馆舍选址于英国皇家造币厂旧

图 2 英国驻突尼斯大使馆馆舍花园

图 3 英国驻巴西利亚大使馆

图 4 中国驻澳大利亚大使馆庭院

址，是对伦敦重心东移的一种回应。使馆签证广场及其周
边公共空间以"开放、分享、合作、欢迎和创造性的地
方，每个人都将被鼓励交流"为边缘公共领域的营建愿
景，通过退让红线创造公众友好的主入口界面，通过折线
式的空间退让激活场地现状消极的空间，为公众提供签证
文化休闲广场。签证广场结合遗址展示布置，为公众提供
一处遗产解释的场所，使其了解皇家铸币厂重要性（图 5、
图 6）。

图 5　签证文化休闲广场为公众提供
一处遗产解释的场所

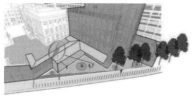

新馆舍

图 6　中国驻英国大使馆的
公共界面安全性以及文化遗址的展示

## 3.2　文化的输出

约瑟夫·奈（Joseph Nye）提出软实力的概念，强调与公众互动的概念是公共外交得以实现的基础。公共外交对于提升一国软实力至关重要，而单纯以政府为主体的公共外交活动具有局限性，公共外交与人文交流积极联动，才能有更好的效果。文化的输出目的是要引导和塑造人民的看法，园林文化的输出需要从受众的角度出发，让本国人员有祖国的亲切感，让游人和访客易于理解和接受。

如中国驻澳大利亚大使馆建筑联动中国传统式庭院作为感知中国文化的统一体，成为中国外交身份的鲜明标识（图 4）。再如中国驻英国大使馆新馆舍周边公共空间利用折线式休闲广场提供林荫休闲场地，通过陈列通俗易懂的中国特色公共艺术品创造亲切友好的形象（图 7）。

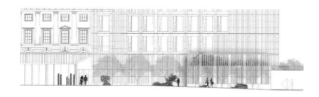

图 7　广场陈列取材自中国扬州个园的
四季置石公共艺术品

## 3.3　艺术使馆

建筑连同其环境本身视为可供发挥创作灵感的巨型艺术品，代表派遣国的国家外交形象。"艺术使馆"在公共外交中起着日益重要的作用，从 20 世纪 60 年代起，美国国务院启动了"艺术使馆"项目，鼓励个人及美术馆、画廊等将所藏绘画、雕塑、摄影等艺术作品免费借给或捐给各个驻外使馆展出。

如荷兰驻德国大使馆建筑和环境通过冷静的设计表达"简单和诚实"的民族性格，从材料的选择和朴素的外观诠释了作为一个民族在国外的象征。再如中国驻英国大使馆新馆舍面对现有城市特点的多样性，尊重不同时期现状历史建筑，将其与新的时代需求相结合，赋予其未来的文化角色。馆区由不同时代风格的建筑组成：建于 1811 年的约翰逊·斯米尔克大厦（Johnson Smirke Building）外观为新古典的建筑风格（图 8），立面是格鲁吉亚式的设计，融合了罗马和希腊的建筑元素，展示了皇家铸币局的历史形象，1973 年被定义为二级文物；文化交流大厦为后现代主义风格；馆员宿舍楼为国际主义风格，柱廊空间和中心庭院相渗透（图 9）。大使馆简洁的室内设计，搭配中国传统的元素，来突显中式的内敛、稳重与含蓄。馆区室内还布置了馆藏的中国名家名作，以及展现新时代中国国家形象和外交理念的当代艺术品。馆区庭院根植于中国自然山水园的意匠，创造中英友好的自然花园（图 10），种植引种自中国而适生于伦敦的植物，并利用自然山石作观察窗。公众亦可通过显示屏观看中心庭院地下层的建于 14 世纪的西多会修道院遗址。使馆园林、建筑、室内及艺术品陈列及标识相协同，共同构建安全与开放，历史与现代，西方与东方，正式与非正式之间相辅相成的乐章。

图 8　中国驻英国大使馆新馆舍现状场地及
使馆主楼西立面

图 9　使馆西立面展现了不同风格的建筑形象

图 10　馆区中心庭院

# 4　结语

习近平总书记于 2018 年 8 月全国思想工作会议上提出"要推进国际传播能力建设，讲好中国故事、传播好中国声音，向世界展现真实、立体、全面的中国，提高国家文化软实力和中华文化影响力"，文化吸引力和软实力呈正相关关系。能引发共鸣是文化吸引力产生效能的保证，而文化共鸣意味着受众愿意理解、接受、价值观和身份接近的人。使馆园林讲故事的能力依然有待提升，我们影响西方主流社会的能力相对有限。中西方文化存在差异，导致双方对同一事物的理解和看法存在差异。通过时空的深层次切换，摆脱思想束缚，联动周边公共领域创作出两国民众易于接受的作品，产生零距离沟通的共情能力[5]，成为一种推进剂或空间载体，发挥媒介和桥梁的作用。

## 参考文献

［1］　王寅. 中国驻外使馆媒介化公共外交研究——以中国驻英国大使馆为例［D］. 北京：外交学院，2020.

［2］　孙丹荣. 建筑的外交语言——当代中国驻外使馆建筑设计探讨［D］. 北京：清华大学，2012.

［3］　杨明星，马会峰. 中国特色大国外交形象的多维构建［J］. 中州学刊，2021（9）：166-172.

［4］　STOURTON J. WHITE L. British embassies：Their diplomatic and architectural history［M］. London：Frances Lincoln，2017.

［5］　胡宗山，张庭珲. 新时代中国外交布局的体系创新［J］. 中南民族大学学报（人文社会科学版），2021，42（8）：105-113＋185-186.

## 作者简介

李程成，1984 年生，女，高级工程师，北京市建筑设计研究院有限公司，主任工程师。

# 国内三维绿量研究进展

## Review on Living Vegetation Volume Research in China

袁梦楚　汪　民*

**摘　要**：快速的城镇化发展对生态环境造成了严重破坏，城市绿地功能的改善已经成为城市绿地建设的首要目标。三维绿量作为新兴绿化指标，对我国生态环境保护和人居环境建设具有重要意义。本文结合文献内容分析法，通过 CiteSpace 和 Excel 等软件，对三维绿量研究的发展概况、研究热点和应用领域进行梳理总结。结果表明我国三维绿量研究经历了探索发展期、快速增长期和停滞下降期三个阶段，研究应用领域集中在技术模型、生态效益、绿地评价、城市规划和人居环境五个方面。针对当前研究的问题，提出合理构建绿化评价模型、三维绿量分布特征空间化、建立城市绿量动态数据库和关注绿色环境促进公众健康的未来研究展望。

**关键词**：三维绿量；绿量；研究综述；CiteSpace

**Abstract**：Rapid development of urbanization has caused serious damage to the ecological environment, and the improvement of urban green space has become the primary goal. As a new quantitative index, Living Vegetation Volume is of great significance to ecological environment protection and living environment construction. In this paper, through the means of literature analysis, CiteSpace and Excel analysis, the development overview, research hotspots and application fields are sorted out. The results show that Living Vegetation Volume research in China has experienced three stages which are exploration, growth and decline period, and that the research fields are concentrated in technical model, ecological service function, urban green space evaluation, urban planning and living environment. Finally, suggestions were put forward based on the current problems, including reasonable construction of greening evaluation model, spatialization of Living Vegetation Volume, establishment of dynamic database of Living Vegetation Volume and attention to public health promoted by green space.

**Keyword**：Living Vegetation Volume; Green Quantity; Research Review; CiteSpace

　　在我国，20 世纪 80 年代黄晓鸾与张国强首次提出"绿量"一词[1]，用于指代二维绿化指标或环境等。90 年代，周坚华等首次提出"三维绿量"[2]，即植物所有绿色茎叶占有的空间体积（m³），补充了绿化指标因子。目前学者运用三维绿量指标群来描述空间中的绿色量，但由于其概念尚未得到统一界定，绿量、三维绿量等相关概念存在模糊混淆的问题。综合学者对于"绿量"的理解，现将绿量、二维绿量、三维绿量的关系进行梳理（表 1）。本文研究的三维绿量是相对于二维绿量而言的，在本文中简称"绿量"。

绿量、二维绿量、三维绿量概念界定　　表 1

| 指标类别 | 维度 | 概念 | 指标层 |
|---|---|---|---|
| 绿量 | 二维绿量 | 二维平面上植物茎叶部分占据的面积或比例 | 绿地率（%）、绿化覆盖率（%）、绿地面积（m²）等 |
| | 三维绿量 | 植物茎叶部分占据的空间 | 三维绿量（m³）、叶面积指数(m²)、三维绿量密度（m³/m²）等 |

在城市绿化中，人们常用绿地面积、绿化覆盖率等指标衡量绿化水平，但这些二维绿化指标都不易反映植物的空间结构和生态效益等。随着城市生态环境研究的不断深入，城市绿地结构和功能以及二者的相互关系受到更多关注。作为一种新兴绿化指标，三维绿量较传统的二维绿量而言，是衡量不同绿地、植物群落质量的重要参数，能更科学地表达城市绿地生态服务功能的质量，为绿地系统的规划、植物群落布局提供了有效的评价标准[3]，使城市绿化定量研究取得重大进展。

本文研究以国内绿量研究进展为主，明确研究探索的脉络，探究绿量研究的前沿热点及未来发展趋势，以构建一个绿量研究的理论库，为未来绿量的研究提供指引。

# 1　研究方法与数据来源

本研究借助 CiteSpace 5.7. R2、Excel 等软件，采用内容分析法对三维绿量文献检索结果展开讨论，以展现绿量研究的发展进程和结构关系。

中文文献来源于中国知网（CNKI），检索式为："主题＝绿量"，检索时间截至 2020 年 12 月 31 日，经过人工去除新闻、通信等非论文条目、检索结果中与三维空间无关的论文和重复出现的论文，共得到 1183 篇文献信息。

# 2　文献发展概况

## 2.1　发文情况分析

对年度文献数量进行统计（图 1），1995—2020 年三维绿量研究的发文情况在时间维度上呈现探索发展——快速增长——停滞下降的特点。对文献来源进行分析（图 2），可以发现研究领域呈现"2＋3"的学科结构，即以风景园林学和林学为核心，三大学科——资源与环境学、园艺学、城乡规划学——辅助交叉的体系。

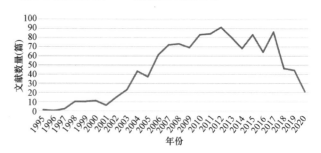

图 1　CNKI 中绿量文献数量年度变化（1995—2020 年）

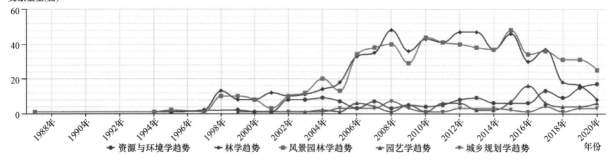

图 2　CNKI 绿量研究学科分布图

## 2.2　研究热点分析

关键词是对文献核心思想的凝练，能反映某知识域重点研究方向。利用 CiteSpace5.7. R2 对文献关键词进行知识图谱绘制，为方便进行数据分析，对导出的文献信息进行

人工甄别、清洗，对关键词进行排除与合并，排除不相关、无意义的节点，排除"三维绿量""绿量""绿色三维量"等主题词，将重复的概念进行合并，将关键词出现频次设置为10，得到"绿化""城市绿地""生态效益"和"城市森林"等 30 个共现词（图 3）。此类关键词中心性较高，在一定程度上体现了研究时段内我国三维绿量研究的热点领域。

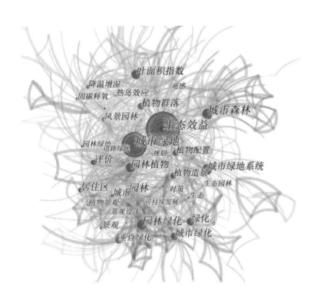

图 3　基于 CiteSpace 的中文文献关键词共现网络
（Threshold＝12；N＝599，E＝1203；Density＝0.0067）

## 2.3　不同时期发展特点

通过 CiteSpace 将关键词共词网络以时间序列显示，可以清晰地展示出文献的更新和相互影响（图 4），结合时代背景及绿量研究发文特征，将绿量研究演进脉络总结为以下 3 个发展阶段。

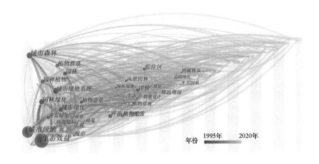

图 4　基于 CiteSpace 的中文文献关键词
共现网络时间序列图谱

### 2.3.1　探索发展期 （1995—2000 年）

20 世纪 90 年代初，学者们提出了生态城市理论，并发展出三维绿化指标。自周坚华第一次提出三维绿量的概念并首次用于估算植物群落的生态效益[2]，绿量研究开始处于起步阶段。这一时期的研究论文数量比较少，研究

内容集中度较高，主要对"三维绿量"这一新兴指标作出阐述和延伸[4]，并通过测定三维绿量值探究绿色植物所能产生的环境效益，例如测定城市森林绿量"总的量"，在实践中探索三维绿量指标的应用价值[5]，类属林学范畴。

### 2.3.2　快速增长期 （2001—2015 年）

提高城市绿地生态效益已经成为城市绿地建设的首要目标，这是推动绿量研究的主要动力。2001—2008 年绿量研究成果呈快速增长趋势，2009—2015 年保持稳定发展。这一时期，风景园林学和林学为主导学科，研究内容主要是绿量测定技术优化、绿地结构优化和基于三维绿量指标的城市绿化评价研究。随着社会的发展，城市绿地建设注重改善人居环境、提升公共健康水平，三维绿量的研究内容开始拓展，由生态环境转向多元化发展，开始从人的感知层面出发研究绿量对居民健康的影响，提出绿视率等相关概念，并基于绿量特征对人居绿色空间设计作出指导。

### 2.3.3　停滞下降期 （2016—2020 年）

该阶段三维绿量在林学学科的研究减少，在风景园林学领域的研究持续占主导地位，主要研究绿量在城市绿地系统规划中的应用与指导意义。然而文献数量呈现快速下降趋势，这是因为虽然三维绿量指标具有广阔的应用前景，但指标因子相对单一，应用场景局限，三维绿量研究的瓶颈有待突破；此外，2019 年新冠疫情暴发导致户外作业与调研受到影响，进一步阻滞了三维绿量的研究进展，但目前已有学者探讨了疫情背景下绿视率和室内可视绿量[6]对居民心理健康的影响，为三维绿量研究提供了新的思路。

## 3　研究应用领域

通过知识图谱分析和文献研读对关键词进行聚类统计，其中对于难以聚类的关键词通过文献阅读加以辨别，例如"城市森林"常被作为研究对象用于三维绿量的测算研究（表 2），发现研究热点主要集中在"绿量的技术模型研究""绿量与生态效益研究""绿量与城市绿地评价研究""绿量与城市规划研究"和"绿量与人居环境研究"5个方面。

国内三维绿量研究高频关键词聚类信息表 表 2

| 绿量的技术模型研究 | | | 绿量与生态效益研究 | | | 绿量与绿地评价研究 | | | 绿量与城市规划研究 | | | 绿量与人居环境研究 | | |
|---|---|---|---|---|---|---|---|---|---|---|---|---|---|---|
| 关键词 | 频次 | 中心性 | 关键词 | 频次 | 中心性 | 关键词 | 频次 | 中心性 | 关键词 | 频次 | 中心性 | 关键词 | 频次 | 中心性 |
| 城市森林 | 54 | 0.17 | 城市绿地 | 108 | 0.24 | 绿化 | 131 | 0.25 | 风景原理 | 24 | 0.05 | 垂直绿化 | 33 | 0.04 |
| 叶面积指数 | 48 | 0.09 | 生态效益 | 122 | 0.23 | 城市绿地系统 | 43 | 0.08 | 对策 | 11 | 0.01 | 绿视率 | 10 | 0.02 |
| 遥感 | 10 | 0.02 | 园林植物 | 45 | 0.08 | 园林 | 42 | 0.08 | 可持续发展 | 10 | 0.01 | | | |
| | | | 植物群落 | 39 | 0.04 | 评价 | 33 | 0.06 | 规划 | 9 | 0.01 | | | |
| | | | 植物配置 | 33 | 0.04 | 居住区 | 27 | 0.05 | GI | 9 | 0.01 | | | |
| | | | 城市 | 30 | 0.05 | 植物造景 | 26 | 0.03 | | | | | | |
| | | | 降温增湿 | 18 | 0.02 | 景观 | 25 | 0.04 | | | | | | |
| | | | 生态 | 17 | 0.02 | 景观设计 | 16 | 0.01 | | | | | | |
| | | | 固碳释氧 | 15 | 0.01 | 植物景观 | 13 | 0.01 | | | | | | |
| | | | 热岛效应 | 10 | 0.03 | 道路绿化 | 13 | 0.02 | | | | | | |

## 3.1 绿量的技术模型研究

### 3.1.1 绿量的测定方法

由前面可知，学者们对于绿量的内涵认识还没有统一，因此其测定方法也有不同，目前国外内关于绿量的研究观点主要分为叶面积说和体积说，关于绿量测定的方法有叶面积法和体积法。

（1）叶面积法

叶面积指数的测定方法分为直接和间接测量法[7]。早期的研究主要采取直接测量法，这种放大会对树木产生严重破坏。间接测量法是通过参数或光学仪器进行测定，主要有三种方法。第一种方法是经验公式法，通过将叶面积指数与植物树高、冠幅等容易获取的参数建立公式从而计算结果[8]；第二种方法是光学测量法，通过仪器或软件测量和参数计算，最后推算叶面积指数[9]；第三种方法是遥感反演法，包括遥感影像反演 LAI 的统计模型法和基于辐射传输模型的光学模型反演法[10]。遥感反演方法因不需要大量的野外调查，目前使用较多。

（2）体积法

"体积说"将三维绿量定义为所有生长植物的茎叶所占据的空间体积，近年来关于三维绿量的测定基本包含四大类。第一类是基于立体摄影测量，结合植物种类，根据经验公式计算绿量值[11]；第二类是利用航片进行绿化分级，通过分层抽样实测样地的立体三维绿量，从而推算整体绿量[12]；第三类是利用数字摄影测量软件生成数字表面模型，对高程差进行空间累计推算结果[13]；第四类是对研究树种选配合适的几何体并建立绿量方程，结合群落树种成分，计算森林三维绿量[14]。

### 3.1.2 绿量指标的拓展

三维绿量指标具有广阔的应用潜力，学者们对于拓展三维绿量指标体系、丰富指标因子的应用场景进行了探索，提出了"三维绿量密度""绿容积率"和"三维彩量"的概念。"三维绿量密度"表示单位面积绿量的多少，能在某种程度上表征绿量的空间结构；"绿容积率"即绿地总叶面积与土地面积的比例，用来判别城市绿地的建设强度和群落结构类型[15]；"三维彩量"借鉴三维绿量的概念与计算方法，为评价城市彩化的立体指标提供参考[16]。三维绿量指标的拓展丰富了绿化评价的维度，对于优化绿量指标体系起到了抛砖引玉的作用。然而，已有的创新指标多停留在概念界定和特征描述上，缺乏实际的运用场景，且三维绿量类指标数目有限，尚未能充分反映出其反映群落或绿地空间结构的优势。

## 3.2 绿量与生态效益研究

叶片是植物发挥各种生态功能的主要器官，因此三维绿量能较为准确地反映城市绿地的生态效益。目前在生态方向三维绿量研究主要分为理论与实践两个方面。

### 3.2.1 理论研究

学者们主要基于植物的生态服务功能建立绿量计算模型，结合植物特性测定，最终确定绿量与植物生态功能的相关性，以评估植物改善生态环境的作用和程度。研究发现，植物的生态服务功能，如阻滞大气颗粒物[17]、降温增湿[18,19]、减少噪声、改善小气候、维持碳氧平衡[20]等生态效益均和绿量成正比，其中植物种类、植被结构、植物群落组分和季节会影响植物三维绿量，从而影响生态服务功能。

### 3.2.2　实践研究

在"城市双修"背景下，为协调自然进行城市生态修复，在梳理典型城市"生态病"及其生态因子的基础上，通过绿量与生态服务功能的理论研究，构建生态问题——生态因子的关系模型[21]（图5）。针对土壤污染、大气污染和水污染等均能以绿量为核心进行修复，以提升城市绿量实现生态实践的正面效益。例如王云才以山地绿量为关键调节变量，通过绿量的快速提升对山地、城市生态系统进行修复[22]。

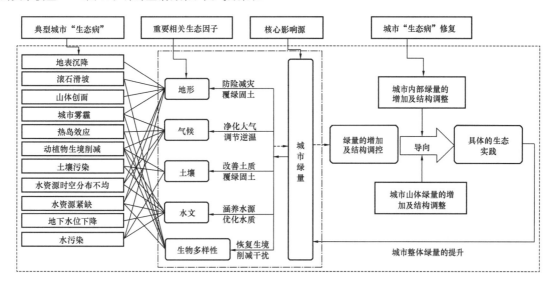

图5　城市"生态病"治理的生态智慧逻辑框架图
（图片来源：王云才，黄俊达《生态智慧引导下的太原市山地生态修复逻辑与策略》）

### 3.3　绿量与绿地评价研究

目前学者们主要从2种路线基于三维绿量进行城市绿化评价[23]。一种是对比研究城市各种尺度、不同类型绿地的绿量分布特征，为城市绿地评价提供一种新思路[24]。另一种是运用层次分析法将绿量、绿视率等三维绿量指标纳入城市绿地评价指标体系[25,26]，对原有二维绿量指标进行补充和优化。目前已有大量学者用层次模糊法对不同尺度绿地的景观和生态效益进行分析，研究对象多集中在居住区、道路和校园。

针对评价结果中大草坪泛滥、乔灌草模式滥用等问题，学者们提出在种植设计中通过合理选择树种、种植密度和种植结构，提高单位面积绿量，发挥园林绿地最大的生态效益，在保证绿量需求的同时和绿地景观结合起来，进而提高绿地质量。

### 3.4　绿量与城市规划研究

#### 3.4.1　区域尺度绿量空间格局研究

绿量在城市规划方面的研究主要是针对城市尺度的绿色基础设施、绿色基质—斑块—廊道及各种土地利用类型，通过对其三维绿量时空演变格局进行分析，构建城市绿量生态网络[27]，探究绿量与城市发展的相互作用关系[28]。研究指出，未来研究需要建立便于查询和动态监测的三维绿量管理数据库[29]，在详细规划的基础上构成科学的绿量三维空间格局，以及时适应城市内部功能结构调整城市绿量[30]。

#### 3.4.2　基于三维绿量的城市建设与管理

为改善城市生态环境，协调好城绿关系，制定城市建设总体目标，形成了"森林城市""低碳城市"和"生态园林城市"等城市定位。对此，城市绿地系统规划、生态园林城市总体规划、森林城市总体规划等相关城市生态发展规划，提出将绿量等三维绿化指标纳入城市评价指标体系之中，为今后城市建设发展提供了科学的依据和合理的建议[31]。

### 3.5　绿量与人居环境研究

随着社会的发展，人的健康及其对美好生活的需要备受关注。绿量研究也从最初关注生态环境转向探究环境与人类直接联系的人居环境，绿量研究的内涵与深度进一步延伸。基于三维绿量的人居环境研究主要体现在绿视率理论研究与人居绿色环境的营建实践。

### 3.5.1 绿视率理论

城市绿化具有改善小气候等作用，与居民健康息息相关。视觉是居民感受绿量最直接的途径，日本有学者基于环境心理学提出"绿的量"，亦称"绿视率"（即绿叶在人视野中占据的比率），使心理、环境两者之间的关系得以量化表达。人的心理感受与所处环境的绿视率有密切的关系，季节、绿化情况及人的观察位置等因素的不同，都会对绿视率造成影响。研究表明绿视率较高能对人产生积极的心理效益，绿视率达到 25% 以上效果较好[6]。与"绿化率""绿地率"相比，"绿视率"更能反映城市绿量的视觉质量，更遵从以人为本的绿地建设理念。目前已有学者利用绿视率指标对城市绿化评价指标体系做出优化，并以提高绿视率为准则指导道路设计[32]和居住区设计[33]。

### 3.5.2 营造人居绿色环境

对于高密度城市而言，绿化已经很难在用地上有所增长，更多的需要从竖向空间寻找机会[34]。目前已有大量学者把三维绿量、绿视率作为引导城市绿色空间发展的重要指标，重点通过立体绿化、垂直绿化和阳台绿化等增加城市绿量[35]，以营建舒适的人居环境。可以从三个维度提升绿量，分别为：突破界线，街道空间"见缝插绿"；突破维度，建筑表皮"爬藤挂绿"；突破权属，私人空间"共享透绿"[36]。

## 4 结论与展望

## 4.1 结论

通过文献内容和知识图谱分析，笔者将三维绿量研究进展分成 3 个阶段：初期发展阶段以概念阐述和生态效益分析为主；中期发展研究阶段三维绿量研究维度广泛，重点研究领域突出；近年来三维绿量呈停滞下降趋势，研究瓶颈有待突破。根据文献分析，笔者重点讨论了三维绿量在技术模型、生态服务功能、城市绿地评价、城市规划和人居环境建设方面的研究进展。结果显示，三维绿量研究在理论与实践方面都取得了显著成果，但是关于"三维绿量"概念的理解，不同学者未取得共识。此外，目前绿量研究方向单一，主要集中在绿量"总的量"值计算和城市生态效益方面。随着对于城市绿地的关注由生态保护扩展到公众健康，绿量研究在与时俱进方面稍显不足。

## 4.2 展望

通过对三维绿量现状研究热点的分析阐述，结合现有研究，现对未来的研究方向作出展望：

（1）将三维绿量分布特征空间化。以往三维绿量指标研究主要集中于如何准确获取"量"上，以及通过"量"值来评估绿地生态效益，指标因子相对单一，未能充分发挥三维绿量表征绿地空间组织结构的优势。然而，绿量在空间分布的特征不同，会使绿地的空间结构及其功能产生差异。将三维绿量分布特征进行空间化，有助于构建完善、科学的绿量指标体系，以更准确地指导城市绿地的规划与建设。

（2）拓宽三维绿量的应用场景。前人的研究证实了三维绿量指标的评价优势，指明三维绿量指标具有广阔的应用前景，更适用于"城市高密度"和"绿地精细化"背景下的绿地建设。但现有研究仍停留在指标特性探索和用绿量指标来描述绿地特征，在绿化评价和实际运用中仍存在难题，合理构建城市绿地评价模型、实现绿化定量分析依然是未来研究的重点。

（3）关注绿色环境对人的健康作用。绿量作为绿化的定量指标，在衡量人的心理健康与环境健康中极具潜力，目前绿量研究方向已由单一的生态效益向居民健康多元发展，健康城市建设推动着风景园林与公众健康的联合发展，本次疫情也暴露了城市公共卫生和灾难防护方面的不足。基于绿量特征研究人与环境的关系，对于营建美好人居环境具有重要意义。

## 参考文献

[1] 黄晓鸾，张国强. 城市生存环境绿色量值群的研究(1)[J]. 中国园林，1998(1)：3-5.

[2] 周坚华，孙天纵. 三维绿色生物量的遥感模式研究与绿化环境效益估算[J]. 环境遥感，1995(3)：162-174.

[3] HE C, CONVERTINO M, FENG Z K, et al. Using LiDAR data to measure the 3D green biomass of Beijing urban forest in China[J]. Plos One, 2017, 8(10).

[4] 黄晓鸾，张国强，贾建中. 城市生存环境绿色量值群的研究(6)——城市生存环境绿色量值群[J]. 中国园林，1998(6)：3-5.

[5] 陈自新，苏雪痕，刘少宗，等. 北京城市园林绿化生态效益的研究(6)[J]. 中国园林，1998(6)：3-5.

[6] 王志鹏，王薇，邢思懿，等. 城市住所窗外绿视率对疫情期间人群心理健康的影响：基于合肥市的研究[J]. 环境与职业医学，2020，37(11)：1078-1082.

[7] 吴伟斌，洪添胜，王锡平，等．叶面积指数地面测量方法的研究进展[J]．华中农业大学学报，2007(2)：270-275.

[8] 王蕾，张宏，哈斯，等．基于冠幅直径和植株高度的灌木地上生物量估测方法研究[J]．北京师范大学学报(自然科学版)，2004(5)：700-704.

[9] 谭一波，赵仲辉．叶面积指数的主要测定方法[J]．林业调查规划，2008(3)：45-48.

[10] 方秀琴，张万昌．叶面积指数(LAI)的遥感定量方法综述[J]．国土资源遥感，2003(3)：58-62.

[11] 周廷刚，罗红霞，郭达志．基于遥感影像的城市空间三维绿量(绿化三维量)定量研究[J]．生态学报，2005(3)：415-420.

[12] 周坚华．以绿化三维量分析植物群降解 $SO_2$ 的宏观效应[J]．中国环境科学，1999，19(2)：161～164.

[13] 叶勤，骆天庆．航空遥感在城市绿色三维量调查中的应用[J]．铁路航测，2000(2)：25-28.

[14] 覃先林，李增元，易浩若．高空间分辨率卫星遥感影像树冠信息提取方法研究[J]．遥感技术与应用，2005(2)：228-232.

[15] 姚崇怀，李德玺．绿容积率及其确定机制[J]．中国园林，2015，31(9)：5-11.

[16] 杨善祺．柳州东堤游园彩叶植物"三维彩量"的研究[J]．西北林学院学报，2015，30(3)：263-267.

[17] 陈明，戴菲．城市街区植物绿量及对 $PM_{2.5}$ 的调节效应——以武汉市为例[C]// 中国风景园林学会．中国风景园林学会2018年会论文集．北京：中国建筑工业出版社，2018.

[18] 武小钢，蔺银鼎，闫海冰，等．城市绿地降温增湿效应与其结构特征相关性研究[J]．中国生态农业学报，2008(6)：1469-1473.

[19] 龙珊，苏欣，王亚楠，等．城市绿地降温增湿效益研究进展[J]．森林工程，2016，32(1)：21-24.

[20] 王忠君．福州植物园绿量与固碳释氧效益研究[J]．中国园林，2010，26(12)：1-6.

[21] 王云才，黄俊达．生态智慧引导下的太原市山地生态修复逻辑与策略[J]．中国园林，2019，35(7)：56-60.

[22] 王云才．让自然做工：自然过程主导的太原城市生态系统修复[J]．中国园林，2019，35(10)：19-23.

[23] 冯代丽，刘艳红，王斐，等．基于三维绿量的城市绿地生态效益评价综述[J]．中国农学通报，2017，33(6)：129-133.

[24] 李露，周刚，姚崇怀．不同类型城市绿地的绿量研究[J]．中国园林，2015，31(9)：17-21.

[25] 杨英书，彭尽晖，粟德琼，等．城市道路绿地规划评价指标体系研究进展[J]．西北林学院学报，2007(5)：193-197.

[26] 徐恩凯．基于3S技术的城市绿地景观评价——以漯河市绿地系统为例[D]．郑州河南农业大学，2009.

[27] 刘伟．武汉六大绿楔绿量与生态网络研究[D]．武汉：华中农业大学，2011.

[28] 曹烁阳．快速城市化背景下武汉市光谷地区绿量演变研究[D]．武汉：华中农业大学，2016.

[29] 李晨，赵广英，沈清基，等．基于精细化思维的城市绿地系统控制性详细规划编制优化途径[J]．规划师，2017，33(10)：29-36.

[30] 周宏轩，陶贵鑫，炎欣烨，等．绿量的城市热环境效应研究现状与展望[J]．应用生态学报，2020，31(8)：2804-2816.

[31] 宫静文．森林城市指标体系的评价与优化——以合肥市为例[D]．合肥：安徽农业大学，2017.

[32] 田梦．城市道路绿化模式与绿视率的关系探讨——以重庆市为例[D]．重庆：西南大学，2011.

[33] 吴正旺，单海楠，王岩慧．结合"绿视率"的高密度城市居住区视觉生态设计——以北京为例[J]．华中建筑，2016，34(4)：57-60.

[34] 肖希．澳门半岛高密度城区绿地系统评价指标与规划布局研究[D]．重庆：重庆大学，2017.

[35] 张哲臻．高密度街区下立体绿化环境影响研究[D]．天津：天津大学，2015.

[36] 肖希，李敏．澳门半岛高密度城市微绿空间增量研究[J]．城市规划学刊，2015(5)：105-110.

## 作者简介

袁梦楚，1998年生，女，硕士，华中农业大学园艺林学学院。电子邮箱：1054684736@qq.com.

（通信作者）汪民，1973年生，男，博士，华中农业大学园艺林学学院，副教授。电子邮箱：wangmin009@mail.hzau.edu.cn.

# 基于共生理论的农业文化遗产景观设计研究

## ——以福建安溪西坪"魏说"铁观音发源地景观设计为例

Research on Landscape Design of Agricultural Cultural Heritage Based os Symbiosis Theory

—Teke the Landscape Design of the Birthplace of " Wei Shuo" Tieguanyin in Xiping，Anxi，Fujian Province as an Example

刘颖喆　朱柯桢　李鏵翰

**摘　要**：在我国实现碳达峰、碳中和目标的征程中，农业发挥着举足轻重的作用。众多中国重要农业文化遗产均在积极申请 GIAHS（全球重要农业文化遗产系统），如何保护并开发以匹配 GIAHS 的高度是亟待解决的问题。本文以福建安溪铁观音发源地景观设计为例，引入共生理论，从探索农业文化遗产的共生景观设计策略出发，提出"系统共生＋交互共生＋情感共生"的理念来设计铁观音发源地的核心区景观，为提升中国重要农业遗产景观层次、落实生物多样性保护与双碳战略目标提供可借鉴的思路。

**关键词**：共生理论；农业文化遗产；铁观音发源地；景观设计

**Abstract**：Agriculture plays a pivotal role in my country's journey to achieve carbon peaking and carbon neutrality. Many Chinese important agricultural cultural heritages are actively applying for the global important agricultural cultural heritage system，how to protect and develop to match the height of the global important agricultural cultural heritage system is an urgent problem to be solved. This paper takes the landscape design of the birthplace of Tie Guanyin in Anxi, Fujian as an example，introduces the theory of symbiosis，starts from the exploration of the symbiotic landscape design strategy of agricultural cultural heritage，and proposes the concept of "overall symbiosis ＋ interactive symbiosis ＋ ecological symbiosis" to design the core of the birthplace of Tie Guanyin. It can provide reference ideas for improving the level of important agricultural heritage landscapes in China and implementing the strategic goals of biodiversity conservation and dual carbon.

**Keyword**：Symbiosis Theory；Agricultural Cultural Heritage；the Birthplace of Tie Guanyin；Landscape Design

　　鉴于自身所具有的生态属性和多重功能，农业在我国实现碳达峰、碳中和目标的征程中发挥着至关重要的作用。《中共中央　国务院关于做好 2022 年全面推进乡村振兴重点工作的意见》中提出，"加强农耕文化传承保护，推进非物质文化遗产和重要农业文化遗产保护利用"。

　　"农业文化遗产"的概念自联合国粮食及农业组织（FAO）发起"全球重要农业文化遗产"项目后在世界范围内得到认可与选用。FAO 定义的农业文化遗产为"农村与其所处环境长期协同进化和动态适应下所形成的独特的土地利用系统和农业景观，这种系统与景观具有丰富的生物多样性，可以满足当地社会经济与文化发展的需要，有利于促进区域可持续发展"[1]。近二十年来，农业文化遗产成为多学科视野下的研究平台，有着文化、经济、技术、景观、生态等多个方面的价值内涵。

作为拥有"全球重要农业文化遗产"项目数量最多的国家,我国当前对于农业文化遗产的保护与研究多集中于旅游管理、农业生产等方面,侧重于其文化、经济与技术的价值提升,对遗产地及其周边景观设计方面的研究相对匮乏。以景观设计介入农业文化遗产保护的方式具有必要性与独特性:在景观规划中设置科普展示、休闲互动、民俗体验等功能,全面系统地展示文化遗产地特色,充分发挥遗产地资源优势;同时,在景观小品设计中可充分融合遗产地文化特色,提升景观品质,丰富居民与游客体验。

在这一背景下,本文引入共生理论,以福建安溪铁观音发源地景观设计为例,通过对重要农业文化遗产的景观设计工作进行梳理与探索,希望落实生物多样性保护与双碳战略目标,坚持生态优先、绿色发展,聚焦人与自然和谐共生之道,为农业文化遗产的保护理念和开发措施等方面提供一定的参考。

# 1　农业文化遗产语境下的共生理论

共生理论常用于不同物种之间、或有机体之间的互动性研究。"共生"的概念首次出现于德国生物学家德贝里(1879)的研究实验报告中:共生理论描述不同物种生命体间的紧密联系,在共同生活的环境下彼此需要共存不能分开从而让双方都能获利[2]。在共生理论中,共生体由共生单元、共生模式和共生环境三个核心要素构成。共生单元是基本元素;共生模式指共生单元相互作用的方式,是能否产生新事物的关键;所有共生关系的发展是在特定的共生环境中进行[3]。

## 1.1　农业文化遗产景观的内涵构成

农业文化遗产景观具有经济、生态、景观、文化、美学等多重价值,其内涵可概括为物质属性、行为属性、精神文化属性三个层面。其中物质属性是农业遗产的直观表达,是经济作物、生产加工体系、培育设施等实体物质的集合;行为属性是其对于遗产地村民生产生活形式的间接影响,是由遗产地自然资源与人文条件长期积累所得到的;精神文化属性则是物质与行为对于遗产地村民情感的连接与塑造,是促进农业文化遗产形成的核心与关键。在对农业文化遗产景观进行保护和研究时,应全面考虑以上三种属性,进行系统、完整的设计与规划。

## 1.2　福建安溪铁观音茶文化系统共生体概述

福建安溪铁观音茶文化系统属于"茶叶类农业文化遗产"类型,是以茶种植系统为核心,注重农耕活动与人地关系,将茶文化贯穿于生产、加工、消费全过程的农业文化遗产系统[4](图1)。其内部的茶文化系统涵盖文化遗产、生产技术、经济效益、生态景观及情感记忆等综合价值,是一种具有全面性、系统性的农业文化遗产。由于铁观音农业文化遗产地与当地居民长期生产生活相互作用,进而形成了独特的福建安溪铁观音茶文化系统。铁观音茶叶作为媒介,使当地村民的生产生活与各类环境要素紧密联系、相互交融、产生作用,形成有机共生体。该共生体的共生单元有山林、溪流、茶树、村落和安溪西坪村村民等;根据不同维度下的差异性作用方式,共生模式可划分为系统性共生模式、交互性共生模式和情感性共生模式;共生环境围绕安溪西坪村村民的生产生活而展开,所有共生关系发生在西坪茶园茶山之上,因此村民在该共生体中起到主导作用。本文基于共生理论,探索场地内各个元素之间的联系,希望通过地理环境、人文历史、产业经济等与安溪西坪村村民的共生,传承发展铁观音茶文化系统。

图1　西坪茶山总平面图(图片来源:《西坪镇志》)

## 2 农业文化遗产的共生景观设计策略

自然界共生现象与风景园林领域景观设计相比既有联系又有区别。景观设计介入非自然要素促使景观元素间紧密联系、相互作用、共生发展，过程中人的主观意识对其干预性较强，因此设计结果被控制在一定范围内，具有一定的秩序性但难以适应共生环境随带来的动态变化；自然界的共生现象不受限于主观因素的干预，更多地保留了自然环境的调节与影响，与环境适应度相对较高，承受外界变化的阈值也相对较高，但其可控性较差，对于共生系统主体的适应性有待提高。对于农业文化遗产，农业景观作为共生体中重要的物质共生单元，将共生现象与景观设计相结合，即以共生理论为框架，在其指导下进行景观设计，在限制性环境中产生非限制性发展，达到融合不同共生单元，实现系统、交互、情感三个不同层面的共生模式，改善共生环境的目的，形成具有鲜明遗产地文化特征的共生景观，使农业文化遗产得到更好的保护与发展。

### 2.1 系统共生

系统性强调的是共生景观单元所组成的体系与其所处场所的关系，及其构成的共生景观框架。在探究共生景观环境时，需要对遗产地所处区位进行历史、现状等不同层级的深入调查与研究，并从中提取出清晰的脉络，进而形成设计构思，明确景观结构。在此基础上对未来景观规划发展做出分析和判断，完善发展框架，融合文化、生态等要素对景观空间层次的渗透作用，突出整体性对于事物客观发展的导向作用。

### 2.2 交互共生

交互性强调的是抑制场地各元素间割裂、排异状态的发生，促使元素之间互相碰撞、影响。人作为能动的主体，在参与性景观中与景观设施发生互动、产生联系，人与景观之间相互作用，进而产生相应的变化。茶山上人、茶树、山体、溪流等构成共生景观的元素主体，相互作用生成共生景观结构，形成不同的共生组团，使基础设施与人之间以行为、功能、事件等进行服务与需求的互补。在进行景观设计时应在功能与文化上着手，构建正向的共生景观组团，促使场地内各元素自发进行交互。

### 2.3 情感共生

人与环境可以看作是调动情感的有机整体，并在这个有机整体中达到思想、精神、情感的共生共存的新模式[5]。农业文化遗产地景观设计中的情感性共生，主要表达的是其他共生单元对于人场所记忆的唤醒并形成共鸣。以体验式景观设计为切入点，尝试从既有空间、文化基因、设计元素出发，寻找具有代表性的原型进行演化与设计，形成记忆点。同时调动人的多种感官参与到与自然、景观的互动中去，将人与景观的情感在不同层次反复联系、达到一气贯通、相互依赖的情感共生。

## 3 魏说铁观音发源地景观设计

西坪镇是安溪铁观音发源地，斐声中外的乌龙茶之乡，拥有优质茶园 6 万亩，年产茶叶 6 千多吨，涉茶人口占全镇人口 90% 以上，是国家级闽南文化生态保护核心区和中国重要农业文化遗产核心保护区，境内旅游资源丰富，有"皇帝赐名说""观音托梦说"两个铁观音发源地美丽而神奇的传说。松岩村茶文化核心步道（图 2）位于"魏说"铁观音的发源地，是魏荫发现"魏说"铁观音母树的路线，蕴含自然景观及文化景观价值，有乌龙将军庙、五石、优异茶种种植园、代天府、魏荫亭、滴水观音、"魏说"铁观音发源地、中国茶禅寺和石拱坝等人文景观，以及"魏说"铁观音母树、石观音、仙潭瀑布、龙潭底、仙脚印、珠袋潭和鳄鱼石等自然景观。

图 2 茶文化核心步道总平面图

### 3.1 构建系统共生结构

"魏说"铁观音茶园系统现由两个层次的景观构成，即山林、茶林、村落互相渗透的平面景观，以及由高至低呈现山林、茶林、村落、溪流的垂直立体景观。为构建整个景观结构，在固有车行山路的基础上开发步行道路，打造茶文化核心步道，根据景观特征分为四个小段落及一个核心区，依次为茶与工艺、茶与茶树、茶与中国、茶与世界，以及母树发源地核心区。建立自下而上的溯源之行，规划观览路线自山脚茶禅寺起，经由铁观音发源地，最后到达乌龙将军庙。

母树核心区包括三条山脊和两条山谷组成（图3~图5），山脊部分光照较为充足，水分较少；山谷部分光照较少，水分含量大。在茶园建设过程中，应注重生物多样性保护，保护茶园的面积和质量。继而考虑风景优美度，设计和保留结构层次分明的茶园结构，改善茶园的基础设施。安溪铁观音除铁观音外还有大叶乌龙、毛蟹、本山、梅占、黄金桂等品种，在保护铁观音的同时，应兼顾其他名优品种的保护，结合场地的不同特征与类型，套种不同的配植植物。

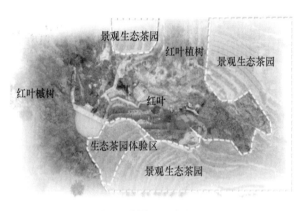

图3　母树核心区总平面图

图4　母树核心区鸟瞰效果图

图5　母树核心区人视角效果图

## 3.2　塑造互动共生场景

在参与性景观中，人会以行为、功能等或需求与客观环境发生交互。本案从传说出发，引导人与场地各要素间相互交流与碰撞。相传，清雍正三年（1725年）前后，西坪松岩村老茶农魏荫勤于种茶又信奉观音，每日晨昏必在观音佛前敬献清茶三杯，数十年不辍。一日，观音托梦于他，指引他在观音山打石坑的石隙间寻找到一株异于他种的茶种。魏荫将茶种移植家中一口铁鼎里，悉心培育，压枝繁殖，适时采制，果然茶质特异，香韵非凡。因此茶乃观音托梦所得，在铁鼎中培育，故名"铁观音"[6]。设计设置一系列的序列节点，在满足拍照打卡合影功能的基础上，一步步营造参拜母树的文化氛围感，游客可沐浴焚香、净手烹茶，互动体验"魏说"传说。

从动线的起点开始，置入净手亭，在石崖上作铁观音赋，游客在参瞻母树前需净手以静心。在动线上以观音托梦的传说情节为出发点，打造"观音托梦"主题的时空廊道，让游客切身感受观音托梦的故事与氛围（图6）。不破坏铁观音母树周边自然巨石的肌理，将休憩及观看平台布置在外，但又与母树间存在紧密的视线联系。铺地使用富有当地民居立面特色的菱形石块砌筑，以条石铺设参拜母树的路径，打造母树历史解说及合影区。置以石阶，链接母树合影区与山涧溪流，供游人游憩、亲近自然。再在母树周边设置魏荫制茶过程展示区、依梦寻茶区等传说再现的科普文化教育场景。最后到达观音像前，现场放置茶具演变的模型，重现魏荫三杯清茶敬观音的场景。整个动线利用石砌墙区分茶田景观和平台，打造自然和谐的游览路线。景墙材料选用极具闽南韵味的红砖红瓦，利用其堆叠方式的灵活性增强景墙的美感，景墙上设计了带有滑动装置的古茶地图，游客们可滑动轨道上的茶叶，到达各种名茶发源地，促使游客自发地与场地交互共生（图7）。

图6　"观音托梦"主题区

图 7　与游客发生交互的景观墙效果图

### 3.3　创新情感共生景观

景观小品设计以茶艺六君子为原型，在功能上考虑其多样性表现，加入了展示与照明功能。茶盘用于图文展示，茶壶做镂空处理，茶匙、茶针和茶筒结合的景观小品则引入照明与休息的功能（图 8），堆叠的青瓦如同散落的茶叶，从茶筒中倒出的茶匙则作为座椅，倾斜的茶针上悬挂镂空茶壶则作为景观路灯。以"西""坪"二字为原型做石雕（图 9），线条简洁大方，耐久性强且更为生态可持续。设计较为低矮的灯牌，可放置于步道边，起到美观和照明的作用。

图 8　茶匙、茶针和茶筒结合的景观小品

图 9　"西坪"石雕

打造"视听嗅味触"五感茶园，从人的感官出发，使景观设计直接反馈到人。第一是从视觉出发，设计茶文化展示、茶文化艺术品，使生态茶园四时有景，茶山的梯田景观壮美秀丽。第二是从听觉出发，在游客观看茶文化宣传时，利用广播宣传茶文化，以声音传导茶山文化，听自然的声音、听茶山山歌、听茶文化宣传。第三是从嗅觉出发，引导游客感受茶山的味道，感受茶叶摇青、杀青、烘焙后的茶香。第四是从味觉出发，品茶、吃桑葚等野果。茶山以茶为名，品茶的过程先闻茶香，再入口，茶水含于口中，感受余香。茶山有大量的果树，可以采摘品尝桑葚、龙眼、柿子等果子。第五是从触觉出发，设置互动体验区，使游客可用手触摸茶树，感受茶叶的柔软，亦可采摘茶叶，体验茶农的制茶过程。

## 4　结语

本文以福建安溪铁观音发源地的景观设计实践为例，探索重要农业文化遗产的共生景观设计策略，从系统共生、交互共生和情感共生三个维度来指导设计。致力从景观设计的角度保护遗产的完整性并进行改善提升，避免遗产衰败或受到人为的破坏，为当地申报全球重要农业文化遗产系统的事业添砖加瓦。同时作为一种特殊的产业类型，农业文化遗产的开发与传承也将提高农业与生态的可持续性，更好地落实我国保护生物多样性的政策与双碳战略目标。

### 参考文献

[1] 赵立军，徐旺生，孙业红，等．中国农业文化遗产保护的思考与建议[J]．中国生态农业学报，2012，20(6)：688-692.

[2] 朱继红．基于共生思想的城市公园景观改造设计研究[D]．苏州：苏州大学，2020.

[3] 王慧，孙磊磊．基于共生理论的乡村景观设计策略研究[J]．建筑与文化，2020(11)：98-100.

[4] 陈海鹰，李向明，李鹏，等．文化旅游视野下的水利遗产内涵、属性与价值研究[J]．生态经济，2019，35(7)：141-147.

[5] 郜煜凡．关于共生理念下的景观设计研究——以荆州市监利县某花园酒店为例[D]．成都：成都大学，2021.

[6] 李启厚．安溪茶叶史略[J]．福建茶叶，2001(4)：36-38.

## 作者简介

刘颖喆，1996 年生，女，厦门大学建筑与土木工程学院研究生。

朱柯桢，1997 年生，男，厦门大学建筑与土木工程学院研究生。

李鍏翰，1974 年生，男，厦门大学嘉庚学院建筑与土木工程学院，副院长、教授。

# 基于众包数据和机器学习的景观感知应用研究进展

## Landscape Perception based on Crowd Sourced Data and Machine Learning: A Review of Research

陈 慧

摘 要：近年来众包数据已成为景观感知研究的新兴数据源，相关研究方兴未艾。本文对相关研究进行了系统综述。首先归纳不同的众包模式，概括积极众包和被动众包的特征，基于众包数据分析景观感知以评价景观，促进景观感知作用于规划决策。其次阐述机器学习技术在景观文本和图像数据方面的应用，从视觉、听觉和嗅觉等不同感知以及宏观、中观、微观等不同尺度进行阐述。基于上述内容的归纳和整理，提出利用跨学科方法将更多的注意力放在提高认识、形式和活动的多样化上，以达到更大的参与者多样性。众包数据和机器学习突破了传统认知的局限，在推进景观感知研究领域具有巨大的潜力。

关键词：众包；机器学习；景观感知；研究综述

Abstract：In recent years，crowdsourced data has become a new source for research，and related research is in the ascendant. This paper summarized the research status of crowd-sourced landscape perception . The first is to generalize different crowdsourcing models，Summarize the characteristics of active and passive crowdsourcing，analyze landscape perception based on crowdsourcing data to evaluate the landscape，and promote the role of landscape perception in planning decisions. Secondly，through machine learning technology，text and image extraction and recognition，visual，auditory and olfactory perceptions are analyzed，Macro，meso，micro and other different scales to elaborate. Finally，based on the summarization and arrangement of the above contents，it is proposed to use interdisciplinary methods to pay more attention to enhancing awareness，diversification of formats and activities，to achieve greater diversity of participants，to carry out structured tracking of performance indicators. Crowdsourcing has great potential to advance the field of landscape perception & preference research as it breaks through the limitations of traditional cognition.

Keyword：Crowdsource；Machine Learning ；Landscape Perception；Review

　　《欧洲景观公约》强调公众参与景观规划和决策的必要性，这需要了解人们如何感知和观察景观[1]。传统的调研访谈和定性方法需要花费大量人力物力，并且局限于局部。近年随着大量众包数据源的开放和机器学习的发展，研究景观属性对感知的影响的方法越来越多元。海量的众包数据和开放的数据源为"挖掘人对景观的感知、认知"提供了更多数据基础[2]。研究可以利用众包获取与景观相关的感知和情感反应[3,4]，并从不同空间尺度上评估与景观相关的景观感知[5~7]。机器学习技术可以通过大量数据的学习寻找其规律，对图像进行识别并提取有效信息[8]。随着其技术发展，能更好地应用于景观感知的评价。众包和机器学习在推进景观感知研究领域具有巨大潜力，这对公众参与景观规划与决策中有较大的促动作用。

# 1　众包数据

## 1.1　概述

近年来环境心理学家和规划人员都开始重点研究公众参与。量化景观偏好需要大规模公众咨询和复杂的方法，以确保代表性观点和包容性研究成果[9]。采用众包技术可以在相对较短的时间内以有限的成本接触到大量的人以解决传统数据不足的问题[10]。而且随着技术的进步，公共应用程序编程接口（API）支持上传地理信息内容，再加上能够记录位置的移动设备激增，非专家用户也能够快速获取大量数据信息。目前对众包数据有较多的定义和术语。通常，众包数据被误认为是志愿地理信息（VGI），志愿地理信息（VGI）是指有意创建和共享的数据，而众包数据也包括未经数据"生产者"知晓而收集的数据贡献地理信息（CGI）[11,12]。为了使本文更具包容性，笔者对众包的定义包括志愿地理信息（VGI）和贡献地理信息（CGI）。综上，众包数据是从网络上获得的共享数据以及利用这些数据解决问题的过程。

众包数据可用于可视化人们对景观的感知和互动[7]。针对 Twitter、Panoramio、Flickr 和 Foursquare 等网络服务的众包地理数据，学者提出了将特定的行为和感知模式可视化的方法。例如 Emily J.Wilkins（2021）使用 Python 对 Flickr 图像进行识别，评估景观特征以推断景观偏好[13]。Olga Chesnokova（2017）从英国一个大型 VGI 项目中收集的约 220000 张图片，使用图像描述来构建有监督机器学习算法的特征，特征包括最常见的单词、双词、形容词、知觉动词的出现和景观形容词清单中的形容词，论证了众包可以让研究者探索通过语言来捕捉空间和潜在的文化差异的景观偏好[14]。在线图片和文本的数据都可以用于景观感知的研究。以往的研究更重视研究过程和概念理论的发展，景观规划的应用应考虑到数据解决问题的整个过程，如数据输入、分析处理数据和图形可视化等（图1）。

在将景观感知与数据结合起来处理的过程中，应注意以下一些问题。首先是检索数据，针对研究对象爬取适合的数据库。爬取景观感知数据源时要注意数据覆盖目标研究区域，且来源多样化[15]。虽然现在数据的获取相对于过去容易很多，但是也会遇到种种问题，比如研究对象没有覆盖数据库。普通风景区、郊野公园、不发达地区等区域数据较少。在未来的研究中除了要研究爬取合适数据的技术，还应逐步分层建立完善的系统数据库以便更好地用

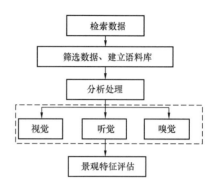

图1　数据处理流程

于景观感知评价。其次是筛选数据，根据研究的理论框架来处理数据，如 Olga Koblet 根据景观特征评估（LCA）理论从语料库中提取和分类视觉、听觉和嗅觉的感知[16]，并将数据可视化数据，应用于景观规划领域。研究也由传统的单一感官评价向多感官评价发展，在设计语料库时应注意多感官数据库的建立和应用。

## 1.2　不同数据类型

根据数据的创建方式和性质不同，本文将众包数据分为积极众包项目和被动众包项目。积极众包项目参与者有着明确的参与目的，参与水平更高。

### 1.2.1　积极众包项目

从环境心理学角度看，景观感知主要有两个方面，包括空间中的景观客观属性和人基于社会文化的理解对环境的认知。众包项目根据应用目标不同，可分为3类。第一类，识别景观感知和情绪反应：Mappiness、Happy Hier、Emo Map 项目通过各自的平台收集人们对不同景观的情绪的自我报告。其中 Mappiness 是最成功的项目，在半年内收集了超过百万的地理定位响应和空间数据。第二类，评估景观偏好，以 Maption naireaar、MoetIk Zijn、Daar MoetIk Zijn 和 Scenic-or-Not 等项目中收集的众包数据为基础绘制景观偏好图。第三类，前者和后者的结合。We Sense 和 Shmappeda 应用程序旨在收集人们对城市不同类型绿地的情感反应[4]和偏好数据[6]。国内尚没有建立主动的众包数据库，在未来的研究中可以尝试在这一方向的探索。

### 1.2.2　被动众包项目

社交媒体和在线照片库在研究景观评估中涉及甚广，主要包括通过社交媒体数据绘制活动轨迹、评估城市地标偏好[17]，对城市和自然环境公众感知可视化[7]，以及评估自然保护区的感知。

（1）社交媒体数据

社交媒体数据承载了大量信息，常用的来源有 Facebook、Twitter、新浪微博、微信、大众点评等。社交媒体数据可以用于区域甚至全球范围内间接测量和识别有价值的景观特征，空间覆盖范围和时间范围广泛全面[6]。景观感知与景观规划结合可以通过社交媒体数据对景观感知进行分类和分析，并对研究区域进行景观评估。例如，Roberts 对地理定位的 Twitter 帖子进行了分析，以提取有关伯明翰城市公园的使用模式和体育活动的信息[18]，用于指导伯明翰城市公园的规划设计。

Olga Koblet 从互联网提取了英格兰湖区国家公园的 7000 篇在线文本，对这些文本进行视觉、听觉和嗅觉感知划分，运用景观特征评估（LCA）理论对感知到的景观属性进行分析评价[16]。基于网络点评数据，运用机器学习技术可以对文本中的感知信息提取进而对其景观评价。如王琳爬取大众点评、携程等众多网络平台点评数据，研究城市公园的使用后评价[19]。社交媒体数据应用于景观感知研究领域不管是空间覆盖度还是可实施度都具有较高价值。

（2）在线照片

在线照片是用于量化景观感知和景观评价比较热门的数据源。大部分的研究工作集中在探索自然旅游和城市街道的众包信息上。国外有 36 篇论文使用了图片分享平台 Flickr 的数据，学者可以通过 API 下载有关图像的元数据，包括图像拍摄的时间、地理位置、用户名以及与图像一起发布的文本。另外最常见的平台是图片分享平台 Panoramio（10 篇论文）。来自 Instagram 的数据被用于 6 篇论文，但是这个在 2018 年拥有超过 10 亿用户的平台对数据的访问越来越受限制。这些研究探索了众包地理信息作为捕捉人们与城市绿地互动感知的可能性。例如，Guerrero 等人（2016）使用带有地理标记的 Instagram 照片来绘制市民对城市自然的使用和感知的地图[20]。

## 2 机器学习

### 2.1 概述

机器学习是人工智能（AI）领域的常见应用方向，机器学习研究的是从数据中选取合适的算法，自动学习数据并从中形成"经验"以便对未知的数据执行预测和决策任务[21]。在数据处理方面，机器学习技术可以融合语义分割、目标检测算法的信息，捕捉景观的视觉感知，生成景观图像上的特征。这种跨学科的方法将计算机科学和行为科学的优势相结合[22]。机器学习具有低执行成本、可扩展性的优势，而且比传统的调研方法更为高效。

### 2.2 分类

机器学习从学习方式方面可以分为有监督学习、无监督学习、神经网络与深度学习和集成学习。虽然算法众多，但应用到景观感知的成熟算法只有少数一部分。有监督学习是基于机器学习的感知分析中常见的算法，有监督学习可以对众包数据分类并打分，如朴素贝叶斯算法（Naïve Bayes）、支持向量机（SVM）、最邻近算法（KNN）、决策树（DT）、分类回归树（CART）等，多用于情感分析和景观用地分析。无监督学习不需要人工标注数据，如判别分析（LDA）、TF-IDF 算法可以获取网络文本数据后，分类并提取情感关键词，常用于景观感知规律研究[23]。神经网络与深度学习具有强大的图像识别能力，如 BP 神经网络、卷积神经网络（CNN）、人工神经网络（ANN）、深度神经网络-ReNet18[24,25]，常用于提取地理信息图像、街景图像的感知数据。集成学习，如随机森林算法，常用于街景评估。

## 3 景观感知应用

### 3.1 景观感知评价

《欧洲景观公约》对景观的定义是"人们所感知的区域"，将公众置于景观理解的中心。本文主张公众的"公正"参与，并着眼于景观特征评估（LCA）中如何将景观作为感知实体的重点[26]。公众发表观点及表达的对景观环境的感知是设计师、规划师和研究者需要着重考虑的方面。解决这种数据缺乏的方法是利用众包技术来收集用户的看法和互动。景观感知理论是结合环境心理学和景观美学，共同研究人对环境及景观的感知与偏好[27]。

### 3.2 不同感知

"感知"的概念是人体通过感官，从环境中获取、组织和解译接收到信息的过程。该过程被视作有机体和环境之间交互的过程，人类景观感知主要可以分为三个层面：视觉、听觉和嗅觉。

### 3.2.1 视觉

眼动跟踪提供了一种客观的方式来衡量人们对景观的观察。这种技术可以记录眼球运动（扫视）的速度和方向，以及观察图像时注视的位置和持续时间，用于分析人们在照片上对景观的观察。Lien Dopont 等使用眼动追踪测试不同角度的照片，评测景观的丰富度和开阔程度，认为全景和细节照片的观察效果不同[28]。有研究通过全景照片来分析景观的空间特征和主题特征，对比不同视角的对应照片，全景照片效果更好[29]。目前视觉角度的研究较多，讨论更为全面。

### 3.2.2 听觉

在以往关于景观偏好的研究中，学者已经强调对所有感官进行感知研究的重要性，但是关于听觉感知的数据很少。目前也有学者关注到这一方面，Olga Chesnokova 使用随机森林算法，将 8000 多种描述根据声音来源类型分类为地理声学（例如沙沙作响的风、冒泡的瀑布），生物声学（例如海鸥和雄鹿的叫声），人类的声音（例如咆哮的喷气式飞机、轰隆隆的交通）和感知到的声音缺失（例如，听不到声音)[30]，将声音分类后有助于对声音感知的提取。

Olga Chesnokova 等人用该方法给伦敦和巴塞罗那的众包图片贴上标签，发现有音乐的街道与强烈的喜悦或悲伤联系在一起，而那些有人声的街道则与喜悦或惊讶联系在一起；并研究了声景和人们感知之间的关系[31]。社交媒体数据可以有效且廉价地大规模追踪城市声音。我们可以使用众包的方法捕捉不同情绪的声音，通过图片标签，研究声景和情绪之间的关系。

### 3.2.3 嗅觉

嗅觉方面的单独研究较少，一般将其与视觉、听觉联系在一起研究。基于时间的感官数据采集是环境综合评价的关键。我们可以利用最先进的计算机算法从视觉和听觉数据集中提取属性，有助于进一步建立不同城市空间之间的比较和关系[32]。

## 3.3 不同尺度的感知

### 3.3.1 宏观尺度

在城市的尺度，机器学习技术在城市分析中具有一定潜力。深度学习技术可以对百万人的城市图像进行评级训练，通过对安全、活泼、美丽、富裕、压抑、无聊等 6 个人类感知指标预测，绘制城市的感知地图。张帆（2018）使用深度学习的方法测量了城市的环境感知，识别影响人类感知的视觉元素。从而知晓什么视觉元素对场所感有影

响[33]。该研究验证了机器学习方法衡量人们对城市区域感知的可行性和价值，论证了街道意向在地方领域的价值。基于深度学习技术对城市众包数据进行分类、识别城市的形态特征和类型。Jinmo Rhee 研究了机器学习方法在城市分析中的潜力，使用匹兹堡城市数据对其深度学习，提取和分析图中出现的关系的模式或特征[34]。在风景名胜区的尺度上，也可以使用机器学习技术来获取景观感知。Olga Chesnokova（2017）使用有监督学习算法来构建特征语料库，提取英国风景的特征，构建与风景有关的名词的清晰模式，从高度发达的场景到更乡村的场景都可以感知识别[14]。

### 3.3.2 中观尺度

中观尺度上国内外对街景图像的感知研究很多。街道的物理和客观属性如何影响人们的主观感知是研究的热点问题。传统的环境评价是现场调研，耗费时间和资源。使用机器学习技术从街景图像中提取特征更快、更准确，使得自动评价街道空间特征和场所质量成为可能。街景环境感知研究主要关注街景图像中包含的城市信息对人类感知和行为选择的影响[35]，主要包括了以下 3 个方面。

（1）空间情感感知

利用机器学习技术对街景图像带有打分标签的数据分析，构建街道空间情感感知模型。麻省理工学院 Senseable City 实验室的 Place Pulse 研究建立了"街景图像和人们的主观感知之间的联系"。街道空间感知的预测采用街景语义分割、随机森林模型和人机对抗的环境预测打分，实现城市感知。Yang Song 通过 LDA 算法对拉斯维加斯大道的社交媒体数据识别，获取其环境感知，解释了拉斯维加斯大道的体验结构[36]。Li Yin 通过谷歌街景图像上应用人工神经网络（ANN），测量 3 个方向的街区天空比例以评估人的活动和步行适宜性[37]。目前街景识别的方式更为多样化，但研究大多偏实验性研究。

（2）街景客观环境感知

使用机器学习技术从街景图像中提取各元素，对景观元素占比进行计算，进而识别街道空间特征及对街景元素的客观评价。而且可以从公众评分系统获取众包数据，分析公众对街景不同元素的感知评价信息，总结街景感知的规律。现在的研究主要集中在通过使用 Kendall[38] 开放的图像分割工具提取街景图像的要素来进行客观环境感知的评价。Li Xiaojiang 等[39]通过提取街景图像中的绿色像素来量化评价城市街道的绿化率。在城市色彩研究方面，而张鼎[40]、叶宇[41]、包瑞清[42]等人则是提取街景图像里的不同色彩，通过计算色彩占比来分析城市色彩分布特征。研究者们利用机器学习技术对街景场景中提取不同的

特征因子来对城市邻里环境进行评价，由此可以看到，跨学科是一种趋势，不同的参数可以用于城市街景的研究。

（3）对活力和健康的感知

根据调查，街道是最受欢迎部分的体育锻炼区，其次是家庭和公园。街道形式影响行人从事体育活动的意愿。街道绿化的质量和数量与人们的活动意愿呈正相关。例如 Jacob Kruse（2021）对街景图像进行分类来捕捉人们对场所可玩性的看法，用深度学习模型来评估波士顿、西雅图和旧金山三个美国城市街道的可玩性，为友好的景观规划提供有益的支持[43]。

以往的研究对不同情绪和感知的环境特征进行了量化，但是对时间的多模态没有足够重视。基于时间采集视听数据是比较街道空间的重要因素。因此在研究街道感知的基础上，增加多模态和时间维度的数据收集，将特定知觉属性和街道环境联系起来是未来研究的趋势。

### 3.3.3 微观尺度

微观尺度上可以利用机器学习技术从众包数据中提取关键词，绘制关键词知识图谱，进而深入研究人们对于设计元素的情绪和偏好，最后归类深入研究公众的评价规律。如根据不同园林要素分类研究，探究公众与景观设计的关系，例如朱钟炜就是以自然要素、人文要素和服务设施三类要素的感知频率来进行分类研究[21]。

## 4 讨论与展望

通过机器学习技术识别众包数据实现景观感知的评价，避免了收集问卷和实地调查数据的繁重劳动。虽然大数据蕴含的信息丰富，但存在数据覆盖区域不全面、数据来源不多样的问题，而且在筛选数据时需要建立合适的体系和语料库，因此还需要不断地完善评价体系。从众包数据类型来看，国外对主动众包数据的平台建立和研究比较全面而有针对性，目前我国对景观感知的数据获取主要来源于被动众包数据，在未来的研究中需逐步建立完善而系统的主动众包数据库。在进行众包项目时除了关注 app 技术开发，还应重视数据获取和反馈过程中参与者的选取要求、保留和偏差。但由于该领域是新兴领域，计算机科学和环境心理学、景观规划学科跨学科结合有其优势，也有诸多需要改善之处。跨学科的方法有益于景观感知评价的发展，需要更多的研究来比较不同数据收集方法（众包、现场调查）来获得景观感知的结果；将景观中三维的信息、时间维度等融入众包数据库丰富研究。整合多源数据并结合适合的研究方法和指标，构建基于众包和机器学习

的景观感知评价体系将会是未来的趋势，提高了公众参与规划和政策研究结果的相关性。

## 参考文献

[1] PIMPINELLA A, REPOSSI M, REDONDI A E C. Unsatisfied today, satisfied tomorrow：A simulation framework for performance evaluation of crowdsourcing-based network monitoring[J]. Computer communications, 2022, 182：184-197.

[2] WATSON T J. Some thoughts on a framework for crowdsourcing[C]. CHI2011Workshopon Crowdsourcing and Human Computation, 2011.

[3] HUANG H, GARTNER G, KLETTNER S, et al. Considering affective responses towards environments for enhancing location based services[C]. ISPRS-International Archives of the Photogrammetry, Remote Sensing and Spatial Information Sciences, 2014.

[4] HUANG H, GARTNER G, TURDEAN T. Social media data as a source for studying peoples perception and knowledge of environments[C]. 2013：291-302.

[5] CASALEGNO S, INGER R, DESILVEY C, et al. Spatial covariance between aesthetic value & other ecosystem services [J]. Plos one, 2013, 8(6).

[6] ZANTEN B T V, BERKEL D V, MEENTEMEYER R K, et al. Continental-scale quantification of landscape values using social media data[J]. Proceedings of the national academy of sciences of the United States of American, 2016, 113：12974-12979.

[7] DUNKEL A. Visualizing the perceived environment using crowdsourced photo geodata[J]. Landscape and urban planning, 2015, 142：173-186.

[8] JORDAN M I, MITCHE l l T. Machine learning：Trends, perspectives, and prospects [J]. Science, 2015, 349：255-260.

[9] ZANTEN B T V, VERBURG P H, KOETSE M J, et al. Preferences for European agrarian landscapes：Ameta-analysis of case studies [J]. Landscape and urban planning, 2014, 132：89-101.

[10] BRABHAM D C. Crowdsourcing the public participation process for planning projects[J]. Planning theory, 2009, 8：242-262.

[11] HARVEY F. To volunteer or to contribute locational information? Towards truth in labeling for crowdsourced geographic information[C]. 2013.

[12] ELWOOD S, GOODCHILD M F, SUI D Z. Researching volunteered geographic information：Spatial data, geographic

research，and new social practice［J］．Annals of the association of american geographers，2012，102：571-590.

［13］WILKINS E J，BERKEL D，ZHANG H，et al．Promises and pitfalls of using computer vision to make in ferences about landsca pepreferences：Evidence from an urban-proximate park system［J］．Landscape and urban planning，2022，219：104315.

［14］CHESNOKOVA O，NOWAK M，PURVES R．A crowdso urced model of landscape preference［C］．COSIT，2017.

［15］DUNKEL A．Assessing the perceived environment through crowdsourced spatial photo content for application to the fields of landscape and urban planning［C］．2016.

［16］KOBLET O，PURVES R S．From online texts to Landscape Character Assessment：Collecting and analysing first-person landscape perception computationally［J］．Landscape and urban planning，2020，197：103757.

［17］JANKOWSKI P L，ANDRIENKO N V，ANDRIENKO G L，et al．Discovering landmark preferences and movement patterns from photo postings［J］．Transaction in GIS：TG，2010，14：833-852.

［18］ROBERTS H V，SADLER J P，CHAPMAN L．Using Twitter to investigate seasonal variation in physical activity in urban green space［C］，2017.

［19］王琳，白艳．基于网络点评的城市公园使用后评价研究——以合肥大蜀山森林公园为例［J］．2020，36（6）：60-65.

［20］GUERRERO P，MØLLER M S，OLAFSSON A S，et al．Revealing cultural eco-system services through instagram images：The potential of social media volunteered geographic information for urban green infrastructure planning and governance［J］．urban planning，2016，1（2），1-17.

［21］朱钟炜．基于社交媒体数据的城市绿地景观满意度评价方法——以机器学习为主的内容分析框架［D］．北京：北京大学，2020.

［22］RAMIREZ T，HURTUBIA R，LOBEL H，et al．Measuring heterogeneous perception of urban space with massive data and machine learning：An application to safety［J］．Landscape and urban planning，2021，208：104002.

［23］陈路遥，许鑫．苏州园林游客感知特征研究——基于游记文本的多维度分析［J］．旅游导刊，2017，1（5）：39-54.

［24］AREL I，ROSE D C，KARNOWSKI T P．Deep machine learning-A new frontier in artificial intelligence research［J］IEEE computational intelligence magazine，2010，5（4）：13-18.

［25］LECUN Y，BENGIO Y，HINTON G．Deep learning［J］．Nature，2015，521：436-444.

［26］SEVENANT M，ANTROP M．Landscape representation validity：A comparison between on-site observations and photo-

graphs with different angles of view［J］．Landscape research，2011，36：363-385.

［27］舒心怡，沈晓萌，周昕蕾，等．基于景观感知的自然教育环境设计策略与要素研究［J］．风景园林，2019，26（10）：48-53.

［28］DUPONT L，ANTROP M，EETVELDE V V．Eye-tracking analysis in landscape perception research：Influence of photograph properties and landscape characteristics［J］．Landscape research，2014，39：417-432.

［29］FOLTETE J C，Ingensand J，BLANC N．Coupling crowdsourced imagery and visibility modeling to identify landscape preferences at the panorama level［J］．Landscape and urban planning，2020，197：103756.

［30］CHESNOKOVA O，PURVES R S．From image descriptions to perceived sounds and sources in landscape：Analyzing aural experience through text［J］．Applied geography，2018，93：103-111.

［31］AIELLO L M，SCHIFANELL A R，QUERCIA D，et al．Chatty maps：constructing sound maps of urban areas from social media data［J］．Royal society open science，2016，3（3）：150690.

［32］VERMA D，JANA A，RAMAMRITHAM K．Machine-based understanding of manually collected visual and auditory datasets for urban perception studies［J］．Landscape and urban planning，2019，190：103604.

［33］ZHANG F，ZHOU B，LIU L，et al．Measurin ghuman perceptions of alarge-scale urban region using machine learning［J］．Landscape and urban planning，2018，180：148-160.

［34］RHEE J，LLACH D C，KRISHNAMURTI R．Context-rich urban analysis using machine learning：A case study in pittsburgh，PA［C］．2019.

［35］HE N，LI G H．Urban neighbourhood environment assessment based on street view image processing：A review of research trends［J］．Environmental challenges，2021，4：100090.

［36］SONG Y，WANG R，FERNANDEZ J，et al．Investigating sense of place of the Las Vegas Strip using online reviews and machine learning approaches［J］．Landscape and urban planning，2021，205：103956.

［37］YIN L，WANG Z X．Measuring visual enclosure for street walkability：Using machine learning algorithms and Google Street View imagery［J］．Applied geography，2016，76：147-153.

［38］BADRINARAYANAN V，KENDALL A，CIPOLLA R．SegNet：A deep convolutional encoder-decoder architecture for image segmentation［J］．IEEE Transactions on Pattern Analysis and Machine Intelligence，2017，39（12）：2481-2495.

［39］ LI X J, ZHANG C R, LI W D, et al. Assessing street-level urban greeneryusing Googe Street View and a modified green view index［J］. Urban Forestry & Urban Greening 2015，14 (3)：675-685.

［40］ 张鼎，刘浏. 基于深度学习的视觉色彩量化评估方法——以上海市区视觉建筑色彩情况为例［C］//中国城市规划学会. 共享与品质：2018 中国城市规划年会论文集. 北京：中国建筑工业出版社，2018.

［41］ 叶宇，仲腾，钟秀明. 城市尺度下的建筑色彩定量化测度——基于街景数据与机器学习的人本视角分析［J］. 住宅科技，2019，39(5)：7-12.

［42］ 包瑞清. 基于机器学习的风景园林智能化分析应用研究［J］.

风景园林，2019，26(5)：29-34.

［43］ KRUSE J, KANG Y H, LIU Y N, et al. Places for play：Understanding human perception of playability in cities using street view images and deep learning［J］. Computers, environment and urban systems，2021，90：101693.

## 作者简介

陈慧，女，长江大学园艺园林学院，讲师。研究方向为风景园林规划与设计、风景园林历史与理论。

# 教育新政背景下风景名胜区发展营地教育的思考
## ——以穿岩十九峰为例

Reflections on the Development of Camp Education in Scenic Area under New Education Deal
—Take The Nnineteen Peaks as an example

邵　琴　李　典　余　伟

**摘　要**：随着一系列教育新政的落地，趋向收紧学科教育，聚焦受教育者的核心素养和全面能力的培养。在自然保护地要求下，积极探索风景名胜区营地教育的发展路径、课程方向和运营管理等内容，有利于发挥风景名胜区自然科普功能，促进景区与教育共生向荣发展，有利于促进乡村振兴，为风景名胜区发展提供思路和启发，并持续培养受教育者尊重自然、保护自然的价值观。
**关键词**：风景名胜区；营地教育；地质文化；穿岩十九峰；自然教育

**Abstract**：Along with the implementation of a series of new education policies，there is a tendency of tighten up curriculum education and a focus on fostering educators' core attainment and overall ability. Under the requirement of natural protected areas rules，active exploring the development path，curriculum directions，and operation management of camp education in scenic areas will benefit rural revitalization. It provides insight for the development of scenic areas，while conveying the value of respect nature and nature conservation to educators.
**Keyword**：Scenic Areas；Camp Education；Geological Culture；The Nineteen Peaks；Nature Education

## 引言

2016 年，教育部等 11 部门印发的《关于推进中小学生研学旅行的意见》指出，中小学生研学旅行"是学校教育和校外教育衔接的创新形式，是教育教学的重要内容，是综合实践育人的有效途径"[1]。2018 年 2 月发布《教育部 2018 年工作要点》提出"推进研学实践教育营地和基地建设"[2]。同年 9 月，《中共中央　国务院关于完善促进消费体制机制　进一步激发居民消费潜力的若干意见》提出"大力支持社会力量举办满足多样化教育需求、有利于个体身心健康发展的教育培训机构，开发研学旅行、实践营地、特色课程等教育服务产品"[3]。2021 年 7 月国务院印发的《全民健身计划（2021—2025 年）》提出："推动体育产业高质量发展大力……大力发展运动项目产业，积极培育户外运动、智能体育等体育产业"；"促进体旅融合……建设完善相关设施，拓展体育旅游产品和服务供给"[4]。

一系列鼓励研学旅游和实践营地建设等新政策，为营地教育发展带来了前所未有的机遇。风景秀美、资源丰富、文韵深厚的风景名胜区，具有发展营地教育的天然优势，无论是其地理空间还是文化资源方面，都是营地教育的最佳空间载体[5]。在自然保护地要求下，风景名胜区发展营地教育是一种顺应当下教育理念和自然保护理念的多赢路径，积极探索风景名胜区教育营地的发展路径、课程方向和运营管理等内容，有利于发挥风景名胜区自然科普功能，促进景区与教育共生向荣发展，并有利于联动景中村、景边村的发展，促进乡村振兴。

## 1 营地教育的发展趋势

营地教育是在户外以团队学习生活为形式，具有教育性、创新性、游憩性的持续体验[6]。营地教育形式多样，最大的共同点是深入体验式的学习模式，让儿童和青少年在营地活动中，探索自己、发现世界，具有普及科学技术、锻炼劳动技能、培养文艺体育、培养良好习惯、提升创新能力和培养社会责任感等作用[7-9]。

营地教育自19世纪中叶起源于美国，经过150多年的发展，德国、俄罗斯、英国、日本等国家的营地教育已相当成熟[8,10]。无论是课程体系上还是管制制度上都极具系统性和科学性。针对不同年龄段孩子设置运动、艺术及生活习惯培养等课程内容；针对运营管理，制定严格的管理规章制度，确保营地教育的科学性和安全性；加强学校和营地之间的合作，由教师和营地专业人员共同设计营地活动课程，满足特定的教育需求[11]。

相比国外的营地教育发展，国内营地教育发展时间较短，不论是发展状况和从业人员都与国外营地存在较大差距。国内营地课程多以单次活动项目开展为主，营地课程少有典型主题课程，课程重复率较高，专业师资匮乏，未形成跨年龄段的完整课程体系。营地教育核心要关注营地的课程内容，鼓励与学校合作共同研发具有文化性、科学性、创新性、运动性和协作性的课程内容[12]。让营地与风景名胜区深度融合发展，积极探索营地课程的拓展性及丰富性，激活风景名胜区持续发展。

## 2 穿岩十九峰发展营地教育的优势

穿岩十九峰景区是天姥山风景名胜区三大片区之一，景区由穿岩十九峰、千丈幽谷、台头山、倒脱靴等组成，面积约31.67km²。明、清《新昌县志》中所载南宋右丞相兼枢密使王爚诗“穿岩之岩高苍苍、峰峦十九摩天光……”始为十九峰赋名，之后历代文人学士为其赋诗题咏。穿岩十九峰优质的风景资源、深厚的文化底蕴、优越的区域条件及日渐完善的服务设施等为其发展营地教育提供了充分而有力的支撑。

### 2.1 优质的风景资源

穿岩十九峰的自然景观奇幽形胜，丹峰竞秀，幽谷深邃，山光水影，奇石巍峨；人文景观点缀其间，以民俗宗教、田园风光为主，并有大量诗文题咏遗存。景区中的丹霞奇峰和硅化木遗珍是其风景资源的突出代表。穿岩十九峰—千丈幽谷—台头山表现了不同发育期的丹霞地貌，以及凝灰岩地貌与紫红色砾岩丹霞地貌的关系，这两种地貌的结合形成了赤壁丹霞与百涯天烛上下叠置的神奇景观，被地质学界称为地质奇观[13]。新昌硅化木化石群是华东最大的硅化木化石产地，原始出露的硅化木之富集、层位之多、形态之完整，在国内外均属罕见，具有极大的科考、旅游和观赏价值[14]。独特且丰富的风景资源，为穿岩十九峰研发地质研学课程，提供了基础。

### 2.2 深厚的文化底蕴

天姥山，正处于会稽山、天台山、四明山三大浙东名山的交汇处，是浙东唐诗之路上最为耀眼的文化地标[15]。唐代有450多位诗人游历过这条山水游线，据记载：“天姥山，在新昌东南五十里；东接天台，西联沃洲。”谢灵运有诗云：“暝投剡中宿，明登天姥岑”；李白曾写下“天姥连天向天横……”文化气息独特的唐诗之路为天姥山秀美的山山水水赋予了丰富且深厚的文化底蕴。除了唐诗文化，天姥山还是道家的重要中心之一。最早见诸庄子笔下的“任公子钓鳌”故事；以及干宝的《搜神记》等书中关于“刘阮遇仙”的故事，都反映了天姥山区域在历史上与道家文化渊源甚深[16]，极具文化探究价值。

### 2.3 优越的区位条件

穿岩十九峰所在的新昌县，地处杭州都市圈两小时交通圈范围内。杭绍台高速全线贯通以后，极大缩小了穿岩十九峰景区与周围风景区之间的车程。景区能更好地接受上海、杭州、绍兴、宁波等中心城市的营地教育需求辐射。穿岩十九峰距离新昌县城中心区约20km，30min的交通车程更利开展本地的研学旅行，满足新昌多样化教育需求。

## 2.4　初具规模的营地教育

于 2020 年初建设并投入使用的"狐巴巴儿童教育营地"，以"劳动＋教育"的方式，构建了主题课程和营地特色实践课程，聚焦于诗寻新昌、诗画新昌、美食新昌、茶香新昌和戏说新昌等课程内容，满足儿童对自然和社会的深度体验与探索。从目前发展来看，初步探索了景区与营地教育结合，其服务群体多以学龄前儿童居多，未构建完整且具有深度的特色课程，营地教育的辐射影响带动能力相对不足，知名度不高。

## 2.5　日趋完善的服务设施

经过多年的发展，穿岩十九峰的旅游服务设施日趋完善。2019 年建成并投入使用的十九峰游客中心，是服务于新昌西部区域的最大的游客中心。依托景区旅游发展，初具规模的下岩贝村民宿群已具一定的服务接待能力；并引入社会资本，建设高品级度假酒店满足不同消费人群。同时正在持续建设的交通基础设施，如停车场、登山步道、绿道、索桥、小火车等，为穿岩十九峰发展营地教育提供了良好的旅游服务支撑。

## 3　穿岩十九峰营地教育课程方向探索

### 3.1　挖掘文化内涵，彰显营地特色

"浙东唐诗之路"涉及的地区，被学术界公认为中国山水诗的发祥地、中国山水画的发祥地、中国佛教化时期的中心地、道教巩固充实时期的中心地、中国书法艺术的圣地和士族文化的荟萃地[17]。深厚且丰富的文化内涵，是营地教育课程的核心内容。建议邀请文化学者，对天姥山的唐诗文化、道教文化深度挖掘，结合学科教学，探索一套适合于儿童和青少年的户外实践课程，以情景化吟诵、沉浸式学习及即兴创作诗词等营地教学方式，彰显营地特色，强化穿岩十九峰教育营地品牌。

### 3.2　依托地质地貌，开展科普研学

可依托丹霞奇峰和硅化木遗珍的核心资源，鼓励通过地质学专家与学校老师共同研究，研发一套适宜儿童及青少年的营地课程内容，进一步利用好已建的新昌硅化木地质博物馆，在传统科普形式基础上进行创新，结合馆藏展陈、化石标本与文字解说结合，利用好室内科普、地质影视、室外科普参观、手工制作等方式[18]，构建内容丰富的地质文化研学。积极联动安溪村，构建化石特色小镇，将地质公园与乡村振兴紧密结合，探索乡村振兴与营地教育融合的发展路径。

### 3.3　融合风景资源，构建运动基地

景区内的台头山村、下岩贝村及金山村等周围，分布着大面积的高山茶田，茶田自然坡度在 15° 以下，开阔的茶田景观及坡度适宜的地形地貌适合开展中小学定向运动教育。建议充分发挥在地优势，融入户外运动旅游，与定向专业运动赛事机构联合，探索开展茶园定向越野赛，让孩子在优质的空气中，优美的茶田中，感受运动带来的乐趣与快乐，让户外体育运动周入景区，从而实现教育与户外体育的深入融合。

## 4　营地教育的展望与思考

### 4.1　注重课程体系，提高运营能力

营地的运营主要涉及两个方面，一是营地的规划设计、建设和运营，二是营地教育机构的运营，包括课程开发、导师培训、市场运营、风险管理及客户服务等。国内营地多注重项目本身，而非课程本身的教育意义。随着教育理念的提升，精细化、专业化、科学化的营地课程体系未来更具吸引力。加强营地教育机构的培育与运营管理，提高管理团队的教育专业能力，是发展营地教育的重点提升方向。

### 4.2　加强规划支持，加深合作共赢

在自然保护地要求下进一步完善并编制风景名胜区总体规划和详细规划，在满足相关法律法规要求下，探索风景区内存量土地更新，探索合理的合作模式，加深多方合作共赢。营地教育可加强校企合作，鼓励专业学科与营地教育联动发展，推进素质教育。营地教育机构可与景区管理委员会、共青团青少年活动基地、户外拓展基地等机构开展深度合作，通过租赁、改建、托管等形式，利用优质的自然资产、延伸作为景区配套或旅游配套内容存在，并盘活风景区内存量资源。

### 4.3　注重教育安全，加强政府监管

在开展自然教育的同时，应特别关注教育的安全，构建完整的紧急救护、公共安全等课程，提高儿童及青少年的户外急救、安全防范意识，培养保护自己和帮助别人的能力。构建完善的后勤保障服务，注重政府部门的监管，加强资金和政策的投入，逐步形成完善且稳定的保障机制，更有利于营地教育的长远发展。

风景名胜区发展营地教育是一种有力且有益的探索实践。新教育理念下，通过研学旅行、营地课程等生动且深入的形式，让孩子们亲身感受并了解大自然，引导孩子珍惜生物多样性，帮助其树立可持续发展理念；培养孩子主动解决环境问题，提高环境责任感；并使其进一步深度理解人与人、人与社会、人与自然之间和谐共生的关系，培养尊重自然、保护自然的自然观和价值观。

### 参考文献

[1]　教育部等 11 部门关于推进中小学生研学旅行的意见[EB/OL]．[2016-12-02]．http://www.moe.gov.cn/srcsit/Ao6/s3325/201612/t20161219-292354.html.

[2]　教育部关于印发《教育部 2018 年工作要点》的通知[EB/OL]．[2018-02-01]http://www.moe.gov.cn/srcsite/A02/s7049/201802/t20180206_326950.html.

[3]　中共中央　国务院关于完善促进消费体制机制　进一步激发居民消费潜力的若干意见[EB/OL]．[2018-09-20]．http://www.gov.cn/gongbao/content/2018/content_5327455.htm.

[4]　国务院关于印发全民健身计划（2021—2025 年）的通知[DB/OL]．[2021-07-18]http://www.gov.cn/zhengce/content/2021-08/03/content_5629218.htm.

[5]　肖鑫．营地教育赋能文旅的六种发展路径[J]．中国房地产，2021(5)：55-58.

[6]　营地研学教育，让孩子体验不一样的成长[EB/OL].https://new.qq.com/omn/20190919/20190919A05KM300.html.

[7]　营地教育与户外运动如何跨界合作？[EB/OL].[2018-06-06]https://www.sohu.com/a/234223285_100079083.

[8]　赵成．营地教育对促进青少年身心发展的作用探析[J]．文化创新比较研究，2021, 5(6)：180-182.

[9]　营地教育[EB/OL].https://baike.so.com/doc/24431627-25265747.html.

[10]　美国营地协会官网[EB/OL].https://www.acacamps.org.

[11]　薛保红，南燕．发达国家营地教育发展及其启示[J]．重庆交通大学学报(社会科学版)，2014, 14(6)：126-128.

[12]　孙琪．滨州打渔张自然教育营地景观规划设计研究[D]．济南：山东建筑大学，2021.

[13]　金星，阮利平，赵神组．绍兴市地质遗迹保护与利用的思考[J]．浙江国土资源，2019(4)：43-47.

[14]　竺国强，董传万．创建新昌木化石地质公园势在必行[C]//陈安泽，卢云亭，陈兆棉．国家地质公园建设与旅游资源开发——旅游地学论文集第八集．北京：中国林业出版社，2002.

[15]　唐诗之路视阈下的天姥山[EB/OL].[2019-09-30]http://www.xc0575.com/news/show.php? itemid=1074.

[16]　道教文化与新昌[EB/OL].[2020-03-02]http://www.xc0575.com/news/show.php? itemid=633.

[17]　启动"浙东唐诗之路"申遗工程 打响浙江文化旅游品牌[EB/OL].[2021-08-30]http://www.xc0575.com/news/show.php? itemid=1060.

[18]　李冰，谢小平，王永栋，等．四川射洪地区地质遗迹保护与旅游开发[J]．资源开发与市场，2018, 34(4)：485-490.

### 作者简介

邵琴，1985 年生，女，浙江省城乡规划设计研究院，高级工程师。

李典，1996 年生，女，浙江省城乡规划设计研究院，助理工程师。

余伟，1982 年生，男，浙江省城乡规划设计研究院，风景园林与环境艺术分院院长，正高级工程师。

# 高密度建成环境鸟鸣声的感知评估与优化提升研究①②

## ——以重庆市南岸区为例

## Research on Perception Evaluation and Optimization of Bird Sound in High Density Built Environment：Taking Nan＇an District of Chongqing as an Example

李　荷　陈明坤*

摘　要：高密度建成环境内自然式鸟鸣声感知特征与城市空间建设运营、鸟类活动行为以及居民感知状况密切相关，是衡量城市空间品质、环境适宜性特征以及生态可持续性的关键。通过解析高密度建成环境内鸟鸣声感知的影响因素，构建影响鸟鸣声感知的自然式和人工式影响因子评估体系，识别重庆市南岸区高密度建设空间，结合城市活力特征对比分析城市居民鸟鸣声感知现状和需求意向，针对高密度建成环境内承载鸟类活动的公园绿地、防护绿地、广场绿地和附属绿地 4 类绿色空间，解析自然式和人工式影响因素与鸟鸣声感知现状的相关性特征。研究发现高密度建成环境内鸟鸣声感知呈现出"听者—环境—感知"复杂的互动关系，区位、外部环境和内部生态特征对鸟鸣声感知产生复杂的影响，生态特征愈优的城市空间，其鸟鸣声感知愈强，人类干扰越高的城市空间呈现对鸟鸣声感知的需求洼地。匹配高密度建成环境内居民鸟鸣声感知需求和建设开发现状，提出提高生态基底质量和降低人类干扰的合理管控和建设引导，并形成"增量—连廊—通源""提质—优植—共营""降扰—弱噪—增感"的优化提升路径。

关键词：绿色空间；感知影响评估；相关性分析；景感提升；优化路径

Abstract：The perception characteristics of natural birdsong in high-density built environments are closely related to the construction characteristics，bird activities，and residents' perceptions. They are the key to measuring the quality of urban space，the aspects of environmental suitability，and ecological sustainability. The study builds a natural and artificial impact factor evaluation system that affects birdsong perception by analyzing the influencing factors of birdsong perception in a high-density built environment. Taking the high-density construction space in the Nan'an District of Chongqing as the research object，the study compares and analyzes the relationship between urban vitality characteristics and urban residents' birdsong perception status and intended needs. Aiming green park space，protective green space，square green space，and affiliated green space are four kinds of green spaces carrying bird activities. The correlation characteristics between natural and artificial influencing factors and the current situation of bird song perception are analyzed. We found that birdsong perception in the high-density built environment presents a complex interaction of "Listenerv En-ironment-Perception. " Location，external environment，and internal ecological characteristics impact birdsong perception. The better the environmental characteristics are，the stronger the birdsong perception is. The higher the human interference is，the higher the demand for birdsong perception is，but the perception is weak. Given the residents' birdsong perception needs and the current situation of construction and development，it is proposed to reasonably control and guide the structure of the high-density built environment from the two aspects of improving the quality of the ecological base and reducing human interference and form an optimized improvement path of " Increase quantity-Connecting corridor-Connect the ecological source" "Quality improvement-Optimize vegetation-Co-construction" " Reduce interference-Reduce noise-Enhance perception".

Keyword：Green Space；Perceptual Impact Assessment；Correlation Analysis；Enhance the Sense of Scenery；Optimize the Path

① 基金项目：成都市哲学社科项目"人本语境下城市公园的生态景观溶解和生态价值转化路径研究"（编号：2021CS078）；中国博士后基金项目"面向高密度建成环境生态空间韧性提升的协同机制及规划策略研究"（编号：2022M712638）。

② 本文已发表于《园林》，2023.40（03）：114-124。

城镇化进程是自然环境逐渐转变为人工环境,形成高人口集聚、高开发强度和高经济活力的高密度建成环境的建设过程。城市空间品质是衡量高密度建成环境适宜性的关键,其可感知特征能够衡量城市空间品质优劣程度,反映出城市居民对于城市环境的情感状况,令人愉悦的城市声景观是城市空间品质感知的重要组成部分[1]。景感生态学思想主张将人的五感(视觉、听觉、嗅觉、触觉、味觉)的物理感知和心理感受纳入城市生态环境研究中[2],认为人类通过感官理解对象,最终以感知(感受和体验)的行为方式和心理特征得以呈现[3],在此过程中需要关注人的主观思维、感觉和情绪,匹配使用者的栖居环境需求,促使城市空间形成使人受益的舒适感知和审美体验。景感特征是评估高密度人居环境品质的重要组成部分,反映出生态文明建设的整体性特征。听觉维度的景观感知是景感生态学的重要组成部分,令人愉悦的自然声音为主的积极声源可带来令人舒适的景观感知[4]。国际标准化组织(ISO)定义声景为"特定场景中个人或群体感知、体验及(或)理解的声环境"[5]。动物声景是当前研究的热点之一[6],其时空变化特征受到包括动物自身响应机制以及植被因子、环境因子、人为干扰等诸多因素的影响[7],在高密度建设的城市环境中尤为突出[8]。作为各种自然声源的平衡组合所形成的积极声音[9],自然声景观能够修饰城市噪声并提高声学舒适度[10],以鸟鸣为主的自然声景观受到城市居民偏爱,其与城市居民放松、舒适的情绪呈显著正相关[4]。鸟鸣声在空间上代表了景观的声足迹,包含大量的听觉信息,有助于监测鸟类聚集特征和活动状态[11],其时空分布可作为城市空间精细化优化的依据[12]。城市居民的鸟鸣感知和停留时间与声景体验相关[13],折射出居民对鸟类保护问题的敏感性认知[14,15],体现了人与自然和谐以及城市景观的生态可持续性[16],对构建高品质人居环境极其重要。

当前城市内部自然生态空间被挤压,植被覆盖率、绿地形态以及植被类型等均受到高密度城市建设和高强度人类活动的干扰影响[17],直接影响城市鸟类活动和鸟鸣感知的空间分布特征[18]。高密度建成环境内城市声景观构成特征的复杂性,与生态空间的分布特征、植被格局,对鸟类多样性的支撑特征以及人群的感知特征密切相关[19],加之城市居民对鸟鸣声的感知机理更加复杂[20],因此探明居民对自然鸟鸣声的感知需求,揭示城市高密度建成环境、居民活动与鸟鸣声感知之间复杂的互动机理,识别鸟鸣声感知的影响因素,有助于进一步理解高密度建成环境对鸟类多样性和活动特征的支撑特征,为构建面向鸟鸣声感知提升的城市空间格局提供针对性的优化策略。

## 1 高密度建成环境内鸟鸣声感知的影响因素分析

芬兰地理学家格拉诺(Granoe)于 1929 年提出"声景(soundscape)"一词,指特定范围内以听者为中心的整体环境的声音情况[21]。由于声音感知与感知者和发声者周边的微环境特征以及感知者自身的生理和心理状态密切相关,加之高密度建成环境内充斥着各种声音类型,其声源、分贝、听众、环境不同,城市居民的感知需求和感知现状存在偏差[22]。此外,生态空间的分布特征影响鸟类栖居特征:区域环境的生态用地规模和生态连通性特征影响区域鸟类的多样性特征;城市水体、山体和绿地等鸟类潜在的水源地和栖息地的空间分布特征及其内部景观构成特征影响活动于其中的鸟类种类、数量和活动行为类型。城市绿色空间作为城市鸟类潜在的食源和巢源空间[23],是生物多样性的热点空间[24]和重要的鸟类栖息空间[25],既有研究表明城市绿色空间面积越大生物多样性可能越高[26],尺度超过 80hm² 的绿地可以满足鸟类作为栖息地的基本需求[27,28],小尺度绿色空间则为鸟类觅食等活动提供空间,鸟鸣活动在物候特征较为丰富的灌木层和空间结构较为简单的乔木林中更加丰富[29]。此外,鸟类对生态环境变化和环境干扰敏感性较高[30],建设开发强度和人类活动强度会干扰鸟类活动,即鸟类的丰富度与城市建筑物的覆盖面积、道路密度、停车场密度、车辆数量以及城市建设干扰呈现负相关[31]。

高密度建成环境内鸟鸣声与鸟类多样性及其活动行为特征、建成环境整体建设特征和运行特征密切相关,其影响因素解析为自然式和人工式两类。区域环境特征反映出支撑区域性鸟类多样性的生态源地等关键性活动空间特征[32];城市生态空间格局反映出影响鸟类栖居、觅食等的空间分布特征以及景观生态特征,与城市内鸟类活动的整体性空间分布特征密切相关;城市绿色空间内部的植被构成和组合特征影响鸟类个体的活动类型[33],直接关联城市居民的鸟鸣声感知。此外,高密度建设空间的开发建设强度影响鸟类多样性特征及其在城市内的活动分布特征[34],以交通和居民活动为主的人类活动会惊扰鸟类活动[35,36],并最终反映在鸟类的鸣叫特征上,高密度建成环境内能够被人类感知的愉悦鸟鸣体验才有可能形成高品质的城市声景观特征。

# 2　研究对象与方法

## 2.1　研究对象

　　研究以重庆市南岸区高密度建设的核心区为研究对象，按已有规划折算，人口密度高达 2.6 万人/km²，毛容积率高达 2.37，具有高开发强度、高人口集聚的特征，是城市内环范围内高密度建成环境的重要组成部分，亦是当前生态文明建设背景下人居环境亟待提升的关键性空间。重庆市整体的城市建设逐渐从无序高密度的自由式发展转向有序高密度建设的合理性发展，开始有意通过生态修复修正不合理建设所带来绿色空间的破碎化、人工化、同质化和量少质劣的现状问题[37]。利用百度热力图解析城市活力空间特征①可识别出高密度开发建设的南坪组团是高人口密度的活动空间，也是城市鸟鸣声感知的重点空间[38,39]（图 1），其内部绿色空间呈现出高人工化和景观化特征，仅在邻近长江和南山空间存留一定范围的自然式绿色空间。

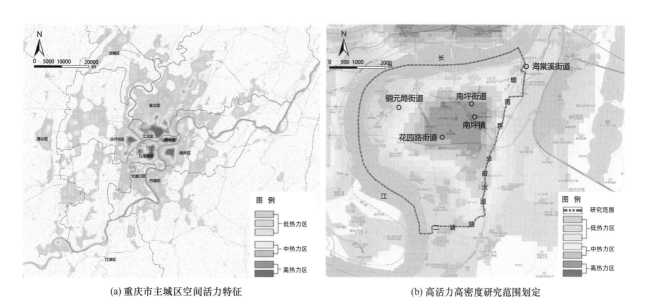

(a) 重庆市主城区空间活力特征　　　　　　　　(b) 高活力高密度研究范围划定

图 1 结合城市活力特征所确定的研究对象及其范围

## 2.2　研究方法

　　通过对遥感影像解译、图斑修正和性质匹配，识别鸟鸣声感知重点空间以及承载鸟类活动的绿色空间，并根据《城市绿地分类标准》CJJ/T 85—2017 对校正后的绿色空间进行分类。利用 GIS 平台整理问卷调查法所获取的鸟鸣声感知意愿数据，构建居民的鸟鸣声感知意愿地图。匹配声音主观属性、声学效应和声景感知构建鸟类自然声景观空间评价体系，结合专家打分法进行权重赋值获取鸟鸣声感知权重平均值，通过 PSPL 和"声漫步法"[40,41]获取鸟鸣声感知现状图。结合居民鸟鸣声感知的影响因素，将区域环境、生态格局、植被特征归为自然式影响因素，建设强度和人类活动归为人工式影响因素，针对高密度建成环境内公园绿地、防护绿地、广场绿地和附属绿地 4 类绿地，筛选出 22 个评价子因子（表 1）。针对上述 4 类城市绿地，在数据均符合正态分布特征的基础上，采用皮尔森（Pearson）相关性分析方法解析居民的鸟鸣声感知与影响因素之间的相关性特征，对比分析并探明影响机制，探索优化提升策略。

# 3　研究结论

　　高密度建成环境内绿色空间的区位特征、形态面积、

---

①　通过对百度热力图 Band4 通道结合总人口数据进行矢量化数据扩样，输出每小时的热力图进行平均值计算，得出平均热力图。计算公式为 $H = (\Sigma H_{d1} + \Sigma H_{d2} + \Sigma H_{d3}) / 72$，式中 $H$ 代表 3 d 的平均热力值；$H_{d1}$ 为 2021 年 11 月 30 日（第一天）在第 $i$ 点时刻的热力值，$i = 0：00；1：00；2：00……23：00$（一天共 24 个时间点），$H_{d2}$ 为 2021 年 12 月 1 日（第二天）24 个时刻的热力值，$H_{d3}$ 则为 2021 年 12 月 2 日（第三天）24 个时刻的热力值，得出 3d 平均热力图数据。

类型性质以及内部组分的不同会导致居民对鸟鸣声感知差异（表2）：绿色空间与区域环境变量中生态源地的相对关系（距离及连通度）是影响区域鸟类多样性关键，绿色空间形态面积和类型特征受到城市开发影响，其内部组分关系到鸟类觅食等活动。相关性分析结果整体呈现出生态源地、绿色空间生态复杂性与鸟鸣声感知正相关，人类干扰负相关，但绿地类型和绿色空间组分特征的不同对鸟鸣声感知影响具有差异性，呈现出"听者—环境—声音"之间复杂的互动关系[42]。

**城市高密度建成环境鸟鸣声感知的影响因子分类及评价标准**　　　　　表 1

| 影响因素分类 | | | 评价指标 | 评价标准 | 指标说明 |
|---|---|---|---|---|---|
| 自然式影响因素 | 区域环境 | 河流 | 与水沐距离 | 建成环境内用地与研究范围外区域最近自然水体的最短距离和最长距离 | 区域环境内关键性生态源地直接影响区域性鸟类多样性特征，是鸟类活动的区域性支撑代表性生态要素[1] |
| | | 山体 | 与山体距离 | 建成环境内用地与研究范围外区域最近自然山体的最短距离和最长距离 | |
| | 生态格局 | 用地规格 | 斑块面积 | 林地、灌木、地被、水体中某一斑块类型的总面积、最大面积、最小面积 | 高密度建成环境内生态格局特征与城市中鸟类活动空间的分布特征密切相关，是影响建成环境内鸟类多样性和鸟类活动的关键因素[6] |
| | | 空间格局 | 斑块类型占景观面积百分比 | 不同类型斑块面积占景观面积的比值 | |
| | | | 斑块数量 | 林地、灌木、地被、水体某一斑块的总数量 | |
| | | | 斑块密度 | 单位面积内乔木、灌木、地被、水体某一斑块的数量 | |
| | | | 景观破碎度 | 林地、灌木、地被的斑块数与对应斑块面积的比值 | |
| | | | 斑块形状复杂度 | 林地、灌木、地被、水体不同类型斑块的周长面积比 | |
| | 植被特征 | 植被结构 | 植被丰富度 | 林地、灌木、地被的种类丰富度，分为非常丰富、比较丰富、中等、不太丰富和极不丰富5个等级 | 生态空间的植被特征与微观层面鸟类的活动类型相关，能够反映出斑块内植被组合模式对于鸟鸣声感知的影响特征[18] |
| | | | 乔木层高度 | 研究范围内乔木的平均高度 | |
| | | | 乔木郁闭度 | 大样方中乔木的树冠闭合程度，包括5个等级：(1) 疏林，郁闭度 [0, 0.2)；(2) 较疏林，郁闭度 [0.2, 0.4)；(3) 半疏半密林，郁闭度 [0.4, 0.6)；(4) 较密林，郁闭度 [0.6, 0.8)；(5) 密林，郁闭度 [0.8, 1.0] | |
| | | 覆被形态 | 植被自然度 | 植被的自然度，包括5个等级：(1) 近天然，自然度值 [0.8~1.0]；(2) 半天然林，自然度值 [0.6~0.8)；(3) 远天然林，自然度值 [0.4~0.6)；(4) 近人工林，自然度值 [0.2~0.4)；(5) 人工林，自然度值 [0~0.2) | |
| | | | 水体岸线自然度 | 水体岸线的自然度，包括5个等级：人工岸线、近人工岸线、半人工半自然岸线、近自然岸线和自然岸线 | |
| 人工式影响因素 | 建设强度 | | 总用地面积 | 研究范围内建设空间用地总面积 | 城市高密度开发建设特征对鸟类活动产生一定的干扰，反映出开发强度对鸟类活动的干扰程度[9] |
| | | | 容积率 | 总建筑面积与总用地面积的比值 | |
| | | | 建筑密度 | 建筑占地面积与总用地面积的比值 | |
| | | | 绿化覆盖率 | 研究范围内全部绿化覆盖面积与区域总面积的比值 | |
| | | | 建筑层数 | 研究范围内最高建筑层数、最低建筑层数、所有建筑平均层数 | |
| | 人类活动 | | 高架道路离地高度 | 针对防护绿地中的高架空间，指防护绿地距离高架桥最短的距离 | 城市交通特征与居民活动特征对鸟类活动产生干扰，影响居民对鸟鸣声的感知，反映出人类活动对于鸟类活动和居民感知的干扰程度[9] |
| | | | 交通量 | 出入口进行实测值统计，对着秒表记录1min内经过的所有车辆数，分为5个等级（0~5辆、6~15辆、16~30辆、31~50辆、>50辆） | |
| | | | 活动人次 | 出入口进行实测值统计，对着秒表记录1min内经过的行人数，分为5个等级（<5人、6~15人、16~30人、31~50人、>51人） | |
| | | | 环境声声量 | 研究范围内所有观测点环境声实测分贝值的平均值 | |

注：环境声是指除了鸟叫之外的所有声音，包括交通、音乐、风声、说话等所有的人工声、自然声和生活声。

## 3.1 "听者—环境—感知"复杂的互动关系影响鸟鸣声感知

声景观感知的三个重要因素为听者（individual）、声音（sound）和环境（environment），听者作为声音受体，其主客观因素影响对声音的感知特征；声音通过声压级、声色、频率和时长 4 个特征变量呈现出不同的感知特征[43]；环境则影响声音提供者的行为方式，以及声音在环境中的扩散、反射等传播方式，对于城市声音关键构成部分的鸟鸣声而言，高密度建成环境的复杂性决定了三者之间更加复杂的互动关系。

结合研究范围内通过信效度检验的 197 份鸟鸣声感知满意度调查问卷发现，居民感知意愿呈现出对鸟鸣声、蝉鸣声、音乐声、流水声的高期望，希望在公园绿地、广场绿地、小区绿地等空间听到更多鸟鸣声[44]，希望将鸟鸣声控制在容易被人接受且较为舒适的范围内，反映出居民对折射自然特征的声景观感知的高品质需求（图 2-a，图 2-b）。居民对不同类型绿地现状鸟鸣声的感知满意度，呈现出 18 岁以下和 65 岁以上居民感知满意度较高、女性感知满意度总体低于男性的特征。在整体环境较为安静、轻松的用地空间内，如绿地广场用地、居住用地、文化设施以及科研教育用地，居民对现状鸟鸣声感知的满意度普遍较高，而在环境较为嘈杂（如工业用地、商业服务业设施用地）或使用人群情绪较为紧张的用地空间（如行政办公

用地），居民对现状鸟鸣声感知则普遍较低（图 2-c）。鸟鸣声感知强度与城市空间活力度大致呈现负相关特征，空间活力度低、人群聚集度较少的空间呈现出较好的感知特征，活力较高空间则相反（图 2-d），高密度建设和高人口集聚的中心地带的绿地空间，具有更高感知需求和较差的现状感知。临江和临山的绿地存在较优的感知特征，并与开发建设强度和人群活力强度具有较弱关联性。可见，在高密度的建成环境内"听者—环境—感知"之间的互动关系更加复杂，整体呈现出感知强度分布与城市空间活力负相关的特征，但部分绿色空间的感知特征却因其他影响因素的共同作用表现出不确定性。

## 3.2 高密度建成环境内鸟鸣声的感知特征及规律

传统建设模式下高密度建成环境更关注居民的活动行为需求，较少考虑其他生物（如鸟类等）活动需求。鸟类需要在高密度建成环境内寻求合适的空间来满足觅食等活动需求，激发匹配不同活动类型的鸟鸣声。居民对鸟鸣声的感知现状折射出空间建设与鸟类活动之间的相关性特征[45]，但高密度建成环境特征对鸟类活动和听者行为的影响更加复杂。

高密度建成环境内不同绿色空间与鸟鸣声感知强度的影响相关性分析　　　　表 2

| 生态特征变量 | | | | 皮尔森（Pearson）相关性系数 | | | |
|---|---|---|---|---|---|---|---|
| 变量类别 | | 变量名称 | | 公园绿地 | 防护绿地 | 广场绿地 | 附属绿地 |
| 自然式影响因素 | 区域环境 | 与水体的距离 | 最长距离 | −0.073 | −0.698 | −0.289 | −0.485 |
| | | | 最短距离 | −0.443* | 0.674* | 0.376 | 0.551 |
| | | 与山体的距离 | 最长距离 | −0.199 | −0.527 | −0.331 | −0.055 |
| | | | 最短距离 | −0.428* | 0.617* | 0.328 | 0.344 |
| | 生态格局 | 斑块面积 | 林地层斑块面积 | | | | |
| | | | 最大面积 | 0.647** | 0.407 | 0.805* | 0.675* |
| | | | 最小面积 | 0.012 | 0.517 | −0.430 | 0.588 |
| | | | 总面积 | 0.459** | 0.386 | 0.457** | 0.497* |
| | | | 灌木层斑块面积 | | | | |
| | | | 最大面积 | 0.008 | 0.132 | 0.038 | 0.215 |
| | | | 最小面积 | 0.053 | 0.630 | −0.446 | 0.429 |
| | | | 总面积 | 0.177 | 0.508 | 0.178 | 0.301 |
| | | | 地被层斑块面积 | | | | |
| | | | 最大面积 | 0.419* | 0.487* | 0.518* | 0.481** |
| | | | 最小面积 | −0.155 | −0.233 | 0.366 | 0.190 |
| | | | 总面积 | 0.417* | 0.485* | 0.795* | 0.538* |
| | | | 水体斑块面积 | | | | |
| | | | 最大面积 | | | | 0.515* |
| | | | 最小面积 | | | | 0.423 |
| | | | 总面积 | | | | 0.485 |

续表

| 生态特征变量 | | | 皮尔森（Pearson）相关性系数 | | | |
|---|---|---|---|---|---|---|
| 变量类别 | | 变量名称 | 公园绿地 | 防护绿地 | 广场绿地 | 附属绿地 |
| 自然式影响因素 | 生态格局 | 斑块类型占景观面积百分比 | | | | |
| | | 林地层斑块面积占景观面积百分比 | 0.635* | 0.489* | 0.346 | 0.813* |
| | | 灌木层斑块面积占景观面积百分比 | 0.122 | 0.240 | 0.046 | 0.187 |
| | | 地被层斑块面积占景观面积百分比 | 0.355 | 0.401* | 0.657* | 0.459* |
| | | 斑块数量 | | | | |
| | | 林地层 | −0.335 | −0.64* | −.838* | −0.522 |
| | | 灌木层 | 0.205 | −0.047 | 0.444 | −0.128 |
| | | 地被层 | −0.090 | 0.141 | 0.015 | −0.271 |
| | | 水体 | 0.614 | | | 0.512 |
| | | 斑块密度 | | | | |
| | | 林地层 | −0.472* | −0.601* | −0.589* | −0.730* |
| | | 灌木层 | −0.386 | −0.131 | −0.059 | −0.622 |
| | | 地被层 | −0.422* | −0.321 | −0.408 | −0.453* |
| | | 水体 | 0.611 | | | 0.533 |
| | | 景观破碎度 | | | | |
| | | 林地层 | −0.521** | −0.492* | −0.529 | −0.860** |
| | | 灌木层 | −0.400 | −0.221 | −0.147 | −0.470 |
| | | 地被层 | −0.398 | −0.46* | −0.436 | −0.465* |
| | | 水体 | 0.582 | | | 0.566 |
| | | 斑块形状复杂度 | | | | |
| | | 林地层 | −0.392 | −0.632* | −0.681 | −0.668* |
| | | 灌木层 | −0.473 | −0.464 | −0.086 | −0.414* |
| | | 地被层 | −0.412 | −0.332 | −0.558 | −0.559* |
| | | 水体 | 0.615* | | | 0.543* |
| | 植被特征 | 植被丰富度 | | | | |
| | | 林地层 | 0.766* | 0.659* | 0.406* | 0.443* |
| | | 灌木层 | 0.519* | 0.693* | 0.368 | 0.418 |
| | | 地被层 | 0.621* | 0.933** | 0.819* | 0.479* |
| | | 乔木层高度 | 0.680* | 0.630* | 0.421* | 0.718* |
| | | 乔木郁闭度 | 0.850** | 0.526* | 0.791* | 0.737* |
| | | 植被自然度 | 0.464* | 0.572* | 0.707* | 0.478* |
| | | 水体岸线自然度 | 0.459* | | | 0.542* |
| 人工式影响因素 | 建设强度 | 总用地面积 | −0.060 | 0.180 | −0.181 | 0.479 |
| | | 容积率 | | | 0.572* | −0.411* |
| | | 建筑密度 | | | | −0.741* |
| | | 绿化覆盖率 | 0.481* | 0.426* | 0.437* | 0.808* |
| | | 建筑层数 | | | | |
| | | 建筑最高层数 | | | | 0.104 |
| | | 建筑最低层数 | | | | −0.538* |
| | | 建筑平均层数 | | | | 0.262 |
| | | 道路与防护绿地的相对高度 | | | | |
| | | 道路离防护绿地最高高度 | | 0.783* | | |
| | | 道路离防护绿地最低高度 | | 0.926** | | |
| | 人类活动 | 交通量 | −0.343 | −0.522* | −0.541 | −0.412* |
| | | 活动人次 | −0.594** | −0.332 | −0.253 | −0.411* |
| | | 环境声声量 | −0.314 | −0.714* | −0.422 | −0.445* |

注：数据通过信效度检验，且符合正态分布特征，＊在 0.05 水平（双侧）上显著相关；＊＊在 0.01 水平（双侧）上显著相关。

### 3.2.1　区位及外部特征影响鸟鸣声感知

　　区位及外部特征是影响鸟鸣声感知差异的背景与基础。区域性鸟类多样性及鸟类活动受到高密度建成环境外围临近生态源地的影响，结合毗邻区域性河流（长江）沿岸以及外围山体（南山）的城市空间鸟鸣声感知来看，虽然存在快速路和非正规建设的现状干扰，但感知特征整体呈现出与生态源地之间明显的"近优远劣"，并在生态连通性较好的地段表现更佳。高密度建成环境建设和开发强度逐渐从中心向边缘衰减，为鸟类的自发性和自主性活动提供可能。城市公园绿地在植被构成、生物多样性以及面积等方面普遍优于其他绿地，其感知特征理应更优，但实际调研发现，区位特征、定位和性质的不同会导致公园绿地内部建设状况和景观特征的差异，感知体验差距较大，例如毗邻社区（图 2-e），自然度较高且所处环境较为安静的后堡公园呈现更强鸟鸣声感知，而受到商业活动、工程施工、交通噪声等影响的其他公园则较差，表明干扰效应较高的绿色空间难以获得鸟类青睐，各种活动均会被外部环境的干扰所影响。

### 3.2.2　生态特征愈优鸟鸣声感知愈强

由于各类型绿地内部植被特征的不同，表现为植被丰富度较高、乔木高度较高、植被郁闭度较优、植被自然度以及水体岸线自然度较高的空间鸟鸣声感知较优，呈现出生态特征愈优鸟鸣声感知愈强的特征。但同类绿地上差异化的绿色空间特征与鸟鸣声感知的相关性呈现差别：例如公园绿地呈现出乔木郁闭度＞林地层植被丰富度＞乔木层高度＞地被层植被丰富度＞灌木层植被丰富度＞植被自然度＞水体岸线自然度；防护绿地呈现出地被层植被丰富度＞灌木层植被丰富度＞林地层植被丰富度＞乔木层高度＞乔木郁闭度＞植被自然度。忽视生态源地的引力作用来看，绿色空间斑块面积（CA）越大感知强度越高，破碎度（PF）越大感知强度越差，斑块形状越复杂感知强度越优，具有较优生态特征的绿色空间为鸟类活动提供更多可能性。结合绿色空间特征来看，感知强度与整体斑块面积、占景观面积百分比以及植被丰富度、内部乔木层、灌木与层和地被层的面积特征呈现正相关，与破碎度和形状复杂度呈现负相关。公园绿地、社区绿地所对应的绿色空间整体面积较大，内部林地层的生态复杂性（表现在物种丰富度、郁闭度、高度等方面）较高，鸟鸣声感知更优。城市广场用地和防护绿地的地被植物和灌木植被的丰富度与鸟鸣声感知正相关度较高，可见邻近道路的绿色空间虽然受到道路噪音的影响，但提高物种丰富度会对鸟类活动产生较高的吸引作用。整体而言，提高城市绿地的生态特征有助于提高鸟鸣声感知特征，绿色空间不同特征的相关性差别为精细化修正和提升绿色空间的生态特征提供参考。

### 3.2.3　人类干扰越大的城市空间呈现出感知需求的供给洼地

人类活动对鸟类的干扰驱逐性明显，导致鸟鸣声感知强度整体上呈现出公园绿地＞附属绿地＞防护绿地＞广场绿地的特征。结合现状用地类型来看，工业用地和商业用地感知较差，居住用地随其内部绿色空间的特征不同而感知强度不同，教育用地中大学校园中鸟鸣声感知明显优于中小学空间。交通流量越大的道路两侧绿色空间呈现出较差的感知体验[35]，但研究范围内道路多存在高架空间，并于立交桥和高架空间下预留一定的绿色空间，可见影响部分路段感知强度的原因是较高的道路噪声影响（图 2-f）。交通和人的活动噪声是影响感知的关键因素，邻近城市干道和高强度城市活力中心的绿色空间感知较弱，反映出居民日常活动以及周边开发建设对鸟类活动的驱逐性和忽视性；高架桥两侧防护绿地林地层的鸟鸣声感知较弱，表明车行交通对鸟类活动的驱逐性[32]；广场绿地的情况则更进一步验证了人类活动和车行交通对鸟鸣声感知会产生消极影响。社区附属绿地的鸟鸣声感知与建设开发强度和居民活动呈现出明显负相关，表现为建筑密度＞建筑最低层数＞环境声音量＞交通量＞容积率和活动人次的特征。总之，高开发强度与高活力强度的城市空间通常面临较高的鸟鸣声感知需求，但呈现出供给洼地特征，在优化过程中需平衡供给与需求之间的互动关系。

整体来看，高密度建成环境内保留生态特征明显以及自然性状况较好的空间能够满足鸟类活动的需求，并削弱来自周边环境对于鸟类活动的干扰，形成较优的鸟鸣声感知。作为激发鸟鸣声的物质载体，绿色空间虽然为鸟类提供求偶、觅食、嬉戏和筑巢等活动空间，但弱自然性和强景观性的营建特征往往无法匹敌自然式的生态源地空间，鸟类活动受到食源、水源、巢源的空间分布、城市开发建设以及人类活动的综合影响。较之风声、水流声等自然声景观而言，鸟鸣声的多层次性、丰富性和独特性更加明显[46]，感知特征与地域特征、物质载体、发声种类相关，有助于增益城市空间体验性和感知舒适性，反映出建成环境的独特性、包容性和自然性特征[43]。鸟类多样性及其活动多样性会形成更多鸟鸣声，为自然式城市声景观形成提供资源，悦耳的鸟鸣声作为一种具有积极性和自然性的声景观组分，是构成城市声景观的重要组成部分，有助于彰显建成环境宜居性、特色性和高品质特征。

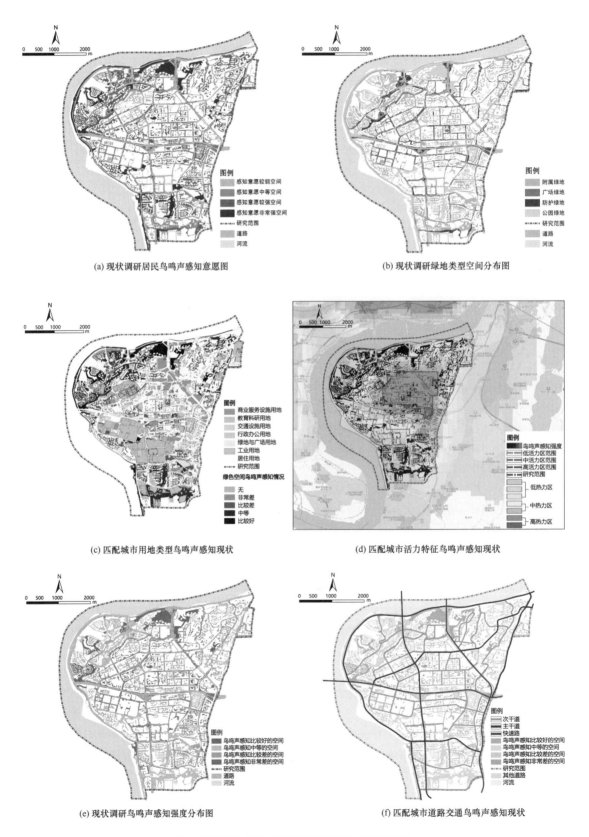

(a) 现状调研居民鸟鸣声感知意愿图

(b) 现状调研绿地类型空间分布图

(c) 匹配城市用地类型鸟鸣声感知现状

(d) 匹配城市活力特征鸟鸣声感知现状

(e) 现状调研鸟鸣声感知强度分布图

(f) 匹配城市道路交通鸟鸣声感知现状

图 2　高密度建成环境内鸟鸣声感知意愿及感知现状对比

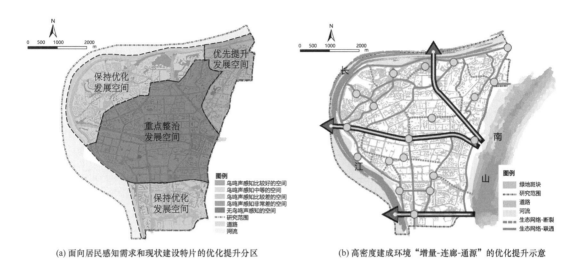

(a) 面向居民感知需求和现状建设特片的优化提升分区　　　　　(b) 高密度建成环境"增量-连廊-通源"的优化提升示意

图 3　提升高密度建成环境内鸟鸣声感知的优化路径示意

# 4　优化提升路径

自然式声景观是增益建成环境品质的景观类型之一，因此如何匹配居民需求，增强鸟鸣声感知，是城市空间精细化优化的关键。在高密度建成环境内增强城市绿色空间对鸟类的吸引特征（提高生态基底质量），并降低建成环境的开发建设以及人类活动对鸟类活动以及居民感知的干扰（降人类干扰）的合理管控和引导性建设（图 3、表 3），有助于增强居民对自然式鸟鸣声的感知特征。

高密度建成环境内增强鸟鸣声感知管控指引　表 3

| 管控维度 | 指标类别 | | 指标名称 | 影响效应 | 影响等级 | 管控方式 |
|---|---|---|---|---|---|---|
| 提高生态基底质量 | 增强区域环境联系 | | 与自然水系最短距离 | － | 三 | 指标结合图则管控 |
| | | | 与自然山体最短距离 | － | 三 | |
| | 提高生态用地质量 | 绿地生态用地 | 林地层斑块最大面积 | ＋ | 一 | 指标结合图则管控 |
| | | | 林地层斑块总面积 | ＋ | 一 | |
| | | | 地被层斑块最大面积 | ＋ | 二 | |
| | | | 地被层斑块总面积 | ＋ | 二 | |
| | | | 林地层斑块面积占景观面积百分比 | ＋ | 一 | |
| | | | 地被层斑块面积占景观面积百分比 | ＋ | 二 | |
| | | | 林地层斑块密度 | － | 二 | |
| | | | 林地层斑块破碎度 | － | 二 | |
| | | 水体生态用地 | 水体斑块总面积 | ＋ | 二 | |
| | | | 水体斑块数量 | ＋ | 二 | |
| | | | 水体斑块周长 | ＋ | 二 | |
| | | | 水体斑块形状复杂度 | ＋ | 二 | |
| | 优化植被格局质量 | 丰富度 | 乔木高度 | ＋ | 二 | 指标结合建设引导 |
| | | | 乔木郁闭度 | ＋ | 二 | |
| | | | 林地层植被丰富度 | ＋ | 一 | |
| | | | 灌木层植被丰富度 | ＋ | 二 | |
| | | | 地被层植被丰富度 | ＋ | 二 | |
| | | 自然度 | 植被自然度 | ＋ | 二 | |
| | | | 水体岸线自然度 | ＋ | 二 | |

续表

| 管控维度 | 指标类别 | 指标名称 | 影响效应 | 影响等级 | 管控方式 |
|---|---|---|---|---|---|
| 降低人类干扰 | 控制城市开发强度 | 建筑密度 | － | 一 | 指标结合图则管控 |
| | | 容积率 | － | 二 | |
| | | 建筑最低层数 | － | 二 | |
| | | 绿化覆盖率 | ＋ | 二 | |
| | 降低人类活动干扰 | 交通量 | － | 二 | 指标管控 |
| | | 活动人次 | － | 二 | |
| | | 环境声声量 | － | 二 | |
| | | 道路离防护绿地最低高度 | ＋ | 二 | 指标结合图则管控 |
| | | 道路离防护绿地最高高度 | ＋ | 一 | |

注：强显著相关和极强显著相关的影响因素定为一级指标，中等程度相关的影响因素定为二级指标，非显著相关指标定为三级指标，从一级到三级指标管控严格度依次渐降。

## 4.1　增量—连廊—通源：强化鸟类在高密度建成环境内的均衡扩散

高密度建成环境在一定程度上促进了鸟类的进化，使其行为适应城镇化特征[45]。需要从匹配鸟类活动行为的角度形成高品质的鸟鸣声感知，增强建成环境内部绿色空间与外部生态源地之间的生态连通性（通源）[47]，打通鸟类从区域临近生态源地进入城市内绿色空间的路径，在高密度建成环境内形成"集中绿地＋连通廊道＋小尺度踏脚石"的生境网络系统；匹配高密度建成环境的空间约束特征，尽可能增加绿色空间规模，为鸟类多样化的活动提供可能；通过增加形态和组合要素的复杂性提高生态空间质量。"增量—连廊—通源"旨在从城市空间整体层面，形成适应鸟类活动特征和满足鸟类多样化活动的空间格局，为鸟类在高密度建成环境内的扩散和活动行为提供支撑（图3）。

## 4.2 提质—优植—共营：提升绿色空间对鸟类行为的适应和吸引

需结合鸟类的行为特征和生存空间需求对绿色空间进行精细化优化提升，提升高密度建成环境内有限绿色空间的生态质量。"提质"的关键在满足城市景观化需求的基础上，结合鸟类食源需求调整绿色空间的植被构成和食物链网结构，强化可持续性的自然化设计，提升绿色空间的自组织功能，减少人工干预，维持微观环境的稳定性；"优植"则是匹配鸟类四时的活动特征，精细化优化绿色空间内配套设施、植物类型及乔灌木组合关系，强化对于鸟类多样化活动的支撑；"共营"则是侧重公众参与，结合鸟类的行为活动需求增设绿色空间内的吸引物和配套服务空间，将人工式鸟类友好设施融入绿色空间内部[48]，以吸引更多鸟类留驻并激发鸟类多种活动。为有效解决当前空间约束性以及景观化的建设模式对鸟类活动支撑性不足的现状问题，"提质—优植—共营"的关键在于提升绿色空间生态质量，增强对鸟类吸引性和多样化活动的支撑作用。

## 4.3 降扰—弱噪—增感：弱化对居民感知鸟鸣声的环境干扰

高密度建成环境内静谧的环境氛围更有利于居民对鸟鸣声的感知。需要结合支持鸟类活动的生境网络，制定弱化两侧建设空间环境干扰的建设指引，精细化指引邻近城市空间"静谧化"发展。"降扰"侧重于优化城市夜景照明，通过降低照度、强化灯光光谱、弱化紫外线光污染等方式弱化对鸟类活动的干扰；"弱噪"侧重于弱化城市噪声对鸟类的惊扰和驱逐，如引导居民高噪声活动如广场舞等远离鸟类活动的密集空间；"增感"一方面结合生境网络的重要节点，构建鸟鸣声感知的互动场景，另一方面通过增加城市空间内鸟类友好设施，吸引部分鸟类与居民形成适宜的互动活动，如观鸟平台、人工投食设施等，在高密度建成环境内形成特色感知节点和感知路径相结合的鸟鸣声感知游憩网络，增强城市的景观感知特征，以实现高密度建成环境内"人—鸟—城"之间更优的互动体验。

总之，面向自然式城市声景观感知提升的精细化建设引导，是通过正向优化高密度建成环境促进人与自然融合，提供支撑鸟类多样性的生境网络和环境支撑配套等物质基础，为居民感知鸟鸣声提供环境干扰少的感知游憩网络，有助于为高密度建成环境形成适应鸟类行为习惯，吸引鸟类留驻的城市生态景观，引导居民参与鸟鸣声感知体验等活动。

## 5 总结与展望

研究从声景观三要素出发，结合高密度建设城市空间特征，利用城市活力空间数据、城市绿色空间数据和鸟鸣声感知数据，构建鸟鸣声感知影响要素指标体系，分析了影响因素与鸟鸣声感知特征之间的关系，为高密度建成环境优化鸟鸣声感知提供参考路径。虽然结合人的感知行为以及建成环境的空间建设特征识别出可能影响鸟鸣声感知的要素，利用 Pearson 相关性分析方法能够有效识别出影响因素与鸟鸣声感知之间正负和强弱的相关特征，但由于鸟鸣声感知数据收集方法的局限性，难以直接关联鸟类多样性和具体活动行为特征，在未来的研究中还需进一步构建感知数据与鸟类活动生态学特征之间的关系，深入探究影响机制。

## 参考文献

[1] FISHER J C, IRVINE K N, BICKNELL J E, et al. Perceived biodiversity, sound, naturalness and safety enhance the restorative quality and wellbeing benefits of green and blue space in a neotropical city[J]. Science of the total environment, 2021, 755: 143095.

[2] ZHAO J Z, YAN Y, DENG H, et al. Remarks about land-senses ecology and ecosystem services[J]. International journal of sustainable development & world ecology, 2020, 27(3): 196-201.

[3] 毛齐正, 王鲁豫, 柳敏, 等. 城市居住区多功能绿地景观的景感生态学效应[J]. 生态学报, 2021, 41(19): 7509-7520.

[4] 许晓青, 庄安頔, 韩锋. 主导音对自然保护地声景感知情绪的影响——以武陵源世界遗产地为例[J]. 中国园林, 2019, 35(8): 28-33.

[5] ISO. Acoustics - soundscape -part 1: Definition and conceptual framework (ISO12913-1: 2014)[S]. 2018.

[6] 岑渝华, 王鹏, 陈庆春. 等. 城市绿地动物声景的时空特征及其驱动因素[J]. 生物多样性, 2023, 31: (1): 43-57.

[7] GÓMEZ O M, FORS I M. A global synthesis of the impacts of urbanization on bird dawn choruses[J]. Ibis, 2021 (163): 1133-1154.

[8] KIGHT C R, SWADDLE J P Eastern bluebirds alter their

song in response to anthropogenic changes in the acoustic envi-
ronment[J]. Integrative & comparative biology, 2015, 55(3):
418-431.

[9]　JOO W, GAGE S H, KASTEN E P. Analysis and interpreta-
tion of variability in soundscapes along an urban-rural gradient
[J]. Landscape and urban planning, 2011, 103(3-4): 259-276.

[10]　郑光美. 北京及其附近地区夏季鸟类的生态分布[J]. 动物学
研究, 1984(1): 29-40.

[11]　FREEMARK K. Assessing effects of agriculture on terrestrial
wildlife: Developing a hierarchical approach for the US EPA
[J]. Landscape and urban planning, 1995, 31(1-3): 99-115.

[12]　许晓青, 金云峰, 钟乐. 基于声景资源时空分布特征的自然
保护地自然宁静管理与规划[J]. 风景园林, 2021, 28(12):
58-62.

[13]　KHANAPOSHTANI M G, GASC A, FRANCOMANO D,
et al. Effects of highways on bird distribution and soundscape
diversity around Aldo Leopold's Shack in Baraboo, Wisconsin,
USA[J]. Landscape and urban planning, 2019, 192: 103666.

[14]　NIEMEL Ä J. Ecology and Urban Planning[J]. Biodiversity
and conservation, 1999, 8(1): 119-131.

[15]　陈国建. 城市化对植物物种多样性的影响：方法, 格局与机
制[D]. 上海：华东师范大学, 2015.

[16]　FULLER R A, IRVINE K N, DEVINE W P, et
al. Psychological benefits of greenspace increase with biodiver-
sity[J]. Biology letters, 2007, 3(4): 390-394.

[17]　CURZEL F E, BELLOCQ M I, LEVEAU L M. Local and
landscape features of wooded streets influenced bird taxonomic
and functional diversity[J]. Urban forestry & urban green-
ing, 2021, 66: 127369.

[18]　赵伊琳, 白梓彤, 王成, 等. 城市公园春季声景观与植被结
构的关系[J]. 生态学报, 2021, 41(20): 8040-8051.

[19]　汪元凤, 董仁才, 肖艳兰, 等. 从景感生态学视角分析城市
立体绿化内涵与功能——以深圳市为例[J]. 生态学报,
2020, 40(22): 8085-8092.

[20]　JO H I, JEON J Y. Overall environmental assessment in ur-
ban parks: Modelling audio-visual interaction with a structural
equation model based on soundscape and landscape indices[J].
Building and environment, 2021, 204: 108166.

[21]　于博雅. 从物理到文化：声景观研究综述[J]. 建筑与文化,
2017(7): 113-114.

[22]　LEE H M, LIU Y, LEE H P. Assessment of acoustical envi-
ronment condition at urban landscape[J]. Applied acoustics,
2020, 160: 107126.

[23]　MORELLI F, BENEDETTI Y, SU T, et al. Taxonomic di-
versity, functional diversity and evolutionary uniqueness in
bird communities of Beijing's urban parks: Effects of land use
and vegetation structure[J]. Urban forestry & urban green-

ing, 2017, 23: 84-92.

[24]　PEI N C, WANG C, JIN J L, et al. Longterm afforestation
efforts increase bird species diversity in Beijing, China[J].
Urban forestry & urban greening, 2018, 29: 88-95.

[25]　魏聪, 刘善思, 刘威, 等. 拉萨市主要城市绿地的繁殖鸟类多
样性[J]. 生态与农村环境学报, 2021, 37(3): 348-352.

[26]　CLAUDIA S, SCHULZE C H. Functional diversity of urban
bird communities: Effects of landscape composition, green
space area and vegetation cover[J]. Ecology and evolution,
2015, 5(22): 5230-5239.

[27]　GAVARESKI C A. Relation of park size and vegetation to ur-
ban bird populations in Seattle, Washington [J]. Condor,
1976, 78(3): 375-382.

[28]　MACGREGOR-FORSI, ORTEGA-ÁLVA REZR.
Fading from the forest: Bird community shifts related to ur-
ban park site-specific and landscape traits[J]. urban forestry
& urban greening, 2011, 10(3): 239-246.

[29]　郝泽周, 王成, 裴男才, 等. 深圳3处典型城市森林的春季生
物声景多样性[J]. 林业科学, 2020, 56(2): 184-192.

[30]　LESSI, B F, PIRES, et al. Vegetation, urbanization, and
bird richness in a brazilian peri-urban area [J]. Ornitol
neotrop, 2016, 27: 203-210.

[31]　FINNICUM N E. Patterns of avian species diversity along an
urbanization gradient in Edinburgh, Scotland[J]. 2012.

[32]　BARBOSA K V D C, RODEWALD A D, RIBEIRO M C, et
al. Noise level and water distance drive resident and migratory
bird species richness within a neotropical megacity[J]. Land-
scape and urban planning, 2020, 197: 103769.

[33]　SILVA B F, PENA J C, VIANA-JUNIOR A B, et al. Noise
and tree species richness modulate the bird community inhabi-
ting small public urban green spaces of a neotropical City[J].
urban ecosystems, 2021, 24(1): 71-81.

[34]　AMAYA-ESPINEL J D, HOSTETLER M, HENRiQUEZ
C, et al. The influence of building density on neotropical bird
communities found in small urban parks[J]. Landscape and
urban planning, 2019, 190: 103578.

[35]　SENZAKI M, K ADOYA T, FR A NCIS C D. Direct and indirect
effects of noise pollution alter biological communities in and near
noise-exposed environments[J]. Proceedings of the royal society
B: Biological sciences, 2020, 287(1923): 20200176.

[36]　KOGAN P, ARENAS J P, BERMEJO F, et al. A green sounds-
cape index (GSI): The potential of assessing the perceived balance
between natural sound and traffic noise[J]. Science of the total en-
vironment, 2018, 642: 463-472.

[37]　李荷. 韧性营建：高密度建成环境内生态空间优化研究[D].
重庆：重庆大学, 2020.

[38]　王录仓. 基于百度热力图的武汉市主城区城市人群聚集时空特

征［J］. 西部人居环境学刊，2018，33(2)：52-56.

［39］ 吴志强，叶锺楠 . 基于百度地图热力图的城市空间结构研究——以上海中心城区为例［J］. 城市规划，2016，40(4)：33-40.

［40］ 廉英奇，欧达毅，潘森森，等 . 不同景观空间类型的声景评价研究［J］. 建筑科学，2020，36(8)：57-63.

［41］ 何谋，庞弘 . 声景的研究与进展［J］. 风景园林，2016(5)：88-97.

［42］ 朱天媛，刘江，郭渲，等 . 城市森林公园声景感知的空间差异性特征及其影响因素［J］. 声学技术，2022，41(5)：742-750.

［43］ 赵莹，申小莉，李晟，等 . 声景生态研究进展和展望［J］. 生物多样性，2020，28(7)：806-820.

［44］ WANG R H，ZHAO J W. A good sound in the right place：Exploring the effects of auditory-visual combinations on aesthetic preference［J］. Urban forestry & urban greening，2019，43：126356.

［45］ 谢世林，曹垒，逯非，等 . 鸟类对城市化的适应［J］. 生态学报，2016，36(21)：6696-6707.

［46］ 刘江，郁珊珊，王亚军，等 . 城市公园景观与声景体验的交互作用研究［J］. 中国园林，2017，33(12)：86-90.

［47］ CLAUZEL C，JELIAZKOV A，MIMET A. Coupling a landscape-based approach and graph theory to maximize multispecific connectivity in bird communities［J］. Landscape and urban planning，2018，179：1-16.

［48］ 徐正春，袁莉，冯永军，等 . 基于物种落差分析的公园鸟类多样性提升设计——以湖南常德螺湾湿地公园为例［J］. 生态学报，2019，39(19)：6981-6989.

## 作者简介

李荷，1988 年生，女，博士，成都市公园城市建设发展研究院。研究方向为公园城市、韧性城市、城乡生态规划。

（通信作者）陈明坤，1972 年生，男，清华大学建筑学院在读博士研究生，成都市公园城市建设发展研究院院长、教授级高级工程师。研究方向为公园城市建设发展与风景园林规划设计。电子邮箱：108931331@qq.com。

# 基于 Bib Excel 的景观偏好研究综述

## Landscape Preference Review Based on Bib Excel

赵思琪　吴　焱

**摘　要**：景观偏好研究在旅游景区建设、城乡规划与管理等领域具有广泛的应用前景。本文对 2000—2021 年的国外相关研究进行回顾，对景观偏好研究的整体概况、研究理论、研究方法、研究内容 4 个方面进行了综述，同时分析其中存在的优缺点及借鉴意义，以期为未来发展方向提供指导。

**关键词**：景观偏好；景观感知；文献计量；BibExcel；综述

**Abstract**：The study of landscape preference has broad application prospects in the fields of scenic spot construction，urban and rural planning and management．This paper reviews the 21 years of research on landscape preference，summarizes the overall overview，research theory，research methods and research content of landscape preference research，and analyzes the advantages，disadvantages and reference significance，which is of far-reaching significance to provide guidance for the future development direction．

**Keyword**：Landscape Preference；Landscape Perception；Bibliometrics；BibExcel；Overview

景观偏好一词在 20 世纪 60 年代末被首次提出，距今已有近六十年的历史。研究内容主要聚焦于自然环境与森林景观[1]，主要运用照片以及可视化媒介来代替真实环境，对影响景观偏好的景观客体要素及景观空间形态进行研究。景观偏好研究通过公众的参与来分析和改进研究对象，主要反映满足人类生存和繁荣需求的景观质量。

## 1　相关概念与数据来源

### 1.1　景观与景观偏好

景观（landscape）是一个具有文化、经济、生产、生态等多功能的地理实体。关于景观一词的解释在不同国家、不同历史阶段、不同地域文化背景下有着不一样的理解。不同学科中，不同学者对景观的定义也不尽相同，在地理学中，景观的定义涵盖了生物和非生物的所有现象，统称为景观地理学；在生态学中，景观包含了更为广泛的生态学的概念，泛指人类生存的空间和视觉；在视觉层面，景观是基于视觉上对自然和人工所有形体的感受，是狭义的景观，是人类视觉中事物的总和[2-4]。综上所述，景观作为一种视觉形象，既是一种现实存在的自然现象，一种生态现象，也是人类自然环境中一切视觉事件、视觉事物和视觉感受的总和。

偏好是一种态度的流露和倾向表现，是一个相对主观的概念，反映在行为上即"比较喜欢"，表现出喜好的程度，能在一定程度上反映个体之间的差异，也体现出群体的共同特征[5]。景观偏好是指个人对某一环境状态的喜欢或不喜欢程度，景观偏好程度受到多种因素的影响，如个人心理活动、生理状况以及社会环境的差异等。面对不同类型的景观，经过一系列感知与认知的心理评价过程后，人们会产生不同的好恶感，表现为不同的偏好程度[6]。

### 1.2　研究方法与数据来源

#### 1.2.1　研究方法

利用 Bib Excel 文献计量分析方法分析景观偏好研究的发文期刊、发文作者、知识背景、研究热点等内容。绘制景观偏好研究的知识网络图谱，得到与其相关的参考文献共引网络和关键词共现网络，以便于客观认识该领域的研究发展态势，为我国景观偏好的研究提供借鉴与参考。同时通过阅读、归纳、分析样本文献和杂志、互联网等网络资源，总结景观偏好研究的理论、方法及主要内容，对其有整体且全面的了解，以便提出未来景观偏好研究领域的发展趋势。

#### 1.2.2　数据来源

数据来源于国际学术界广泛认可的"Web of Science 核心合集"，通过设定关键词为"landscape preference"进行检索，"Article"为文献类型，论文收集时间开始于 2000 年 1 月 1 日，截至 2021 年 5 月 20 日。通过剔除低相关性与非研究性文献，最终获得 130 篇样本文献，其中包括期刊、会议和综述等文章类型，以此为基础进行分析研究。

## 2　国外景观偏好研究的整体概况

### 2.1　发文期刊

对样本文献进行期刊排名（表 1），笔者发现 Urban

Forestry and Urban Greening 和 Landscape and Urban Planning 期刊研究结果数量最多，其中 Landscape and Urban Planning 是景观偏好研究的先锋期刊，研究结果相对具有代表性。

景观偏好研究领域排名前十的期刊　表 1

| 序号 | 期刊名称 | 样本文献数量（篇） |
|---|---|---|
| 1 | Urban Forestry & Urban Greening | 21 |
| 2 | Landscape and Urban Planning | 20 |
| 3 | Sustainability | 7 |
| 4 | Journal of Environmental Management | 6 |
| 5 | Landscape Research | 6 |
| 6 | Scandinavian Journal of Forest Research | 2 |
| 7 | Expanding Roles for Horticulture in Improving Human Well-Being and Life Quality | 2 |
| 8 | Ecological Indicators | 2 |
| 9 | Ecosystem Services | 2 |
| 10 | International Journal of Environmental Research and Public Health | 2 |

### 2.2　发文作者

H 指数是 2005 年由物理学家乔治·赫希（Jorge Hirsch）提出的一种评价学术成就的新方法，综合考虑了作者发文量和文章被引量两个要素。H 指数越高，表明此作者发表的文章影响力越大。从表 2 中可以看出，Peter H. Verburg 的 H 指数最高，发表 4 篇文章，被引次数达到 101 次，平均每篇文章被引 25.25 次，由此可见其在景观偏好研究中的影响力较大。他的研究多聚焦于乡村和农业景观，关注景观美学与生态服务价值。他与同伴进行了农民对农业遗弃的看法与维持意愿、游客对农业景观的偏好以及如何将维护耕地景观与当前乡村旅游的需求相协同等探索研究，很大程度上推动了乡村旅游的发展，并且开发了一种综合的方法，用来评价人在视觉景观环境中所体验到的景观元素。

景观偏好研究领域发文作者的 H 指数分析　表 2

| 作者 | 机构 | H 指数 | 被引次数（次） | 发表文章次数（次） | 篇均引用次数（次） |
|---|---|---|---|---|---|
| Peter H. Verburg | 阿姆斯特丹自由大学 | 4 | 101 | 4 | 25.25 |
| Boris T. van Zanten | 阿姆斯特丹自由大学 | 3 | 94 | 3 | 31.33 |
| Kendal Dave | 墨尔本大学 | 3 | 62 | 3 | 20.67 |

续表

| 作者 | 机构 | H 指数 | 被引次数（次） | 发表文章次数（次） | 篇均引用次数（次） |
|---|---|---|---|---|---|
| William C. Sullivan | 伊利诺伊大学 | 3 | 84 | 3 | 28 |
| 赵警卫 | 中国矿业大学 | 3 | 61 | 5 | 12.2 |
| Hwang YunHye | 新加坡国立大学 | 2 | 23 | 2 | 11.5 |
| Longaretti Pierre Yves | 格勒诺布尔-阿尔卑斯大学 | 2 | 14 | 2 | 7 |
| Mark J. Koetse | 阿姆斯特丹自由大学 | 2 | 72 | 2 | 36 |
| Kuper Rob | 天普大学 | 2 | 26 | 2 | 13 |
| A. Drabkova | 捷克布拉格生命科学大学 | 2 | 6 | 2 | 3 |
| Beumer Carijn | 马斯特里赫特大学 | 2 | 21 | 2 | 10.5 |
| 高天 | 西北农林科技大学 | 2 | 14 | 4 | 3.5 |
| 胡尚春 | 东北林业大学 | 2 | 8 | 2 | 4 |
| M. Hedblom | 瑞典农业科学大学 | 2 | 12 | 2 | 6 |
| 罗涛 | 中国科学院 | 2 | 14 | 3 | 4.67 |

## 2.3　知识背景

　　图 1 为景观偏好研究领域的参考文献共引网络图谱。图中每个节点代表一篇被引文献，节点越大表示引用次数越多。这些节点在景观偏好研究领域的发展进步中起到了关键的作用，是该领域最重要的知识背景。图中最大的节点是 Asa Ode 2009 年发表在 Journal of Environmental Management 上的 "Indicators of perceived naturalness as drivers of landscape preference" 一文和 M. Arriaza 2004 年发表在 Landscape and Urban Planning 上的 "Assessing the visual quality of rural landscapes" 一文，其共引频次最高，起到了关键作用。此外，图谱中还有 18 篇关键参考文献，如表 3 所示。

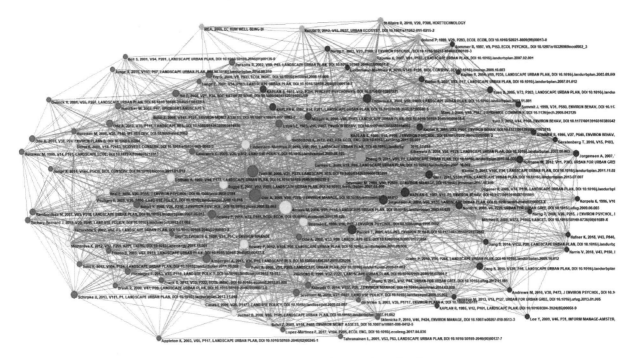

图 1　景观偏好研究领域的参考文献共引网络图谱

景观偏好研究领域知识背景中的关键参考文献　　　表 3

| 编号 | 作者 | 时间（年） | 发文期刊 | 题目 |
|---|---|---|---|---|
| L01 | Asa Ode | 2009 | Journal of Envi-ronmental Management | Indicators of perceived naturalnesas drivers of landscape preference |
| L02 | M. Arriaza | 2004 | Landscape and Urban Planning | Assessing the visual quality of rural landscapes |
| L03 | Arne Arnberger | 2014 | Landscape Research | Exploring the heterogeneity of rural landscape preferences：An image based iatent class approach |
| L04 | Peter Howley | 2011 | Ecological Economics | Landscape aesthetics：Assessing the general publics' preferences towards rural landscapes |
| L05 | Mari Sundli Tveit | 2006 | Journal of Environmental Management | Relationships between visual landscape preferences and map-based in dica-tors of landscape structure |
| L06 | Einar Strumse | 1996 | Journal of Environmental Psychology | Demographic differences in the visual preferences for agrarian landscapes in western Norway |
| L07 | Andrew Lothian | 1999 | Landscape and Urban Planning | Landscape and the philosophy of aesthetics：Is landscape quality inherent in the landscape or in the Eye of the beholder? |
| L08 | Petra Lindemann-Matthies | 2010 | Landscape and Urban Planning | Aesthetic preference for a Swiss alpine landscape：The impact of different agricultural land-use with different biodiversity |
| L09 | Elke Rogge | 2007 | Landscape and Urban Planning | Perception of rural landscapes in Flanders：Looking beyond aesthetics |
| L10 | Bin Zheng | 2011 | Landscape and Urban Planning | Preference to home landscape：wildness or neatness? |
| L11 | Larissa Larsen | 2006 | Landscape and Urban Planning | Desert dreamscapes：Residential landscape preference and behavior |
| L12 | Marjanne Sevenant | 2009 | Journal of Environmental Management | Cognitive attributes and aesthetic preferences in assessment and differenti-ation of landscapes |
| L13 | Stephen Kaplan | 1995 | Journal of Environmental Psychology | The restorative benefits of nature：Toward an integrative framework |
| L14 | Rachel Kaplan | 1987 | Landscape and Urban Planning | Cultural and sub-cultural comparisons in preferences for natural settings |
| L15 | Assenna Todorova | 2004 | Landscape and Urban Planning | Preferences for and attitudes towards street flowers and trees in Sapporo, Japan |
| L16 | Ling Qiu | 2013 | Landscape and Urban Planning | Is biodiversity attractive? —On-site perception of recreational and biodi-versity values in urban green space |
| L17 | Anna Jorgensen | 2002 | Landscape and Urban Planning | Woodland spaces and edges：Their impact on perception of safety and preference |
| L18 | Purcell | 2001 | Environment & Behavior | Why do preferences differ between scene types? |

## 2.4　研究热点

关键词是文献的精确概括，高频词与关键词可以体现学术领域的主要研究热点。将数据导入 PaJek 工具，绘制关键词的网络图谱。如图 2 所示，图中共有关键词节点 63 个，连线 124 条。图中每个节点代表一个关键词，节点越大表明关键词出现频率越高，连线越多则表示关键词共现的次数越多，连线的粗细与其联系的紧密程度成正

比。landscape preference 作为样本文献的检索词出现频次最高，为 56 次；此外，Ecosystem services，Landscape values，landscape aesthetics，Forest management 等词汇也因其出现次数较多而成为图谱中较为显著的节点。结合其他出现频次大于或等于 3 的关键词（表 4），可以发现其内容基本能涵盖景观偏好研究的主要方面。从高频词汇出现的年份来看，Virtual reality，Danger，Prospectref-uge，Onsite survey 等关键词出现较晚，是近年来景观偏好研究的热点问题。

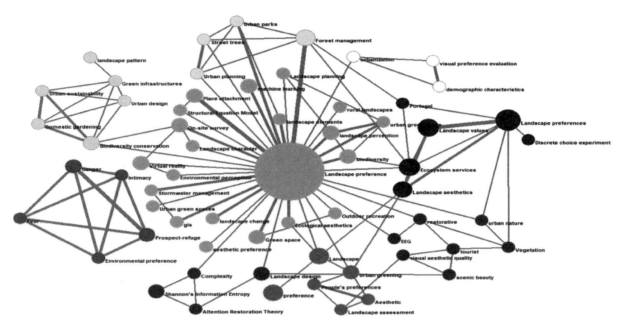

图 2　景观偏好研究领域的关键词共现网络

景观偏好研究领域的高频关键词　　表 4

| 关键词 | 词频 | 年份 |
| --- | --- | --- |
| landscape preference | 56 | — |
| ecosystem services | 5 | 2016 |
| Landscape values | 5 | 2016 |
| landscape aesthetics | 4 | 2016 |
| forest management | 4 | 2013 |
| landscape design | 3 | 2017 |
| virtual reality | 3 | 2021 |
| biodiversity | 3 | 2019 |
| biodiversity conservation | 3 | 2018 |
| place attachment | 3 | 2020 |
| machine learning | 3 | 2018 |
| danger | 3 | 2021 |
| prospect-refuge | 3 | 2021 |
| shannon′s information entropy | 3 | 2020 |
| landscape perception | 3 | 2019 |
| green space | 3 | 2019 |
| urban greening | 3 | 2014 |
| on-site survey | 3 | 2021 |

# 3　景观偏好研究的主要内容

## 3.1　研究理论

　　景观偏好研究最初在国外多以研究人类与环境的感知开始的，J. Appleton 等人在 1975 年基于景观感知理论来研究景观与人的关系[7]。1989 年 Kaplan 夫妇最早提出了景观偏好理论，他们通过一系列研究认为景观偏好的本质是一种心理评价行为，表达了公众对景观的喜好程度。Kaplan 夫妇还以瞭望—庇护理论为基础，建立了景观偏好矩阵模型[8]。通过分析景观偏好的原因、行为影响因素、偏好内容等可以对景观规划设计提供指导，设计出更符合公众审美心理的景观，从而更好地满足公众的审美需求。

　　目前，国外景观偏好研究领域已形成系统的理论，主要以景观知觉为基础，从专家学派、心理物理学派、认知学派和经验学派的基础上研究人与景观及两者交互作用影响的结果，进行景观视觉评价，这四大学派是目前学术界公认的主要范式（表 5）。①专家学派：包括规划设计、生态和资源管理等领域的专家进行视觉质量评价，这种方法要强调形式美和生态学的原则，实用性强，但缺乏灵敏性和可靠性。②心理物理学派：兴起于 20 世纪 70 年代，指根据景观的物理特征对特定的景观质量进行大众偏好分析。它不再仅仅依靠少数专家，更加注重社会公众偏好，并将"景"与"观"，"定性"与"定量"综合起来，是景观视觉评价中研究应用最为广泛的评价模式，可以比较客观地反映出被评价景观的视觉价值。③认知学派：以进化论为思想为指导，从人的生存需要和功能需要出发，把景观含义建立在人的感觉和知觉上，借助瞭望—庇护理论、信息—处理理论、情感/唤起反应理论等，将过去的人生经验与景观评价结合起来。但认知学派停留在抽象维量的分析上，只是一种理论分析途径。④经验学派：把人对风景审美评判看作是人的个性及其文化、历史背景、志向与情趣的表现，强调人的主观感受及景观客体的美学价值[9]。因此，经验学派局限于对景观视觉环境的定性研

究，缺少一定的科学性。总体来讲，四大学派在研究思想、观点和方法上各有特点，它们在研究过程中相互补充，有效地促进了景观审美体系的构建与完善，为景观视觉评价提供理论支撑和方法借鉴。

四大学派研究思想与研究方法　表 5

| 四大学派 | 研究思想 | 研究方法 |
|---|---|---|
| 专家学派 | 包括规划设计、生态和资源管理等领域的专家进行视觉质量评价，强调形式美和生态学的原则 | 包括形式美学模式和生态模式 |
| 心理物理学派 | 根据景观的物理特征对特定的景观质量进行大众偏好分析。它不再仅仅依靠少数专家，更加注重社会公众偏好 | SBE 法和 LCJ 法等 |
| 认知学派 | 以进化论为思想为指导，借助瞭望—庇护理论、信息—处理理论、情感/唤起反应理论等，将过去的人生经验与景观评价结合起来 | 问卷调查、默画地图、访谈等形式 |
| 经验学派 | 把人对风景审美评判看作是人的个性及其文化、历史背景、志向与情趣的表现，强调人的主观感受及景观客体的美学价值 | 心理测量、调查问卷、访谈等形式 |

## 3.2　研究方法

为了研究人们的景观偏好，Kaplan 夫妇在 1979 年提出了内容识别法（CIM）[10]。该方法可以帮助理解不同类型的景观环境的偏好模式，从而确定影响公众偏好的因素。在 1989 年提出的景观偏好矩阵模型是一种以心理学为基础的概念架构进行偏好评价的方法，属于心理物理学派。其将景观的复杂性、连贯性、神秘性和易读性作为评价因子，通过这些因子加以预测景观，最后形成了一个 2×2 的四维偏好矩阵（表 6），解释了环境信息对偏好的影响[8]。随后逐渐出现了量表及照片评分的方法，如 William C. Sullivan 等人采取李克特量表的方式，研究城市居民对于树木覆盖密度的偏好态度，有助于城市规划者更有效地配置城市森林资源；还采用照片评分的方法调查了设计师与外行人对于绿色雨水基础设施的偏好差异[11]。

景观偏好矩阵模型　表 6

| 空间向度 | 信息需求 | |
|---|---|---|
| | 理解（understanding） | 探索（exploration） |
| 立即的（immediate） | 连贯性（coherence） | 复杂性（complexity） |
| 推论的、预测的（inferred，predicted） | 易读性（legibility） | 神秘性（mystery） |

偏好矩阵、量表、照片评分这三种方法是最早尝试将景观偏好评价进行量化的研究手段，也在后来的研究中得到了广泛的应用。在 20 世纪 80 年代开始流行使用摄影方法来进行景观偏好研究，比如摄影问卷法、游客受雇拍照法等[2]。20 世纪 90 年代中期后，互联网革命背景下的网络调查被用于获取景观偏好数据，并且可靠性得到论

证[12]。21 世纪初，随着互联网信息技术的发展，虚拟现实、眼动追踪技术、数字图像编辑、地理信息系统等可视化工具也被逐渐应用到景观感知与偏好研究中[13,14]。

## 3.3　研究内容

对景观偏好的研究主要集中在景观特征、景观偏好的主体特征以及影响景观偏好的影响因素等方面，并且有了丰富的研究成果。随着研究的深入，从研究景观特征的评价逐渐向研究景观偏好主体的影响，并且经过多年的发展，已经形成了成熟的一个体系。大量文献证明了景观偏好的主体特征，即人群的背景信息，例如年龄、性别、收入、专业、受教育程度、身份背景等，都对景观偏好产生或多或少的影响。赵警卫等人研究城市绿地植物景观视觉偏好时得出受访者的教育程度和性别对偏好评估有显著影响[15]。高天等人通过研究发现教育水平、生活环境、年龄更有可能影响对八种感知感官维度的认知[16]。Skrivanova Zuzana 等人发现不同特征（性别、年龄、教育水平、职业分类和受访者居住类型）受访者，其景观偏好判断存在显著差异[17]。

对于景观偏好的研究，国外一直从未间断，近年来依然有大量的论文讨论人群对景观的偏好与感知的影响，无论是从景观特征还是偏好人群的特征、景观偏好的研究方法等方面，均有更加深入的探讨。Peter H. Verburg 等人采用分裂样本法对受访者进行价格因素与偏好之间关系的研究，此外还通过视觉选择实验测量游客的视觉景观偏好来量化其审美与娱乐价值，得出景观的美学和娱乐价值方面与广泛的景观背景息息相关的结论[18]。William C. Sullivan 等人通过照片评分法发现人们最喜欢的图像是

整齐的生物保留池、城市森林和鲜花景观，且设计师与外行的偏好总体上相似，但存在一定差异[19]。Hwang YunHye 等人发现人们最认同"自然""美丽""对环境功能和调控有价值"和"对动植物保护有价值"的正面场地属性，最不认同负面属性（危害），如"犯罪活动""犯罪风险"和"危险"等[20]。Kuper Rob 等人发现受访者更喜欢成群排列的植物，对居住环境的喜爱程度也显著高于城市环境[21]。Kathryn J H. Williams 等人研究城市绿色屋顶时，得出高大、长满草的生命形式和绿色树叶是最受人们欢迎的，而长势较低的红色肉质植被最不受欢迎的结论[22]。Nordlund Annika 等人发现环境评估（神秘性、易读性、期望值、驱动力）是步行和锻炼意向的直接预测因子，人们对天然林的偏好高于有明显森林管理迹象的森林景观[23]。Y. Mizuuchi 等人发现森林景观是游客感到崇高的景观类型，树高和高大树干是促成崇高的最重要特征[24]。Ordonez Camilo 等人认为大自然和城市森林是改善健康和福祉的宁静之地，通过研究发现受访者经常将拥有众多高大、健康树木的景观描述为居住的好地方，因为它们使一个地方感觉稳固、稳定、安全，并充满个性[25]。

随着研究的深入，人们不仅研究公众对各景观本身的偏好，而且在此基础上，通过景观偏好的研究来探究造成偏好的差异和内在因素，或是通过人群对不同类型景观的偏好来调查人群对生态、环保等理念的认知与看法，抑或是探索人群偏好对人本身造成的影响与差异。Kendal Dave 等人在植物偏好研究中发现人们的偏好非常多样化，这些偏好既与花的大小、叶宽和叶色等审美特征有关，也与本土性和耐旱性等非视觉特征有关[26]。William C. Sullivan 等人在植物密度研究中得出乔木密度和林下植被密度与偏好呈幂次曲线正相关关系[27]。赵警卫等人研究发现季节变化对景观偏好和感知恢复都有重要的影响，无论是景观偏好还是感知恢复方面，夏季和秋季都优于春季和冬季[28]。Rafi Zahra Nazemi 等人通过研究发现草本开花植物的旱生布局是最受欢迎的景观，其次是常绿、落叶灌木和多年生开花草本植物混合分布，而性别、家庭组成、儿童时期的人口密度和环境态度是影响人们景观偏好的因素[29]。

## 4　景观偏好研究未来发展趋势

景观偏好作为景观科学的一个重要分支，与景观变化、生态系统服务等要素相互作用。总的来说，景观偏好

研究目前正在跨越边界，并开始与一些热点话题相结合，如气候变化和社会生态系统，其主要任务是解决可持续性问题。先前的研究探索了景观特征、景观偏好的主体特征以及影响景观偏好的影响因素，已将公众需求纳入景观规划和管理中，并开始应对缺乏针对特定区域的具体研究这一挑战。研究者和设计师面临的另一个挑战是评估公众对规划工具和技术的理解。基于不同的教育水平和环境价值观等背景，对景观政策的理解可能因人而异。因此，哪个群体的态度和观点在特定领域最值得关注和重视，还有待于未来的研究。目前，提升公众对环境可持续性重要性的认知，并正确引导其偏好自然生态美的景观，是有关景观偏好评价与实践的正确道路。

## 5　讨论与结论

总体而言，景观偏好研究由于起步时间早，研究时间长，已经具有一套较成熟的理论模式与研究方法。尤其是近年来，已经不再止步于单单探究人群对景观的喜好或人口学基本统计特征与景观偏好的关联，而是步入更深刻而细致的领域。例如，宏观层面上，探究了地域、种族、社会文化等对人群偏好的影响，微观上研究了视觉特征、人工设计强度对人偏好的影响。研究对象也不局限于人与植物，风能、鸟鱼、昆虫等也逐渐受到关注。此外，学者们还研究了审美偏好对人体的应力知觉的影响，并得到了一定结论，具有更重要而深刻的意义。但仍存在一些不足之处：①研究的角度较为简单，景观类型不够多样，研究区域分布不够均衡；②研究的表征指标不明确，使用的统计学方法较为简单；③对于引起偏好的深层次的内在原因、偏好中的共识与差异，以及公众对生态、自然等景观问题的感知与偏好研究依然存在不足。

### 参考文献

[1] JORGENSEN A. Beyond the view: Future directions in landscape aesthetics research[J]. Landscape and urban planning, 2011, 100(4): 353-355.

[2] DANIEL T C. Whither scenic beauty? Visual landscape quality assessment in the 21st century[J]. Landscape and urban planning, 2001, 54(1-4): 267-281.

[3] 俞孔坚. 景观的含义[J]. 时代建筑, 2002, (1): 14-17.

[4] 俞孔坚. 论景观概念及其研究的发展[J]. 北京林业大学学报, 1987, 9(4): 433-439.

[5] 殷菲. 洋湖湿地公园游客对植物景观的偏好研究 [D]. 长沙：

中南林业科技大学，2013.

[6]　曹敏. 城市河流景观及公众偏好研究——以上海市苏州河为例 [D]. 上海：华东师范大学，2013.

[7]　APPLETON，J. The experience of landscape[M]. New York：John Wiley & Sons，1975.

[8]　K R，KAPLAN S，BROWN T. Environmental preference：A comparison of four domains of predictors[J]. Environment and behavior，1989，21(5)：509-530.

[9]　贾亦琦. 基于景观偏好视角的摄影旅游行为研究[D]. 北京：北京林业大学，2012.

[10]　KAPLAN S . Concerning the power of content-identifying methodologies. 1979.

[11]　JIANG B，LARSEN L，DEAL B，et al. A dose-response curve describing the relationship between tree cover density and landscape preference[J]. Landscape and urban Planning，2015，139：16-25.

[12]　ROTH M. Validating the use of internet survey techniques in visual landscape assessment-An empirical study from Germany [J]. Landscape and urban planning，2006，78(3)：179-192.

[13]　BISHOP I D. Predicting movement choices in virtual environments [J]. Landscape and urban planning，2001，56(3-4)：97-106.

[14]　AMATI M，PARMEHR E G，MCCARTHY C，et al. How eye-catching are natural features when walking through a park? Eye-tracking responses to videos of walks [J]. Urban forestry & urban greening，2018，31(1)：67-78.

[15]　WANG R，ZHAO J. Demographic groups' differences in visual preference for vegetated landscapes in urban green space [J]. Sustainable cities and society，2016(28)：350-357.

[16]　CHEN H，QIU L，GAO T . Application of the eight perceived sensory dimensions as a tool for urban green space assessment and planning in China[J]. Urban forestry & urban greening，2018(40)：224-235.

[17]　KALIVODA O，SKRIVANOVA Z，et al. Consensus in landscape preference judgments：The effects of landscape visual aesthetic quality and respondents' characteristics. [J]. Journal of environmental management，2014(137)：36-44.

[18]　ZANTEN B，KOETSE M J，Verburg P H . Economic valuation at all cost? The role of the price attribute in a landscape preference study[J]. Ecosystem services，2016.

[19]　SUPPAKITTPAISARN P，LARSEN L，SULLIVAN W C . Preferences for green infrastructure and green stormwater infrastructure in urban landscapes：Differences between designers and laypeople[J]. Urban forestry & urban greening，2019，43(4)：126378.

[20]　HWANG Y H，ROSCOE C J. Preference for site conservation in relation to on-site biodiversity and perceived site attributes：An on-site survey of unmanaged urban greenery in a tropical city[J]. Urban forestry & urban greening，2017(28)：12-20.

[21]　KUPER R. Evaluations of landscape preference，complexity，and coherence for designed digital landscape models[J]. Landscape and urban planning，2017(157)：407-421.

[22]　LEE K E ，WILLIAMS K，SARGENT L D，et al. Living roof preference is influenced by plant characteristics and diversity[J]. Landscape and urban planning，2014.

[23]　ERIKSSON L，NORDLUND A. How is setting preference related to intention to engage in forest recreation activities? [J]. Urban forestry & urban greening，2013，12（4）：481-489.

[24]　MIZUUCHI Y，NAKAMURA K W. Landscape assessment of a 100-year-old sacred forest within a shrine using geotagged visitor employed photography[J]. Journal of forest research，2021：1-11.

[25]　PEKHAM S，ORDONEZ C，DUINKER P N. Urban forest values in Canada：Views of citizens in Calgary and Halifax[J]. Urban forestry & urban greening，2013，12(2)：154-162.

[26]　KENDAL D，WILLIAMS K，WILLIAMS N. Plant traits link people's plant preferences to the composition of their gardens[J]. Landscape and urban planning，2012，105(1-2)：34-42.

[27]　SUPPAKITTPAISARN P，JIANG B，SLAVENAS M，et al. Does density of green infrastructure predict preference？[J]. Urban forestry & urban greening，2019(40)：236-244.

[28]　WANG R，ZHAO J. Effects of evergreen trees on landscape preference and perceived restorativeness across seasons[J]. Landscape research，2020，45.

[29]　RAFI Z N，KAZEMI F，TEHRANIFAR A. Public Preferences Toward Water-wise Landscape Design in a Summer Season [J]. Urban forestry & urban greening，2020(48)：126563.

## 作者简介

赵思琪，1998 年，女，长安大学在读研究生。

吴焱，1983 年，女，长安大学，副教授。

# 维护"绿色血脉"，缝合"三生空间"

## ——基于生态主义的绿道养护管理路径探析以杭州为例

## Maintain the Green Bloodline and Sew up the Three Living Spaces
## —Analysis of Greenway Maintenance and Management Path Based on Ecologism：Taking Hangzhou as an Example

翁夏斐　胡　越　施梦颖

摘　要：全国绿道建设如火如荼，但一些项目存在"重建设，轻养护；重风貌，轻生态"的现象，投入使用后，养护管理不足使其价值和效果大打折扣。本文从生态主义角度出发，提出以生态保护为本，以有机更新为魂，以美美与共为要，围绕绿道慢行系统通道畅通、绿道绿廊组织健康和绿道服务设施动力充足三个方面，通过三级管理，提供有力的管理制度保障；通过绿道分类，制定对应的定期考核标准；综合考虑自然的权利、使用者和养护管理者的权利，缝合生态、生产、生活空间；最终落实到具体的养护管理内容、要求和责任主体上；以维护"绿色血脉"，缝合"三生空间"为目标，以杭州为例，探索绿道养护管理的技术路径。

关键词：风景园林；绿道；生态主义；管理养护；绿色血脉

Abstract：The construction of greenways across the country is in full swing. There are existing the phenomenon of "emphasizing construction but neglecting maintenance；emphasizing landscape effect but neglecting ecology". After being put into use，the insufficiency of maintenance and management greatly reduces its value and effectiveness. From the perspective of ecologism，this article proposes that ecological protection should be the foundation，organic renewal should be the soul，beauty should be the essence，and the smooth passage of the slow-moving system，the healthy organization of ecological greenways，and the sufficient power of service facilities should be centered around three aspects. Through three-level management，favorable management system guarantees should be provided；Categorize greenways and establish corresponding regular assessment standards；Taking into account the rights of nature，users，and conservation managers，we will develop measures to stitch together ecological，production，and living spaces. Ultimately，it will be implemented in the specific maintenance management content，requirements，and responsible parties. To maintain the "green bloodline" and stitch up the "three living spaces"，taking Hangzhou as an example，explore the technical path of greenway maintenance and management.

Keyword：Landscape Architecture；Greenway；Ecologism；Management and Maintenance；Green Bloodline

# 1　生态主义视角下的绿道建设发展

## 1.1　生态主义在城市建设发展中的影响

随着生态主义的理论研究和实践不断深入，城市建设不断尝试完善，从宏观到中观、再到微观，从绿色生产、绿色生活再到绿色建设，多维度、多方向的尝试，融合了城市建设的社会性、艺术性和生态性，也消解了审美与科学、设计与规划、艺术与生态之间二元对立的关系[1]。

城市绿地系统规划在生态文明背景下，逐步受到重视，城市的绿地、绿道、海绵城市建设也在这一时期迈入了新阶段。

## 1.2　绿道建设养护发展概况

### 1.2.1　绿道建设规模及普遍问题

自 2016 年住房和城乡建设部印发《绿道规划设计导则》以来，我国已建设绿道 8 万余公里。浙江省已建成高标准绿道 5800km、其他普惠性绿道 7000 多公里，未来会以每年 1000km 的目标，快速增加。杭州市已建成绿道 3370km。未来三年，杭州全市将新建绿道 1000km、提升改造绿道 1000km，城市建成区绿道网密度达到 1km/km²，70% 以上城市建成区实现 5min 可达绿道网。

面对如此庞大的绿道建设，后期的养护管理尤其重要。目前，根据杭州市城乡建设委员会（杭州市绿道建设推进协调小组办公室）问卷调查结果显示：杭州绿道的被使用频率较高，一周使用绿道 4 次以上的受访者占比超过 50%，每周都去绿道的受访者占比达 90%。一些绿道在建成数年之后，存在绿道管理不到位、绿化养护不及时、公共服务设施破损、绿道指示系统缺损等问题，严重影响了绿道的形象、使用效率及使用感受，造成社会经济资源的一种浪费。

### 1.2.2　绿道养护管理情况

发达国家绿道的建设、发展、管理、养护均早于国内，且较为成熟。西方国家多以绿道为载体，结合观光旅游、产业发展，形成了以经济产业带动养护的经营模式。以美国为例，其建立了完备的绿道建设配套法案、多元化的筹融资体系、制度化的公众参与机制，推行市场化、产业化的运营模式，维持绿道可持续发展[2]。

我国社会主义性质及生态文明思想，决定了我国的绿道建设是人本为先、生态为基的绿色、线性、开敞、公益性空间。目前，广州、深圳、上海作为绿道建设的先头城市，为有效管理庞大的绿道网络，积极解决绿道养护的现状问题，保持绿道高品质运行，积极探索绿道管养维护工作方案。浙江省杭州市、嘉兴市等地为方便绿道养护管理，先后试行各自城市的《绿道养护管理导则》。

## 1.3　生态主义视角下的绿道建设养护问题

绿道发展到今天，早已从最初的"线型开敞绿色空间""绿化人行道"，发展成了生物学、风景园林、城乡规划、交通等多个学科交叉，满足游憩休闲、美化环境等功能，创造和保护城市的绿色空间，维护生态格局稳定的综合体[3]。

除连接自然风光、农业资源、生活空间外，绿道为广大的市民提供了公共交流、健身康体、娱乐休闲的空间，产生了"绿道经济"，在目前的建设和养护中，发现其最大的问题在于缺少对自然生态系统的修复和关爱[4]。

当前，我国一些绿道建设存在"重建设，轻养护；重风貌，轻生态"的现象，对绿道这"绿色血脉"的绿色核心认识不足。

### 1.3.1　重建设，轻养护

各级政府非常重视绿道建设，但一些地方对质和量的要求多在绿道建设前期，会形成每年的工作计划和对应的考核机制。但是，对投入使用后的绿道，管理上存在思想上的懈怠和考评体系的缺失，技术上缺少系统和专业的指导，投入上存在资金和人员短缺等问题。

### 1.3.2　重风貌，轻生态

目前，部分绿道规划设计导则或者省市域的绿道规划，多注重景观资源的串联和游客游赏体验的优化，很少考虑与生态廊道的正向叠加。过分注重绿道的美丽外表，强调建设前后的变化。对于绿道建设形式，强调统一的材质、颜色、logo 等；对绿廊过分强调色叶植物、鲜花植物等景观效果，使得"千道一面，南北同质"。在绿道选线上，很少考虑关键物种的地理空间分布和对破碎化生物生境的串联和生态网络的重构[5]，一定程度上影响了原有生态系统的丰富性和物质交换。

# 2　基于生态主义的绿道养护管理路径

## 2.1　绿道养护管理的技术路径

本文以杭州市为例，探索生态主义背景下的绿道养护管理路径（图 1）。

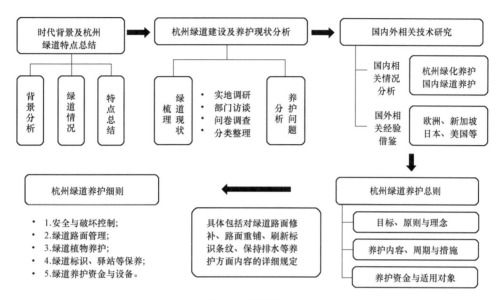

图 1　杭州市绿道养护管理技术路径

## 2.2　绿道养护管理的组成部分

参考《绿道规划设计导则》，结合近年来的绿道实践，笔者将绿道组成部分分为：绿道慢行系统、绿道绿廊和绿道服务设施。

绿道慢行系统为游径系统，包括步行道、自行车道、综合道和交通接驳点等；绿道绿廊包含绿化、各类生物群体及植物群落，是为人们的生活游憩提供场所的重要空间；绿道服务设施主要包括建（构）筑物本体、指示系统、管理服务设施、配套商业设施、游憩健身设施、科普教育设施、安全保障设施、环境卫生设施、交通设施和市政基础设施等十类设施[6]。

# 3　"绿色血脉"的有效维护

## 3.1　绿道慢行系统通道畅通

城市道路建设、改造时，通常优先保障机动车的通行空间，使机动车占用过多道路资源[7]，对人行交通较为忽视，直到绿道建设兴起。几百条、几千条绿道把动物从城市空间引导到野生动物进行季节性迁徙的栖息地，把人从社区空间带到远离城市的溪岸树荫游步道等，从景观上把乡村和城市空间连接起来，形成一个巨大的循环系统，

由此成为建设低碳城市的绿色血脉通道[8]。

我国 8 万 km 的绿道网络，如何维护能够使这一绿色血脉更加通畅？绿道慢行系统的通畅尤其重要。应定期检查和维护绿道慢行系统，保证交通衔接标识标线清晰，路面整洁完好，无安全隐患。如发现绿道慢行系统变形、下沉及面层松动等可能危及游人安全的情况，应局部围闭，设置警示标识，并及时修复。绿道路面应急处理和局部修补，应在规定时间内完成，且保证充足的养护时间。

绿道面层应确保平整坚实、无积水、无破损；绿道基础应确保平整坚实、强度达标。若发现损坏，应及时维修，并做好养护工作。不同类型路面应根据路面材料制定相应养护措施，每年至少养护 1 次，注意特殊路面的季节性养护。障碍坡道、栈道、栈桥应遵循"定期检查，及时复原，保证安全"原则，落实维护工作（表 1）。

绿道慢行系统养管标准　　　　表 1

| 内容 | 都市精品型绿道 | 城镇休闲型绿道 | 乡野自然型绿道 |
|---|---|---|---|
| 检测要求 | 1 年检测评价一次，根据检测结果，制定养护措施 | 3 年检测评价一次，根据检测结果，制定养护措施 | |
| 道路及硬质场地 | 破损率≤2% | 破损率≤4% | 破损率≤6% |
| | 透水率>60% | 透水率>75% | 透水率>90% |
| 修补时限 | 15 天内 | 20 天内 | 30 天内 |
| 标示标线更新 | 1~2 年 | | |
| 卫生保洁 | 根据城市环卫保洁相关标准执行。无垃圾，无积水，无污渍 | | |

注：破损率指路面破损面积占路面总面积的百分比；透水率指透水面积占绿道总占地面积的百分比。

## 3.2 绿道绿廊组织健康

绿道绿廊不是传统的道路绿化，它包含了绿道沿线的各类生物群体和植物群落以及全过程的物质交换过程，是线性的四维生态空间，是绿道血脉中流动的血液组织。植物绿化就像红细胞，是绿道中数量最多，维持绿道生态系统运行的最重要最基本的部分；绿道里人类活动就像白细胞，给绿道提供保护，是其活力的保障；绿廊里的动物、微生物就像血小板，是衡量绿道生态系统的量化指标，过多或过少都是病态的；绿道的空间环境就像是血浆，为生态系统提供物质和能量。只有健康的"血液"才能保障绿道的生态功能，营造良好的景观环境、生态环境，为人们的生活游憩提供场所。

绿道绿廊养护应严格执行绿化养护相关标准，开展修剪、除草、补植、施肥、病死株更换、病虫害防治等工作，做好日常防火及防台抗涝、防雪抗冻、抗旱等应急工作。同时，应为沿线的动物建设可供通行或穿越的生物通道系统。注意严禁占用绿地；对植物造景和园林小品应定期检查，及时修复；对古树名木落实专业单位养护，制定专项养护方案，建立"一树一策"档案（表2）。

**绿道绿廊养护标准**　　表2

| 内容 | 都市精品型绿道 | 城镇休闲型绿道 | 乡野自然型绿道 |
| --- | --- | --- | --- |
| 生物通道 | >3个/km | >1个/km | >0.5个/km |
| 生物多样性调查 | 2次/年 | | |
| 乔木 | 生长势良好，树冠完整美观，枝干健壮，无树体倾斜倒伏、枯枝断枝 | | |
| 灌木 | 生长势良好，株型饱满，冠形完整，无残缺株，修剪及时 | | |
| 草坪地被 | 生长茂盛，无杂草，草坪边缘线清晰 | | 生长良好，无片状裸露地面，无大型和缠绕性、攀缘性杂草 |
| 草本花卉 | 植株生长健壮，景观效果优美，株行距适宜，无缺株倒伏，无枯枝残花，无杂草，生长期无空秃 | 应选用球、宿根等多年生花卉。植株生长健壮，景观效果良好，无缺株倒伏，无明显杂草 | |
| 藤本植物 | 覆盖均匀，不缠绕其他乔、灌木 | | |
| 水生植物 | 生长健康，无倒伏，无缺株、死株，及时修剪、清理并控制生长范围 | | |
| 病死株更换 | 不超过3天 | 不超过5天 | 不超过7天 |
| | 更换植物种类一致。如无法满足，则需经绿化主管部门审批 | | |

**续表**

| 内容 | 都市精品型绿道 | 城镇休闲型绿道 | 乡野自然型绿道 |
| --- | --- | --- | --- |
| 灌溉与排水 | 定期检查灌溉及排水设施，确保功能完善，正常运行；适时浇水，及时排涝 | | |
| 病虫害防治 | 遵循"预防为主，综合治理"原则，病虫害危害控制在不影响景观效果的范围之内 | | |
| 卫生要求 | 绿地整洁，地面卫生无死角；无垃圾杂物，无蜘蛛网，无叶面积尘 | | 绿地整洁，无明显卫生死角及垃圾杂物 |
| 防灾应急管理 | 根据应急预案，做好应急准备；及时组织抗灾护绿，灾后尽快恢复绿化景观 | | |

## 3.3 绿道服务设施动力充足

绿道服务设施提供管理服务、商业体验、科普文娱、卫生安全等功能，是吸引人进入绿道的重要因素，也是绿道在人文和经济领域做出贡献的物质承载，就像是输送血液的心脏，需要保持其健康和动力。

绿道独立于灰色基础设施的是指示系统和游憩健身设施。指示系统是为市民和游客提供导览的基本设施，是保证绿道活力的基础设施。游憩健身设施响应了市民康体锻炼的愿望，成为老人和儿童日常休闲锻炼的目的地。绿道的交通设施，包括出租车停靠点、自行车租赁点、巴士码头等，为市民和游客提供了多种出行选择。

学界很少从绿道的角度来研究服务设施的功能定位、配套的数量和规模。绿道服务设施作为绿道正常发挥功能的前提和保障应定期检测，专业维护，及时更新。

# 4 "三生空间"的有机缝合

## 4.1 三级管理，管理制度的有力保障

三级管理即：市级绿道牵头部门考核、区级绿道管理部门监督和绿道养护单位落实。从市至区至具体养护管理单位，明确责任人和考核要求，改善职责不清、落实不力的情况。清晰的三级管理模式，有力保障了绿道养护管理工作的落实效果。

绿道的养护管理涉及园林、道路、建筑、市政、给水排水、电力、电信等专业，需协调市、区（县）的人民政府、发改、建委、财政、资规、交通、文旅、农业农村、

生态环境、城管、园林绿化等数十个部门，考虑园林绿化养护、市政、环卫保洁、运营等多门类的养护企业。如何提高多专业配合度，协同各部门共同有效推进工作，尤其重要。

杭州市绿道养护管理部门以"属地管理，权职明确"为原则，以市园林文物局作为绿道养管的市级牵头部门，负责开展全市绿道养护管理指导、协调、监督、检查、考核、评比等工作，其他相关市级部门根据各自管理职责落实管理工作。各区、县（市）人民政府、管委会按照财

权、事权配置相统一的原则，明确一个区级绿道管理部门，负责属地绿道养护管理的监督、检查、考核、评比、协调等工作。区级绿道管理部门根据导则要求，开展定期检测和不定期巡查；督促指导绿道养护单位制定相应的养护管理计划，落实做好养护工作，及时自查自纠，确保其养管的绿道达标；按照智慧城市管理要求，做好智慧绿道建设管理工作。鼓励公众参与，调动社会力量，倡导社会各界对绿道进行捐赠、认养（表3）。

绿道养管内容及责任主体　　表 3

| 分类 | | 养管内容 | 养护责任主体 | 管理责任部门 |
|---|---|---|---|---|
| 绿道慢行系统 | | 道路及沿线硬质场地 | 绿道产权单位 | 区、县（市）人民政府、管委会 |
| 绿道绿化 | | 绿廊范围内的植物及园林小品 | 绿道产权单位 | |
| 绿道服务设施 | 建（构）筑物本体 | 驿站、管理用房、商业配套建筑、展馆、公厕、小卖部、报刊亭、垃圾站、风景建筑等建筑本体 | 建、构筑物产权单位 | |
| | 指示系统 | 导向标识、信息标识、指路标识、位置标识、警示禁止标识 | 绿道产权单位 | |
| | 管理服务设施 | 游客中心、驿站运营 | 实际使用单位 | |
| | 配套商业设施 | 餐饮、售卖点等运营 | | |
| | 游憩健身设施 | 健身器械、儿童活动设施 | 设施设置单位 | |
| | 科普教育设施 | 宣传标识标牌、雕塑小品、文化展示 | 设施设置单位 | |
| | 安全保障设施 | 治安消防点、应急避难点、医疗急救点、监控 | 设施设置单位 | |
| | | 安全防护设施、无障碍设施 | 绿道产权单位 | |
| | 环境卫生设施 | 公厕、垃圾箱（房）保洁及清运 | 环卫部门 | |
| | 交通设施 | 出租车停靠点、自行车租赁点、巴士码头、交通标识牌等 | 设施设置单位 | |
| | 市政基础设施 | 路灯照明 | 亮灯管理单位 | |
| | | 给水排水、电力、电信、通信、燃气设施 | 设施产权单位 | |

## 4.2　三级分类，考核机制的定期校验

三级分类即根据绿道所处区位及环境景观风貌、将绿道分为都市精品型绿道、城镇休闲型绿道和乡野自然型绿道。为方便管理，三类绿道逐一对应杭州市现行的《杭州市城市绿化管理条例实施细则》中一级绿地、二级绿地、三级绿地，实施分类监管，统一养护管理要求和养护经费管理。

杭州市绿道养护管理部门以"分类养管（图2）、资金保障"为原则，各区、县（市）人民政府、管委会落实绿道养管保障经费，鼓励灵活运用社会资本。每年由市级牵头部门进行各项考核、评比，选出杭州市"十大最美绿道"。

## 4.3　三权分立，量化标准的有机更新

三权即：自然的权利、使用者的权利和养护管理者的

权利。综合考虑三方的权与利，才能真正实现"绿道（Greenway）"，在生态主义下的理念下，绿道的养护和管理才能更全面，真正实现"串联城市自然山水人文，服务百姓休闲游憩健身，促进城乡绿色协调发展"这一目标。

杭州市绿道养护管理部门以"因地制宜、及时养护"为原则，探索有机更新的量化"返修表"，建立绿道养护管理档案，以此来督促养护单位结合实际情况和养护对象的特点，在尊重原设计理念、保证绿道功能和景观的前提下，合理选择材料和工艺，确保养护管理及时到位。

绿道以满足"三生空间"的有机缝合为要，生态、生产、生活三大项内均有不满足者，直接"返修"，总计超过3小项不满足亦需"返修"（表4）。

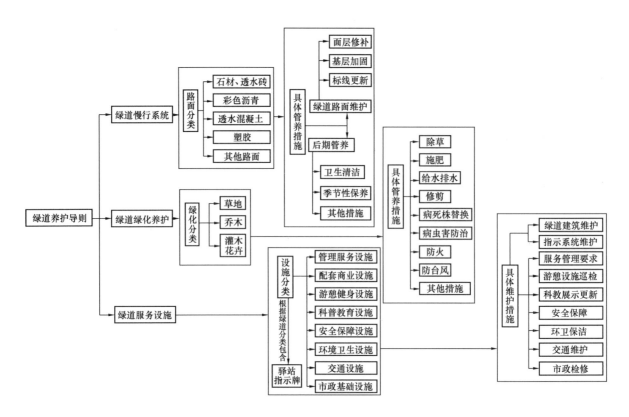

图 2　绿道分类养管内容及措施示意图

| 绿道养护管理"返修"表 | | | 表 4 |
|---|---|---|---|
| 内容 | 都市精品型绿道 | 城镇休闲型绿道 | 乡野自然型绿道 |
| 生态　生物通道 | >3 个/km | >1 个/km | >0.5 个/km |
| 栖息地 | — | 至少 1 处 | 至少 2 处 |
| 生物多样性调查 | 每年至少两次调研，旗舰物种无减少，无生物入侵 | | |
| 水源涵养 | 良好 | | 优质 |
| 土壤板结 | 无 | | |
| 空气 | 良好 | | 优质 |
| 生产　农业景观、农田或农产品基地 | — | 至少 1 处 | 至少 2 处 |
| 生活(1km可达)　社区、小区 | 至少 5 处 | 至少 3 处 | 至少 2 处 |
| 公共服务(学校、市场、综合体、办事处) | 至少 5 处 | 至少 3 处 | |

## 5　结语

### 5.1　生态保护为本

　　绿道作为维护生态过程和生态系统完整性，发挥生态系统服务价值的土地网络系统，成为国家和地方战略，提供整合自然保护、文化与自然遗产保护、乡土遗产保护和旅游与休闲产业发展机会[9]。在建设过程中，以生态保护为本的理念应该贯穿始终，从规划选线到设计施工，从人的活动到植物的生活，最终落实在每一天的使用和管理养护中。

### 5.2　有机更新为魂

　　大规模的绿道投入使用后，将其划为传统的绿地养护，显然已经不能够满足日常养护管理要求。从绿道本身的特色出发，以有机更新为魂，建立绿道养护管理专项工作迫在眉睫。不同区域根据地域特色和经济基础，制定专项的养护管理要求，明确养护管理的标准和责任主体，动态调整,定期检查工作。对于确实不能满足要求的绿道,实事求是,合理"返修",提高其品质,对保持绿道充分发挥作用至关重要。

## 5.3　美美与共为要

对传统绿道规划设计中考虑不足的生态主义要素,如动物、植物、微生物等建设友好的空间,其本质也是为人类提供更好的生存环境,落实生态文明思想。有效串联生态、生产、生活空间,既能够充分发挥绿道的生态价值,也能够提高游客和居民的生活品质,优化环境空间,更能够有效实现"绿道经济",各美其美,美人之美,美美与共,才是绿道养护管理的最终目标。

## 参考文献

[1] 于冰沁. 生态主义思想对西方近现代风景园林的影响与趋势探讨[J]. 中国园林, 2012, 28(10): 36-39.

[2] 徐东辉, 郭建华, 高磊. 美国绿道的规划建设策略与管理维护机制[J]. 国际城市规划, 2014, 29(3): 83-90.

[3] 王琳琳. 打通绿色动脉 守护城市生态[N]. 中国环境报, 2019-04-24.

[4] 赵珂, 李享, 袁南华. 从美国"绿道"到欧洲绿道:城乡空间生态网络构建——以广州市增城区为例 [J]. 中国园林, 2017, 33(8): 82-87.

[5] 杭州市城乡建设委员会. 杭州市绿道系统建设技术导则(试行)[Z]. 2019.

[6] COLLINGE S K. Ecological consequences of habitat fragmentation: implications for landscape architecture and planning[J]. Landscape and urban planning, 1996, 36(1): 59-77.

[7] 梁忠让. 从共享单车的发展看慢行交通的回归[J]. 工程建设与设计, 2017(10): 88-89.

[8] 毛蕊, 李秦生, 彭艳祥. 绿道 中国版图热启动 [J]. 旅游纵缆, 2015(5): 7-13.

[9] 李迪华. 绿道作为国家与地方战略从国家生态基础设施、京杭大运河国家生态与遗产廊道到连接城乡的生态网络[J]. 风景园林, 2012(3): 49-54.

## 作者简介

翁夏斐,男,1988年5月生,浙江兰溪人,浙江省城乡规划设计研究院,工程师。研究方向:园林规划设计。

胡越,男,1988年11月生,浙江杭州人,浙江省城乡规划设计研究院,高级工程师。研究方向:园林规划设计。

施梦颖,女,1988年5月生,浙江宁波人,浙江省城乡规划设计研究院,高级工程师。研究方向:园林规划设计。

# 彝族传统聚落景观基因图谱及其现代表达

Landscape Gene Map of Yi Nationality Traditional Settlements and Its Modern Expression

罗 可 余楚萌 王 璇 张 萍*

**摘 要**：风景园林学科的本质是空间叙事，通过空间营建处理人地关系。其研究关注都市人居空间，也需要将目光投向容易被忽略的人类聚集地的人居生态。目前，随着中国城镇化的快速发展和人们生产生活的日益变化，彝族传统村落在其迁移更新的过程中遭受了不同程度的影响甚至破坏，其传统景观基因也正逐步隐没，彝族传统聚落景观的活态保护和有机更新刻不容缓。本文以凉山彝族自治州甘洛县以达村和瓦姑录村传统聚落为例，构建彝族传统聚落景观基因图谱，用活态保护和有机更新理念对其景观基因进行转译，着眼于当代地理空间设计与少数民族地区福祉建设的整体梳理，总结风景园林学科及近缘学科一路以来探索与实践的智慧，使多学科多领域共同参与，不断丰富学科理论与实践技术，从建筑类型、村落选址等方面进行研究设计，创造更舒适、健康的生态与人居环境。

**关键词**：彝族；景观基因；基因转译；活态保护；有机更新

**Abstract**：The essence of the landscape architecture discipline is spatial narrative，dealing with the relationship between people and places through spatial construction. The object of its research practice not only focuses on urban habitat space，but also needs to focus on the habitat ecology of human gathering places that are easily neglected. At present，with the rapid development of urbanization and the increasing changes of people's production and life in China，the traditional villages of the yi nationality have been affected and even destroyed to different degrees in the process of migration and renewal，and their traditional landscape genes are gradually disappearing. This paper takes the traditional settlements of Yida and Wagulu villages in Ganluo County，Liangshan Prefecture，as an example，constructs a landscape gene map of yi nationality traditional settlements，translates their landscape genes with the concept of living conservation and organic renewal，focuses on the overall combing of contemporary geospatial design and the construction of well-being in marginal ethnic areas，summarizes the wisdom of exploration and practice of landscape architecture disciplines and nearby disciplines along the way，and makes multidisciplinary and multi－disciplinary joint efforts. The aim is to create a more comfortable and healthy ecological and human living environment through the research and design of building types and village sites.

**Keyword**：Yi Nationality；Landscape Gene；Gene Evolution；Living Protection；Organic Renewal

# 引言

当代世界发展环境越发复杂，风景园林行业所面临的研究与实践不仅要着眼于旷奥相宜的"庭园"和"园林"室外空间环境，而且需面对更广域的国土空间，聚焦容易被忽略的聚落人居生态问题。随着时代的更替变化，传统聚落的景观基因特质性在逐步削弱，对其景观特质性进行可持续保留成为风景园林及相关学科的重要课题。可持续发展包含自然环境的保护，也包含文化空间的活化，这些共同组成了乡村聚落景观基因图谱的延续。其中，对于少数民族聚落的活态保护与有机更新不应局限于单纯的形式保留，而应融入包容性的广阔视野与格局以及唤醒情感和归属的敏感力，完成传统聚落的延续与保护。

景观基因理论由刘沛林提出，该理论将生物学中"基因"的概念融入景观，将导致不同聚落文化景观区别于其他景观的因素，称为景观基因，并以此探索古城镇文化特色在现代化城市中保存延续的方法。[1]目前，景观基因理论已广泛应用于传统村落特征挖掘[2-4]、聚落文化区系研究[5]、古城镇旅游规划[6]、传统聚落文化保护及可持续发展探索[4,7,8]等研究。景观基因理论包含了对传统聚落民族信仰、民族图腾等内在特质和地域环境、建筑、聚落布局等外在表征的挖掘提取，是研究民族传统聚落景观的有效工具之一。

彝族作为西南地区代表性的少数民族，是中国少数几个拥有自己语言和文字的民族之一，有深远的起源、独特的习俗以及神秘的宗教文化。四川省凉山彝族自治州是我国最大的彝族聚居地域，彝族文化氛围浓郁、地域景观独特，也是彝族传统村落保存较为完整的区域。基于凉山彝族自治州之于少数民族地区的地位，当地的景观基因图谱构建可作为各民族文化空间的典型代表之一。但目前，凉山彝族自治州受到城镇化影响，当地的特质性景观基因正逐渐消隐。因此对该地区的景观基因图谱构建及转译成为必然。甘洛县隶属于凉山彝族自治州，县内部落林立，民族文化氛围浓厚，传统建筑保存情况较好，素有"汉族首都大，彝族甘洛大"之称，此地的景观基因保护与更新在宏观层面上具重大意义。研究选择该县内的以达村（图1）、瓦姑录村（图2）为对象进行分析，以达村位于甘洛县吉米镇，是当地较为典型的聚居村落，村落内现存传统民居较多，利于景观基因的挖掘；瓦姑录村位于甘洛县团结乡，是传统的散居村落，在村落布局上具有代表性，两个村落皆为乡村振兴重点帮扶村，现阶段皆有迫切的发展要求。

本文以上述两个传统村落为例，致力于讨论社会文化自信、民族历史与艺术发展等诸多问题，提取识别以村落

图1　以达村

图2　瓦姑录村

选址、建筑类型为代表的景观基因，挖掘其自然崇拜、民族信仰等精神载体，以此构建其景观基因图谱。发挥风景园林学科优势，聚焦聚落景观人居生态问题，迎合更广度和更深度需求导向的文化需求变化，保护民族传统聚落特质性，遵循以人为本、绿色发展、宜居适度的原则进行活态保护与有机更新，实现人与环境关系的可读与可意，创造可持续发展的人居环境。

## 1　景观基因识别与图谱构建概念植入

将生物学中的"基因"概念应用于景观研究，形成了"景观基因理论"，这一理论将某一地区随时间延续而传承

并区别于其他地区的景观因子作为遗传单位。识别景观基因并进一步分析当地生产生活习惯的工作称为"景观基因图谱"的构建，即识别具有可见性的显性基因以及不具有可见性的隐性基因。分析隐性基因对于显性基因直接或间接的作用，并针对性地提出在更新发展状态中保护和传承乡村聚落景观基因的方法，实现在人们生产生活过程中的可持续发展，这一过程即本文核心之一活态保护。少数民族的活态传承则主要重视于"村落文化""景观基因""文脉习俗"的保护与传承[9]。景观基因图谱构建思路见图 3。

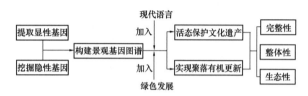

图 3　景观基因图谱构建思路

## 2　彝族传统聚落景观基因识别与图谱构建

### 2.1　彝族传统聚落景观基因识别体系

依托自然本性、行为本性和精神本性文化空间的物质形态特征，对景观基因进行类型划分和识别。

对于传统聚落内部的景观要素来说，通过图形抽象、图示表达、拓扑关系分析、形态学分析、模式识别等方法，能够准确识别和提取传统聚落的景观基因。[1]本研究借助于 GIS 及其相关技术，探究选定案例的空间布局特征，从中发现传统聚落的空间形态基因。针对建筑、道路等实物空间差异分析，以及风俗民情进行特征分析。研究人员通过实地考察空间布局，获取相关遥感影像，并进行图像识别提取要素的空间布局，应用 GIS 进行图像分割、最近邻分类等数据处理，进而识别和提取两个村落的景观基因。将提取出的景观基因进行分类，对其进行图示化表达，构建对应的景观基因图谱。基于对甘洛县彝族传统村落景观基因图谱的构建，在保证景观基因完整性、整体性和生态性的前提下，从活态保护和有机更新两个维度对彝族传统聚落景观基因进行现代表达。

本文中景观基因分类依照生物学对于基因的分类，将景观基因分为显性基因以及隐性基因，综合刘沛林对于少数民族传统聚落的分类依据，即整体布局、民居特征、图腾标志、主体性公共建筑、环境因子、基本形态六个方

面[1]以及研究者的实地调研结果等，将景观基因归结 2 个一级分类，6 个二级分类，16 个三级分类（图 4）。

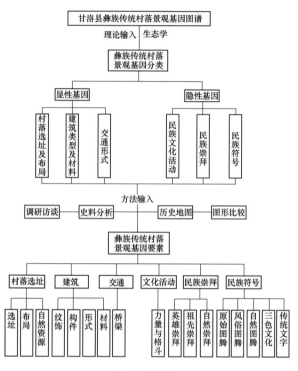

图 4　研究框架

### 2.2　彝族传统聚落景观基因识别

#### 2.2.1　彝族传统聚落景观显性基因识别

（1）村落选址及布局

彝族先民居住在河谷地带附近的高山上，具有高原游牧游耕的文化特征，因而居住形式大多为散居。出于安全防御、满足生产生活需求以及防止自然灾害的地理条件考虑[10]，在建筑选址上主要有"聚族而居""据险而居""靠山而居"三大特点。在村落的更新迁移和社会生产力发展的过程中，村落选址也发生了变化，由原本地形险要的高山，变成现在地形平坦、土壤肥沃的河谷地带[11]。（图 5）。选址的变化，也使传统彝族村落聚居形式发生了变化。由此彝寨典型的聚落特点"高山区散居，河谷平坝地集居"得以形成。聚落形式呈现"大分散、小聚居"（图 6）的特点。

（2）建筑类型及材料

在游牧经济的环境背景下，彝族人民最初的传统建筑民居以草房、权权房、瓦板房（图 7）[12]为主，以方便建造和拆卸的木材作为住屋的墙体、屋面。随着社会生产力的发展，开始出现土墙房、木架土墙房（图 8）、木架穿斗结构房（图 9）[13]等建筑形式，建筑形式以及建筑材料变得更为多样化、现代化。

图 5　聚居村落——以达村
（图片来源：网络）

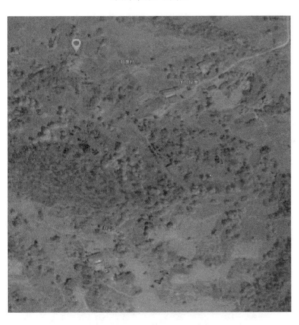

图 6　正在发展的散居村落——瓦姑录村
（图片来源：网络）

图 7　传统瓦板房
（图片来源：网络）

图 8　木架土墙房
（注：图片摄于甘洛彝族村落）

图 9　木架穿斗结构房
（注：图片摄于甘洛彝族村落）

　　在此技术基础上，彝族人民不断创新，形成了不同架构形式的木结构，如抬梁式、穿斗式等。穿斗结构（图 10）与搧架结构（图 11）[10,13] 是两种以装饰为主的连接木构件，这种构造形式具有极强撑持、衔接的作用，在美学意义上还具备较强的条理艺术性，将其民族崇拜以及民族特色表现到极致。

图 10　穿斗结构
（注：图片摄于甘洛彝族村落）

图 11　搁架结构
（注：图片摄于以达村）

（3）交通形式

因彝族传统聚落位置靠山靠水，彝族人民效仿祖先，就地取材，制作满足功能要求且造型别致的桥梁，主要类型有溜索（图 12）、藤桥（图 13）、索桥（图 14）与便桥（图 15）[12]。彝族山区的桥梁主要由木材藤条组合而成，材料自然生态，在具有一定的功能基础上又有属于彝族人民的独特美感。

图 13　藤桥
［图片来源：《甘洛县志（1991—2006）》］

图 14　索桥
（图片来源：网络）

图 12　溜索
［图片来源：《甘洛县志（1991—2006）》］

图 15　便桥
［图片来源：《甘洛县志（1991—2006）》］

### 2.2.2 彝族传统聚落景观隐性基因识别

（1）民族文化活动

民族文化活动是民族文化基因的载体，其中蕴含丰富的文化信息。原始的彝族村落建在险峻的高山上，靠捕猎为生，彝民对于环境的适应使得彝人有了对力量与格斗技巧的追求，民间兴起了跳火绳、磨尔秋（图16）、达体舞（图17）、摔跤、藤秋、射箭、蹲斗[12]等风格独特的竞技项目以及对于庆贺丰收的舞蹈（图18）等文化活动，在提高彝民身体素质的同时，也丰富着他们的娱乐生活，这些文化活动也是彝族民族精神的体现。

图 16　磨尔秋
［图片来源：《甘洛县志（1991—2006）》］

图 17　达体舞
［图片来源：《甘洛县志）（1991—2006）》］

图 18　劳动舞
［图片来源：《甘洛县志（1991—2006）》］

（2）民族崇拜

彝族的民族崇拜具有浓厚的原始宗教色彩，处在万物有灵的自然崇拜和祖先崇拜中（表1）。

自然崇拜与祖先崇拜的表现载体　　　　表 1

| 载体类别 | 自然崇拜 | 祖先崇拜 |
| --- | --- | --- |
| 建筑 | 门窗及檐口纹饰、材料的运用 | 壁画 |
| 服饰以及手工制品 | 图案纹样、色彩 | |
| 习俗节庆文化等 | 火把节、朵乐荷（图19）、荞菜节、祭火（图20）、跳菜、劳动舞等 | 隆重的丧葬祭祖仪式，"尼慈慈"祭祖典礼 |

图 19　朵乐荷
（图片来源：网络）

图 20　祭火
（图片来源：网络）

（3）民族符号

彝族钟情于黑、红、黄三色。三色文化[14]是彝族独特宇宙观的具体表达。除三色文化外，图案符号也是彝族民族美学的另一个表现，彝族传统图形纹样取材丰富，生动形象，大多是对自然事物的抽象提炼，模拟彝民日常劳作或彝族歌舞场景以及原始图腾纹样的形象化。彝族建筑、构筑物、服装以及饮食器具上多强调三色与图案的结合表达。正是由于这种颜色与图案的搭配融合，才衍生出彝族特有的民族符号与象征。

### 2.3 彝族聚居部落景观基因图谱构建

遵循景观基因的内在唯一性、外在唯一性、局部唯一性、

总体优势性原则[15]，对甘洛县彝族聚落进行基因识别，并对景观基因进行图像化，构建景观基因图谱，构建结果如表 2。

甘洛县彝族传统聚落景观基因图谱      表 2

| 基因类型 | 景观因子 | 基因识别结果 | 基因图示表达 |
| --- | --- | --- | --- |
| 显性基因 | 村落——选址 | 卜居高山区域 |  |
| | | 卜居河谷地带 |  |
| | 村落——布局 | 大分散，小聚居 |  |
| | 村落——自然资源 | 石材 |  |
| | 建筑——纹饰 | 建筑立面花纹 |  |
| | 建筑——构件 | 穿斗结构 | 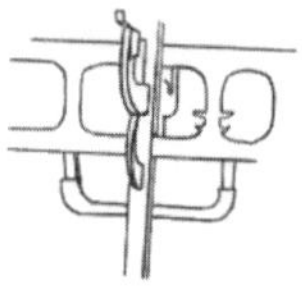 |
| | | 擱架结构 | 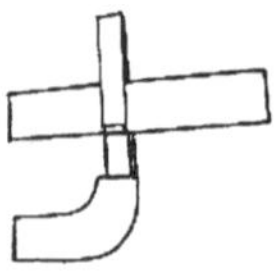 |
| | 建筑——形式 | 草房 |  |
| | | 权权房 |  |
| | | 瓦板房 |  |

续表

| 基因类型 | 景观因子 | 基因识别结果 | 基因图示表达 |
|---|---|---|---|
| 显性基因 | 建筑——形式 | 木架土墙房 | 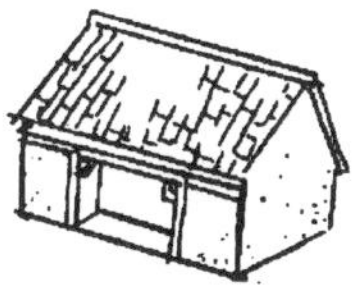 |
| | 建筑——材料 | 木质穿斗结构房 |  |
| | | 易拆卸木材 |  |
| | | 土墙 | 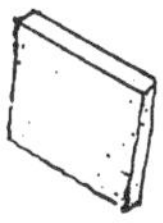 |
| | | 草料 |  |
| | 交通——桥梁 | 溜索 |  |
| | | 藤桥 |  |
| | | 索桥 | 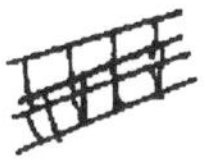 |
| | | 便桥 |  |
| 隐性基因 | 文化活动 | 追求力量与格斗技巧 |  |
| | 民族崇拜 | 祖先崇拜：认为祖先有三魂 |  |
| | | 自然崇拜：对天地日月山川<br>火树鸟等的崇拜，对火的崇拜为最 |  |

续表

| 基因类型 | 景观因子 | 基因识别结果 | 基因图示表达 |
|---|---|---|---|
| 隐性基因 | 民族符号 | 三色文化 |  |
| | | 自然事物图案符号 |  |
| | | 风俗场景图案符号 |  |
| | | 原始图腾形象化符号 |  |
| | | 传统文字 | 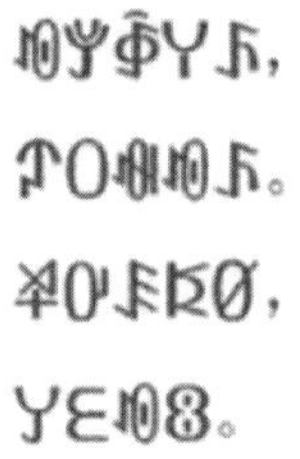 |

## 3　基因图谱构建支持下的彝族传统聚落景观基因现代表达

### 3.1　动力机制

　　为促使少数民族地区在地资源焕发活力，改善民族地区的人居环境，提高在地居民福祉，增强在地居民的地方依恋感，增强彝族民族自信和团结，基于对甘洛县彝族传统村落的景观基因图谱的构建，在保证景观基因完整性、整体性和生态性的前提下，从活态保护和有机更新两个维度对彝族传统聚落景观基因进行现代表达。

### 3.2　彝族传统聚落景观基因现代表达实例验证

　　以达村地处甘洛县，村内山峦起伏、沟壑纵横，是典型的高山峡谷地貌特征（图 21）[12]。村落布局以东西向 3.5m 宽主干道为轴线（图 22），向两边扩散，地势有微小起伏。以达村的选址、布局具有彝族传统聚落的特征，因而本文以甘洛县以达村为例，从整体空间的宏观把控、停驻空间的节点设计、景观空间的环境优化、建筑空间的外观规整等方面出发，优化其聚落景观，以期对少数民族聚落基因的现代表达提供实例验证。

河岸栈道以及河道景观进行设计（图 24）；顺应山地变化营造烤火空间（图 25），在满足彝民的生活习性的同时打造一处人文景观。景观的作用，使得景观要素更好地与人们交互，在其自然的特性上增加了人的主观审美感受并给了人们更多参与的可能。

图 21　甘洛地形
（图片来源：谷歌地图）

图 22　以达村鸟瞰图

### 3.2.1　景观道路与空间中的基因表达

通过道路与景观空间中的景观设计，对彝族本土自然资源基因进行现代化表达，焕发本土资源活力。遵循"顺势而为"的理念，整体上顺应凉山州地势的起伏变化，利用其河滩的石材对道路进行铺装设计（图 23），优化道路景观；顺应自然水体流向，利用天然木材以及河滩石材对

图 24　河道景观

图 25　烤火空间

图 23　道路铺装

### 3.2.2　景观建筑中的基因表达

　　景观建筑中的基因表达主要体现在建筑形式、建筑结构等显性基因与民族崇拜、民族符号、民族活动等隐性基因在建筑实体中的使用。

　　笔者参与设计的党群服务中心建筑（图26）、红白喜事房以及公共浴室（图27）采用更具安全性并与村落大多数建筑风格相配合的砖墙建筑，而在其外观上根据景观基因图谱所提供的信息，融合彝族建筑传统风格，在建筑重要视觉墙面加入彝族特色壁画彩绘以及纹样等平面装饰，使用彝族特有的木架结构进行空间的装饰。壁画内容主要包含三种类型，一是以彝族传统神话为主要题材的壁画体现民族信仰（图28），二是以彝族人民竞技体育项目等文化生活为主要内容的壁画以及纹样体现民族精神（图29），三是以彝族人民劳动生活为主题的壁画、纹样或装置体现民族生活氛围（图30）。建筑与彝族文化氛围相配合，使建筑不再是汉化建筑与彝族建筑简单拼接的孤立个体，而是在有机更新中构成彝族传统聚落有机整体的一个细胞。

图 28　民族信仰主题壁画建筑

图 26　新建党群服务中心

图 29　文化生活主题壁画建筑

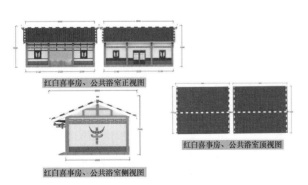

图 27　红白喜事房、公共浴室三视图

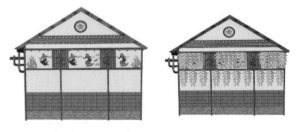

图 30　农作物装饰建筑

### 3.2.3　景观小品与构筑物中的基因表达

　　景观小品与构筑物同样也是景观基因信息的重要载体之一。彝族的民族崇拜、民族符号、文化活动基因在景观小品中具体体现为对于自然崇拜、格斗文化的抽象化阐释。在村落居民聚居地的入口处设置以彝族人民崇拜的英雄人物支格阿鲁的故事为主题的文化长廊（图31），采用彩绘画卷的表现形式，与居民建筑风格相呼应配合。火形雕塑表现彝族对于火的崇拜（图32），磨尔秋（图33）设施体现彝民竞技的民族精神等。构筑物则保留景观基因图谱中的掏架结构、穿斗结构，并使用自然材料，利用民族元素的组合创造不同的视觉体验以及构造形式，在满足其功能的前提下对彝族传统构造加以利用（图34～图36）。

图34　入口牌坊

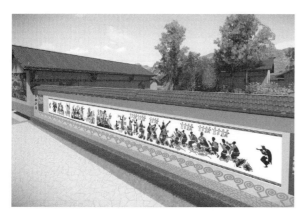

图31　文化长廊效果图

图35　锦绣以达微缩景观

图32　广场中心火形雕塑

图36　门效果图

## 4　结语

彝族文化是中华民族文化中的重要组成部分，承载着独特的文化内核。而随着社会水平与实践技术的更迭发展，彝族传统聚落文脉与人居生态逐渐消隐。因此传统村落迁移更新与民族文化核心的保护发展之间的矛盾成为焦点。

本文对选取的两个典型彝族村落进行景观基因图谱构

图33　磨尔秋

建与转译，从当地景观基因出发，最终以达村为例，对当地的地理空间设计与民族地区福祉建设进行整体梳理，运用多学科设计手法，创造更加宜居的环境，实现乡村有机更新与生长。

基于其民族文化的发展特点，以"活态保护"为宗旨对其文化空间进行传承与发展。"景观表达"作为最有效的活态保护措施之一，应更多地考虑场地与人、空间与人、景观与人之间的情感联系以及融合。

## 参考文献

［1］ 刘沛林 . 家园的景观与基因——传统聚落景观基因图谱的深层解读［M］. 北京：商务印书馆，2014.

［2］ 尹智毅，李景奇 . 历史文化村镇景观基因识别与图谱构建——以黄陂大余湾为例［J］. 城市规划，2023，47(3)：97-104＋114.

［3］ 王成，钟泓，粟维斌 . 聚落文化景观基因识别与谱系构建——以桂北侗族传统村落为例［J］. 社会科学家，2022(2)：50-55.

［4］ 林琳，田嘉铄，钟志平，等 . 文化景观基因视角下传统村落保护与发展——以黔东北土家族村落为例［J］. 热带地理，2018，38(3)：413-423.

［5］ 申秀英，刘沛林，邓运员 . 景观"基因图谱"视角的聚落文化景观区系研究［J］. 人文地理，2006(4)：109-112.

［6］ 曹帅强，邓运员 . 基于景观基因图谱的古城镇"画卷式"旅游规划模式——以靖港古镇为例［J］. 热带地理，2018，38(1)：131-142.

［7］ 田晨曦 . 基于景观基因图谱的古村落风貌修复与活化利用研究——以建德市李村村为例［D］. 杭州：浙江农林大学，2019.

［8］ 张振龙，陈文杰，沈美彤，等 . 苏州传统村落空间基因居民感知与传承研究——以陆巷古村为例［J］. 城市发展研究，2020，27(12)：1-6.

［9］ 刘洋洋 . 凉山彝族背扇研究［D］. 苏州：苏州大学，2016.

［10］ 张筱蓉 . 凉山彝族传统民居建筑形式与装饰艺术研究［J］. 美与时代(城市版)，2019(3)：15-16.

［11］ 马山 . 解读穿越时空的艺术——凉山彝族服饰［J］. 湖北民族学院学报(哲学社会科学版)，2009，27(1)：70-74.

［12］ 甘洛县地方志编纂委员会 . 甘洛县志(1991—2006)［M］. 北京：中国铁道出版社，2014.

［13］ 陈晓琴，唐莉英 . 凉山彝族传统民居建筑形式与装饰艺术探析［J］. 设计，2019，32(3)：158-160.

［14］ 杨圆媛 . 浅谈彝族三色文化习俗［N］. 楚雄日报，2011-11-04(004).

［15］ 刘沛林 . 中国传统聚落景观基因图谱的构建与应用研究［D］. 北京：北京大学，2011.

## 作者简介

罗可，2001，女，四川农业大学风景园林学院在读本科。

余楚萌，2001，女，四川农业大学风景园林学院在读本科。

王璇，2001，女，四川农业大学风景园林学院在读本科。

张萍，1981，女，四川农业大学风景园林学院，讲师。

# 城市生境设计研究现状与展望

## Status and Prospect of Urban Habitat Design

胡静怡

**摘　要**：经过几个世纪的发展，气候变暖、城市扩张以及围湖造田等人类活动导致了连绵不断的自然景观已经变成小而低质量的生境斑块，从而引发城市生物多样性降低、生态功能被破坏等一系列问题。城市生物多样性保护问题亟须解决，而城市生境是城市生物多样性的重要基础。本文利用 CiteSpace 进行科学文献可视化分析，总结城市生境设计的研究进展及其实施情况；同时分析研究局限性，为国内未来的城市生境设计提出建议。

**关键词**：：CiteSpace；生态功能；城市生境设计；生物多样性

**Abstract**：After centuries of development，human activities such as climate warming，urban expansion，and reclamation of land from the lake have led to continuous natural landscapes that have become small and low-quality habitat patches，resulting in the reduction of urban biodiversity and the destruction of ecological functions. The protection of urban biodiversity needs to be solved urgently，and urban habitat is an important foundation of urban biodiversity. This study uses CiteSpace to conduct a visual analysis of scientific literature，summarizes the research progress and implementation of urban habitat design，and analyzes the limitations of the study to make suggestions for future urban habitat design .

**Keyword**：CiteSpace；Ecological Function；Urban Habitat Design；Biodiversity

## 引言

伴随城市的快速扩张，人类对自然的开发和改造力度不断增强，围湖造田等活动导致自然景观破碎化现象日益严重，生物多样性降低，生态系统服务功能受损。保护城市外围的自然土地已不足以确保人类自身的生存，城市内的生物多样性保护问题亟须解决。而破碎孤立的城市生境斑块作为城市生态系统的载体，需要对其进行保护、设计。笔者希望研究国内外城市生境设计的相关文献，总结其研究进展及其实施情况；并综合这些研究，为未来我国的城市生境设计提出建议。

## 1　研究方法

本文的文献研究基于对 Web Of Science 数据库（外文文献）及 CNKI 数据库（中文文献）进行检索。对 Web Of Science 数据库核心合集（2022 年 6 月）检索的关键词为"urban habitat design"，并精炼文献类型为 Article，时间跨度为 1991—2022 年，共得到 1524 篇文章。对 CNKI 数据库的检索，检索条件为"主题＝'城市生境'"，检索范围为学术期刊，共得到 151 篇文献，时间跨度为 1998—2022 年。然后利用 CiteSpace 对检索结果进行关键词提取、聚类分析和时间切片分析等。

## 2 主要研究现状

### 2.1 重点研究领域及研究热点分析

对外文文献进行关键词提取，可以看出外文文献关于城市生境的研究主要集中在生物多样性、生境破碎化和物种丰富度等方向（图1）。同时对外文文献1991—2022年关于城市生境设计的研究进行切片分析，以每10年为一个时间切片（图2）。分析检索结果，再结合文献阅读与整理，可以看出国外较早开始关注到了生境破碎化问题，并将相关研究多集中在敏感鸟类上，近几年的研究热点主要为城市生境的生态服务功能和大尺度的城市生境设计。

国内关于城市生境设计的研究主要集中在生物多样性、生境营造、城市绿地和植物群落设计等方向，风景园林专业在生境设计中发挥着较大作用（图3）。对国内2004—2022年关于城市生境设计的研究进行切片分析，

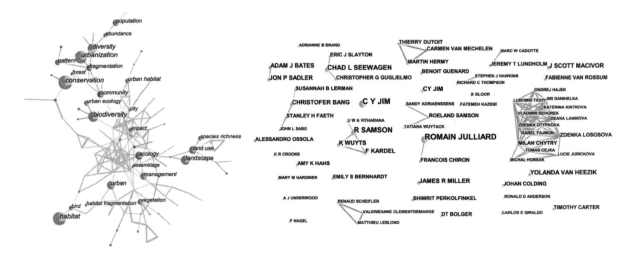

图 1　国外研究热点及相关研究人员

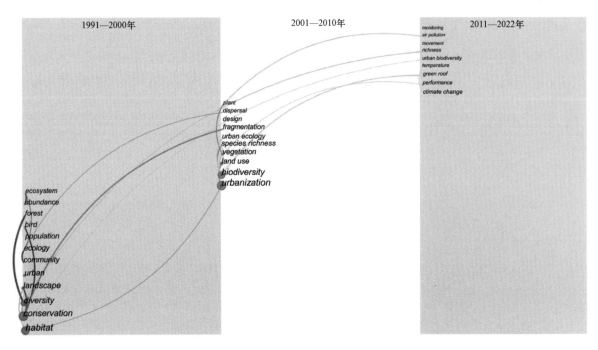

图 2　国外研究进展时间切片

以每 6 年为一个时间切片（图 4）。分析检索结果，再结合文献整理，可以看出国内早期的研究方向主要为生物多样性保护、鸟类群落与生境制图。早期因城镇化、人类建设等活动影响了生物多样性，研究者开始关注城市生境设计策略，主要为因地制宜地进行规划设计，选择本地特有、珍贵和有发展前景的树种栽培，构筑具有地域特色的城市绿地景观。鸟类是城市生态环境的指示种，相关研究集中在选取不同生态环境的鸟类进行调查，研究其对生境格局的影响，从而提出城市生境的建设策略，主要为完善

植被结构，增加景观的多样性，注重微生境的营造。生境制图则是作为一种规划手段，将城市生境作为多种要素组合的整体来研究，为规划提供预判。2011—2017 年关于城市生境设计的研究集中在大尺度到小尺度生境的构建上，针对城市山水格局提出了"核—斑—廊—岛"的生境网络布局方法，再到更小尺度下的城市绿地系统设计，研究了水系与土壤、地形与竖向设计及植物群落设计。2018—2022 年的研究热点为小尺度的城市生境设计，聚焦城市风景园林小气候、植物群落设计等。

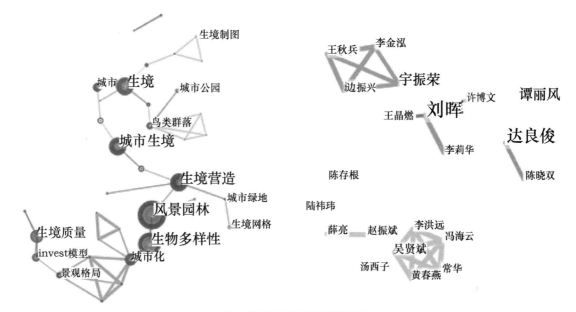

图 3　国内研究关键词及相关学者

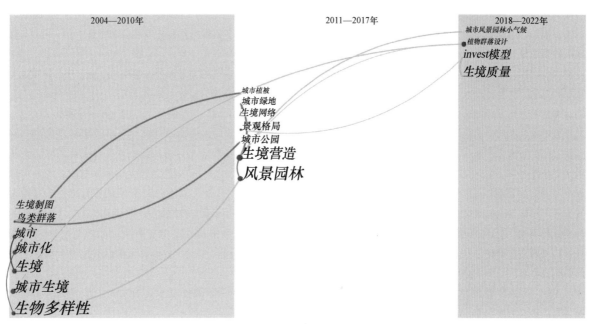

图 4　国内研究进展时间切片

综上，目前城市生境设计的研究热点可以归纳为城市生境生态服务功能、城市生境质量评估方法和城市生境营造。

## 2.2 研究热点分析

### 2.2.1 城市生境与生物多样性

城市中的生态廊道和踏脚石在保护生物多样性方面起到较好作用。城市生态廊道通过允许物种在破碎的生境斑块之间迁移，从而增加物种交换，维持生物多样性。而踏脚石具有非连续性、占地空间小等优势，在斑块间景观相对良好的地方，可以达到生态廊道同样的效果[1]。

生物学家和生态学家研究了不同种类的城市生态廊道，研究最多的是线性公园和河岸走廊；并在此基础上，将动物分为节肢动物、哺乳动物和鸟类，讨论生态廊道对众多具有功能连接意义的物种的不同影响。Angold 等提出，对于节肢动物等小型物种来说，廊道内的生境质量可能与生境连通性一样重要。一项研究发现，与铁路和河流廊道相连的生境，其蝴蝶和甲虫群落的生存状况与那些破碎的生境相似。对于城市环境中的许多无脊椎物种，优质生境是它们继续生存的关键，而不是增加生境连通性[2]。但也有研究表明廊道确实有助于节肢动物的移动，并可能对维护城市生物多样性至关重要[3]。对哺乳动物来说，Angold 等人提出廊道可以帮助中小型哺乳动物迁移，特别是那些缺乏生境和传播能力有限的哺乳动物[2]。Vergnes 等人对巴黎郊区的一项研究得出结论，如果缺乏廊道，鼩鼱在生境之间的移动将受到限制，鼩鼱的数量也会受到遗传影响[4]。而对于大型哺乳动物而言，廊道的作用则因物种而异，部分廊道对大型哺乳动物很有价值，因为廊道为其提供了通往良好生境的通道[5]。廊道也有利于鸟类的繁殖，鸟类是城市内重要的野生动物类群，其迁移能力非常强，可以克服斑块与斑块之间的干扰或阻力。且鸟类处于食物链的中上层，其多样性间接反映了其取食的植物资源和小型无脊椎动物的群落状况。一项对北卡罗来纳州郊区敏感鸟类的研究发现，生境连通性是鸟类丰富度和丰度的重要预测因子[6]。一项研究比较了在东京三个具有不同植被类型的城市廊道，发现这些廊道能有效促进大多数鸟类的活动。该研究得出的结论是，具有支持性植被结构的廊道，即使原本是娱乐性质的，也是城市鸟类存活的重要因素[7]。Beaugeard 等于春季在法国尼奥尔特调查了 102 个地点的鸟类多样性，评估了廊道对最常见和最不常见城市鸟类生物多样性的影响，发现廊道连通性对鸟类丰富度有积极影响[8]。

生态廊道连通性的影响因素主要包括廊道宽度和廊道植被。一方面，许多研究强调了廊道宽度对于支持动物移动的重要性。Parker 等人提出，廊道应该足够宽，以提供食物和庇护所，并尽量减少周围土地使用对廊道的干扰，促进生物在生境斑块之间的迁移[9]。而 Andreassen 等人提出，对某些物种来说，更宽的廊道可能并不好[10]。Lees 等指出，廊道的宽度应该以景观单元来衡量，而不是简单的人为数字，如一条小溪旁的植被带对小生物来说可能非常适合，但对其他物种完全没用[11]。但大部分讨论城市廊道宽度的研究都指出，廊道越宽越好，有几项研究提出了最低阈值。Schiller 等提出将 30m 作为廊道宽窄的临界点，对干扰更敏感的物种将需要更宽的廊道[5]。Mason 等人进行的一项研究发现，内陆鸟类不会出现在宽度 50m 以下的城市廊道中，而更敏感的鸟类只出现在宽度 300m 以上的城市廊道中，他们建议廊道宽度超过 100m[6]。也有学者指出，相比廊道宽度，廊道植被对廊道有效性的影响更大[7]。树木覆盖率通常将影响物种送移动、丰富度和多样性。

"踏脚石"是针对城市中非连续性生态空间的解决方案，其在城市地区有明显的实际效益，最常见的踏脚石是城市公园或花园，近几年关于踏脚石的研究热点主要是非正式绿地和绿色屋顶。非正式绿地是指没有管理的或自然生长的空地，又称 wasteland 或 liminal green space，最常见的类型是棕地（brownfield），也包括闲置的土地和空隙空间。Bonthoux 等人提出，荒地能支持更多的物种移动，而且有时可与城市的核心自然区域相媲美[12]。但近几年关于非正式绿地作为踏脚石的研究主要集中在棕地，其他类型的非正式绿地作用还没有得到充分研究。另一类踏脚石的研究热点为绿色屋顶，绿色屋顶可分为精细型屋顶和粗放型屋顶。精细型屋顶有很深的生长介质，更接近屋顶花园这一概念。粗放型屋顶花费小，更为普遍。它们有较浅的生长介质，屋顶上最常见的是景天属植物。因这一类型较为常见，大多数研究都关于粗放型的绿色屋顶。在此基础上，学者们通过对蝙蝠和节肢动物的一系列活动进行研究，证明了绿色屋顶在功能上与附近的地面绿地相连[13]，且绿色屋顶和周围绿地之间的联系对蜜蜂和蝙蝠等高流动性物种的作用最为明显[14]，其网络的连通性和植被多样性支持了野生动物在生境斑块间的移动。这些研究扩大了我们对城市中非传统生境潜在价值的认识。

踏脚石的影响因素主要为绿地面积和植被多样性。绿地面积与鸟类物种丰富度有很强的正相关关系，增加植被多样性可以增强绿地中的物种多样性。因此，规划者在规划时应考虑当地的生境基质与物种移动性特征，在二者中取得平衡。在基质难以穿越的环境中，如城市中心，踏脚石应离得更近，而在更支持物种移动的郊区，踏脚石应离得更远。但作为一种连接破碎生境斑块的方法，踏脚石往往被低估或忽视，国外研究多在提出规划廊道或踏脚石的方法，却很少有研究评估其实施结果。

#### 2.2.2　城市生境质量评估

生境质量对于促进城市可持续发展和环境规划至关重要，近几年研究采用较多的评估方法为模型模拟法，InVEST 模型是目前使用最普遍的城市生境质量模拟软件，它通过探究地表覆盖物情况的变化来评估生态系统服务质量及其动态变化，以此实现生态系统服务功能评估的空间可视化。

学者们通过将 InVEST 模型与城市增长模型相结合进行研究，以揭示城市扩张对城市生境质量的影响。李飞雪等将 SLEUTH 城市增长模型（UGM）与 InVEST 模型相结合，以探究在过去的城市发展过程中生境质量受保护程度[15]；褚琳等将 InVEST 模型与 CA-Markov 模型结合，对武汉市 2005—2015 年内的景观格局和生境质量变化进行分析评价，最后进行了武汉市 2020 年的景观格局与生境质量的预测模拟[16]；王丽容等以北京市丰台区为研究范围，提出了基于 InVEST-MCR 复合模型的生境网络格局构建体系[17]；高周冰等采用 CA-Markov 和 FLUS 耦合模型对南京市土地利用进行多情景预测，并运用 InVEST 模型评估其生境质量状况[18]。这些前沿技术为城市空间规划提供了新的视角，有助于改善生境质量和生态环境条件。

#### 2.2.3　城市生境营造

在城市生境营造上，研究尺度从大型生态廊道建设到小场地尺度的生境营造，呈现由大至小、逐步深入的趋势。一些国际生态环境保护组织较早意识到大型生态廊道对于景观连通性维护以及生物多样性保持的重要性，构建了若干国家级或洲际级的大型生态廊道系统[19]，包括欧洲绿色基础设施、澳大利亚西南部生态廊道[20]等陆地生态廊道和滨水生态廊道，其构建方法和过程为我国大型生态廊道建设提供了经验借鉴。

对于聚焦于场地尺度的生境营造，植物群落设计、城市风景园林小气候是其研究的重点。近几年国内关于城市生境与植物群落的研究内容涵盖了生境构建方法、新自然主义种植理念、雨水花园等方面。刘晖以西北半干旱地区城市场地生境及其地被植物群落景观结构开展调查、实践与实验性研究，将植物群落设计总结为 8 种模式，并对其进行实验性研究[21]，再扩大到街区尺度城市生境空间格

局构建，探索城市生境及其植物群落景观设计的方法。关于人工设计植物群落与新自然主义生态种植理念，国内进行的研究主要为论述发展历程或介绍国外经典案例，还未考虑如何将新自然主义草本植物种植设计中国化。杭烨论述了城市背景下基于新自然主义生态种植设计理念的草本植物景观发展历程[22]，该理念基于生态学原理，进行拟自然化的群落设计。也有学者研究讨论了创新理念的种植系统重建城市生物多样性与生境的方法，以及如何使其适应中国政策背景与城市环境的策略[23]。人工设计植物群落的方法为将群落层次分为结构层、季节主题层、地被层和动态填充层，通过对比鲜明的季节性景观来创造可识别性和情感反应，重塑人们与自然的关系。城市风景园林小气候环境能够发挥绿地冷岛效应，有利于生物群落的栖息和演替，从而促进生物多样性的发展。王晶懋等基于场地生境营造角度，提出了城市风景园林小气候改善途径，认为可以通过对地形、水体、铺装、构筑物等设计要素进行合理应用，为动植物群落营造适宜生存的小气候环境[24]。郑林骄等提出基于小气候调节的城市校园街区生境网络建构研究，总结了城市校园街区绿地小气候的影响因素，并针对校园内各类生境斑块和生境廊道提出具体的调节途径[25]。

## 3　问题与展望

### 3.1　研究局限性

（1）总体来看，国外对于城市生境营造集中在生态廊道等较大尺度，研究侧重于生境构建方法与过程，国内的大尺度生境营造研究起步较晚，目前较关注小尺度生境营造，缺乏关于大尺度生态廊道的实践研究。

（2）对城市荒野、城市棕地、自然演替的废弃地等非传统城市生境缺乏关注，忽略了其对生物提供潜在栖息地的可能性，以及对生物多样性保护的重要性。

### 3.2　研究展望

完善我国城市生境设计的建议：第一，加强大尺度的生境设计，由城市尺度的点、线向区域尺度的片、面过渡，如开展连续流域和山脉的生境建设，由设计转向规划，拓展空间尺度和规模；第二，加强对城市荒野等非传统城市生境设计、改造，兼顾生物多样性保护。

## 参考文献

[1] LEIDNER A K, HADDAD N M. Combining measures of dispersal to identify conservation strategies in fragmented landscapes[J]. Conservation biology, 2011, 25(5): 1022-1031.

[2] ANGOLD P G, SADLER J P, HILL M O, et al. Biodiversity in urban habitat patches[J]. Science of the total environment, 2006, 360(1-3): 196-204.

[3] ROSSUM F, TRIEST L. Stepping-stone populations in linear landscape elements increase pollen dispersal between urban forest fragments[J]. Plant ecology and evolution, 2012, 145(3): 332-340.

[4] VERGNES A, KERBIRIOU C, CLERGEAU P. Ecological corridors also operate in an urban matrix: A test case with garden shrews[J]. Urban Ecosystems, 2013, 16(3): 511-525.

[5] SCHILLER A, HORM S P. Wildlife conservation in urban greenways of the mid-southeastern United States[J]. Urban ecosystems, 1997, 1(2): 103-116.

[6] MASON J, MOORMAN C, HESS G, et al. Designing suburban greenways to provide habitat for forest-breeding birds[J]. Landscape and urban planning, 2007, 80(1-2): 153-164.

[7] MATSUBA M, NISHIJIMA S, KATOH K. Effectiveness of corridor vegetation depends on urbanization tolerance of forest birds in central Tokyo, Japan[J]. Urban forestry & urban greening, 2016, 18: 173-181.

[8] BEAUGEARD E, BRISCHOUX F, Angelier F. Green infrastructures and ecological corridors shape avian biodiversity in a small French city[J]. Urban ecosystems, 2021, 24 (3): 549-560.

[9] PARKER K, HEAD L, CHISHOLM L A, et al. A conceptual model of ecological connectivity in the Shellharbour Local Government Area, New South Wales, Australia[J]. Landscape and urban planning, 2008, 86(1): 47-59.

[10] ANDREASSEN H P, HALLE S, IMS R A. Optimal width of movement corridors for root voles: Not too narrow and not too wide[J]. Jrounal of applied ecolog, 1996, 33(1): 63-70.

[11] LEES A C, PERES C A. Conservation value of remnant riparian forest corridors of varying quality for amazonian birds and mammals[J]. Conservation biology, 2008, 22(2): 439-449.

[12] BONTHOUX S, BRUN M, PIETRO F D, et al. HOW can wastelands promote biodiversity in cities? A review. Landscape and urban planning, 2014, 132: 79-88.

[13] BRAAKER S, GHAZOUL J, OBRIST M K, et al. Habitat connectivity shapes urban arthropod communities: the key role of green roofs[J]. Ecology, 2014, 95(4): 1010-1021.

[14] PEARCE H, WALTERS C L. Do green roofs provide habitat for bats in urban areas? [J]. Acta chiropterologica, 2013, 14 (2): 469-478.

[15] LI F X, WANG L Y, Chen Z J, et al. Extending the SLEUTH model to integrate habitat quality into urban growth simulation[J]. Journal of environmental management, 2018, 217: 486-498.

[16] 褚琳, 张欣然, 王天巍, 等. 基于 CA-Markov 和 InVEST 模型的城市景观格局与生境质量时空演变及预测[J]. 应用生态学报, 2018, 29(12): 4106-4118.

[17] 王丽容, 冯晓蕾, 常青, 等. 基于 InVEST-MCR 复合模型的城市绿色空间生境网络格局构建研究[J]. 中国园林, 2020, 36(6): 113-118.

[18] 高周冰, 王晓瑞, 隋雪艳, 等. 基于 FLUS 和 InVEST 模型的南京市生境质量多情景预测[J]. 农业资源与环境学报, 2022, 39(5): 1001-1013.

[19] 郑好, 高吉喜, 谢高地, 等. 生态廊道[J]. 生态与农村环境学报, 2019, 35(2): 137-144.

[20] BRADBY K, KEESING A, WARDELL-JOHNSON G. Gondwana link: Connecting people, landscapes, and livelihoods across southwestern Australia[J]. Restoration ecology, 2016, 24(6)827-835.

[21] 刘晖, 许博文, 陈宇. 城市生境及其植物群落设计——西北半干旱区生境营造研究[J]. 风景园林, 2020, 27(4): 36-41.

[22] 杭烨. 新自然主义生态种植设计理念下的草本植物景观的发展与应用[J]. 风景园林, 2017(5): 16-21.

[23] 克劳迪娅·韦斯特, 吴竑. 下一次绿色革命: 基于植物群落设计重塑城市生境丰度[J]. 风景园林, 2020, 27(4): 8-24.

[24] 王晶懋, 刘晖, 宋菲菲, 等. 基于场地生境营造的城市风景园林小气候研究[J]. 中国园林, 2018, 34(2): 18-23.

[25] 郑林骄, 刘晖. 基于小气候调节的城市校园街区生境网络建构研究[J]. 建筑与文化, 2018(5): 50-51.

## 作者简介

胡静怡, 1998 年生, 女, 重庆大学建筑城规学院在读硕士。研究方向为风景园林规划设计、历史理论。

风景园林实践

# 澳大利亚城市公园儿童自然式游戏场设计案例研究①②

## Case Study on Design of Children's Natural Playground in Australian Urban Parks

易　弦　赖巧晖　曾静雯

**摘　要**：澳大利亚在打造儿童友好城市中有着长期的实践探索，特别是在儿童自然式游戏场设计上积累了丰富的经验。以澳大利亚悉尼和墨尔本的 3 个儿童自然式游戏场为例，挖掘自然式游戏场设计的策略，包括：①充分利用自然元素支持儿童户外游戏；②结合儿童游戏需求提供丰富的游戏形式；③保证安全的前提下支持儿童游戏过程中的冒险行为；④在设计前期阶段开展儿童参与设计。

**关键词**：自然式设计；儿童游戏场；城市公园；澳大利亚

**Abstract**：Australia has a long-standing tradition of practical exploration in designing child-friendly cities，particularly in the area of natural playgrounds for children. This paper examines three natural playgrounds for children in Sydney and Melbourne as examples to explore the design strategies that：1. make full use of natural elements；2. offer a variety of games that meet children's needs；3. balance safety with opportunities for risk-taking；4. involve children in the design process from the beginning.

**Keyword**：Natural Design；Playground；Urban Park；Australia

　　儿童游戏场的设计初衷是让儿童的身心得到健康的发展。根据世界卫生组织（WHO）的定义，儿童身心健康包括身体、心理、智力、社会、行为和情感在内的整体健康。WHO 强调儿童的健康成长应少坐多玩，建议儿童每天要至少积累 60min 中等到剧烈强度的身体活动[1]。在儿童游戏场的户外游戏活动能给予儿童愉悦体验，增加其身体活动，促进其在身体、动作、认知、社会性、情绪情感等方面的发展，对于儿童的体格发展、心理发展、智力发展的培养都有着积极的促进作用[2~4]。近年来，国家和社会逐渐开始重视儿童游戏场的建设，习近平总书记在 2016 年全国卫生与健康大会上曾强调"让孩子们健康成长关系祖国和民族未来"。国内许多城市公共空间相继出现针对不同年龄层的儿童游戏场，在一定程度上为儿童户外游戏提供了场地和空间。然而，受国家政策、各地城市建设与家长们观念的影响，许多儿童游戏场的建设仍然局限于"成品游戏器械＋彩色塑胶地垫"的形式，或是通过大量高饱和度的色彩和卡通形象来尝试吸引儿童，存在自然元素不足、设计单一、冒险性不足的问题[5~6]。对比国外成熟的儿童游戏场设计理念，社会公众对儿童户外游戏活动的认识有待进一步提高。

　　澳大利亚在打造儿童友好城市（Children Friendly City）的国际风潮中，受到早期大批西欧移民的影响，在城市建设环境、儿童友善政策方面有着长期的实践探索，较为突出

① 基金项目：广东省普通高校科研项目"基于学龄前儿童发展特征的儿童公园自然式游戏场设计研究"（2021KQNCX194）。

② 本文已发表于《广东园林》，2023 年第 2 期，26～30 页。

的实践成效即高规格的儿童户外游戏场地设计。澳大利亚的国家健康指导原则（National PhysicalActivity Recommendations）建议儿童每天至少需要在户外活动 2h，是 WHO 建议时长的 2 倍。这足见澳大利亚对儿童户外活动的重视程度。在过去，澳大利亚的儿童游戏场的设计通常侧重于通过使用大型固定的游戏器械，为儿童提供具有挑战性的运动性游戏。随着人们日益认识到儿童感官性和社交性游戏的重要性，游戏场设计变得更加多样化。此外，澳大利亚制定了详细的设计标准，对游乐场的安全要求越来越严格，将儿童受伤风险降至最低。澳大利亚的地方政府、非营利组织都倡议支持儿童的"自然游戏"（Nature Play），即允许儿童在自然环境中（如公园、森林和海滩等）进行非结构化、自由式的游戏体验。因此，澳大利亚在儿童游戏场的设计上以自然式为主，结合儿童的身心发展需求，提供非结合化、安全且可冒险的空间。这对我国建设儿童游戏场有一定的借鉴意义。因此，本文以澳大利亚悉尼和墨尔本 2 个城市的 3 个儿童自然式游戏场为例，挖掘自然式游戏场设计的策略，希望为更好地建设具有中国特色的儿童游戏场提供参考依据。

# 1 儿童自然式游戏场

自然式游戏场是城市公共空间中儿童户外活动场地的重要类型，其以自然式景观元素和材料（如木材、泥沙、水、雾、石头和植物等）为主，在设计上充分呈现自然的形式。其特点是引入环境的自主探索，在设计上采用开放式、非结构化的布局，组织非单一轨迹的动态游戏空间，为儿童提供功能丰富、空间复合的户外游戏场地[7~9]，促进各个年龄层的儿童身体运动与社交。儿童在自然式游戏场中追逐、躲藏和寻找，无需成人干预，在游戏中探索未知，激发冒险的精神，增强自信心和解决问题的能力，其身体活动比在传统游戏场地中的更为积极[10]。同时非结构化的设计能够提高儿童的活动强度，增强儿童体能，有助于促进他们的运动发育[11,12]。

# 2 澳大利亚城市公园儿童自然式游戏场

## 2.1 游戏场设计标准

为了确保游戏场在规划和设计阶段早期预测和管理

风险，保证儿童在游戏中的安全，澳大利亚出台了国际认可的游戏场设计 4685 系列标准——《Playground Equipment and Surfacing》（游戏场设备和地面铺装）。2017 年出台的标准《AS 4685.0：2017》一共包括 8 大部分和 3 个附录，对游戏场的空间设计、设施设计、材料、自然要素和安全性等方面都提出具体的要求，为儿童游戏场的设计师、业主和经营者提供游戏场开发、安装、检查、维护和运营方面的指导。2021 年出台的标准《AS 4685.1-6：2021》（参照欧盟标准 EN1176-1-2017）进一步明确了游戏场地面设备的安全要求、测试方法，将儿童的坠落伤害预防和保护作为至关重要的考虑因素，要求游戏场选择合适的地面缓冲材料和铺设合适的厚度。标准还明确了对特定器械（包括秋千、滑梯、跑道、旋转和摇摆的器械等）的设计和放置要求。如果标准的要求不能完全衔接上游戏场的自然式设计，则要求设计进行风险效益评估并形成文件，以确定设计的合理性。

## 2.2 案例研究

本文采用文献资料研究和现场调研结合的方式，在 2018 年 8—9 月对澳大利亚悉尼和墨尔本城市公园中数个儿童游戏场进行现场调研，并观察儿童游戏行为，深入研究自然式游戏场设计案例和小结设计策略。

选择悉尼公园儿童游戏场（Sydney Park Playground）、伊恩波特儿童野趣游乐公园（The Ian Potter Children's WILD PLAY Garden）和墨尔本皇家公园自然式游戏场（Royal Park Nature Play）3 个位于城市中心的综合性公园的自然式游戏场作为研究案例（表 1）。3 个公园的特点是使用人群辐射范围广，具有一定的城市儿童游戏场建设代表性，其中墨尔本皇家公园自然式游戏场在 2016 年被澳大利亚园林协会（AILA）授予"澳大利亚最好的游戏场"称号。

### 2.2.1 利用自然元素支持户外游戏

在设计材料方面，3 个自然式游戏场充分利用木材、泥沙、水、雾、石头和植物等自然元素。例如伊恩波特儿童野趣游乐公园中的代表性游戏设施——树屋，由木桩、木板和绳索等组合而成，旁边种植竹类植物，并且利用泥沙作为场地的基底材料。园内还提供可活动的木条，供儿童随意搭建使用。悉尼公园儿童游戏场设计了不同大小的木制动物雕塑放置在铺有木屑材料的地面上（图 1），动物形象憨厚可爱，儿童喜欢触摸雕塑表面的木料和坐在雕塑上玩耍。墨尔本皇家公园自然式游戏场使用大量石块堆叠出给儿童冒险探索的地形，让儿童向上攀爬的活动不再受限于成品游戏器械中设定好的单一路线，让儿童在游戏中有更多的自主性和自由性。整个

游戏场大部分使用由木桩、木条和麻绳组合成的游戏设施，使用石块创建地形和围合空间，使用沙地、木屑和草地作为铺装材料，整体风格呈现出非常强烈的"自然感"（图 2）。

**3 个自然式游戏场的情况** 表 1

| 公园名称 | 面积 | 基本情况 | 主要自然式游戏设施 | 空间布局特征 |
|---|---|---|---|---|
| 悉尼公园儿童游戏场 | 580m² | 位于悉尼公园西侧 | 4 个不同长度的滑梯、干涸的河床、木制雕塑、大蜘蛛网麻绳攀爬架、高约 1.8m 且摇晃的桥、秋千 | 创造有高差的空间，用 2 个色彩缤纷的山丘区堆高地形，内部创造多种活动的空间 |
| 伊恩波特儿童野趣游乐公园 | 6500m² | 位于悉尼纪念公园（Centennial Park）的东北侧，旨在提供基于自然的"野趣外游戏"（nature-based' wild play'） | 溪流、竹林、平旋桥、攀爬树屋、泥地、竹制隧道 | 在茂盛的乔木和灌木中设置跑道和小径，用竹林、隧道、沙地、泥地、山坡等串联组织玩水区、树屋、干溪区等 |
| 墨尔本皇家公园自然式游戏场 | 13400m² | 位于墨尔本皇家公园南侧 | 包括带有不同绳索和平衡结构的木桩、观景台的攀登区，各种泵、排水沟、水坝和湿土元素的水上游乐区，以及与堆石地形相结合的不同斜坡的滑梯 | 将基地土方回填成山丘草原圈，与公园进行空间的串联。使用大石块堆叠的冒险探索地形，创造空间的高差变化 |

图 1　悉尼公园儿童游戏场的木制小猪雕塑

图 2　墨尔本皇家公园自然式游戏场
（图片来源：网络）

### 2.2.2　结合儿童需求提供多样游戏

儿童进行一种活动的时长不会超过 10min，因此多样性游戏空间是有必要的。特别是 8～12 岁的儿童对身体活动的需求很大，对场地的多样性需要也是最多的[13]。澳大利亚自然式儿童游戏场在设计上考虑到不同年龄儿童的兴趣和能力的差异，提供包括运动型游戏、社交型游戏和感官型游戏在内的各类游戏（图 3、图 4）。根据学者 Helen Lynch 等提出的游戏场通用设计标准（UD，Universal Design)[14]，对 3 个儿童游戏场提供活动类型的评价（表 2）。

**3 个儿童游戏场提供的游戏类型** 表 2

| 游戏类型 | | 悉尼公园儿童游戏场 | 伊恩波特儿童野趣游乐公园 | 墨尔本皇家公园自然式游戏场 |
|---|---|---|---|---|
| 运动性游戏 | | ✓ | ✓ | ✓ |
| 社交性游戏 | | ✓ | ✓ | ✓ |
| 感官性游戏 | 自然、松散的材料 | ✓ | ✓ | ✓ |
| | 沙子 | ✓ | ✓ | ✓ |
| | 水 | ✓ | ✓ | ✓ |
| | 泥土 | ✓ | ✓ | ✓ |
| | 火 | — | — | — |
| | 触觉体验 | ✓ | ✓ | ✓ |
| | 制造噪声 | — | — | — |
| | 视觉刺激 | — | ✓ | — |
| | 香景 | — | — | — |
| 在自然区域周围玩耍的无障碍场所 | | ✓ | ✓ | ✓ |

注：运动性游戏包括跑、爬行、跳/蹦、摇摆、荡、滑、吊、攀登、旋转、平衡、滚、全身性的活动、活动及平衡、高度变化的运动等。社交性游戏包括与同伴的社交、与成人的社交、群体游戏/运动的空间、需要两人或以上合作完成的游戏等。

图 3　悉尼公园游戏场不同高度的 4 条滑梯

图 4　提供不同运动性游戏的攀爬架

　　玩水是自然式游戏场提供的最主要、最有创造性的感官游戏类型，也能给儿童提供社交的机会。有研究指出与天然水景相比，儿童更喜欢在人造水景中玩耍[15]。伊恩波特儿童野趣游乐公园的玩水区域采用融入教育的设计，儿童可以在玩水过程中了解水的流动规律以及压力变化对水流方向和速度的影响，通过互动游戏了解有关城市湿地的水文学知识，在不平坦的地面上练习保持平衡以及在水中移动，在游戏中提高适应能力和运动技能。墨尔本皇家公园自然式游戏场的玩水区域在设计上鼓励儿童们一起玩水，在游戏过程中需要团队配合完成水的输送，最后将水释放进终点的沙坑。这锻炼了儿童的社交和相互配合的能力。

### 2.2.3　提供保证安全的冒险性体验

　　随着技术的不断发展和对儿童安全的日益关注，如今许多儿童被限制在有人看守的环境中，相对他们的长辈来

说少了许多户外冒险行为。在游戏场中保证安全的前提下提供适当的冒险机会，能够促进儿童寻求挑战的行为和发展。有学者对澳大利亚悉尼 38 名年龄在 48～64 个月的儿童（25 名男孩，13 名女孩）的户外游戏选择和冒险行为进行半结构化访谈，调查儿童的游戏偏好和游乐设施的使用情况，结果表明儿童对挑战和刺激有着强烈偏好，特别是较大年龄儿童偏向于具有一定刺激性的活动[16]。因此，冒险性游戏场也是目前儿童游戏场地设计的趋势之一。其可以提供运动量更充足的游戏，提升儿童的积极性，促进儿童的体能发展[17,18]。澳大利亚许多自然式游戏场都在保证安全的前提下提供冒险性的体验，最常见的做法是将平地和坡地进行综合运用，使用石块堆叠出地形，结合不同高度的不锈钢滑梯，加强游戏中的刺激性，也帮助儿童克服恐高心理。悉尼公园儿童游戏场里有一座高度约 1.8m 的绳索桥，被特意设计成当有人走起来时就会摇晃。据笔者观察其对于 3 岁左右的儿童很有吸引力，儿童在通行过程中需要鼓起勇气、握紧绳索、平衡身体（图 5）。这些游戏设施都充分保证了儿童的安全性。比如伊恩波特儿童野趣游乐公园通往树屋的窄桥上没有设置扶手（图 6），看上去有一定的危险性，但实际上这座桥的高度并不高，且有织网保护，没有扶手的设计已经得到权威机构的评估和认证，符合游戏场的安全要求。对此公园也在官网上对公众进行了相关说明。墨尔本皇家公园自然式游戏场在整个设计和建造过程中都考虑到了不同场景的跌落高度，并进行多次独立的安全游戏测试和审查，来保证游戏的安全性①。

图 5　儿童游戏场中会摇晃的绳索桥

### 2.2.4　在设计前期开展儿童参与

　　大人制定的规则会限制儿童的游戏方式，儿童对游戏

图 6　伊恩波特儿童野趣游乐公园中未设置扶手的窄桥
（图片来源：网络）

场使用的看法应该被更充分地落实到设计和管理工作中[19]。在墨尔本皇家公园自然游戏场的前期设计阶段，设计团队请 150 位 3～13 岁的当地儿童来分享他们对场地的想法和愿景。具体流程是将所有儿童分为 4 个小组，先请孩子们参观皇家公园现场；随后设计方准备了一个包括土壤、树枝、木材以及其他可活动材料的场地，让孩子们利用场地的材料，使用挖铲和水桶创建一个"公园"，由观察者记录儿童的想法以及他们在创建过程的互动方式。得到的结果是所有小组的儿童都表示想要爬树和玩水。最后设计师采纳儿童的要求，在场地中利用木材和麻绳建造大量可以攀爬的设施，精心设计了玩水的区域①。儿童在游戏中锻炼了运动技能，增加团队协作能力，在环境中尽情享受游戏的乐趣。

## 3　讨论

自然式游戏场是未来城市中儿童户外游戏场地的发展趋势。澳大利亚的自然式游戏场环境鼓励城市里的儿童更加关注自己的身体触觉，采用开放式、非结构化的布局，组织非单一轨迹的动态游戏空间，提供场地的探索感；充分利用自然式景观元素和材料，让儿童跟自然环境互动；结合不同年龄儿童需求，提供丰富的运动性、社交性和感官性的游戏形式；通过地形变化、设施材料的选择，支持儿童通过面对风险和克服恐惧心理来建立自信，进而在游戏中拓展身体能力。

近年来，我国的许多综合性公园和儿童专类公园中的游戏场地也更多地融入了自然元素。比如 2014 年对外开放的广州市儿童公园，其"沙滩乐园"的沙池、"戏水乐园"的玩水设施都利用了自然元素。然而在做法上还存在功能单一的问题，如"沙滩乐园"仅仅是沙池上放置了成品塑胶设施，玩水设施没有融入科普教育元素等。未来我国在儿童游戏空间设计的导则、规范制定以及项目实践中，还要进一步考虑儿童行为和发展的需求，提高儿童游戏场的自然性、多样性和安全性，为儿童充分营造有益于成长的户外环境。

## 参考文献

[1] WHO. Guidelines on physical activity, sedentary behaviour and sleep for children under 5 years of age[Z]. 2019.

[2] 符晨洁. 公园儿童游戏场自然互动式设计例析[J]. 城乡建设, 2012(7)：28-30.

[3] 陈月文, 胡碧颖, 李克建. 幼儿园户外活动质量与儿童动作发展的关系[J]. 学前教育研究, 2013(4)：25-32.

[4] FROST J L, BROWN P-S, SUTTERBY J A, et al. The developmental benefits of playgrounds[J]. Childhood education, 2004, 81(1)：42.

[5] 张静雯. 城市儿童户外游戏空间设计质量研究——以广州地区为例[D]. 广州：华南理工大学, 2014.

[6] 王霞, 陈甜甜, 林广思. 自然元素在中国城市公园儿童游戏空

① 来自墨尔本市官网 City of Melbourne（https：//www.melbourne.vic.gov.au/Pages/home.aspx）。

间设计中的应用调查研究[J]. 国际城市规划，2021，36（1）：40-46.

［7］　王霞，刘孝仪. 自然式儿童游戏场设计——以英国小学为例[J]. 中国园林，2015，31（1）：46-50.

［8］　FJØRTOFT I. Landscape as playscape：The effects of natural environments on children's play and motor development[J]. Children, youth and environments，2004，14（2）：21-44.

［9］　LUCHS A，FIKUS M. Differently designed playgrounds and preschooler's physical activity play[J]. Early child development and care，2018，188（3）：281-295.

［10］　TORKAR G，REJC A. Children's play and physical activity in traditional and forest (natural)playgrounds[J]. International journal of educational methodology，2017，3（1）：25-30.

［11］　GILL T. The benefits of children's engagement with nature：A systematic literature review[J]. Children, youth and environments，2014，2（2）：10-34.

［12］　HERRINGTON S，BRUSSONI M. Beyond physical activity：The importance of play and nature-based play spaces for children's health and development[J]. current obesity reports，2015，4（4）：477-483.

［13］　谭玛丽，周方诚. 适合儿童的公园与花园——儿童友好型公园的设计与研究[J]. 中国园林，2008，24（9）：43-48.

［14］　LYNCH H，MOORE A，EDWARDS C，et al. Community parks and playgrounds community parks and playgrounds：Intergenerational participation through universal design[R]. Dublin：The centre for excellence in universal design at the National Disability Authority，2019.

［15］　BOZKURT M，WOOLLEY H. Let's splash：Children's active and passive water play in constructed and natural water features in urban green spaces in Sheffield[J]. Urban forestry & urban greening，2020，52：126696.

［16］　LITTLE H，EAGER D. Risk，challenge and safety：Implications for play quality and playground design[J]. European early childhood education research journal，2010，18（4）：497-513.

［17］　PETRÁKOVÁ M. Design of natural playgrounds，a case study of Tartu[D]. Tartu：Eesti Maaülikool，2019.

［18］　沈员萍. 地形高差设计于儿童公园趣味游戏空间中的探讨[J]. 艺术与设计（理论），2020，2（1）：57-59.

［19］　JANSSON M. Children's perspectives on playground use as basis for children's participation in local play space management[J]. Local environment，2015，20（2）：165-179.

## 作者简介

易弦，1988 年生，女，硕士，广东农工商职业技术学院，讲师。研究方向为园林规划设计。

赖巧晖，1983 年生，女，硕士，广东农工商职业技术学院，副教授。研究方向为园林植物造景。

曾静雯，1987 年生，女，硕士，华南农业大学，工程师。研究方向为园林规划设计。

# 基于儿童友好的"亲自然"体验发展实践和探索①②

## Practice and Exploration of Child-friendly "Biophilia" Experiences Development

杨　丹　董楠楠*

摘　要："亲自然"是儿童天性发展及本能需求，当前国内儿童面临"自然经验缺乏"的危机，如何促进儿童"亲自然"体验以塑造儿童的身体、情感和认知，让儿童重新回归自然和自由玩耍的童年，是城市管理者和规划设计者的重要责任和义务，也是发展儿童友好的关键。从"亲自然"需求的外在体验行为和内在场所依恋出发，分析在"亲自然"本能驱动下儿童与自然的互动模式及深远意义。通过国内外儿童亲自然体验的创新实践，总结提出"亲自然"发展目标下重塑儿童与自然联系三位一体的"自然处方"，即空间实践的供给层面、政策法规的保障层面、社会服务的支持层面，通过完善城市绿色空间供给和服务，制定儿童与自然联系的政策管理机制，鼓励自下而上的创新发展以及数字化技术的情景驱动，从"附近的自然"到"远方的自然"，开展面向社区、景区、园区、校区、城区近郊等儿童高频接触环境的亲自然体验实践，以重塑儿童与自然的联系。

关键词：亲自然；儿童自然体验；场所依恋；儿童友好环境；自然处方

Abstract：Biophilia is the instinctive need for children's development. However, our children are currently facing the crisis of "lack of nature experience" in the city. It is the responsibility and obligation of the city managers and urban planners to promote children's biophilia experiences, shaping their physical, emotional, and cognitive growth and bringing them back to a natural and free-playing childhood. This paper analyzes the interaction pattern between children and nature driven by the demand of biophilia needs from the external nature-experiencing behavior and internal place attachment. By summarizing domestic and international literature and practices from theoretical construction to practical application, this paper summarizes the "nature prescription" for reconnecting children with nature with the goal of developing biophilia. Based on the supply level of spatial practices, the guarantee level of policies and regulations, and the support level of social services, we should further improve the supply and services of urban green space, develop a policy management mechanism for children's connection with nature, encourage bottom-up innovation and digital technology-driven scenarios, and carry out projects from "nearby nature" to "faraway nature". Explore the biophilia experience models for communities, scenic spots, parks, school districts, rural areas, and other children's high-frequency contact environments in order to reshape the connection between children and nature.

Keyword：Biophilia；Childhood Nature Experience；Place Attachment；Child-friendly Environment；Natural Resolutions

① 基金项目：上海市哲学社会科学规划课题"基于老幼复合模式的老旧社区儿童友好环境构建策略研究"（编号：2019BCK012）。
② 本文已发表于《园林》，2023，40(03)．106-113。

"自然体验缺乏甚至灭绝"是当今城市儿童面临的最大问题之一，随着城镇化进程的快速发展，当今儿童理解和体验自然的方式已经改变，儿童正在经历一种"去自然化"的生活状态，儿童与自然的直接接触和亲密关系正逐渐消失，城市儿童面临着与自然阻隔的迫切问题。理查德·洛夫（Richard Louv）最早在其畅销书（《林间最后的小孩：拯救自然缺失症儿童》（*Last Child in the Woods*：*Saving Our Children from Nature-Deficit Disorder*）中提出"自然缺失症"（Nature DeficitDisorder，NDD）的概念[1]，意在唤起公众对当今儿童健康的全面认知以及对自然助益的高度关注。世界自然保护联盟（IUCN）通过了一项名为"Childs's Right to Connect with Nature and to a Healthy Environment"（儿童与大自然和健康环境建立联系的权利）的决议，明确将儿童与大自然的日益疏离列为一个具有紧迫重要性的全球问题。2012 年世界儿童状况报告《城市化世界中的儿童》提出，我们的城市应提供给儿童亲近自然以及可以容纳植物和动物的绿色空间[2]，2018 年联合国儿童基金会（UNICEF）进一步发布《儿童友好型城市规划手册》，希望通过城市规划这一手段，为城市儿童提供健康安全、包容绿色、自由玩耍的成长环境[3]。

虽然近年来国内城市公园数量逐步增多，城市绿色基础设施逐步完善，人均公共绿地指标有所改善，然而现阶段国内城市儿童与自然联系面临着空间上"硬件"受限与服务上"软件"滞后问题，"硬件"受限主要体现在目前城市绿色空间的儿童可进入性、可达性、包容性以及可玩性受当前城市空间环境及规章制度的限制，儿童活动场地主要以器材—围墙—铺地（Kit-Fence-Carpet）[4]组合（"KFC"模式）为多，这种如同快餐式的游戏场地模式，无法真正满足儿童的身心健康、全面发展需求，制约了儿童直接体验自然的机会[5]，适儿化的空间建设在当前儿童友好城市的指导方针下尚在起步发展阶段；"软件"滞后则体现在国内当前没有关于促进儿童与自然联系相关的政策法规或行业标准，学界关于国内儿童自然体验、自然联结与亲环境行为的相关性研究及实证研究也存在一定滞后[6]，尤其缺乏支持儿童身心健康成长的绿色空间服务和政策管理机制，使得儿童与自然联系的自我能动意愿降低，自然体验缺乏导致儿童亲自然的归属依恋情感逐渐减弱。

# 1　基于"亲自然"的儿童成长促进支持

## 1.1　"亲自然"理论及其发展内涵

"亲自然（Biophilia）"也叫"亲生命"或"生物亲和本能"，源于亚里士多德"生命的热爱"（love of Life）哲学理念。1964 年德国著名心理学家、精神分析师埃里希·弗洛姆（Erich Fromm）从心理学角度描述为"对生命和所有活着的事物的热情热爱，是人类进步动力的来源之一"[7]并正式命名。1984 年哈佛大学著名进化生物学家和思想家艾德华·威尔森（Edward O. Wilson）在其著作《亲自然》（Biophilia），中诠释了这一概念，指出"人类与生俱来对其他生命形式有情感的亲和力和亲近自然世界的本能，如热爱大自然、亲近动物、热爱生命等"[8]，其后与社会生态学家斯蒂芬·凯勒特（Stephen Kellert）进一步推广了"亲自然性假说"（Biophilia Hypothesis），并应用于儿童与自然联系的促进性研究及实践中。"亲自然性假说"认为儿童越多参与到自然环境中，越能与自己的进化本源建立情感联系，从而变得更健康和快乐，而这些体验反过来可以激发儿童对大自然的尊重、热爱以及敬畏之心，从进化心理学角度解释这种生物亲和能力的倾向在一定程度上具有遗传基础[9,10]。

"亲自然"从人类本能需求出发，探索人与自然的深层次关系，尤其强调了儿童与自然互动的欲望，以及这种互动所带来的积极价值，具体体现在外在的自然体验行为和内在的场所情感依恋。

## 1.2　儿童"亲自然"外在的自然体验行为

"童年自然体验"（Childhood Nature Experience，CNE）可以理解为儿童与自然的外在联结过程，指儿童接触自然、了解自然的方式[11]，是"具身认知"（embodied cognition）的发展过程。Pretty 等[12]确定了人与自然环境相互作用的三个层次：观察自然、融入或使用自然、积极参与和体验自然。著名儿童地理学家 Freeman 进一步将 CNE 分为直接自然体验、间接自然体验和替代性或象征性体验三种[13]，其中直接自然体验指儿童在没有人为控制下，在绿地和荒野自然环境中自由探索、自我主导的游戏行为；间接自然体验则是儿童在人为组织和管理计划下在植物园、动物园、自然中心、博物馆等自然元素区域的结构化认知行为；替代性或象征性体验则是指儿童通过视觉和语言的界面来了解自然，在过程中没有实际接触，包括来自电子媒体的体验如电视和电脑，以及来自书籍和杂志的书面交流或在教室里的学习过程。研究结果表明，以观察、欣赏等非自发主动的间接体验与人们身体和心理健康的积极反应有关，如心理和压力恢复与人们身体和心理健康的积极反应有关[14]，但儿童游戏行为主导调动感官全身心融入自然并积极参与探索的直接体验，将为儿童身心健康发展带来更多益处，如对儿童的幸福感、健康水平、适应力、认知功能和运动能力有积极的影响，刺激视、听、嗅、味、触觉，增进智识；培养好奇心和创造力；促进自我疗愈，提高自我认同和幸福感，更有助于促进儿童的注意力，解决冲突，缓解精神压力[15]。

古生物学家 Scott D. Sampson 基于多年的观察研究，将儿童自然体验的对象分为三类：荒野型自然、驯化型自然和技术型自然[16]。荒野型自然包括远离城市的荒野、丛林、深山、海洋，也包括城市近郊的河流、湖泊、森林公园等人工痕迹干扰较少的区域；驯化型自然则是人工痕迹干扰较多的区域如乡村田野、城市公园、校园绿化、社区花园，甚至家中的后花园、盆栽植物等；技术型自然则是指人类制造的对自然界描述的摹本，比如绘画、摄影、自然纪录片等，也包括运用新技术呈现的虚拟现实的沉浸式自然。当把儿童的自然体验行为与空间对象联系起来，儿童直接体验的自然倾向为荒野型自然，然而现实中更多的是驯化型自然环境，从家门口的社区花园，到城市中的公园绿地，再到城市近郊的乡村田野。

### 1.3 儿童 "亲自然" 内在的场所情感依恋

儿童 "亲自然" 本能与空间环境之间存在着偏好性的场所依恋关系[17]，场所依恋行为始于童年时期的地方经历，关注儿童与场所之间积极的情感联系，由情感（情绪、感觉）、认知（思想、知识、信仰）和实践（行动、行为）三部分构成，是人和场所感情上的链接。研究证实童年时期在荒野型自然中的经历是人类发展和身份认同的核心组成部分[13]，将极大地促进儿童终生对自然环境的场所依恋，学者们普遍认为这种 "与自然栖息地联系" 的场所依恋是发展 "地方归属感、整体幸福感以及可持续生态保护价值观的核心"[18]。童年时期的场所依恋关系也将对成年后在情感认知、环境认同感、归属感和身份认同中起着核心作用[19]，如果童年时期没有建立起对自然的情感联系，成年后将缺失对自然的责任感和亲环境行为。美国环境教育学家戴维·索贝尔（David Sobel）就此提出发展儿童与自然的情感同化应该作为 4～7 岁教育的一个主要目标，即在儿童早期就应该培养人是自然一部分的观

念。他的研究显示，儿童能通过积极与环境交流来发展他们的环境伦理观，在整个童年早期已基本完成对人和自然关系的理解，其自身发展意识可以和自然紧密联系在一起[20]。童年阶段是场所依恋形成的重要时期，儿童通过地方依恋获得个人身份认同，而自然环境则是场所依恋形成的重要空间载体[21]。因此童年时期对自然的直接体验是促进 "亲自然" 内在的场所依恋，并培养成年后幸福感以及亲环境行为意识的最重要阶段，对自然生态环境的可持续发展具有深远的意义（图 1）。

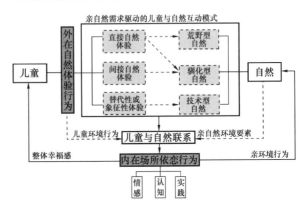

图 1 "亲自然" 需求驱动下的儿童与自然互动模式发展图

## 2 促进儿童 "亲自然" 体验的发展实践及探索

基于 "亲自然" 的成长支持价值，纵观全球在此领域实践和研究相对成熟的国家和地区，自上而下以及自下而上层面均有一系列代表性探索实践，具体体现在空间供给层面、政策保障层面、服务支持层面。近几年来由于国内开始大力推进儿童友好理念，相关研究和实践也在起步探索阶段，也产生了 "以小见大，见微知著" 的效果。

### 2.1 空间供给层面： 数据平台与专家智库引领的科学研究与评估工具支持

通过搭建覆盖全球国家样本的数据平台和专家智库，基于不同场景，给予儿童 "亲自然" 解决方案，提供科学研究与专业技术支持，是自下而上推动儿童与自然联系的关键。如美国的 "儿童与自然网络" （Children Nature Network，C&NN）、"绿心童年" （Green Hearts，GH）、"自然学习计划" （Natural Learning Initiative，NLI）、欧盟的 EUROPARC 联合会以及英国的 Natural England 等。

其中 C&NN 作为世界上最大的儿童和自然数据研究与学术平台，具有重要参考意义。该数据平台由理查德·

洛夫等学者于 2006 年联合成立，通过循证工具、数据资源和技术支持，以增加儿童在城市和社区中公平接触自然、恢复户外体验并重新建立儿童与自然的联系。近年来实施了一系列比较有影响力的倡议计划，如"儿童与自然联系起来"（Cities Connecting Children to Nature，CCCN）、"绿色校园计划"（Green Schoolyards）等。通过构建 CCCN 全国性城市发展网络，发布了儿童与自然联系的工具包，为地方城市官员及其合作伙伴提供技术援助，明确实施路径和执行步骤等，以制定儿童与自然连接战略，并将其作为城市规划和决策的重要组成部分[22]，COVID-19 大流行期间，C&NN 还开展了面向社区家庭"附近的自然"计划，为社区及家庭提供自然工具包。

另一个比较有代表性的数据研究平台 NLI 是基于美国北卡罗来纳州立大学设计学院创立，侧重实践应用和空间评估，通过设计援助、询证工具研究、教育和信息传播等手段，联合教育工作者、游戏领导者、环境工作者、设计师、规划师等所有为儿童工作的专业人士，促进儿童日常生活中的自然体验，尤其创建了一套"通过设计预防肥胖"（Preventing Obesity by Design，POD）的衡量工具[23]，包括学龄前户外评估测量量表（POEMS）、行为映射和儿童保育户外学习环境质量工具（COLEQT），其中 POEMS 通过评估儿童户外空间环境的质量，促进儿童发展和学习，为儿童保育专业人员和场所管理员提供培训和指导，以帮助他们进行改进，是目前使用比较广泛的专业性儿童空间评估工具。

## 2.2 政策保障层面：政府主导的自上而下的发展机制

政府主导的自上而下主要体现在空间供给与政策发展

层面。为了鼓励儿童到户外多亲近自然，美国 2000 年代开展了"让儿童到户外去运动"（no child left inside initiative）活动，敦促各州设立环境教育的标准和权利法案。2007 年至今，美国 15 个州和 6 个城市已经相继颁布或正在实施《儿童户外权利法案》（Children's Outdoor Bill of Rights）（图 2），自上而下通过强制性政策法案推动儿童与自然的联系。

新加坡自 2002 年在全岛实行"绿色计划 2012"以来，于微观到宏观的不同尺度发展"亲自然"，实现从"花园城市"（Garden City）到"亲自然城市"（Biophilic City）的转型，其中新加坡国家公园委员会（NParks）发挥了巨大作用，通过一系列自上而下的措施：①空间层面引入"亲自然"规划设计类型，打造"绿色连接器"（Park Connector Network，PCN），即绿道将不同层级的公园链接成绿色网络；②资金层面通过设立独立运营管理的公益基金会（The Garden City Found），支持并奖励公众参与，开展诸如"空中绿化奖励"（Skyrise Greenery）、"社区盛开"（Community in Bloom）、"自然社区"（Community in Nature）、"每个孩子一粒种子"（Every Child a Seed）等计划；③管理层面成立城市绿化与生态中心（CUGE），为各级专业人员提供"亲自然"相关的技能培训，并发展生物多样性指数（Biodiversity Index）用以衡量和评价亲自然环境要素；④技术层面创建 SGBioAtlas 手机应用程序，链接到本地生物多样性数据库，任何人都可以使用 App 进行搜索参考、上传记录和贡献数据库。

为进一步保障新加坡每个学龄前儿童都可以接触到的亲自然游乐园，NParks 于 2009 年在全岛推出了"儿童亲自然游乐场计划"（Biophilic Playgarden），通过与新加坡

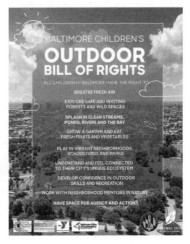

图 2　奥斯汀/旧金山/巴尔的摩的《儿童户外权利法案》
（图片来源：网络）

幼儿发展机构（ECDA）和国家幼儿研究所（NIEC）合作，发布儿童亲自然游乐场设计指南，通过放大儿童的感官体验，融入可持续生态理念，采用自然元素的材料、多样化的本土植物、自由玩耍的"松散部件"（Loose Parts）以及季节性的游戏科普活动。针对新建住宅，NParks 要求开发商建造此类游乐园，并改善现有传统游乐场，截至 2021 年，已改造 20 多个试点，其中代表性实践项目有 Hort Park 的 Nature Playgarden（图 3），亚洲最大的儿童花园 Jacob Ballas 等。

## 2.3　服务支持层面：从"附近的自然"到"远方的自然"

为儿童提供亲近自然的场所空间，不止于单纯的绿化景观营造，更应该通过亲自然服务真正地吸引儿童参与其中，以获得深层次的认知体验。参考挪威学者 V. Gundersen（2016）提出的"自然连续体"概念[24]，以儿童眼里的"自然"为主体，儿童的家为中心一直延伸到荒野自然，以家门口"附近的自然"和城市近郊可达的"远方的自然"为例，代表了两种不同时空距离下的儿童亲自然服务类型。

### 2.3.1　"附近的自然" ——家门口可持续运维发展的亲自然服务

"附近的自然"是儿童日常步行可达高频接触的自然环境，主要以社区花园进行营造的驯化型自然场所。如上海创智农园的蝴蝶花园，采用社区共创共建的方式，打造了儿童家门口触手可及的"自然疗愈科普乐园"（图 4）。蝴蝶花园强调让儿童自由探索的多样自然，构建的四季开花蜜源植物群落虽然面积集约，但却与创智农园内其他内容板块如迷你生态小池塘、农耕文化体验田等，共同构成兼具本土生物多样性和互动体验性的自然教育场景。为了给社区儿童提供更加丰富和有价值的体验，共建团队结合场地设置了一系列自然科普标识牌，展现"蝴蝶的 4 个生命阶段"以及"上海常见蝴蝶"，更可以扫码场地内"一蝶一问"二维码小程序进行趣味科普互动。建造初期，蝴蝶花园就吸引了大量的社区居民和儿童参与其中，包括场地设计和后续运维的创想和建议，协助完成场地铺设、植物种植和设备安装等（图 5）。蝴蝶花园建成后，运营团队开展了一系列轻体量可持续的运维服务，如以自然科普探索为主题的快闪及公益活动，在自然导师的带领下，通过蝴蝶生境、创意手工与游戏结合的"亲自然"体验（图 6），让城市里的儿童重建与自然的联系，促进人与自然深层次对话的同时，社区也因此变得更有归属感和凝聚力。①

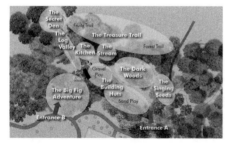

图 3　新加坡 Hort Park 亲生命性自然游乐场
（图片来源：网络）

图 4　上海创智农园——蝴蝶花园实景
（图片来源：自然种子团队）

① 创智农园位于上海市杨浦区，是上海第一个位于开放街区中的社区花园和目前唯一以社区花园为主题的公共绿地，同时也是通过公众参与和社区赋权建立的儿童友好社区发展模型。

### 2.3.2 "远方的自然"——目的地型高品质深层体验的儿童亲自然服务

疫情常态化趋势以及现代机动出行带来的时空距离缩小，城市近郊可达的"远方自然"，如乡村、田野、湖泊、山林、草地等已然成为当今城市亲子家庭偏爱的自然场景类型，相较于"附近的自然"，虽然儿童日常接触频率较低，但其独特的景观风貌和自然场景是城市儿童成长中所缺失的体验类型，是儿童周末及节假日周期性造访的目的地。研究证实儿童周期性造访此类"荒野型自然"，能唤醒调动感官，引导儿童与自然的共情能力，对促进儿童与大自然的情感联系具有关键意义。这种目的地型的场景对"亲自然"体验的服务质量提出更高的要求，需要基于场

地独特的自然资源、人文特色以及季节特色，因地制宜地研发亲自然体验服务，乡村场景如在湖州妙西村开展的种子营，为儿童年龄4～12岁的亲子家庭研发独特的自然探索产品：丛林探险、昆虫探秘、生态采摘、汉弓射箭、植物印染、鸟类观测、稻研学等农事体验（图7）；自然保护区场景如在盐城丹顶鹤世界自然遗产保护区开展的"种子的奇妙旅行"自然探索营；主题度假区场景如在迪士尼星愿湖公园开展的四季"星愿探索队"。为了使亲自然服务更具高标准流程，需要基于强大的自然生态专家库，培育专业的自然导师，开发配套的自然体验活动，开发自主版权的海量自然人文课程库，因地制宜地打造内容架构规划＋研学活动设计。

图5　蝴蝶花园创建初期的社区共建场景
（图片来源：自然种子团队）

图6　"附近的自然"——基于蝴蝶花园开展一系列亲自然教育科普活动
（图片来源：自然种子团队）

图7　"远方的自然"——基于景区、园区、乡村以及自然保护区的亲自然服务
（图片来源：自然种子团队）

## 2.4　数字化技术情景驱动的亲自然体验创新模式

数字化技术普及的今天，人们体验自然的方式也在不断迭代，尤其在城市环境中，如何基于现有的自然资源丰富亲自然的体验维度，兼具趣味娱乐和教育科普意义，鼓励儿童和青少年发挥自我探索的能动性是重要命题。针对当前城市绿色空间儿童可玩性与参与性的不足，2022 年初研究团队通过沉浸式科普内容与数字化技术的融合，在上海辰山植物园开展了"亲自然"创新玩法体验（图 8），通过将手机 App 与实体道具相结合，依托线上小程序工具以及配套的物料探索包，开展沉浸式定向解谜自然探险，将主要打卡点与游线结合，整个亲自然体验过程中会有野外测量、纹理拓印及自然物收集等各类有趣的玩法，借助"种子宝宝"（自然种子 IP 形象）的情报线索，通过地图和其他道具线索探索自然、破解谜题，亲子协作最终救回"辰小苗"（辰山植物园 IP 形象）。

通过情境剧情驱动的互动科普、自然探索、视频讲解等沉浸式体验，不断引导孩子在"记忆者"和"探索者"之间切换角色，也使孩子学习层次从单纯的"辨识"层次，上升到"描述"以及"解释和应用"层次。基于辰山植物园的丰富内容和四季场景特色，团队定期在小程序上

更新主题探索路线和内容策划，以提升玩法和体验层次，如 2021 年冬季上线的"超能植物战队"、2022 年春季上线的"春日奇遇记"、2022 年秋季上线的"种子魔力觉醒"等。整个探索过程中，父母不再只是一个"看护者"，而是孩子自然探索路上的"玩伴"。这种在城市环境中将技术型自然与驯化型自然结合，打造线上＋线下的沉浸式"实景亲子户外解密"产品模式，可以弥补现有城市绿色空间的儿童可玩性和趣味性，加深理解自然的同时，实现自然体验的自主玩法，并通过轻量化运营提供了一个亲自然体验的创新模板。

## 3　讨论：如何构建"亲自然"发展目标下的"自然处方"

基于前文研究与探索，从儿童与自然外在的体验行为和内在的场所情感依恋出发，"亲自然"发展目标下构建促进儿童成长的"自然处方"，需要实现绿色空间供给、政策法规保障以及社会服务支持的三位一体发展（图 9）。

（1）绿色空间供给层面需要结合当前国情，充分挖掘城市环境和自然环境中儿童自由游戏和户外活动的机会，

积分
积分与进度
任务点
可自由探索任务
也可组织一起开展大型活动
地图导览
带有gps定位功能的
地图景点导览
线索
社区的角角落落
皆可成"线索"
全面辐射社区
罗盘导览
半定制化的景区门户首页
背包
存放知识卡片、线索碎片

图 8　通过手机小程序实现辰山植物园线上＋线下结合的沉浸式体验

（图片来源：自然种子团队）

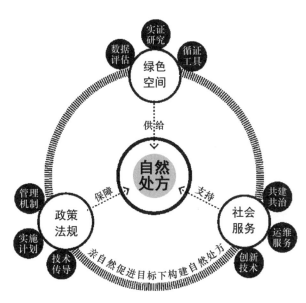

图 9　"亲自然"促进目标下构建"自然处方"

加强本土化儿童与自然联系的数据评估和实证研究，以及专家智库与数据库的建设，开发本土化儿童户外环境质量的科学评估工具，为政策制度提供科学精准的参考，进一步完善城市绿色空间供给能力。

（2）政策法规保障层面需要与时俱进地制定儿童与自然联系的行业标准和技术指引，自上而下地统筹引领，必要时甚至需要制定相关政策法规，同时需要进一步完善当前城市绿色空间服务的系统化管理，推进适儿化工作的实施。

（3）社会服务支持层面则需要鼓励企业机构、公众及个人的参与，自下而上开展面向社区、景区、园区、校区、城区近郊等儿童高频接触环境的亲自然实践，联合在地力量以及多方的共建共治，加强现有城市绿色空间的儿童亲自然运维服务和创新模式推广，如开展现代化数字技术融合的创新玩法，以轻量化的运营思路弥补并提升当前绿色空间的服务效能。

# 4　结论与展望

"亲自然"环境要素对于人类的绩效指标如生产力、情绪健康、压力、学习、创造力和康复疗愈方面都具有明显的实际可衡量的益处，尤其对正处于身心健康发展阶段的儿童[25]，是解决"自然缺失症"的"自然处方"。儿童作为城市中弱势群体，是社会公平正义的起点，国内儿童事业发展仍然存在着不平衡不充分的问题。第七次全国

人口全面普查显示，中国 0～14 岁人口为 25338 万人，占 17.95%，城镇人口比重上升 14.21%，占 63.89%，意味着越来越多的人口流动带来城镇儿童规模的迅速增加，现有城市绿色空间存在着可玩性、可达性以及可进入性等空间上"硬件"限制以及亲自然服务"软件"上的不足，儿童专属绿色空间的供给和服务质量跟不上儿童亲自然发展的需求。

随着儿童友好城市建设正式被写进国家"十四五"规划，2021 年 10 月，在国家发展改革委联合 22 部门印发的《关于推进儿童友好城市建设的指导意见》第二十点中明确指出，"开展儿童友好自然生态建设。建设健康生态环境，推动开展城市儿童活动空间生态环境风险识别与评估评价。推动建设具备科普、体验等多功能的自然教育基地。开展儿童友好公园建设，推进城市和郊野公园设置游戏区域和游憩设施，合理改造利用绿地增加儿童户外活动空间"。如何实现亲自然需求端和供给端的发展平衡，重建儿童与自然的联系以促进儿童身心健康成长，是国内建设儿童友好城市的发展重点，因此基于儿童友好的"亲自然"发展目标下构建"自然处方"是抓手，也是推动全社会生态环境可持续发展的重要保障。

## 参考文献

[1] LOUV R. Last child in the woods: Saving our children from nature-deficit disorder[M]. London: Algonquin Books, 2008.

[2] 联合国儿童基金会. 城市化世界中的儿童[EB/OL]. (2013-01)[2022-06]. http://www.unicef.cn/cn/uploadfile/2013/0121/20130121115351659.pdf.

[3] 联合国儿童基金会. 儿童友好型城市规划手册——为孩子营造美好城市[EB/OL]. (2018-10)[2022-06]. http://www.unicef.org/media/56291/file/儿童友好型城市规划手册.pdf.

[4] WOOLLEY H, LOWE A. Exploring the relationship between design approach and play value of outdoor play spaces[J]. Landscape research, 2013, 38(1): 53-74.

[5] 王霞，陈甜甜，林广思. 自然元素在中国城市公园儿童游戏空间设计中的应用调查研究[J]. 国际城市规划, 2021 36(1): 40-46.

[6] 李佳滢，张秦英，陈进，等. 人居环境视角下儿童与绿色空间研究进展——基于文献计量分析[J]. 景观设计, 2021, (5): 22-27.

[7] FROMM E. The anatomy of human destructiveness[M]. New York: Holt, Rinehart and Winston, 1973.

[8] WILSON E O. Biophilia[M]. Cambridge: Harvard University Press, 1984.

[9] KELLERT S R, WILSON E O. The biophilia hypothesis[M].
Washington: Island Press, 1993.

[10] KAHN P H, KELLERT S R. Children and nature: Psycho-
logical, sociocultural, and evolutionary investigations[M].
Cambridge: The MIT Press, 2002.

[11] FREEMAN C, HEEZIK Y V. Children, nature and cities:
rethinking the connections[M]. New York: Routledge, 2018.

[12] PRETTY J, PEACOCK J, SELLENS M, et al. The mental
and physical health outcomes of green exercise[J]. Interna-
tional jurnal of environmental health research, 2005, 15(5):
319-337.

[13] HEEZIK V Y, FREEMAN C, FALLOON A, et al. Rela-
tionships between childhood experience of nature and green/
blue space use, landscape preferences, connection with nature
and proenvironmental behavior[J]. Landscape and urban plan-
ning, 2021, 213: 104135.

[14] KAPLAN S. The restorative benefits of nature: toward an
integrative framework[J]. Journal of environmental psychol-
ogy, 1995, 15(3): 169-182.

[15] FJØRTOFT I. The natural environment as a playground for
children: The impact of outdoor play activities in pre-primary
school children[J]. Early childhood education journal, 2001,
29(2): 111-117.

[16] 斯科特·D·桑普森. 与孩子重回自然——如何在大自然中
塑造孩子的身体、情感和认知[M]. 北京: 机械工业出版
社, 2021.

[17] KORPELA K. Children's environment[M]. New York: Wi-
ley & Sons, 2002: 363-373.

[18] 王颖, 王巍静, 孙子文, 等. 童年场所依恋与成年后幸福感的
关系研究[J]. 风景园林, 2022, 29(2): 112-118.

[19] SEBBA R. The landscapes of childhood: The reflection of
childhood's environment in adult memories and in children's
attitudes[J]. Environment and behavior, 1991, 23(4):
395-422.

[20] DAVID S. Childhood and nature: Design principles for educa-
tors[M]. Portland: Stenhouse Publishers, 2008.

[21] 林广思, 吴安格, 蔡珂依. 场所依恋研究: 概念、进展和趋势
[J]. 中国园林, 2019, 35(10): 63-66.

[22] NLC N L of C. cities connecting children to nature[EB/OL].
(2016-08)[2022-06]. https://www.nlc.org/initiative/cit-
ies-connecting-children-to-nature/

[23] Natural Learning Initiative (NLI). Preventing obesity by de-
sign[EB/OL]. (2007-08)[2022-12]. https://naturalearn-
ing.org/what-is-pod

[24] SKAR M, WOLD L C, GUNDERSEN V, et al. Why do chil-
dren not play in nearby nature? Results from a norwegian sur-
vey[J]. Journal of adventure education and outdoor learning,
2016, 16(3): 239-255.

[25] 马彦红, 陈曦, 朱捷, 等. 亲生命性城市自然营建的方法探
究——基于亲生命性美学认知及其景观空间载体解析的研究
视角[J]. 中国园林, 2021, 37(7): 77-82.

## 作者简介

杨丹, 1986 年生, 女, 同济大学建筑与城市规划学院在读博士
研究生, 工程师, 儿童自然教育创新品牌"自然种子"发展顾问。研
究方向为儿童友好型城市环境营造与设计。

(通信作者)董楠楠, 1975 年生, 男, 博士, 同济大学建筑与城
市规划学院, 副教授, 博士生导师。研究方向为景观规划设计、风
景园林技术创新及其性能化设计、儿童友好环境规划与设计。电子
邮箱: dongnannan@tongji.edu.cn。

# 海湾型城市的公园体系发展特征研究
## ——以福建省厦门市为例

## The development characteristics of the park system in bay-type cities
## —A case study in Xiamen，Fujian Province，China

蒋林桔　林广思　桑晓磊*

**摘　要**：海湾型城市独特的人文历史及滨海风景资源使其城市公园体系呈现出特定时空状态下发展的差异性和多元性。针对海湾型城市特殊的地理特征和发展条件，应用 GIS 技术平台对厦门市城市公园分别在时间和空间两个层面的建设过程、发展特征进行探讨，提出：①厦门市公园体系的快速发展与其向海湾型城市转型过程高度相关，并在 21 世纪后进入了成熟而稳定发展阶段；②厦门市公园体系建设具有向厦门港沿岸高度集中的空间布局特征，同时呈现出向城区飞地式扩散的发展趋势；③厦门市在城市转型过程中探索出了以"山、海、湾、岛、湖"为特色的复合式公园体系，推进了厦门市公园城市建设和全域旅游的发展进程。本研究总结厦门市公园体系发展特征，为其他海湾型城市的公园体系的建设提供了建设模式和经验。

**关键词**：风景园林；海湾型城市；公园体系；公园绿地

**Abstract**：The unique cultural history and coastal landscape resources of the bay-type city make the urban park system show the difference and diversity of development in a specific time and space state. Aiming at the special geographical characteristics and development conditions of bay-type cities，the GIS technology platform is applied to discuss the construction process and development characteristics of Xiamen City Parks at the time and space levels. 1. It is proposed that the rapid development of Xiamen's urban park system is highly related to its transformation into a bay-type city，and has entered a mature and stable development stage after the 21st century；2. The construction of Xiamen City Park has the characteristics of a spatial layout that is highly concentrated along the coast of Xiamen，and also shows a trend of diffusion to urban enclaves；3. Xiamen Has explored a composite park system model featuring "mountains，seas，bays，islands and lakes" in the process of urban transformation. It has greatly promoted the development process of park city construction and global tourism in Xiamen. It is expected that on the basis of summarizing the construction mode and development experience of Xiamen City Park，it will provide case reference and experience reference for the construction of other bay-type urban park systems.

**Keyword**：Landscape Architecture；Bay-type City；Park System；Public Park

# 引言

城市公园体系是由若干类型的公园相互联系而构成的一个有机整体。一方面，城市公园是城市生态基础设施关键构成部分，能够有效缓解城市环境问题[1]，另一方面，城市公园作为城市主要的公共开放空间，是人们休息娱乐的场所，对城市文化和城市风貌特色的形成具有重要影响[2,3]，是城市文明的重要标志[4]。近年来，随着中国城市步入高品质建设阶段，公园体系在城市建设过程中发挥着重要作用，"公园城市"理念的提出进一步显示了公园在城市生态与空间体系构建中所起的重要作用。[5]

海湾历来就是人类从事海洋经济活动及发展相关产业的重要基地，随着我国城镇化进程的加快，越来越多的沿海岛屿及大陆边缘开发用地会被纳入土地开发计划之中，在未来的经济发展中发挥更大的作用。海湾型城市成为沿海城市进行城市建设发展的热点，打造海湾型城市空间结构已成为众多沿海城市发展的新方向。[6]因此，分析海湾型城市公园体系建构的途径及发展特征对于指导沿海城市发展具有重要意义。然而，海湾资源相对短缺，并非所有沿海城市都具备向海湾型城市转型的基础。因此，对于海湾资源进行战略分析的意义重大[7]。事实上，因受到社会发展、经济基础和建筑技术等客观条件的限制，绝大部分传统的海岛型城市并不具备带动周边陆域发展，进而统合建设海湾型城市的战略机遇和发展能力。

目前已有众多学者分析总结其他城市公园体系发展格局，总结其建设特征及实践路径，为其他城市公园体系提供相关经验：如尹晨冬解读新加坡城市公园体系规划以启示广州城市公园体系发展，郝钰借鉴伦敦、东京、多伦多城市公园体系建设与实践的国际经验等。然而，目前学者对于海湾型城市公园体系的建设过程及发展特征研究，总结其发展经验等方面存在空白。

福建省厦门市正是借助 20 世纪末期国家大力发展经济特区和 21 世纪初建设海西经济区重要中心城市的战略机遇，在由海岛型城市成功向海湾型城市转型过程中取得了显著的阶段性建设成果，是极为典型的海湾城市建设成功案例。厦门市以厦门本岛为核心、以厦门湾为背景的城市空间结构独具特色，在城市形态组织上具有特殊性、唯一性，城市公园体系的发展过程也与之高度相关。从一定程度上，城市公园体系的建设和迅速发展也大大推进了厦门市海湾城市的发展进程[8]，是海湾型城市公园体系建设较为成功的典型案例。本文主要从以下三个层面进行探讨：

（1）厦门市城市公园在时间层面上的建设过程如何？

有何具体表现？

（2）厦门市城市公园在空间层面上的分布特征如何？有何具体表现？

（3）在厦门市由海岛型城市向海湾型城市的转型发展中，影响城市公园发展的具体因素有哪些？有何经验？

# 1　研究设计

## 1.1　研究区

福建省厦门市位于台湾海峡西侧，地理框架包括厦门本岛、鼓浪屿岛、附近若干小岛、北部内陆区域及海域。厦门由厦门本岛的思明和湖里两个行政区，以及位于厦门湾大陆边缘的海沧、集美、同安、翔安四个行政区组成，全市陆域总面积 1569.3km$^2$，海域面积 340km$^2$，海岸线长达 230km，截至 2020 年底，常住人口达 518 万人，城镇化率达到了 89.41%[9]，其城镇化率位居全国副省级城市之首。厦门具有山海相间、陆岛相依、鲜明强烈的海湾型城市特色。

古代厦门起源于海防城市建设与港口贸易，岛屿形态以及四周环山的地势条件使厦门市发展的地理空间极为有限，历史上主要的建设区都集中在厦门本岛、鼓浪屿岛以及东南部海湾区域，近年来，外来人口的不断涌入以及快速城镇化进程使厦门本岛面临巨大而紧迫的发展压力，严重制约了厦门市作为福建省龙头城市功能和作用的发挥，因此，由海岛型城市向海湾型城市转型是城市发展的必然选择。2003 年厦门市按照《厦门市城市总体规划（2004—2020 年）》规划决策，将城市发展定位为海峡西岸经济区重要中心城市，全面启动了海湾型城市建设项目，把城市发展的形态开发、功能开发和生态开发有机结合，积极拓展周边的陆域发展空间，从而实现"优化岛内、拓展海湾、扩充腹地、联动发展"的战略目标[10]，以促进岛内外城区的协调发展。在这过程中，城市公园作为城市的有机组成部分之一，其职能和结构相应地随着城市结构调整发生改变。

## 1.2　研究数据

本研究用于数据分析的厦门市各项原始数据资料，包括城区建设、人口数量、公园个数、公园面积等均取摘自 1991 年至 2021 年《厦门经济特区年鉴》《厦门市绿道与慢行系统总体规划》（2013）及《厦门市城市绿地系统的修订与绿线系统的划定》（2015）。GIS平台用于空间分析的地理空间位置信息POI数据则通过厦门市人民政府网站的大数据安全开放平台获得[9]，同时采用实地考察走访公园、场地的方法以获得研究的一手资料，为之后利用GIS平台的空间可视化分析提供基础条件。

截至2020年，厦门的绿地规划结构为"一区一环两

带多廊道"，按照城市绿地分类标准，厦门市城市公园分类为：G11综合公园、G12社区公园、G13专类公园、G14带状公园、G15街旁绿地。由于街旁绿地建设情况复杂分散，超出了笔者研究的能力范围，故不做详细讨论。本文研究重点放在综合公园、社区公园、专类公园、带状公园等四类公园上，图1、表1展示了厦门各历史时期的各类型城市公园建设情况。

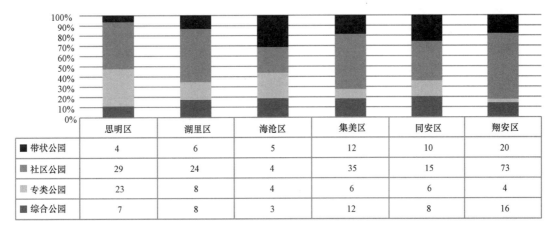

| | 思明区 | 湖里区 | 海沧区 | 集美区 | 同安区 | 翔安区 |
|---|---|---|---|---|---|---|
| ■ 带状公园 | 4 | 6 | 5 | 12 | 10 | 20 |
| ■ 社区公园 | 29 | 24 | 4 | 35 | 15 | 73 |
| ■ 专类公园 | 23 | 8 | 4 | 6 | 6 | 4 |
| ■ 综合公园 | 7 | 8 | 3 | 12 | 8 | 16 |

图1　厦门市各个类型城市公园数量和各类型公园占比

**厦门市各类型城市公园建设情况　　表1**

| 发展时期 | 公园总体数量（个） | 公园类别 | 各类别公园数量（个） |
|---|---|---|---|
| 20世纪80年代以前 | 7 | 综合公园G11 | 1 |
| | | 社区公园G12 | 0 |
| | | 专类公园G13 | 6 |
| | | 带状公园G14 | 0 |
| 1980—1989年 | 27 | 综合公园G11 | 5 |
| | | 社区公园G12 | 4 |
| | | 专类公园G13 | 17 |
| | | 带状公园G14 | 1 |
| 1990—1999年 | 66 | 综合公园G11 | 21 |
| | | 社区公园G12 | 7 |
| | | 专类公园G13 | 30 |
| | | 带状公园G14 | 8 |
| 2000—2009年 | 104 | 综合公园G11 | 25 |
| | | 社区公园G12 | 15 |
| | | 专类公园G13 | 44 |
| | | 带状公园G14 | 20 |
| 2010年至今 | 342 | 综合公园G11 | 54 |
| | | 社区公园G12 | 180 |
| | | 专类公园G13 | 51 |
| | | 带状公园G14 | 57 |

## 1.3　研究方法

ArcGIS平台是处理地理空间信息常用的计算机软件，拥有强大的空间分析及数据处理功能，可以更为客观 和

准确地衡量、模拟或者图示化城市公园在历史发展中呈现的各种现象，揭示动态规律，为之后的空间预测和决策创造条件，从而得出全面、正确的研究结论。本文利用ArcGIS10.7版本软件将厦门城市公园的建成年份、位置、规模进行地理空间上的可视化显示，进一步利用空间分析工具对城市公园的时空分布特征进行核密度分析。核密度分析是ArcGIS平台的常用分析，可计算每个公园点位周围指定领域半径内包含的公园密度值，实现从离散的坐标点到连续场模型的转变，从而实现要素分布规律的可视化。[11]本文利用ArcGIS平台核密度分析功能分析厦门城市公园的分布特征，由此揭示厦门城市公园体系发展过程中重要而关键的时间节点及空间区域，并结合厦门市城市发展建设过程来说明原因及特征，归纳厦门公园发展的规律及影响要素，得出最后的研究结论。

厦门城市公园的建设初始于20世纪20年代，于20世纪80年代之前由于各种原因一度停滞，在改革开放后随着城市快速发展重新起步，发展初期与复苏期之间有相当一段时间发展停滞，呈现出脱节的状况[12]。因此，本文对于20世纪80年代以前的公园发展情况及分布特征进行单独讨论，对20世纪80年代以后的公园建设情况则以十年为时间跨度进行划分，目的是正确了解和归纳厦门市城市公园建设在时间维度上的阶段性发展特征。

## 2　研究结果

### 2.1　从时间维度看厦门市公园绿地发展的过程

为了解历史上各个时期的厦门公园分布特征，笔者在 open street map 地图开放平台上逐个采集公园坐标，并利用 ArcGIS10.7 进行数据的可视化处理。

核密度分析可以体现出目标在地理空间上的集聚情况。为了衡量厦门城市公园发展的时代性演变特征，本文以十年为发展周期考量，应用 ArcGIS 软件对不同时期的公园分布情况进行计算。1990 年时，厦门市城市公园分布以厦门本岛西南部的思明区为中心，开始出现向集美区和海沧区的腹地逐渐扩散。1991—2000 年间，除了原密度中心继续增长之外，同安区腹地的城市公园建设核密度值首次增加；至 2001—2010 年间，厦门城市公园爆发式增长的趋势最为明显，这也正是厦门市转型布局海湾型城市最为集中、城市建设力度空前发展的关键时期，密度核心区在厦门本岛继续扩大，结合海沧区沿港湾边缘的大陆海岸线连成一片。与此同时，集美区、同安区和翔安区都出现了飞地式的高质量密度核心区。2011—2020 年间，随着厦门市海湾城市战略的持续推进和海湾水系的系统性开发，城市滨水公园发展迅速，除同安区外，海沧区、集美区和翔安区的城市公园建设日趋连成一个区域性的网络整体，呈现出更为集约、高效的城市公园体系。

### 2.2　从空间维度看厦门市公园的分布特征

为理清各类型公园在空间上的具体分布模式，利用 ArcGIS 对厦门城市公园的空间分布情况进行了符号区别及数据可视化分析，厦门市现有的各类型城市公园建设仍以厦门岛本岛为主，主要集中于两大山脉体系（仙岳山、万石山）、一个岛屿（鼓浪屿）、一个内湖（筼筜湖）和一个海湾（五缘湾），并且在岛屿东南部海岸形成了环岛的滨水步道公园圈层。岛外四区（海沧区、集美区、同安区、翔安区）的城市公园建设主要集中分布于以平原、低地丘陵为主的城市已建成区，周边山地区域分布较少，类型以生态保护专类主题的公园为主，另有少数社区公园零星分布。

为了进一步厘清厦门市城市公园建设的特征及规律，本文继续利用核密度计算方法对厦门市综合公园、专类公园、社区公园以及带状公园四种类型公园分别进行可视化分析。厦门市综合公园主要分布于城区内面积较大、较为

完整的绿地区域。就分布密度来看，思明区万石山植物园、仙岳公园片区拥有良好的山海视景以及较为连续的林地资源，形成了高度密度核心区。专类公园多数集中、于思明区，尤其在鼓浪屿岛上高度集中分布，集美区集美学村片区也具有专类公园高度集中的特征。带状公园的分布除思明区整合建设的筼筜湖步道之外，呈现出明显的向海湾区集中的趋势。社区公园呈现出向城市建成区内部发散的特征，厦门本岛思明区、湖里区内密度最高。岛外四区城市建设中心也相应开始出现社区公园高密度分布的现象。

## 3　讨论与分析

### 3.1　厦门市城市公园发展的时间进程

从时间维度上来看，厦门市的城市公园建设可以大致分为 20 世纪初、20 世纪末以及 21 世纪初三个大的历史时期。

厦门最早的一批公园可溯源到 20 世纪 20 年代建立的中山公园、延平公园及虎溪公园，这一时期是厦门城市公园整体风格的形成及探索阶段。此时的城市用地在厦门岛内主要集中在老城区（岛内东南部）和鼓浪屿，岛外则在集美和杏林，此时建成的几个代表性公园也集中在这个区域[13]。但是由于日寇入侵、战乱、社会变革等一系列原因，公园建设发展在此后的一段时期内一度停滞。

20 世纪 80 年代改革开放时厦门建设经济特区，城市公园的建设发展才逐步复苏。经济特区的建立直接引发了厦门城市空间结构的变化，城市空间快速扩张，借着发展城市新区的机会，思明区集中建立了一批综合性城市公园，具有代表性的包括海滨公园、毓园、鸿山公园、金榜公园等，此时的公园建设主要集中于城市已建成区域，对沿海区域风景资源的重要性认识稍显不足。20 世纪 90 年代，厦门市借着"创建国家园林城市"这个历史契机，开始筹建并大力支持城市公园建设，厦门大桥加强了岛内与岛外（尤其是杏林、集美、同安）的联系，进一步促进了岛外新区的建设。此时期的城市公园体系出现向集美区和海沧区腹地扩散，在同安城区内部发展的趋势。一批具有完整功能因素和文化内涵的综合性公园相继建成，代表案例有白鹭洲公园、南湖公园、湖里公园等。另外，厦门市人民政府开始意识到水体和游乐场是增加公园参观的重要因素[14]，因此，环岛路带状海滨公园、文曾路等一批重

要的滨海风景区和椰风寨、同安影视城等主题性游乐公园建成，提升了厦门市的整体形象，增加了旅游热度，也进一步推动了厦门市城市的建设发展，至 1997 年底，厦门市综合性公园的总数由 20 世纪 80 年代的 5 个增加到 21 个[15]。

21 世纪初，厦门市集中建设海湾型城市，《中华人民共和国港口法》的施行也为厦门海湾型城市建设提供了政策保障[16]，海沧大桥通车使海湾型城市初具雏形。海沧、集美、同安和翔安四区的城市面貌、交通、市政配套、绿地、环境等趋于完善。此时厦门城市空间布局可总结为"一心两环，一主四辅"，即以厦门本岛为中心，环西海域和环东海域两向发展，形成以本岛为主城，以岛外四区为辅城的发展框架[17]。城市公园网络体系建设也初具规模，由孤立化走向系统化，在岛外四区都有所发展，厦门本岛的城市公园核密度中心偏移至岛中心区域，这对周围城市区域的公共资源具备强大的连接和整合作用，消弱了海峡边界效应影响，特别是利用区域性城市绿道、水系以及环海环湖公园步道系统的建设将比较分散孤立的点状绿地串联，统筹各个公园及景区景点，形成了初具规模的公园绿地系统，侧面显示出厦门海湾型城市转型建设的显著成效。位于厦门本岛环岛海域的厦门国家级海洋公园是由国家海洋局批复建设的全国七个国家级海洋公园之一，规划总面积 24.87km²，南起厦门大学海滨浴场，沿环岛路向北延伸至观音山沙滩北侧及五缘湾（含五缘湾湿地公园），形成了规模巨大、景观类型丰富的环厦门岛生态绿链系统。但此时期仍然存在着岛内外空间分布不均、过度依赖旅游景点、文化性及景观性欠缺等问题。[18]

2010 年至今，厦门市城市公园的建设处于稳定发展的成熟时期，类型更加丰富，主题更为突出，空间布局也逐步趋于完善合理。以建设"一区一环两带多廊道"城市公园体系为目标，厦门本岛的城市公园核密度中心出现了分化，沿厦门港边缘出现了东、西两个明显的核密度中心，岛外四区的城市公园核密度中心区日益凸显，随着城市建设和交通结构的完善，连成一个复合式城市公园网络，体现出厦门市城市公园体系化、生态化发展的思路越来越明确，空间布局也逐步趋于完善。值得一提的是，社区公园的数量在近十年呈现爆发增长，在四种类型的公园中占据数量优势，许多城区内的闲置空地被加以合理利用发展为社区公园。厦门市转型发展前期岛内外区域空间分布不均衡问题得到进一步改善，城市公园在保护生态环境、关注历史文化和美化城市形象方面起到了积极的助推作用。

## 3.2　厦门市城市公园发展的空间布局

依据空间结构形式的不同，厦门市城市公园的空间布局大致可以分为散点式、联网式、环状式以及混合式四种，其中，最早期城市公园呈散点式集中在厦门本岛以及鼓浪屿岛区域，而后随着城市的发展和建成区的扩大，逐渐以联网式为主向各片区的城市中心转移，进一步以环状海湾开发的形式向岛外大陆边缘辐射蔓延。目前，厦门的城市公园体系除同安区公园外，均呈环状围绕在厦门湾周围，在厦门市城市建成区，复合式布局的城市公园占据优势，在兼顾山地景观建设的基础上，大力发掘社区公园、

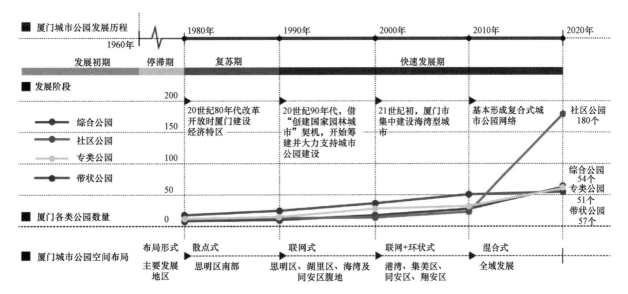

图 2　厦门市城市公园发展脉络及分布特征

街边绿地等散点式公园结构的景观潜力（图 2）。

厦门市独特的山海风貌是厦门市城市景观特色的重要组成部分，具有重要的景观意义和环境价值。在厦门本岛，城市公园体系的整体规划架构上尽可能完整保留特有的山海景观效果，凸显海湾结构的空间框架，近年来，山地公园的规划建设在构筑厦门绿地系统中起着非常重要的作用，特别是 2020 年修建的山海健康步道，全长约 23km，串联起厦门岛中北部"八山三水"等重要生态节点，以步行道的形式串联起岛内原有的 24 个城市公园，形成贯穿本岛东西方向的山海步行通廊，组成了巨构型的复合式公园网络体系，大大推进了厦门市全域旅游的发展进程。

在岛外四区，综合公园多沿主干道分布，其中，集美区和海沧区在历史上主要沿海岸线发展，目前，海沧区公园建设的密度核心区有所扩大，但仍位于厦门港沿岸，与厦门岛西南部的滨海公园体系隔湾对望；由于集美新城的快速发展，集美区密度核心区逐渐向内移至杏林湾区域，在空间上与海沧区逐渐连成一体；因历史发展原因，同安区的城市公园密度核心区仍处于内陆区域的同安老城中心，远离厦门湾；翔安区因近年来的开发进程加快，已经在厦门湾沿岸形成了明显的密度核心区，同湖里区的五缘湾水系和观音山区域隔湾相望。可以看到，厦门湾沿岸相继建成的大型滨水城市公园成为人工环境和自然环境之间的链接媒介，其景观效应、社会效应、经济效应和生态效应对城市空间组织产生积极影响，推动了厦门市跨区、跨海式转型发展。

## 3.3 影响厦门市城市公园发展的因素

### 3.3.1 自然环境基础

山地分割而成的滨海平原和谷地是厦门城市的主要空间单元，海湾、河流、湖泊众多是厦门市最重要的景观资源特色，也是城市发展的重要制约因素。城市最早的扩展具有临海偏好。然而海洋一度阻碍了城市的发展。[19] 随着城市的发展，海湾的景观资源才被逐渐重视起来，大面积的山脉走向和内湾水域为厦门市城市公园的体系化建设提供了良好的生态景观条件。厦门市城市公园的空间布局随着时间变化呈现出由点及面、由分散至完整清晰的空间演化逻辑，结构特征鲜明，这不仅与厦门市的地理特征相联系，而且有利于山海背景下海湾型城市生态体系的建立。

### 3.3.2 城市转型机遇

由于独特的地理文化条件以及 20 世纪末期建设经济

特区、21 世纪初期建设海峡西岸中心城市的重要历史背景，厦门市具备了从海岛型城市向海湾型城市转型发展自然条件、社会基础以及战略机遇。厦门独特的"海、山、湾、岛、湖"自然资源基底，为厦门市由岛内向岛外有机疏散的城市转型发展提供了具有生态学意义的景观框架[13]，随着城市绿地系统概念的提出与持续深化，厦门市城市公园的外延和内涵被提升到了一个新的高度，除了注重实效性和经济性之外，城市公园体系化、生态化发展的模式越来越成熟。

### 3.3.3 政策制度保障

从 1990 年开始，厦门市政府相继发布《厦门市园林绿化管理实施细则》（1990）、《厦门市城市园林绿化条例》（1996）、《厦门经济特区公园条例》（2012）、《厦门市城乡规划条例》（2013）、《厦门经济特区园林绿化条例》（2018）、《厦门市绿化种植设计规范》（2018）、《厦门市园林绿化设计规范》（2020）、《厦门市"十四五"生态环境保护专项规划》（2022）等一系列法律、法规、地方标准和专项规划来保障城市公园建设的顺利开展，进一步形成了完善、全面、系统的管理模式。

### 3.3.4 交通体系优化

厦门市城市公园的快速发展高度依赖于厦门市海湾型城市建设的持续推进，21 世纪之前，天然海湾对于厦门市发展的空间限制极为严重，厦门岛与岛外四区连接的方式只有高集海堤、集美大桥以及海沧大桥三个通道，连接路径及节点的缺乏导致城市发展的空间容量极其有限，不能产生快速的催化和连续式推进作用，城镇化进程趋缓。相应地，城市公园的建设也不能持续、快速的发展推进，导致岛内外城市公园的发展建设情况出现了极大的时空差异。21 世纪后，按照厦门市海湾型城市建设的战略规划，城市跨岛交通体系结构日趋完善，本岛和岛外各个区域的联系进一步加强，区域内交通项目如快速公交系统（BRT）、成功大道、环岛干道、仙乐岳路、疏港路高架、海翔大道、滨海西大道、翔安隧道、集美大桥、杏林大桥的修建，构筑了一个以半小时车程为半径的交通经济圈[17]，以本岛为中心，以海湾为背景、沿周边海域分布的城市公园体系建设取得了飞速的发展，厦门市海湾城市的整体结构也更为清晰。

### 3.3.5 公众需求变化

公众需求是推进城市公园发展的内在动力，对城市公园的发展有着重要的推动及促进作用，随着厦门市社会生活水平的提高和物质条件的改善以及人口密度的持续增加，人们对于休闲游憩活动的需求在不断增加，人们的审美观、价值观也在发生转变，对城市公园的使用、评价在不断的演变，这就要求厦门市在公园建设过程中不仅要重视城市原来的自然生态本底、历史文化背景，适应市场经济的需求，而且要满足现实条件下不同区域人群特定的休闲活动需求。受历史上城市建设时序和建筑格局的影响，城市高密度集中区难以满足建设大型综合类公园的建成条件，而城市建成区内部的绿地多呈现碎片化、无序化状态，设施老旧，空间消极，这也为厦门本岛老旧城市公园的快速更新建设提供了发展契机。

# 4　研究结论

厦门市建设海湾型城市的本质是人类对特定山海资源占有和改造的过程，也是经过不断调适后，对自然景观资源的价值和意义再认识与再适应过程。厦门市的城市公园建设大致分为 20 世纪初、20 世纪末以及 21 世纪初三个大的历史时期。地理区位、时间节点、发展条件的不同导致岛内外城市公园的发展建设具有较大时空差异性。随着厦门市海湾型城市建设的持续推进，城市公园的现有空间布局可以分为散点式、联网式、环状式以及复合式四种，其趋势由厦门本岛逐渐发展到厦门港沿岸的海湾区，具有向厦门港区域高度集中的空间布局特征，厦门市在城市转型过程中探索出了海湾型城市公园特有的复合式布局模式，积累了宝贵经验。

历史上，影响厦门市城市公园发展的因素包括自然环境基础、城市转型机遇、交通体系优化和公众需求变化等。城市公园体系的建立伴随着城市趋同发展，其方向和速度与城市发展基本一致。在厦门市所有的公园类型中，近年来急剧增长的社区公园在数量占据了绝对优势，与山海资源紧密结合的带状公园发展迅速，但综合性公园建设的比重略降低，专类公园发展相对较为缓慢，其数量和质量都有待进一步提升。以海湾为特色的复合式公园体系大大推进了厦门市全域旅游的发展进程，但是，从目前的开发状况来看，厦门市众多海湾、沿海区的景观资源特色并没有被充分发掘，还有进一步开发建设的可能性，应合理调控和规划海岸线、滩涂、浅海、深水区的资源开发利用布局，包括合理规划城市岸线、生产岸线、生态岸线的布局，按照海湾型生态城市模式进行发展，从而提高城市的综合竞争能力、服务能力和集聚辐射能力，最终实现海岛型城市向海湾型城市的顺利转变[20]。

本文以厦门市为海湾型城市典型案例进行探讨，从时间及空间两个层面解读厦门城市公园体系的发展，为其他向海湾型城市转型中的滨海城市提供了参考和思路，对于合理利用海湾资源以及海湾城市建设做出了一定贡献。

但由于近年来公园建设速度过快，政府公开数据并不完善，部分公园未经统计，实地走访所有的公园超出了本文的研究范围和能力，数据结构有待进一步完善。

另外，本文只针对一个典型海湾型城市案例进行了研究，后续研究可以对多个同类型海湾城市的城市公园发展过程进行比较，进一步总结海湾型城市公园发展的特性与共性。

## 参考文献

[1] 李素英，王计平，任慧君. 城市绿地系统结构与功能研究综述 [J]. 地理科学进展，2010，29(3)：377-384.

[2] MENG T Y. From garden city to city in a garden and beyond [M]//SCHRÖPFER T，MENZ S. Dense and green building typologies：Research，policy and practice perspectives. Berlin：Springer，2019.

[3] 车生泉，王洪轮. 城市绿地研究综述[J]. 上海交通大学学报（农业科学版），2001(3)：229-234.

[4] UNIATY Q. Park system concept for environmental sustainabilityin urban spatial development[C]. IOP Conference Series：Earth and Environmental Science，2018.

[5] 郝钰，贺旭生，刘宁京，等. 城市公园体系建设与实践的国际经验——以伦敦、东京、多伦多为例[J]. 中国园林，2021，37(S1)：34-39.

[6] 吴逸然. 生态型海湾城市建设路径研究——以广东省湛江市为例[J]. 城乡建设，2021(2)：52-54.

[7] 于海霞，徐礼强，陈晓宏，等. 海湾型城市滨水空间的战略区位及生态格局——以厦门市马銮湾新城为例[J]. 自然资源学报，2013，28(7)：1130-1138.

[8] 桑晓磊，黄志弘，宋立垚，等. 从城市公园到公园城市——海湾型城市的韧性发展途径——厦门案例[C]//中国风景园林学会. 中国风景园林学会 2019 年会论文集（上册）. 北京：中国建筑工业出版社，2019.

[9] 厦门市大数据安全开放平台 [DB/OL]. http：//data. xm. gov. cn.

[10] 王唯山. 厦门城市空间发展分析[J]. 城市规划汇刊，2004(6)38-42＋95-96.

[11] 牟乃夏，刘文宝，王海银，等. ArcGIS 10 地理信息系统教程——从初学到精通[M]. 北京：测绘出版社，2012.

[12] 周子峰. 近代厦门城市发展史研究(1900—1937)[M]. 厦门：厦门大学出版社，2005.

[13] 张捷，栾峰. 厦门城市总体发展格局及海湾新市镇建设[J]. 规划师，2004(8)：29-32.

［14］ SONG Y，NEWMAN G，HUANG A，et al. Factors influencing long-term city park visitations for mid-sized US cities：A big data study using smartphone user mobility[J]. Sustainable Cities and Society，2022，80.

［15］ 林建载. 厦门的公园[M]. 厦门：厦门大学出版社，2014.

［16］ 杜宏佳.《港口法》为厦门建设海湾型城市提供保障[J]. 中国远洋航务公告，2003(8)：61.

［17］ 曹昕婷，刘昭. 厦门城市空间演化及发展探析[J]. 中南林业科技大学学报，2009，29(3)：184-189.

［18］ 蒋跃辉. 厦门城市公园体系规划与开发控制细则研究[J]. 风景园林，2007(4)：105-109.

［19］ 陈松林，刘诗苑. 海湾型城市建设用地扩展的时空动态特征及驱动力研究——以厦门市为例[J]. 地理科学，2009，29(3)：342-346.

［20］ 蔡崇福，林雅恒. 厦门建设海湾型城市的路程选择[J]. 政协天地，2006(8)：35.

## 作者简介

蒋林桔，1998 年，女，华南理工大学建筑学院风景园林系在读硕士。

林广思，1977 年，男，华南理工大学建筑学院风景园林系，教授，亚热带建筑科学国家重点实验室、广州市景观建筑重点实验室固定研究人员。

（通讯作者）桑晓磊，1982 年，女，华侨大学建筑学院风景园林系讲师。

# 矿山生态修复与矿坑花园景观重塑实践策略研究
## ——以渝北铜锣山矿山公园为例
Study on Practice Strategy of Mine Ecological Restoration and Mine Garden Landscape Remodeling
—Taking the Tongluoshan Mine Park in Yubei as an example

杨璧沅　杜春兰 *

**摘　要**：为传承中国人特有的"天人合一，美美与共"的思想，在归纳整理前人"景以境出"的成果的同时，需要密切结合当下的时代背景，研究人与自然、自然与城和谐共融的关系。矿山的开采会对其周边的生态环境造成了显著的影响，造成诸如周围自然生态景观遭破坏、环境遭到严重污染等多方面的生态问题。本文以重庆市渝北铜锣山矿山公园为例，对矿山景观中人与自然的关系进行探讨，提出建立共同体的指标体系，让渝北铜锣山的矿山生态修复与重建后的生态系统更接近原始的自然形态，在保持其矿山景观的抗逆性的基础上，搭建人与自然和谐共融的关系平台，使其能为后续的人与自然和谐共生的研究及空间的再利用提供参考。

**关键词**：和谐共生；生态修复；景观体系；景观重塑

**Abstract**：In order to inherit the unique Chinese thought of " harmony between man and nature，beauty and commonness"，it is necessary to study the harmonious relationship between man and nature，nature and city in close combination with the current background of the times while summarizing the achievements of the predecessors'" scenery out of the border ". The cumulative mining of its mines has had a significant impact on its surrounding ecological environment，such as the repeated destruction of the surrounding natural ecological landscape，and the serious pollution of the landscape environment. Taking Tongluoshan Mine Park in Yubei，District of Chongqing as an example，this paper discusses the relationship between man and nature in the mine landscape，and puts forward the index system of establishing a community，so that the ecological restoration and reconstruction of the mine ecological and reconstruction of Tongluoshan in Yubei. District are closer to the original natural form. On the basis of maintaining the resilience of its mine landscape，a platform for the harmonious relationship between man and nature is built，so that it can provide reference for the subsequent research on the harmonious coexistence of man and nature and the reuse of space.

**Keyword**：Harmonious Coexistence；Ecological Restoration；Landscape System；Landscape Remodeling

## 引言

《园冶》有云："栏杆信画，因境而成"[1]。当下我们逐渐意识到人与自然的关系越来越复杂多样时，如何构建和谐共融的关系成为当下关注的重点。而山水林田湖草生态景观指标体系的建立呼应了持续改善环境质量的要求，同时重新搭建了人与自然和谐共融的平台，其对城市发展起到了极为重要的推动作用。因此推进人与自然和谐共融，提升生态系统质量与稳定性迫在眉睫。随着产业转型，一些地区的矿场已停止开采，由此出现了越来越多的废弃场地，这些场地亟待改造与利用。近几年来，矿业废弃场地如何进行新的开发与利用引起了许多领域不同层次的讨论，各地积极探索方法进行治理，努力使废弃的矿山得以转型，使退化的景观得以重塑。要达到的目标不仅是对其进行生态恢复，而且要赋予其新的活力与生命力，实现人与自然和谐共融，从而获得更可观的社会经济效益，因此对于矿山生态修复与矿坑花园景观重塑实践策略的研究对于重塑矿业废弃地等设计领域有着一定的指导意义。

美学家李泽厚先生将园林美学概括为"人的自然化和自然的人化"[2]。人类只有一个与自然共存的地球。当下人与自然的关系愈发引起关注，作为自然中特殊的成员，人可以从自然中相对独立出来，但人毕竟是从属于自然的生物，必须与自然协调才能持续发展，也只有人与自然协调才能产生美。在渝北铜锣山矿山公园的改造中，人们欣赏和保护风景。在造园时，人们以人工手段表现自然风景于有限的地域空间范围内。

本文以渝北铜锣山矿山公园为例，辨识铜锣山矿山公园场地内的复杂信息、尊重历史客观结果并延续实现其可持续发展脉络，深入发掘、探讨人与自然和谐共融的关

系，因"境"制宜地进行定性，再根据铜锣山场地内的现状条件和使用者的不同需求，以形胜地宜之技来营造"景以境出"的景观。其一，改造山水"境"之劣势来塑造富有地方特色的山水；其二，发挥文化"境"之地域特色来进一步塑造矿山公园的景观，营造与自然融合，充满生态价值和历史含义的场所；其三，突出生态"境"之特色来配置矿山公园植物，将人与自然巧妙地联系在一起。同时结合实例、历史沿革、设计理念、设计手法等，探究了矿山公园中人与自然和谐共融关系的营造的手段与方法，提出在进行矿坑花园规划设计时需要统筹建立生态指标体系，并寻求新的创作途径，建设有地方风格且满足现代社会要求的共生的风景园林。

# 1　矿山生态修复策略与矿坑花园景观重塑实践的具体应用

## 1.1　矿山生态修复的改造策略对比

不同的空间采用的策略往往有所不同，矿山生态修复初期最为重要的是对矿产资源的鉴定，分析现状存在的问题，确定治理关键（表 1）。

不同废弃矿山类型对应存在的问题与治理关键　表 1

| 分类名称 | 存在问题 | 治理关键 |
|---|---|---|
| 煤矿废弃地 | 采空区、塌陷区、煤矸石堆等[3] | 对采空区的治理和对煤矸石堆的处理<br><br>Pb As Cu SO₄ |
| 有色金属矿山 | 铜矿、铅锌矿 | 对废弃渣堆进行化学处理，具体通过雨水的淋漓作用污染附近的土壤和地下水[3] |
| 废弃采石场 | | 对滑坡、泥石流等地质灾害频发的空间的治理以及植被复绿 |

结合渝北铜锣山矿山公园的实际情况，宏观角度下，以生态修复的理念大尺度复绿，需要合理把握空间的尺度，合理利用矿坑带来的高差；中观尺度下，由于人为开采的痕迹较为严重，大部分区域需要结合大地景观的手法大范围进行景观的营造，小部分区域由于小气候条件优越，植被较为丰富，可以结合植物园展开规划布局；微观尺度下，大片区下的节点融合需要设计合理流畅的步行路线以及趣味的空间转化与衔接。

设计手法可参考上海辰山植物园矿坑花园、杭州良渚矿坑探险公园和 2018 年中国国际园林博览会采石场等实例（表 2）。

矿山景观重塑的景观生态的设计手法　表 2

| 典型案例 | 景观重塑的设计手法 |
|---|---|
| 上海辰山植物园矿坑花园 | 将人的体验感充分融入场地，在不同的空间感受景观的自然力量，形成可观、可游的进入式山水体验 |
| 杭州良渚矿坑探险公园 | 入口空间的处理运用大地景观，营造俯视视觉的意象之境 |
| 2018 年中国国际园林博览会采石场 | 水体、山体、植被的关系处理需要互相有张力，建立体系 |
| 加拿大布查德特花园 | 以休闲空间营造为主导的矿山生态修复及旅游开发 |
| 巴黎郊区比特·绍蒙公园 | 打造城市风景式园林，与城市水乳交融 |

## 1.2　矿山公园景观重塑的设计要素与感知方式

渝北铜锣山矿山公园按照"矿山公园建设与矿山环境恢复治理、矿业遗迹保护紧密结合"的总体要求，打造以矿迹保护、生态修复为本，以奇幻景观为亮点，以沉浸式矿山旅游体验为特色，集生态修复、科普教育、文化康养、休闲度假于一体的5A级国家旅游景区。

### 1.2.1　空间形态特征：一串遗落在铜锣山脉的"珍珠"

"寄蜉蝣于天地，渺沧海之一粟"，渝北铜锣山矿山公园的规划面积为25.18km²，海拔512～718m，有着大大小小的矿坑几十个，其大体沿铜锣山排列。山势巍峨，遥望远处，苍翠群山与明镜天空交相辉映。矿坑主要淹没在荒草杂树间，冷清隐蔽，一旦走进，刀削斧砍的崖壁环绕的碧水深潭豁然呈现在眼前，矿坑顿时由满目疮痍蝶变为气势恢宏之境。矿坑奇景沿铜锣山脉排列，正如同一串遗落在铜锣山脉的珍珠，矿坑中水体由于积水长时期对岩石的溶解作用而呈现多种色彩。

### 1.2.2　游览路线组织方式

沿着园内的游步道拾级而下，游客可近距离欣赏矿坑美景，感受微风轻拂，观湖面波光粼粼，听树叶沙沙作响，矿山公园山势崎岖巍峨，沿着山脉镶嵌着一片片宝石般的湖泊，山与水刚柔并济，绝妙融合。

可从高处崖壁俯瞰水面，亦可从低处水边仰望崖壁，两种观景方式带来的视觉冲击是截然不同的。置身高处，可以环视宽阔水面和四周绝壁，空旷舒朗，碧水映衬着褐岩，岩面倒映在水中，更增添了宁静悠远的气氛。置身于低处，脚下是碧波荡漾的潭水，仰望对面傲然挺立的高崖峭壁，仿佛崖壁扑面而来，令人震撼，更增添了幽深诡秘的气氛。

# 2　人与自然可持续发展的具体措施

## 2.1　生态系统的修复

根据渝北铜锣山矿山开采形成的岩壁特点，结合计算其坡度、坡面稳定程度及坡面现有植被状况的采样调查，查证相关文献，大多将实体开采边坡分为垂直坡面区、严重风化区、风化物堆积区及帮坡平台区[4]。其中垂直坡面区包括开采坑内近乎垂直的坡面和反坡部位，坡面风化不严重，坡体相对稳定[4]。严重风化区的显著特点是坡度较陡。本文仅对风化物堆积区展开台阶化处理后营造大地景观完善对于边坡的修复的积极意义展开介绍（图1）。

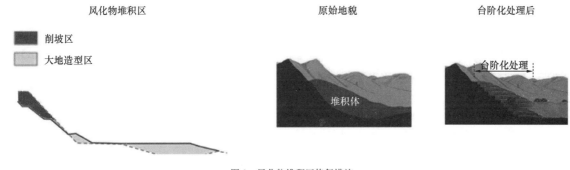

图1　风化物堆积区修复措施

## 2.2　促进人与自然和谐共生

在矿坑景观修复中，观景平台的设置需要满足不同的需求，在将空间进行划分处理以后，进一步分析矿区空间如何结合植物进行的多层次设计，在满足观景需求的同时，促进人与自然的和谐共生。

观景平台的设置需结合不同的空间效果，在满足对于植物的利用的同时，凸显当地的景观特色，植物选择除了使用乡土树种以外同时也应结合植物的色彩、季相、植物空间的耦合关系进行选择与处理，不仅能够丰富空间的层

次感，而且可以将大地景观的独特性展现出来。结合渝北铜锣山矿山场地特征，选用的主干树种是黄葛树与朴树，搭配银杏以及灌木，形成多层次的植物空间。

## 2.3　人与自然和谐共融的景观营造

通过借助不同的手段方式对矿坑山体的景观设计处理后，在满足项目上位规划的同时，赋予项目新的内容与特征，能让更多的空间彰显人与环境之间的密切关系，使空间的呈现更生态自然化。在对岩体进行景观设计与处理时

需要结合地质等多方面的考虑，不能局限于对于具体空间的处理。矿山开采的手段对山体的破坏，使山体的呈现效果不具有完整性，因此在山体景观设计中，需要结合山体环境去分析空间是否适合游人进入。

### 2.3.1　山体景观设计

在国内外矿山修复的案例中，分析对比出的景观设计手法与效果具有以下的特征：

（1）景观复绿后具有多层次感的特色，不局限于空间的细部处理，而是以俯视的效果进行植物的空间营造；

（2）山体空间增添趣味性，设计栈道攀附在岩体上，更多的人为可贴近高差悬殊的岩体空间感受；

（3）整体空间密切结合，动静空间的结合处理以及水陆空间的丰富变化使整体空间聚合为一个整体。

区别于其他类型公园的设计，矿坑山体修复需要借助于山体的自然风貌，在处理好山体的关系后，将空间有序布局展开，多采用线型布局景观空间、依据地形展开空间，借助山体布局等处理手法，达到生态复绿的同时，将山体独特空间进行展示。

### 2.3.2　水生态防洪设计

渝北铜锣山矿山公园中尤为重要的部分即水生态处理的问题，结合不同的现状，设计采用拓宽河道、驳岸弯曲处汇聚形成深水泡、河道弯曲处进行种植复绿，丰富河道景观的植被层次，满足防洪需求的背景下，借助水景观的处理方式让河道空间与岩体植被空间形成水陆耦合的空间效果（表 3）。

现状河道的三种水生态处理方式　　　　表 3

| 方式 | 河道拓宽 | 驳岸弯曲 | 河道弯曲处进行种植复绿 |
|---|---|---|---|
| 措施 | 形成自然水系，产生的土方用于周边塑造微地形，就地平衡土方 | 使河床局部形成深水泡，减缓水流速，降低洪水对驳岸的破坏 | 在原有河道的弯曲处进行植物的种植复绿 |
| 示意图 | 现状　设计后 | 现状　设计后 | 现状　设计后 |

## 3　矿山景观的重塑

### 3.1　矿山景观的生态指标体系因子

对于弃矿区进行人与自然关系构建的体系上，不再是单纯地恢复或者复原，而是对其进行新的设计与利用，使其产生新的社会效益，实现人与自然和谐共融。一方面矿山景观的重塑需要结合不同的现状环境分析后建立山—水—林—田—湖—草的生态指标体系，对应不同的因子组合，其空间处理后的呈现方式也会有所不同，生态修复的具体体现应根据实地调研勘测后对比不同因子后选出最佳的组合方式，以达到生态边界的建立与完善；另一方面更多的是需要思考"景以境出"在当下人与自然和谐共融关系构建时应该如何体现。

渝北铜锣山矿山公园中，以贯穿水景观的生态处理方式打通了高低不同的矿山水系，以水景观的切入方式达到生态修复的目的，同时布局不同的动静空间，结合不同的复式河道，以达到最佳的生态景观效果。在守住自然生态边界的同时更大程度地复绿，使其形成独特的景观空间。满足《园冶》所述的"园林唯山林最胜，自然天成之趣"[1]，通过合理的建造去体现人与自然的和谐美。景观重塑的体现不应局限于单个空间的细分处理，更多的应该是重塑整个生态指标体系，使其每一个因子都可以达到生态修复后的景观效果（表 4）。

### 3.2　"景以境出"对于矿山生态修复的重要意义

矿山开发会对山—水—林—田—湖—草生命共同体的多个方面要素造成生态损害，需在规划目标、修复分区划定等方面进行衔接及横向统筹。对下具有引领性，可从生态修复策略、造园方式的融入等恢复原始的自然原貌，在此基础上再将人进行融入。

### 3.3　人与自然可持续发展下的矿山修复

国土空间矿山生态修复规划是指导矿山修复建设工程、土地整治及用途管制的重要依据，通过开展系统性、整体性分析，明确修复目的，并从政策法规、管理体系、保障措施等方面提出建议，需要具体针对片区建立资料库，对应分区分类制定系统的生态修复及自然资源综合对比组合的利用方案，实现矿山生态修复的开发式治理、科学性利用。

渝北铜锣山矿山公司山—水—林—田—湖—草的生态体系示意　　　　　　　　　　　　　　　　　　　　表4

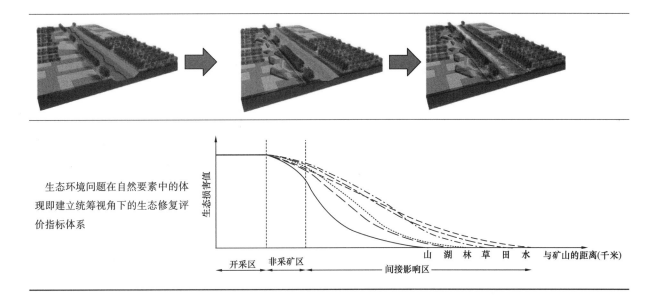

| 现状河流干旱，植被覆盖率低 | 通过中水回用、雨水收集等方式来维持河道湿润以及浅水或间断水的搜集处理，保证乡土草本植物萌发成活 | 植被恢复一定程度后，采取生态输水，恢复部分河道湿地，保证河道水流及水生植物、滩涂植被成活 |

生态环境问题在自然要素中的体现即建立统筹视角下的生态修复评价指标体系

## 4　人与自然和谐共融的关系构建

针对渝北铜锣山矿山公园生态修复需要明确的是只有进行矿山地质环境的生态修复才能使被破坏的土地、河流、被侵占和污染的多重资源恢复到其可供利用的状态，即建立山—水—林—田—湖—草的生态指标体系，只有成功地实现渝北市区的矿山地质环境生态修复，才能让矿区内的人民，得到有持续保障的生活质量。作为保证其周边区域可持续发展的重要组成部分，建立起渝北区与矿区实现可持续发展的桥梁，使其发挥重要的社会效益，为渝北区整体的可持续发展做出贡献。

渝北铜锣山矿山公园对于改善矿山工人的作业环境，减少矿山开采工程带来的土地损毁，减轻多方面消极影响；通过建设相应的旱地、林地和草地，利用乡土树种（黄葛树、香樟、侧柏、迎客松）尽可能地恢复地表植被，能够大幅度地减少生态环境损毁，对改善渝北区的矿山环境和周边地区的土地利用结构起到了促进作用；修复完成后，由于治理区域的土地经营需要较多的工作人员，也能够为渝北区提供更多的就业机会，带来良性的经济效益。

## 5　结论

在矿坑花园景观重塑实践中我们注重自然山水环境和人文社会文化的有机结合，通过定性定量控制两方面加强实施，促进形成和保持地方特色的风景园林，从而实现人与自然和谐共融。和谐的人居环境要求满足人类生产生活的必需和提升，时宜以致就需要设计师敏锐地感受时空变化并及时应对，在重塑生态平衡、带来经济效益的同时，让渝北铜锣山矿山公园的生态修复与重建后的生态系统更接近自然形态的生态系统，保持其独特的抗逆性，去创造更多的人与自然、自然与城的可持续发展的空间。

### 参考文献

［1］ 计成，陈植. 园冶注释［M］. 北京：中国建筑工业出版社，1988.

［2］ 李泽厚，美的历程［M］. 北京：文物出版社，1989.

［3］ KIVENTERÄ J，PERUMAL D，YLINIEMI J，et al. Mine tailings as a raw material in alkali activation：A review［J］. International Journal journal of Minerals，metallurgy and matorials，2020，27：1009-1020.

［4］ 李莹. 矿业废弃地景观修复与营造研究［D］. 哈尔滨：东北林
业大学，2011.

## 作者简介

杨璧沅，1997 年生，女，重庆大学建筑城规学院风景园林学在

读硕士。研究方向为风景园林规划与设计。

（通信作者）杜春兰，1965 年生，女，博士，重庆大学建筑城规
学院，院长、教授、博士生导师。研究方向为风景园林历史与理
论、风景园林规划与设计。

# 基于随迁老人的社区公园景观包容性设计研究

Research on the Inclusive Landscape Design of Community Park Based on the Migrant Elderly

孙文书　于冰沁*　邱烨珊　谢长坤

摘　要：本文以随迁老人高度聚集的城市区域——上海市闵行区的 2 个社区公园，莘庄公园、莘城中央公园作为研究范围，旨在通过社会学调查法、行为学调查法和猫眼象限法分析随迁老人与本地老人游憩行为的时空分异特征。根据两类老人对社区公园中各个共处空间的偏好指数，将共处空间划分为随迁老人偏好空间、本地老人偏好空间和两类老人共同偏好空间 3 类。将两类老人在 3 类共处空间中的游憩行为活动关系分为互不干扰型、围观及参与型和干扰及冲突型。根据两类老人的 3 种游憩行为活动关系，对空间中非主导老年人群被设计排斥的原因及空间包容性问题进行分析，得到结果：①不同类型的活动之间相互干扰；②空间层级和功能单一；③空间文化排斥。基于随迁老人和本地老人偏好空间中对非主导老年人群产生设计排斥的原因，提出对应的包容性设计策略为：①功能划分——打造复合扩容空间；②设施共享——营造代际互动空间；③文化包容——建构心灵归属空间。研究试为社区公园老龄友好型包容性设计提供理论及实践参考。

关键词：社区公园；随迁老人；包容性设计；上海

Abstract：The research scope of this paper is Xinzhuang Park and Xincheng Central Park，two community parks in Minhang District，Shanghai，which are urban areas with a high concentration of the migrant elderly. The purpose of this paper is to analyze the time-space differentiation characteristics of recreational behaviors of the migrant elderly and the local elderly through sociological survey，behavioral survey，and cat's eye quadrant methods. The co-existence space is divided into three categories：the preference space of the migrant elderly，the preference space of the local elderly，and the common preference space of the two types of elderly. The recreational behaviors and activities relationship of the two types of elderly in the three types of coexistence spaces are divided into three types：non-interference type，onlooking and participation type，interference and conflict type. According to the three types of recreational behaviors and activities of the two types of elderly，this paper analyzes the reasons why non dominant elderly people in space are excluded by design and the problems of space inclusion. The results are as follows：1. Different types of activities interfere with each other；2. Single space level and function；3. Space culture exclusion. Based on the reasons for the design exclusion of the non dominant elderly population in the preference space of the migrant elderly and local elderly，the corresponding inclusive design strategies are proposed as follows：1. Function compounding to create an expansion space；2. Sharing facilities to create intergenerational interaction space；3. Cultural inclusion to build spiritual belonging space. The research provides theoretical and practical reference for the elderly friendly inclusive design of community parks.

Keyword：Community Park；The Migrant Elderly；Inclusive Design；Shanghai

① 基金项目：国家社会科学基金"人口老龄化背景下面向情绪调节的老龄友好型社区公共空间建设路径"（编号 21BSH124）。

2020 年第七次人口普查的数据显示，我国 60 岁及以上人口数为 2.64 亿，占全国人口总数的 18.7%，其中，65 岁及以上人口数为 1.9 亿，占全国人口总数的 13.5%，中国老龄化程度不断加深。中华人民共和国国家卫生健康委员会发布的《中国流动人口发展报告 2018》显示，我国流动老年人的数量不断增长，从 2000 年的 503 万人增加至 2015 年的 1304 万人，年均增长 6.6%，而这些流动老年人中，43% 是为了照顾晚辈。他们跟随子女的脚步来到子女生活的城市，成为随迁老人[1]。根据上海市人口抽样调查数据显示，2017 年上海 65 岁及以上外来老年人口达到 30.72 万人，比 2016 年增长了 35%①。随着上海人才吸引政策力度的加大，外来高学历人才规模扩大，其父母皆为潜在的随迁老人，由此可预见上海随迁老人数量还将进一步增加[2]。且相关学者研究表明，随迁老人迁移到新的城市后，受到观念差异、沟通障碍、代际冲突等问题，容易出现身心健康问题[3]。

已有研究表明，公园环境对老年人的健康具有积极影响，成为人们缓解精神压力、消除疲劳、增强体魄和促进社会交往的重要场所[4,5]。对于老年人，社区公园作为城市绿地中小尺度的公共开放空间，因分布在住所周围或社区附近，社区参与度高，成为其进行户外活动的主要场所[6]。实证研究表明，社区公园的内部到访人群结构和人群空间分布呈现出社会分异性[7]，而当前城市公园的建设难以满足不同居民差异化的使用需求[8]。于是，社区公园的建设与发展过程如何平衡弱势群体的特殊使用需要，实现城市绿地的使用公正及包容性，进而促进弱势群体的社会融入成为亟待讨论的议题。

随迁老人作为老年迁移到新城市的群体，属于迁移城市人群结构中的特殊群体，关注随迁老人在公园中的特殊游憩需求，能够更好地促进其社会融入，缓解此类人群的痛点问题，同时也是实现城市老龄友好型包容性景观设计的重要途径。

综上所述，本文将运用社会学调查法、行为学观察法结合猫眼象限法对随迁老人与本地老人在社区公园中的活动空间分布差异进行分析，并针对差异探索设计排斥和空间包容性问题。针对研究结论提出对应的包容性设计策略，为社区公园老龄友好型包容性设计提供理论及实践参考。

# 1 随迁老人与本地老人活动空间分布差异分析

## 1.1 研究样地

据统计，闵行区是上海外来人口集中分布区域②。综合考虑社区公园的老年人日常生活可达性、社区公园内随迁老人活动比例、社区公园可活动面积大小及活动空间多样化程度、周边居住区分布情况等影响条件，经过前期预调研以及对闵行区社区公园的实地考察，最终选取闵行区的莘城中央公园（图 1）与莘庄公园（图 2）为研究样地。

图 1 莘城中央公园位置及周边关系分析图

图 2 莘庄公园位置及周边关系分析图

① 数据来源自《2017 年中国上海人口老龄化现状及发展趋势分析》（https://www.chyxx.com/industry/201805/645507.html）。
② 数据来源自《上海常住人口和外来人口分布的变化趋势》（https://baijiahao.baidu.com/s? id=15876246652535969628-wfr=spider8-for=pc）。

## 1.2　社区公园老年人活动时空分布特征

老年人在两个社区公园中活动的空间分布数据来源于现场观察法结合"猫眼象限"图片数据分析。基于"猫眼象限"自动识别照片中人群数量信息的功能，采用手机移动端拍摄照片。分别于后疫情时期 2020 年 9 月至 2021 年 7 月，覆盖了 4 个季节，包含工作日和休息日，共调研 16 次。在两个社区公园老年人惯性开展户外活动的 6 个时间点 7 点、9 点、11 点、15 点、17 点、19 点对其空间分布进行调研，得到老年人全季节的游憩行为活动时空分布图。调查人员在一天中的 6 个时间点沿着两个社区公园固定路线步行环绕一圈进行均匀持续的拍摄记录，固定环绕公园一圈时长为 15min，从而有效反映该时间点社区公园实时人流量分布。将"猫眼象限"运算的人流量指标数据导出生成 csv 格式载入 Excel，进一步根据照片信息通过人眼观察法去除老年人之外的人群数量，将 4 个季节工作日和休息日 6 个时间点调研的数据分别叠加，得到能够反映老年人全季节在全天 6 个时间点的人流量信息。通过 DATAMAP 插件对老年人流量数据进行可视化分析，得到两个社区公园全季节的老年人游憩行为活动时空分布热力图（图 3）。

根据图 3，可以发现上午 9 点是老年人在全天中最活跃的时间点，该时间点的老年人群数量最多且空间分布最为丰富，并总体上覆盖了其他时间的空间分布区域。故选择上午 9 点老年人在两个社区公园中集中分布的空间作为

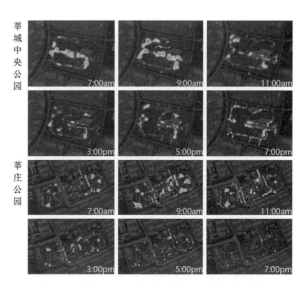

图 3　全季节的老年人游憩行为活动时空分布热力图

老年人偏好空间开展研究。因为老年人需要区分随迁老人及本地老人，两类老人的行为是相互影响的，所以研究提出共处空间的概念[9]。将莘城中央公园老年人集中分布的空间区块标记为 A～E 共 5 个两类老人共处空间，分别为太阳广场、欧式柱廊广场、休闲走廊、健身场地和水舞台（图 4）。

同理得到莘庄公园 A～L 共 12 个两类老人共处空间，分别为座凳长廊、休闲广场、永仰风杯广场、锻炼广场、茶室、竹林空间、草坪空间、暗香亭、临河休憩空间、活动广场、茶室前广场和五福广场（图 5）。

图 4　莘城中央公园两类老人共处空间分类

图 5　莘庄公园两类老人共处空间分类

## 1.3　随迁老人与本地老人共处空间偏好差异

为探索两类老人对不同共处空间的偏好程度及差异，通过研究共处空间中两类老人的人数分布确定偏好程度。为了消除面积对活动人数的影响，有学者提出用偏好指数来表征人对空间的偏好程度，即将单位面积内相对游憩行为活动人数作为偏好指数（公式 1）[10]。在老年人户外游憩出行率较高的 8 月，笔者通过行为观察法和访谈法，记

录了两类老人一天中 6 个时段在两个社区公园中不同共处空间的人数及游憩活动类型，累计后得到全天总人数，从而得到两类老人对各共处空间全天性的偏好指数（表 1）。进而根据两类老人在各共处空间的偏好指数差异，将社区公园的老年人共处空间划分为随迁老人偏好空间、本地老人偏好空间和两类老人共同偏好空间。

$$偏好指数＝（活动人数/场地面积）×100　　　（公式 1）$$

两类老人对社区公园共处空间全天性的偏好指数　　　　　　　　　　表 1

| 公园名称 | 空间编号 | 空间类型 | 面积（m²） | 随迁老人全天人数（人） | 随迁老人偏好指数 | 本地老人全天人数（人） | 本地老人偏好指数 |
|---|---|---|---|---|---|---|---|
| 莘城中央公园 | A | 广场 | 3922.04 | 108 | 2.75 | 120 | 3.06 |
| | B | 广场 | 864.48 | 60 | 6.94 | 12 | 1.39 |
| | C | 走廊 | 2047.95 | 192 | 9.38 | 180 | 8.79 |
| | D | 健身空间 | 2395.70 | 30 | 1.25 | 90 | 3.75 |
| | E | 水舞台 | 1338.53 | 20 | 1.49 | 100 | 7.47 |
| 莘庄公园 | A | 长廊 | 390.73 | 78 | 19.96 | 30 | 7.68 |
| | B | 广场 | 407.69 | 36 | 8.83 | 66 | 16.19 |
| | C | 广场 | 360.82 | 48 | 13.30 | 18 | 4.99 |
| | D | 广场 | 476.31 | 48 | 10.08 | 12 | 2.52 |
| | E | 茶室 | 525.02 | 18 | 3.43 | 66 | 12.57 |
| | F | 竹林空间 | 281.52 | 42 | 14.92 | 18 | 6.39 |
| | G | 草坪空间 | 1848.86 | 36 | 1.95 | 96 | 5.19 |

续表

| 公园名称 | 空间编号 | 空间类型 | 面积（m²） | 随迁老人全天人数（人） | 随迁老人偏好指数 | 本地老人全天人数（人） | 本地老人偏好指数 |
|---|---|---|---|---|---|---|---|
| 莘庄公园 | H | 亭内空间 | 167.52 | 54 | 32.23 | 42 | 25.07 |
| | I | 走廊 | 817.31 | 66 | 8.08 | 78 | 9.54 |
| | J | 广场 | 157.57 | 66 | 41.89 | 72 | 45.69 |
| | K | 广场 | 319.91 | 40 | 12.50 | 40 | 12.50 |
| | L | 广场 | 788.93 | 30 | 3.80 | 60 | 7.60 |

　　将莘城中央公园缩写为 XC，莘庄公园缩写为 XZ。对比分析两个社区公园各共处空间的两类老人偏好指数，将莘城中央公园中的 XC-A、XC-C 定义为两类老人共同偏好空间，XC-B 定义为随迁老人偏好空间，XC-D、XC-E 定义为本地老人偏好空间（图6）。

　　将莘庄公园中的 XZ-H、XZ-I、XZ-J、XZ-K 定义为两类老人共同偏好空间，XZ-A、XZ-C、XZ-D、XZ-F 定义为随迁老人偏好空间，XZ-B、XZ-E、XZ-G、XZ-L 定义为本地老人偏好空间（图7）。

图6　莘城中央公园3类共处空间

图7　莘庄公园3类共处空间

# 2　空间包容性问题分析

## 2.1　空间包容性及设计排斥

已有学者通过将产品设计领域设计排斥的概念引入景观设计领域中对空间包容性进行解释。提出社区公园空间中存在游憩服务包容性问题的原因在于，空间中的设计排斥使得不同类别使用人群在社区公园中产生游憩活动分异现象[11]。被设计排斥的群体表现为在一个空间中游憩活动人数相比主导使用人群明显较少。因此在本研究中，空间包容性的评判可根据两类老人在不同空间中的人数占比划分。随迁老人偏好空间表现为对本地老人游憩活动在一定程度上的排斥；本地老人偏好空间表现为对随迁老人游憩活动在一定程度上的排斥；两类老人共同偏好空间表现为空间包容性较好，设计排斥对两类老人表现不明显。

## 2.2　空间包容性问题分析

两类老人在不同空间的游憩行为活动关系分为互不干扰型、围观及参与型和干扰及冲突型三种类型。根据两类老人的 3 种游憩行为活动关系在随迁老人偏好空间、本地老人偏好空间中的表现，对空间中非主导老年人群产生设计排斥的原因及空间包容性问题进行分析，得到如下结果。

### 2.2.1　不同类型的活动之间相互干扰

两类老人进行游憩行为活动时产生空间及声音冲突。空间冲突表现为空间布局没有引导性分区，设施不够完善，导致空间无法同时承载两类老人的不同游憩活动需求。声音冲突表现为一类老人在进行集体活动时音乐分贝过大，对另一类老人产生了干扰。

### 2.2.2　空间层级和功能单一

层级方面，仅设有公共空间，未考虑将其划分为多层级的空间，即公共、半公共、半私密、私密等类型的空间，不能满足所有老年人对于广场空间的使用需求；功能层面，公园中的儿童空间和老年人锻炼空间明显分隔开，功能主题单一，不能满足代际之间的互动需求。

### 2.2.3　空间文化排斥

部分空间缺乏包容性文化标识，未能将不同地区的文化相互融合，从而导致随迁老人在此类空间活动的人数少。例如只聚集本地老人的茶室空间、合唱空间等。

# 3　空间包容性设计策略

结合随迁老人的需求、针对现存空间包容性问题，本文提出老龄友好型社区公园空间包容性设计策略。

## 3.1　功能划分——打造复合扩容空间

将活动空间根据游憩活动的性质分为动区和静区两类，对动静区域进行空间划分，分别提出动区和静区的设计策略（图 8）。通过在动态区域实行时间错峰、音量控制和运动设施增设，解决空间冲突、声音冲突和设施冲突；通过在静态区域设置遮阳休憩设施，营造树木围合的私密空间，为老年人提供舒适安静的环境。同时，动区和静区视线相通，形成互动关联，实现功能划分的复合扩容空间。

通过明确的标识引导、绿植隔断或者楼梯抬高的方式，对动态和静态功能的空间进行划分（图 9）。在动态空间中需要进行时间错峰的集体性活动，避免随迁老人和本地老人多个集体同时进行活动时对彼此产生干扰；同时可以设置滚动电子标识牌实时展示不同时段的集体活动类型和可以容纳的集体数量，从而有效控制动态区域的游憩活动秩序。进行集体活动的音乐分贝应根据《社会生活环境噪声排放标准》GB 22337—2008 及《声环境质量标准》GB 3096—2008 的规定，在昼间限值 55dB，在夜间限值 45dB。为满足随迁老人在高峰时期陪伴孩子进行运动器械的玩耍需求，在健身区域还需要增加孩子能够进行游玩的运动器械设施、临时储物设施及休憩设施，避免因为运动器械数量不够引发的两类老人抢器械现象发生。

在静态区域需要设置数量较多的休憩设施及遮阳设施。休憩座椅设施可以采用长凳或者半环式座凳，能够增加随迁老人和本地老人在同一个休憩设施上共同休憩的概率，增加两类老人进行社交的机会，促进老年人的社会交往活动。同时，静态区域应营造私密空间的氛围，通过种植绿篱或者乔木，将空间进行半围合，让老年人感受到安全感。动态区域和静态区域应该保持适当距离，避免动态区域干扰静态区域，但同时静态区域最好能观赏到动态区域的活动，形成静态区域和动态区域的行为联系及互动。

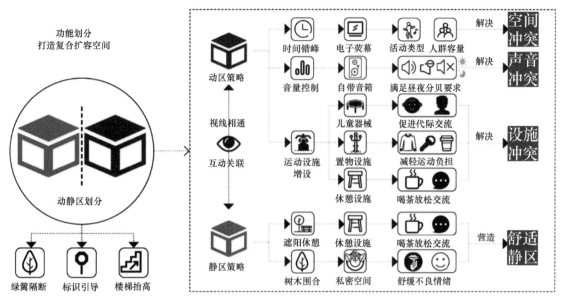

图 8　空间动静区包容性设计策略

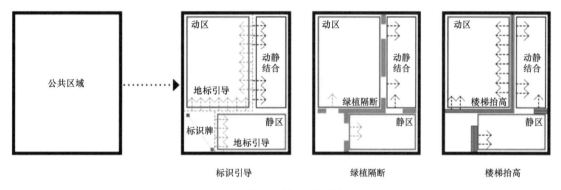

图 9　公共空间动静区域划分方法

## 3.2　丰富层级——营造代际互动空间

在本研究中，存在仅以儿童活动为主题的功能单一化空间，不能满足陪护的随迁老人在此空间进行看护或其他游憩活动的需求，且对本地老人形成了设计排斥。故打造丰富的空间类型、设施种类和主题活动，对营造老幼友好型的代际互动空间至关重要。

代际互动空间通过营造老幼友好空间布局、打造老幼友好互动设施、开展老幼友好互动活动和注重老幼友好细节设计4个方面实施具体的策略（图10）。

在营造老幼友好空间布局层面，老年人陪护空间的优化设计体现在同时满足儿童娱乐和老年人舒适陪护的需求。儿童骑车的硬质道路可以设置为环形，中间设置儿童活动的主要场地，老年人看护设施设置在场地的四周，使

老年人能够时刻关注儿童的活动情况，对场地内的儿童进行保护。同时，根据老年人偏好的不同看护距离，设置多种朝向和距离的休憩座椅设施，使老年人能够自由选择看护地点，使空间布局更具人性化。在场地中还应提供不同高程变化的空间类型，通过绿色植物和景观设施塑造半私密、私密等类型的空间，丰富空间层级，为儿童和老年人提供独处的机会，增加儿童与老年人的沟通和交流，同时这也是老年人可以静心沉思的空间。

在打造老幼友好互动设施层面，儿童游戏设施旁应设置能够供老年人使用的共享性锻炼器械，方便老年人在看护儿童时进行锻炼活动，或与其他老年人进行社交聊天，从而享受看护儿童过程的时光。老年人和儿童对于休憩设施有不同的高度和形状要求，故可以将休憩座椅设置成形状多样、高低和材质不同的功能复合型座椅，满足老年人和儿童的共同使用需求。在儿童活动平台上应设置可移动

遮阳伞及座椅，为儿童与老年人提供遮阴休憩的移动式伞下空间，实现空间上的灵活多变。

在开展老幼友好互动活动层面，社区公园中可以设置绘画墙或黑板等设施，儿童在绘画的过程中老年人可以在一旁进行指导。在宣传栏里，可以展览当地的历史文化故事，并配置桌椅板凳，方便老年人为儿童讲解故事，在一听一讲的过程中增进代际的互动和情感。开发园艺种植区，能够让老年人与儿童在共同进行园艺种植的过程中增加互动式情感交流机会，提高儿童的认知和表达能力，同时帮助老年人舒缓压力，缓解紧张，恢复活力。

在注重老幼友好细节设计层面，因为儿童天性好动，老年人易发生摔伤事故，所以公园中设置的铺地材料应更加舒适、防滑，且在铺装空地的两侧应安装防护材料和扶手，降低儿童和老年人摔倒的发生概率。标识系统的设置应更加通俗易懂，由于儿童和老年人对于空间环境的辨识度低，可以通过图案、灯光引导等进行提示。景观小品设计主要考虑与孩子产生互动的可能性。植物设计考虑芳香植物对老年人和儿童的疗愈作用，在半私密空间种植丁香、薰衣草、紫苏、玫瑰、紫罗兰等能够起到稳定情绪、舒缓心情作用的芳香植物；在儿童游戏区域，配置能够振奋精神、提升儿童游玩激情的芳香植物，如九里香、马鞭草、迷迭香、含笑等。

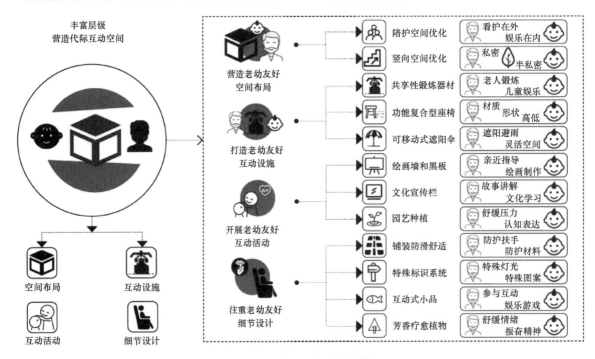

图 10  多层级代际互动空间营造策略

## 3.3  文化包容——建构心灵归属空间

在社区公园中，通过文化包容设计构建随迁老人的心灵归属空间。主要通过两种方式，首先，通过不同文化活动的触媒介入，让随迁老人共同参与融入；其次，通过线上网站社区与共享平台的搭建，让社会更多的人关注到这类特殊老年群体的文化需求，给予其帮助，促进其心灵认同感和归属感（图 11）。

随迁老人从全国各地不同的城市来到上海，其心灵深处是对家乡文化的想念，同时也有融入新文化的需求。故建议在社区公园中，通过设计工作坊、文化展览等触媒介入，让随迁老人参与社区公园中的文化打造与设计中，带动随迁老人的情感感知，并对社区公园空间起到激活作用[12]。触媒介入从提出随迁老人共同感兴趣的话题开始，引导随迁老人对文化活动、文化元素和文化空间等方面进行一系列的社区公园公共空间触媒介入。例如与随迁老人共同设计公园中的文化展、筹办文化节、建立文化交流活动和设计文化元素等，在这个过程中，既完成了对社区公园多元文化的共建，又增加了随迁老人对社区公园文化改造的参与感，促进其社会融入，构建随迁老人的心灵归属空间。

其次，通过打造"随迁老人之家"社区公园线上网站社区与共享平台，在线上社区设立公园专刊、文化交流专刊、随迁老人需求专刊和志愿者专刊。在公园专刊中定期发布社区公园中每日发生的新鲜要事及文化信息等；在文

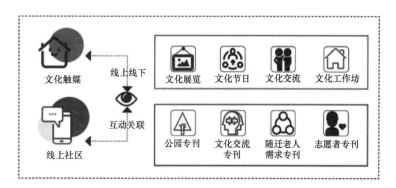

图 11　社区公园文化空间营造策略

化交流专刊，定期发布即将开始的文化展览、文化节等活动；在随迁老人需求专刊，定期总结随迁老人目前面临的问题，以及对公园提出的建议，并针对随迁老人的问题和建议辅助社区公园的反馈性设计；志愿者专刊旨在招募志愿者与随迁老人共同参与社区公园中的活动，让更多的人关注到随迁老人这一特殊群体，让更多的人给予其帮助，让随迁老人感知到文化的认同与心灵的归属。

# 4　结论与讨论

## 4.1　研究结论

本文从社区公园两类老人共处空间角度出发，根据两类老人对各共处空间的偏好指数，将共处空间划分为随迁老人偏好空间、本地老人偏好空间和两类老人共同偏好空间3类。将两类老人在3类共处空间中的游憩行为活动关系分为互不干扰型、围观及参与型和干扰及冲突型。根据两类老人的3种游憩行为活动关系在随迁老人偏好空间、本地老人偏好空间中的表现，对空间中非主导老年人群被设计排斥的原因及空间包容性问题进行分析，得到结果：①不同类型的活动之间相互干扰；②空间层级和功能单一；③空间文化排斥。

基于随迁老人和本地老人偏好空间中对非主导老年人群产生设计排斥的原因，提出对应的包容性设计策略为：①功能复合——打造复合扩容空间；②设施共享——营造代际互动空间；③文化包容——建构心灵归属空间。

## 4.2　讨论

在社区公园的区位选择上，目前针对的是上海市随迁

老人聚集较多的闵行区，后续将对上海市其他各区的社区公园进行调查研究，对比各区社区公园中随迁老人的游憩行为活动情况，进一步优化基于随迁老人游憩行为的包容性设计策略。

后续研究将继续探讨随迁老人与本地老人游憩行为活动差异和环境满意度差异，并挖掘产生差异的原因，提出对应的景观设计应对策略，从多角度提升老龄友好型景观包容性设计。

## 参考文献

[1] 周相君. 关于中国随迁老人相关问题的文献分析[J]. 社会与公益，2020，11(10)：81-83.

[2] 王建平，叶锦涛. 大都市老漂族生存和社会适应现状初探——一项来自上海的实证研究[J]. 华中科技大学学报(社会科学版)，2018，32(2)：8-15.

[3] 刘娜. 关注随迁老人身心健康[N]. 中国人口报，2020-01-23(3).

[4] HARTIG T, KAHN P H. Living in cities, naturally[J]. Science, 352(6288)：938-940.

[5] 谭少华，李进. 城市公共绿地的压力释放与精力恢复功能[J]. 中国园林，2009，25(6)：79-82.

[6] 陈璐瑶，谭少华，戴春. 社区绿地对人群健康的促进作用及规划策略[J]. 建筑与文化，2017(2)：184-185.

[7] 吴承照，刘文倩，李胜华. 基于GPS/GIS技术的公园游客空间分布差异性研究——以上海市共青森林公园为例[J]. 中国园林，2017，33(9)：98-103.

[8] BELL S. Nature for people：The importance of green spaces to communities in the East Midlands of England[M]//KOWARIK I, KORNER S. Wild urban woodlands. Berlin, Heidelberg：Springer, 2005：81-94.

[9] 胡一可，李晶. 基于旅游者和日常访问者人群行为的城市型景区"共处"空间研究[J]. 中国园林，2019，35(6)：61-66.

［10］　王怡婳.面向儿童友好的社区公园儿童行为偏好与需求研究
　　　　［D］.深圳：深圳大学，2020.

［11］　周兆森，林广思.抵抗设计排斥的城市公园包容性设计理论
　　　　［J］.风景园林，2021，28(5)：36-41.

［12］　侯晓蕾.社会治理视角下的城市小微公共空间景观微更新途
　　　　径探讨［J］.风景园林，2021，28(9)：14-18.

## 作者简介

　　孙文书，1997 年生，女，上海交通大学设计学院在读博士。
　　(通信作者)于冰沁，1983 年生，女，上海交通大学设计学院，
副教授。
　　邱烨珊，1995 年生，女，新加坡国立大学在读博士。
　　谢长坤，1987 年生，男，上海交通大学设计学院，教轨副
教授。

# 以更美人居为导向的城市绿色空间设计策略
## ——世博文化公园设计实践

The Design Strategy of Urban Ecological Space Guided by a More Beautiful Residential Environment
—Design Practice of Shanghai Expo Culture Park

刘　雅　马唯为

**摘　要**：随着公园城市和园林城市建设的不断推进，上海的城市发展更加注重城市空间品质的提升和以人为本城镇化理念的体现。在此背景下，上海世博文化公园应运而生，作为市中心黄浦江畔的公共绿地，同时也是 2010 年上海世博会原址，其在城市形象、生态永续、文化传承、公众游憩方面的重要价值不言而喻。世博文化公园的设计突破性地跳出传统公园绿地"就事论事"的设计思路，将视野放在更大范围的城市格局下来审视公园的角色地位，以更开放的视野、更包容的姿态、更人性化的关怀和更细致入微的刻画进行公园绿地设计，让公园融于城市、融于自然、融于生活。

**关键词**：世博文化公园；设计策略；绿色空间；人居理念

**Abstract**：With the continuous promotion of park cities and garden cities, Shanghai's urban development pays more attention to improving the quality of urban space and reflecting the concept of people-oriented urbanization. In this context, the Shanghai Expo Culture Park emerged as the times require. As a public green space along the Huangpu River in the center of the city, it is also the original site of the 2010 Shanghai World Expo. Its important value in urban image, ecological sustainability, cultural heritage, and public recreation is self-evident. The design of the Shanghai Expo Culture Park breaks through the traditional design concept of "taking things as they are" for parks and green spaces by focusing on examining the role and status of parks in a larger urban landscape. To integrate parks into the city, nature, and life, design strategies with a more open perspective, more inclusive posture, more humane care, and more detailed depiction are applied in the practice of designing Shanghai Expo Culture Park.

**Keyword**：Shanghai Expo Culture Park; Design Strategy; Urban Ecological Space; Habitat Concept

## 1　建设背景

《上海市生态空间专项规划（2021—2035）》提出要建设与具有世界影响力的社会主义现代化国际大都市相匹配的"城在园中、林廊环绕、蓝绿交织"的生态空间，建设人与自然和谐共生的美丽上海，探索高密度人居环境下可持续发展生态之城典范。践行"人民城市""公园城市""韧性城市"发展理念，提供更多优质生态空间满足人民对美好生活的向往[1]。

2021 年末，上海世博文化公园北区正式开园，公园定位为生态自然永续、文化融合创新、市民欢聚共享的世界一流城市中心公园，是上海市完善黄浦江沿线生态系统，提升空间开放共享品质，延续世博精神，建设全球卓越城市的重大举措（图 1）。

图 1　世博文化公园建成实景

## 2　整体设计策略

### 2.1　城中有景、景中有城的整体架构

作为区位重要性突出的市中心大规模公园绿地，世博文化公园需要发挥其在助推城市发展、提升人居环境、满足人本需求的重要作用和影响力，公园的整体格局既要满足城市蓝绿网络的衔接需求、协调统筹综合环境因素，又要充分挖掘自身特点，重塑自然生境、促进生物多样性、改善城市微气候。

公园在充分考虑其与周围城市的关系、自身场地的特点基础上，提出造山、引水、成林、聚人的空间格局塑造手段，实现了公园与城市生态系统的衔接与渗透（图 2）。公园南侧界面设计最高 48m 的人造山体与连绵起伏的余脉地形，阻隔城市喧嚣，形成面向黄浦江的态势。山体北侧引入 U 形水系，成为缝合各个功能区的核心，利用后

滩已有水利设施，尽可能实现水系自然流动。在公园山水格局基础上，以绿为底，打造特色鲜明的七彩森林并覆盖整个公园，绿地率超过 80％，成为城市中心的新绿肺。在保证公园生态完整性的基础上，赋予公园"功能复合"的属性，为大众提供多样的活动空间，将丰富多彩的城市生活融入自然。

### 2.2　特色鲜明、互融互通的功能布局

公园整体布局围绕世博环区、人文艺术区和自然生态区三大组团展开，与后滩滨江区融合设计，形成四大功能组团（图 3）。

世博环区以世博会保留场馆为核心，包含世博花园、舞动广场和静谧林三大功能片区。片区传承世博文化记忆，打造文化高地，提供文化交流场所与创新平台（图 4）。

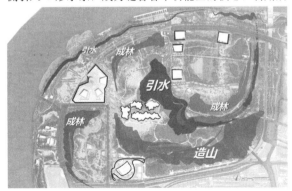

图 2　空间结构分析图

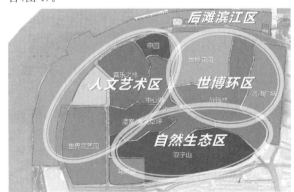

图 3　功能分区图

图4　2010年上海世博会保留场馆实景

图5　申园及周边实景鸟瞰

人文艺术区包含申园、音乐之林、歌剧院、世界花艺园、马术谷几大功能片区。片区以人为本，共享开放，打造市民易于前往、乐于驻留的高雅艺术生活圈（图5）。

自然生态区包含温室星光草坪、双子山两大功能片区，以生态为先，蓝绿网络渗透，完善生态格局，重塑自然生境，促进生物多样性，打造城市生态修复典范。

## 3　空间设计方法

自2020年起，新冠疫情席卷全球，城市公共绿色空间的重要性更加凸显，其既是城市的"会客厅"，同时需满足市民多维度的使用需求，体现出其在提升城市发展质量以及满足人本需求的综合性资源统筹价值。世博文化公园在设计时充分考虑到这点，通过宏观把控、协调统筹环境因素，塑造无边界公园；同时作为市中心最大的全开放城市公园，为市民提供丰富多样的"绿色舞台"，使得公园绿地、城市和人之间的关系联系得更为紧密，让 2010 世博会"城市，让生活更美好"的理念得以延续。以下将具体阐述公园一体化设计策略，并以代表性节点为例详细诠释这座世界级城市中心公园的设计方法。

## 3.1　一体化——塑造无边界公园

为响应"推动发展开放边界、尺度适宜、配套完善、邻里和谐的生活街区"的重要要求，世博文化公园作为超大体量的城市公园，以四个一体化设计——市政道路和公园一体化、市政设施和公园一体化、地上地下空间一体化，以及大型建筑与公园一体化，实现公园与城市生活

"零距离"，体现"三生融合"的公园城市建设理念，塑造高品质无边界公园。

### 3.1.1　市政道路和公园一体化

世博大道下穿的地面段，在公园街道一体化设计的共同目标导引下，与业主、城建道路设计形成一体化设计工作模式，对道路进行分类设计引导，提出设计控制要素及场景效果，将道路两侧人行道、道路绿化、街道设施小品与公园风格一体化，具体对与公园衔接的广场形态、人行道线型、标高、种植空间及品种、照明、设施小品样式、铺装材质等要素严格要求与控制，在施工阶段，项目打破红线划分的界面，以确保完整设计效果来划分施工界面，在各方的合力配合下，最终营造了一个无边界、尺度宜人的公园城市绿色街道效果（图 6）。

图 6　道路公园一体化实景鸟瞰

### 3.1.2　市政设施和公园一体化

在后滩滨江范围内有 9 个红线外地块，功能为市政设施，分属 8 家不同的权属单位，通过梳理影响公园整体效果的因素，在指挥部及业主牵头协调下，与总控配合，通过制定统一的技术措施，包含建（构）筑物外立面设计统一原则、外墙、屋面、围墙、大门和构筑物形式等，与业主及 8 家权属单位建立工作群，监督各家实施改造工作，把控实施效果，

最终在北区开园之际，实现了红线外各家市政设施与公园大环境一体化、融合消隐的景观面貌（图 7）。

### 3.1.3　地上地下空间一体化

济明路作为公园西侧重要入口门户空间，通过引入一体化设计理念，将多方面因素统筹考虑，在满足地下空间整体性与互联性的同时，满足不同权属方独立运营需求。在本项目中，济明路地下公共走廊从南向北分别联通地铁

站、马术公园、花艺园、北区的温室、歌剧院，通过五个光庭与地面广场串联，最大限度地将自然光线引入地下空间，最大的光庭位于北区的西入口广场，连接温室、花艺园、歌剧院，设计以退为进，获得最大限度采光空间，通过地下部分的退——退台式花园，地上部分的进——进阶式下沉草阶，整体流线型设计将地下与地上空间柔和过渡，形成无边界地下空间，让自然以充满想象力的方式回馈给城市中使用的人（图8）。

图 7　市政设施和公园一体化范围

图 8　济明路地上地下空间效果图

设计通过赋予各个功能分区不同的设计特色，营造最宜人的街道环境、最通畅的交通、最生态的地下空间品质，探索公园城市地上地下空间一体化设计的新模式。

### 3.1.4　大型建筑与公园一体化

上海重大文化设施——大歌剧院位于世博文化公园内，紧邻后滩滨江、音乐之林、花艺园。通过空间形式、功能辐射、生态融合、交通联系四大策略，消融红线内外界限，与大歌剧院共同打造黄浦江边的风景地标、文化客厅。作为超大体量文化建筑，歌剧院功能辐射至公园，与音乐之林、申园、花艺园形成世博文化公园三大片区之人文艺术片区。在空间形式上如扇子展开的螺旋形式大台阶从屋面到地面广场，一直延伸至公园，通过建筑—公共广场—开敞草坪空间—疏林空间—密林空间的疏密层次变化，自然生态地与公园无缝衔接，通往公园不同区域的人行通道加强了公园与歌剧院的联系，共同形成完整的城市公共开放空间（图9）。

图 9  大歌剧院与公园一体化设计效果图

## 3.2  开放共享——音乐之林露天剧场

音乐之林位于公园西北部，东侧环抱中心湖，面积约 8hm²。通过将视野延伸到与之有密切关联的城市层面中，可以发现音乐之林与西侧大歌剧院实际仅一路之隔，空间位置紧密，因此在对该节点主题定位及详细设计时兼顾其与公园和歌剧院在空间与形式的融合。在空间定位时，通过将自然和艺术有机融合，赋予景观以声音的维度，将音乐主题从大歌剧院室内延伸至世博文化公园的户外空间，从而形成联动效应，使该片区成为沪上音乐主题的最佳聚点。在交通组织上，采用"连接"和"整合"的设计手法，通过园路的衔接有效疏散该区域可能出现的大量人流，并通过弹性空间的设置进一步保证在极端客流量下的安全管控。在设计上通过一系列措施烘托音乐主题特色，发挥场地依山临湖的环境优势，以山地森林为背景，临湖舞台为原点，近万平方米的草坪剧场由南向北呈扇形展开，平坡结合的微地形变化可同时容纳千名观众观演，近 7m 高差拾级而下的草阶成为观众落座自然享受音乐的最佳场所。临水舞台在尺度设计上预留了足够的空间为未来的音乐演出搭建场地，雾森和星光灯为大舞台增添特别的体验和趣味，充分考虑了公众多元的需求，在营造安全的环境以及灵活空间同时，使露天剧场及舞台在不同使用场景及人流量下都能够展现出特有的魅力（图 10）。

## 3.3  友好关爱——狗 GO 乐园

世博文化公园作为新兴城市综合公园，除了满足市民文化游赏的申园、时光印记大道，艺术游赏的音乐之林外，对于特殊"家人"——宠物——同样提供了友好和关爱。据统计，2018 年上海有证犬已达到约 40 万只，城市生活中宠物作为家庭内部的一份子，深度参与到城市公共空间使用中。狗 GO 公园从狗狗需求出发，给予了宠物们一个和同类、和人类自由交流互动的空间。

狗 GO 乐园选址在后滩滨江 L6 码头以南区域，面积约 1hm²，设计希望将其打造为一个独具特色的人宠互动空间，并成为上海市区最大的户外犬类乐园。设计吸取国内外宠物乐园的设计方法，将空间划分为运动、休闲和互动三大区域，分别提供犬类器械运动、宠主社交和休闲活动的场地。互动区设置林间园路，提供长距离林间遛狗小径；休闲区则配套有咖啡餐饮，满足主人和宠物休息饮食的需求；运动区内设置如跨栏、独木桥等多种类型宠物活动设施，满足不同犬种的活动需求。通过适度的设计，既保护宠物的天性，又使其能与人群融洽相处。

在外摆空间设计中，通过不同形式座椅的设置，满足不同规模的群体交流需求，同时在动线、家具、材料与色彩上，充分考虑与紧邻的配套服务建筑的适配性，在城市绿地中营造人、动物和自然和谐共存、趣味盎然的活动空间，以萌宠乐园为沟通媒介，构建一个友好的社交空间，也为公园创造更高的商业附加值（图 11）。

图 10　音乐之林建成实景

图 11　狗 GO 乐园建成实景

## 3.4　师法自然——山地竹林及旱溪花园

　　世博文化公园除了为市民提供多样的游憩活动场地，还注重对于自然空间的营造。相较于传统公园将重点放在种植单体本身，世博文化公园在自然营造过程中，更多注重的是人与自然的深层关系，通过提炼并概括自然要素的组织关系、结构特征，挖掘植物文化内涵，更容易激发游客的集体潜意识，从而强化沉浸式空间游览的精神体验。

以下以音乐之林山地竹林及旱溪花园空间设计为例进行介绍。

　　竹林是江南的代表性景观之一，其与长久的文化积淀相融合，使"竹"具备了物质与精神的双重属性。世博文化公园中对于竹林空间的营造，把设计重点放在植物、地形、路径等多个要素的组织上，通过要素组合、写意概括，师法自然地描摹潜藏于人们心中所向往的竹林意境。公园设计种植近万平米竹林，规模上在同类型城市公园中罕见。同时，通过高堆坡丰富空间层次，又以精心推敲的竹径栈道实现步移景异的效果，游人可以在不同标高和视角上体悟不同的空间层次：或于竹径栈道驻足停留，沉浸于一望无际的竹海，或于坡顶平台凝视远眺，将公园全景尽收眼底。设计对竹林的种植密度、竹径的收放以及与竹林关系进行尺度的推敲，使光、风、雨等自然元素参与空间的营造，使游人从视觉、触觉、听觉等多方面进一步感受竹林意境，在音乐之林的山地空间感受到不同于其他区域的幽深、静谧之自然禅意（图12）。

图12　竹径栈道建成实景

旱溪花园，位于公园最大的生态涵养林静谧森林之中，面积约 2000m²，形态蜿蜒曲折，将东湖和中心湖相连。结合海绵城市理念，雨季时水流潺潺，景石若隐若现；旱季时，形态各异的野山石体现出自然界干枯河床的美。设计同样将重点放在花卉、砾石、自然石块、枯木等不同景观要素组合模式的研究上，以砾石代水，以石代山，局部点缀古旧的树桩与树根营造出野趣横生的景象，又以象征爱和友谊的各色鸢尾及飘逸灵动的观赏草作为旱溪花径，与青灰色野山石搭配在一起呈现出原生自然的静谧、古朴之美，通过质朴隽永的环境氛围让人们寻找到内藏于心的自然审美与情感共鸣（图 13）。

图 13　旱溪花园设计效果图

## 4　结语

"城市，让生活更美好"是 2010 年上海世博会的主题，如今在这片土地上，以多元化、兼容并蓄的生态绿地为基底，打造出开放共享、友好关爱的人居绿色空间，并与城市肌理融为一体，实现了后世博时代城市空间的生态转型，深刻践行"人民城市人民建，人民城市为人民"的理念，让其成为上海主城区的全新特色"绿肺"。

## 参考文献

[1]　上海市绿化和市容管理局，上海市规划和自然资源局．上海市生态空间专项规划（2021—2035）［EB/OL］．https：//mp. weixin. qq. com/s? __ biz = MzI5NjAzMzU0Mw == &mid = 2651018859&idx = 1&sn = 5d8c05ce9ccb7d7345a7038817243257 &chksm = f7bd7a03c0caf31579c2526d5bb4925a1a9022c10a4 cd7516 e11170fe4583b311b7bdcb07640&scene=27.

## 作者简介

刘雅，1979 年生，女，高级工程师，华建集团上海现代建筑装饰环境设计研究院有限公司景观专项院，副总师。

马唯为，1991 年生，女，工程师，华建集团上海现代建筑装饰环境设计研究院有限公司景观专项院。

# 重新融入城市生活的老旧公园景观更新设计探究
## ——以吉安县龙湖公园为例

Study on the Landscape Reconstruction Design of Old Parks Integrated into City Life
—The Case of Longhu Park in Ji'an County

张 婧

摘 要：伴随着城市发展由"量的扩张"逐步向"质的提升"的转变，城市中那些不再适应现代化生活需求的老旧公园亟待提质改造。本文以吉安县龙湖公园景观更新工作为例，从城市需求、公园现状问题出发，通过开放公园边界，提升公园服务功能，丰富公园设施种类，实现公园与城市多层次、多维度的深度融合，为城市老旧公园景观提质改造设计提供技术措施的探索及实践经验。

关键词：城市更新；融合；城市生活；老旧公园；景观提质改造

Abstract：With the transformation of urban development from "quantitative expansion" to "qualitative improvement", the old city parks that can no longer adapt to the needs of modern life need to be improved. Taking Longhu Park as the example, this essay starts from the urban demand and the current situation of the park, through reshaping the boundary of the park, improving the park service function and enriching the park facilities, the multi-level and multi-dimensional deep integration of the park and the city is realized and the quality of the park is improved. It provides exploration and practical experience of technical measures for the landscape reconstruction design of city park。

Keyword：Urban Renewal；Integrate；City Life；Old City Park；Landscape Reconstruction Design

## 1　我国城市公园与城市关系概述

城市公园是城市建设的重要内容，也是城市生态系统、城市景观的重要组成部分。从传统的以皇家园林与私家园林建设为主体，逐步发展演变到基于开放性的山水池沼而成的公共游览地、寺观园林和与宗祠相结合的乡村园林的产生，直至今日，城市公园的内涵性质、类型特色、承载功能不断丰富。城市公园的发展经历了园林——公园这样一种由私到公的历程，从为特殊社会阶层服务转向为广大人民大众服务是城市公园发展不可逆的趋势[1]。在不同社会发展阶段，城市公园也有着不同的内涵，承担着不同的功能。

19世纪末以前，中国的城市规划建设理念以强调等级和礼制观念为主，同时期面向公众开放的公园建设是欠缺的。而到20世纪上半叶，由于受到政治社会因素的影响，此时的园林绿化建设仍然不重视普通市民的休闲游憩需求，只有零星的皇家园林和私家园林开始面向公众免费开放，如汉口的中山公园、成都的人民公园均由私家园林改造而来。中华人民共和国成立以后，伴随着由计划经济向市场经济的过渡，城市规划建设由突出为生产建设服务逐渐转向为国家、区域和城市的经济社会发展服务，公园逐步成为城市规划的专业系统之一，成为城市基础设施建设的一项重要内容，并逐步引领城市新区发展。历史经验显示，有什么样的城市发展建设理念，就有什么样的公园和公园系统的发展建设理念与之匹配，城市公园的发展总是与城市发展理念相一致。新时期，创造优良人居环境成为城市工作的中心目标，城市建设由"量的扩张"逐步向"质的提升"转变。伴随着城市更新工作的大规模的展开，作为城市中面积最大的绿色休闲载体，那些老旧的已经不再适应现代化生活需求的公园同样面临着提质的困境。

## 2　城市老旧公园改造的迫切性

### 2.1　城市用地日益紧张对老旧公园提出更加开放的要求

城市高速发展带来城市空间不断扩张的同时，城市中的公共空间被挤压侵占的现象日益严重。当我们在不断探讨如何高效开发每一寸剩余空间，为市民提供更多样的休闲场所时，却往往忽略了那些位于城市中心已建成的公园所具有的潜力。城市中这些面积较大的老旧公园由于受到早期公园设计理念的影响，少数的出入口以及高耸的围墙边界，往往使得公园成为与城市相隔离的绿色空间。然而，作为城市中宝贵的绿色休闲载体，老旧公园应该打破现有边界，与临近的建筑物、道路网等密切联系，自然地融入城市当中，以缓解城市休闲用地紧张的困境。

### 2.2　周边环境日益复杂对老旧公园提出功能更加多样的要求

伴随着社会经济的快速发展，老旧公园周边路网不断加密，土地功能不断多样化。日益复杂的环境条件，对老旧公园的功能提出新的要求：为城市输出更多的生态价值，为市民提供更便捷的交通路网，承载更多样的人群活动等。

### 2.3　城市人口不断扩张对老旧公园提出设施更新的要求

二胎政策的到来以及人们生活品质的不断提高，公园逐渐成为市民生活不可缺少的部分。而建设于早期的公园受到当时人口及活动需求的限制，较窄的园路以及固定数量活动场地远不能满足新时代市民的需求。一天当中不同时段，不同年龄层的人群对公园提出更大承载需求的同时，也对公园设施提出更新的要求。

面对新时代新要求，城市公园建设在继续保持与城市发展理念一致的前提下，如何重新实现老旧公园与城市的融合，成为各方关注的焦点。本文以吉安县龙湖公园为例，从景观设计的角度探索城市老旧公园提质改造策略。

## 3　项目背景

### 3.1　核心区位

龙湖公园位于江西省吉安市吉安县，是城市中心的一颗绿色心脏，也是展示城市形象的重要窗口。龙湖公园建设于 2003 年，为满足城市观水需求，公园中心区域人工开挖一条长形水系，作为公园的中心。公园北侧以城市广场为主，满足市民休闲集会需求。湖面西侧、南侧、东侧均为带状绿地，建有简单的步道及零星活动场地，满足市民基本的散步休闲需求。在当时的城市发展水平下，对于这一片新建成的环境优美的公园绿地，市民争相前往，龙湖公园曾是城市中一道亮眼的风景线。

### 3.2　现实问题

伴随着城市十多年的高速发展，公园周边的环境发生了天翻地覆的变化。原先大量农田逐渐转变为高楼林立的居住区，医院、学校、大型超市等公共配套设施也环湖而建。公园较为单一的功能以及老化破旧的设施与市民不断增强的活动休闲需求之间出现矛盾，龙湖公园逐渐成为城市中一块宁静的绿地，成为市民逐渐遗忘的城市中心（图 1）。

### 3.3　城市需求

2019 年，吉安县着手开展城市更新工作，政府希望通过提升改造，使龙湖公园能够更好地展示城市形象，为市民提供服务。结合设计团队现场调研以及向市民发放的调查问卷统计分析，提升公园可达性、增加活动空间，以及丰富设施种类是公园亟待提升的三个方面。让公园重新回到生活中，是他们对公园提质改造提出的希望。

图1　公园现状存在活动场地缺乏休息设施、原有设施陈旧、活动人群稀少等问题

# 4　公园景观提质改造的主要内容

## 4.1　设计愿景

如何在公园现有格局下，通过局部更新，最大程度实现

公园质的提升是项目团队一直思考的问题。项目设计之初，团队通过多次实地调研以及走访当地居民渐渐得出答案。作为城市中面积最大、位置最核心的休闲绿地，龙湖公园应与城市充分渗透，将新时代城市生活引入公园当中，让公园成为一块市民不自主便会走入的城市高品质绿地（图2）。

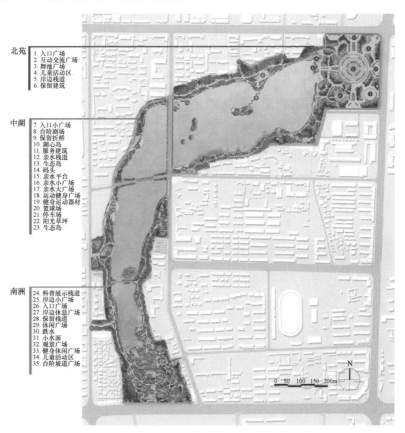

北苑
1. 入口广场
2. 互动交流广场
3. 舞蹈广场
4. 儿童活动区
5. 岸边栈道
6. 保留建筑

中湖
7. 入口小广场
8. 台阶剧场
9. 保留折桥
10. 湖心岛
11. 服务建筑
12. 亲水栈道
13. 生态岛
14. 码头
15. 亲水平台
16. 亲水小广场
17. 亲水大广场
18. 运动健身广场
19. 健身运动器材
20. 篮球场
21. 停车场
22. 阳光草坪
23. 生态岛

南洲
24. 科普展示栈道
25. 岸边小广场
26. 入口广场
27. 岸边休息广场
28. 保留栈道
29. 休闲广场
30. 跌水
31. 小水面
32. 观景广场
33. 健身休闲广场
34. 儿童活动区
35. 台阶坡道广场

0　50　100 150　200m

N

图2　龙湖公园更新平面图

## 4.2　设计策略

### 4.2.1　重新构建公园与城市空间联系——消隐既有边界线，增强公园的开放性

作为城市重要的景观界面，公园优美开放的边界营造不仅有利于提升城市景观，也方便更多市民进出公园。公园边界改造不是对线的简单调整，而是以公园边界为起点，对公园边界及边界空间、公园内部景观结构进行统筹的一项综合改造[2]。

（1）模糊公园边界，与城市功能统筹布置

设计团队对公园现状边界进行统计分析，与城市街道直接相邻的界面仅占公园界面总长的 20%。现状大量的围墙以及杂乱的灌木绿篱将公园与城市分隔，在交通上造成阻碍，视线上亦相互隔绝。团队将现状边界进行分类处理：将现状可以拆除的围墙及灌木绿篱墙被定义为灵活边界；将受现状制约，无法拆除的围墙定义为固定边界。灵活边界通过拆除整理，利用地被、灌木、乔木复层种植的方式营造出通透清爽的界面，实现城园视线互通，也方便周边大型商场、超市、医院及学校的人群自由进入公园，极大增强了公园与城市生活的联通（图 3）。针对固定边界，团队将围墙形式进行优化处理，通过大面积镂空设计以及攀爬植物的种植，实现公园与城市景观互为因借。

图 3　公园与城市通过复层种植构建视线互通的绿色边界带

（2）公园出入口设计保证公平性与舒适性

作为民主和社会发展的产物，城市公园建设始终要体现"人人平等"[3]，因而，注重不同人群进园的公平性也是增强公园开放性不可或缺的部分。由于龙湖公园地势远低于城市街道，公园除北侧大广场与城市无高差衔接以外，其余边界与城市街道均形成了 2~8m 的高差，这无形中成为市民入园的阻碍。为实现市民无障碍入园，公园在有高差的出入口设计上均采用台阶与坡道结合布置的形式，保证入园的公平性（图 4、图 5）。同时，公园主次入口均采用台阶与休息平台组合布置的方式，5~7 级台阶为一组，每 2~3 组台阶之间根据现状高差设置小型休息场地，为市民提供短暂的停留空间，避免连续多级台阶使人产生的畏惧心理，增加入园的舒适感（图 6）。

图 4　依据现状市民新踩踏出的道路，增加公园
出入口，增加公园可达性

图 5　公园南入口采用坡道与台阶组合布置的
形式，保证市民入园的公平性

图 6　出入口采用台阶与休息平台结合布置，增加入园舒适感

### 4.2.2　重新梳理公园与人的互动需求——引入城市生活，提升公园服务功能

（1）丰富公园自然体验

龙湖公园是城市当中难得的存在，它在用地极其紧张的城市中心为人们提供了一处共享开放的活动场所，也为人们提供了亲近自然的机会。初次调研，龙湖公园内茂密粗壮的大树，湖面生态岛上密密麻麻停歇的白鹭以及湖面悠闲游过的野鸭都让我们发自内心地赞叹这片绿地的生态之美。然而，公园常年绿色基调一成不变，也让市民感觉单调乏味。结合公园现状种植，设计通过亚乔及灌草植物补植，丰富植物种类，在增加季相变化的同时，也为动植物营造更多样的栖息环境（图 7）。公园西侧绿带以高大的樟树、无患子为主，局部点缀成团的紫薇。结合绿带现有植物，西侧局部种植开花植物，形成以吉野樱、山桃、紫玉兰为主的春花带，丰富春季、夏季漫步体验。南侧绿

带则以种植枫香、无患子、红枫、乌桕以及蜡梅为主，临水区域小面积种植水杉及湿地松，营造秋季色叶浓郁的美。沿东侧绿带现状密集分布桂花及广玉兰，通过补植栀子、含笑等香花植物，东侧形成一条连续的香花漫步道。漫步公园中，感受光的照射、水的流动、春的浪漫、夏的浓荫、秋的浓郁以及冬日的芬芳。设计团队希望通过丰富人与自然的互动体验，来促进人与自然的情感建立，从而使其自发建立保护自然的意识。

（2）依据市民活动需求布置活动空间

公园与城市融合很重要的一个方面是生活的无界感。去除那些与市民需求无关的空间，引入与市民多元化需求相契合的功能，才能实现公园与城市同步发展。较低的人群活动率是龙湖公园剥离于城市现代生活的重要原因之一。设计团队对公园一天中不同时段各年龄层人群活动空间分布进行了详细调研，对现有道路及铺装场地利用率进

图 7　公园里补植的开花植物为公园带来多彩的季相景观

行了统计。现状使用率较低的场地与人群活动关联度较低，设计中将拆除这类场地硬质铺装，调整为绿地。那些使用频繁的道路及场地布局将予以保留，并结合市民使用习惯，调整场地功能。最终针对公园不同人群各时段的活动需求，对公园布局空间进行了梳理调整。

公园原有的主园路环湖布置，沿湖散步一圈需要 50min，耗时较长，使得市民不愿走入公园。设计通过增加公园内部路网密度，增强了公园与城市外部交通的联系，满足市民便捷穿行的需求，也为市民提供不同时长的散步环线（图 8）。公园北侧绿地是市民清晨及夜晚跳舞锻炼最集中的场所，设计保持原有大广场的布局，为市民聚集活动留足空间。公园内部新增若干 $100\sim200m^2$ 的小型活动场地，满足居民休息聊天的需求，同时为爱好乐器演奏的老人提供练习场所。

图 8　水面新增的过水汀步方便市民穿行公园，也为孩子提供多样的游览体验

### 4.2.3 重新搭建人与人的交往方式——更新场地设施，满足市民的交往需求

城市公共空间作为基于大众服务的公共性服务空间，在注重空间实用性的同时，也必须融入人性化考量[4]，满足使用人群多样化的需求，促进人与人的交流互动。

（1）满足市民健身休闲需求：湖滨绿道

公园现状园路仅有 2.5m 宽，以透水砖铺设的路面局部塌陷严重，行走缺乏舒适感且下雨积水严重。为提升公园园路的系统性以及市民沿湖休闲的舒适性，设计团队适当拓宽现状路面，沿湖形成一条环形分幅绿道。临湖岸一侧增设 1.5m 宽花岗石休闲路，路旁植物以美人蕉、鸢尾、菖蒲等水生植物为主，满足市民临湖漫步、驻足观景、钓鱼的需求（图 9）。沿用现状路面，依据绿带宽度形成一条 $3\sim4m$ 的透水混凝土健身道，满足市民慢走、慢跑等健身需求（图 10）。绿道建成后，前来散步、健身、钓鱼及拍照的人群络绎不绝，公园也变得热闹非凡。

图 9　沿湖增加一条 1.5m 宽的湖滨漫步道　　　　　　图 10　拓宽原有道路沿湖形成一条蓝色健身道

（2）满足市民近水戏水需求：石岸听涛

城市中的居民能触摸到自然水体的机会极为稀少，因而亲水的需求也愈发强烈。为满足市民亲水、戏水的需求，让原本静态的湖水动起来，设计团队在湖体上游通过设置水泵，新增一处跌水节点。湖水通过水泵从一处1.2m高的方形石槽中缓缓涌出，跌落进入三层由自然石

块垒砌的生态水池，经过水生植物的层层净化，最终再次汇入湖体。由此，市民不仅能观水面，而且能听水声。孩子们聚集在水池边，认知水生植物、抓蝌蚪、玩水枪，公园里孩子们的笑声嬉闹声与潺潺水声一起，为公园增添了新的生机（图11）。

图11　新增的跌水节点石涛听岸，在视觉以及听觉上丰富了市民的游赏感受，让公园充满生机

（3）满足不同年龄层儿童游戏需求：阳光乐园

城市中儿童的活动空间往往具有局限性，由于儿童专类园的缺失以及城市交通的阻隔，绝大部分孩子被限制于小区内"麦当劳"式的儿童活动场地之中，活动空间局限，活动器材单一。设计团队尝试在龙湖公园内以"儿童活动片区"为概念，为儿童打造一片连续的活动空间。片区场地的设置不仅能满足各年龄孩子运动需求，而且能为陪伴的家长提供多样的活动，形成亲子互动游乐空间（图12）。儿童活动片区内根据不同年龄段孩子的活动需求，

分为三个活动场地。一号梦幻场地主要为低龄儿童设置，弧形的白色铁架将儿童秋千与成人健身相结合，为孩童与家长搭建一处陪伴式亲子活动空间。二号快乐场地是为4～6岁孩子设置的攀爬空间。结合绿地起伏设置的可自由穿越的圆洞马赛克墙，以及圆形弹力蹦床则让孩子放飞自我，释放活力。三号活力场地则通过场地内高低起伏的地形，为6～9岁孩子提供自由探索的可能。同时，场地尊重并延续市民的活动习惯，布置一处面积较大的健身空间。三块主题各异的活动场地由若干条1.5m宽的曲折小

图 12　儿童活动场地为不同年龄的孩子提供多样的活动空间

路连接。道路周边结合原有植物种植，形成以山桃、吉野樱及玉兰种植为主的春花道以及以桂花、广玉兰种植为主的香花道，品种多样的植物为儿童提供优美的活动环境的同时，也为亲子植物科普提供了场地。

## 5　反思与展望

从以静态观赏为主到充分融入大众公益参与性活动，公园被赋予了更多的社会功能[5]。白天，绿道上散步遛娃的市民自在悠闲，大树林荫广场下乐器练习、乘凉下棋、聊天休息的市民自得其乐。到了傍晚，公园里更是热闹非凡，大家在这个既熟悉又陌生的空间里找到了属于自己的生活（图 13）。龙湖公园从设计到施工落成历时三年。通过三年的设计实践工作，针对老旧公园提质工作总结以下三点经验。

### 5.1　初期调研工作注重系统性与全面性

新时期，公园与城市的关系愈加密切，单一老旧公园的提质工作离不开城市大环境。公园的提升改造应该结合城市公园体系进行整体调研，更利于准确把控老旧公园提升改造的方向，让公园更好地填补城市功能的欠缺，构筑完整的城市绿地系统。同时，调研阶段不仅仅是对公园内部环境的踏勘，更应该注重对使用人群的走访，分时段分人群全面了解。只有充分全面了解城市与人的需求，才能让公园更好地服务于市民。

### 5.2　设计工作充分尊重公园现状条件

尊重场地现状是提质工作的基础。公园的改造是以对原有自然环境的尊重为前提，尊重土地本身及其上自由栖息的生命，也尊重自然中的人长久以来所形成的活动轨迹以及活动习惯。改造是一个逐步叠加的过程，在梳理场地记忆以及肌理的过程中，通过加入新的活动功能，逐步形成更符合时代需求的景观。龙湖公园现状茂密且种类多样的植被，是城市不可再生的财富。改造设计中通过现状自然底图的整理，最大限度地保留住城市中这片不可复制的自然。在龙湖公园建设过程中，为了保留现状乔木，无数次的方案修改以及多样化工程措施的运用，让改造后的龙湖公园愈发翠绿，也留住了属于公园的记忆。

### 5.3　设计过程动态融入市民意见

作为城市多元、开放、共享的公共空间，城市公园建设应是公众智慧的集中体现[6]，加强公众参与更利于实现公园提质的根本目标，让公园真正属于市民。龙湖公园提升改造工程设计工作开展前，通过向市民发放调查问卷，充分了解市民的活动需求。在方案设计过程中通过社区座谈会以及现场方案询问的方式，不断吸收市民的想法与建议，确保公园与城市生活无缝衔接。

图 13　越来越多的市民聚集到公园中，悠闲惬意地感受生活，公园又再次焕发活力，重新融入城市中

改造后的公园又重新成为市民聚集的中心，而这座曾经被城市遗忘的绿地，再次焕发新的活力。

## 参考文献

［1］ 吴岩，王忠杰，束晨阳，等 . "公园城市"的理念内涵和实践路径研究［J］. 中国园林，2018，34(10)：30-33.

［2］ 孙焱 . 城市区级公园"边界消融"改造策略浅析［J］. 现代园艺，2021，44(13)：117-119.

［3］ 江俊浩 . 从国外公园发展历程看我国公园系统化建设［J］. 华中建筑，2008，26(11)：159-163.

［4］ 李宜谦 . 基于尺度下人性化城市空间的建立及优化［J］. 设计，2016(1)：150-151.

［5］ 姜春林，王良增 . 现代城市公园的现状、存在问题和发展方向［J］. 设计，2018(9)：45-47.

［6］ 孙逊 . 城市公园公众参与模式研究——以深圳香蜜公园为例［J］. 中国园林，2018，34(S2)：5-10.

## 作者简介

张婧，1990 年生，女，中国城市规划设计研究院风景园林和景观研究分院设计所，工程师。

# 针对都市白领的减压和冥想康复花园设计初探

## Preliminary Exploration of a Decompression and Meditative Rehabilitation Garden Design for Urban White-collar Workers.

李茜玲

**摘　要**：快节奏、竞争激烈的现代大都市生活让不少都市白领陷入"工作压力大——生活不规律——健康受损——工作效率降低——压力更大"的恶性循环中。本文针对都市白领减压康复花园的选址、设计原则和设计要素等进行了研究，以期企业的管理人员能重视环境的健康效益，积极营建康复花园，对都市白领群体表达健康人文关怀。

**关键词**：康复花园；白领；减压；冥想

**Abstract**：The fast pace and fierce competition of modern metropolis life makes many urban white-collar workers fall into a vicious circle of "high work pressure-irregular life-health damage-reduced work efficiency-more pressure". The site selection, design principles and design elements of rehabilitation garden for urban white-collar were studied in this paper. The purpose is to express health and humanistic care for urban white-collar workers through the construction of healing gardens, and urge enterprise managers to pay attention to the health benefits of the environment.

**keyword**：Healing Garden；White Collar；Relaxation；Meditation

随着我国城镇化的快速发展和园林建设内涵的不断拓宽，新时期园林建设对于人们生活的作用已经超越了保护和改善生态环境、创造优美的视觉景观的范畴，公众健康逐渐得到关注和重视。世界卫生组织（WHO）将健康定义为"一种在身体、心理和社会适应上的完好状态，而不仅是没有疾病和不虚弱的状态"。对照这一标准，不少身处于快节奏、高效率、被人工设施包围的城市环境中的人群生理和心理均处于亚健康的状态，而这其中"白领"（生活在城市中的，具有良好教育背景的，以脑力劳动为主的企业工作者）的亚健康比例高达 70%。

康复花园（Healing garden）是以康复为目的，让使用者感觉舒适的花园，其目的是让使用者获得安全感，少一分压力，多一分舒适和活力。其使用者既包括病人、残疾人，也包括各个年龄阶段的、在心理或精神方面需要进行放松和调节的人群。康复花园发展至今已有近 40 年的历史，大量的定性和定量研究揭示了康复花园的组成要素和空间环境在助益病患、老年人和特殊儿童身心健康、舒缓使用者情绪压力等方面的积极作用[1-3]，但针对都市白领的康复花园设计营建和使用效果的研究较少。

按照使用人群的不同，康复花园可分为医疗花园、体验花园、康健花园、减压花园和冥想花园 5 类。其中减压花园和冥想花园除服务于病患外，都市白领等亚健康人群也是其重要的使用人群。已有研究表明，以树木、花草和水等自然要素构成的近自然的空间能为都市白领提供活动锻炼和释放压力的场所，有效缓解高楼林立的工作环境和高强度的工作带来的紧张和压迫感。但在现实的工作场景中，都市白领对自然空间的需求往往难以得到满足，针对都市白领的康复花园设计目标和设计手段的实践也十分匮乏。鉴于此，本文在梳理归纳前人研究的基础上，结合自身工作经验，对服务于都市白领的减压和冥想康复花园的设计目标、元素和活动安排等方面进行了探讨，呼吁企业管理人员在工作场所附近营建康复花园，增加白领人群感受和接触自然的机会，并鼓励白领人群在工作间隙或在上下班途中使用康复花园，缓解身心疲惫和释放工作压力，提高健康水平。

# 1　场地选择

基于白领人群工作特征以及康复花园本身的特点，康复花园的选址应该满足以下要求。

## 1.1　交通便利性

在工作场所附近或在上下班途经的地方营建康复花园可为都市白领的使用带来极大的便利性，例如设置在从中央商务区步行 5min 就可以到达的位置。同时，应在康复花园的入口处或主要标志性建筑前设置标识[4]，提高康复花园的使用率。

## 1.2　自然场地

康复花园的营建宜选择远离城市快速路、主干道和大型建筑，安静、舒适、植被覆盖度高的场地，如此才能吸引忙碌的都市白领们走进花园，从而释放工作压力。对于繁忙的都市白领们来说，如果城市中随处设有精致的康复花园必然是他们放松身心、释放压力的最佳选择和去处。

## 1.3　建筑屋顶

在用地紧张的城市环境中，建筑屋顶也是康复花园选址的重要场所。研究表明，设于建筑屋顶的康复花园，不仅可以给都市白领提供一个绿色的视野，使其有机会在工作间隙得以身心调节和放松，而且有利于缓解城市热岛效应，增加城市生物多样性[5]。

# 2　设计目标

研究证明人们在接触、使用和体验绿色空间和自然环境时，其从绿色空间获益的效果会更突出[6]。因此在为都市白领设计营造康复花园时，应当考虑哪些因素能够鼓励他们更多地到访和使用[7]。针对都市白领的康复花园在设计时要达到以下目标。

## 2.1　使用者恢复掌控的能力

康复花园中设置多种封闭、半开敞或开敞的空间以及宽窄不同的园路，允许都市白领根据自己的情绪选择游赏或停留的地点，并能提供暂时逃离的条件，快速调节情绪和释放压力。

## 2.2　建立工作场景与自然的连接

康复花园的设计应以自然元素的使用和自然场景的营造为手段，建立起硬质环境和自然环境的连接，使都市白领在使用过程中产生归属感，从而增加到访的次数。

## 2.3　创造运动和锻炼的条件

康复花园内应设计开展低强度的运动的设施，例如园艺操作和有氧锻炼器械等，鼓励使用者进行散步、交谈、种植、健身等活动，为都市白领提供多元化的选择。

## 2.4　强化使用者的五感体验

康复花园设计应采用多样化的技术和方法创造有利于激活都市白领五感体验的节点、空间和场景，促进使用者产生积极的生理反应，从疲劳中恢复过来，进一步改善情绪，助益健康。

# 3　设计元素

针对都市白领的康复花园旨在使访问者从压力中恢复过来，恢复注意力，提高健康水平，为此，积极的心理干预方法必不可少，包括心流体验、共情训练、感官刺激、行为激活、希望干预、绿色锻炼、情绪感染、艺术疗愈、场所依恋、活力激发、信息交换和群际互动等[8]，因此，设计师要了解这些干预方法，为这些干预方法的实施提供场所或情境，提供一个有利于精神安宁、减少压力、情绪恢复、增进心理和身体机能的环境。通过自身工作实践，笔者认为以下 9 种设计元素是针对都市白领的康复花园设计的重要内容。

## 3.1 树屋

在树屋里看风景是近年来兴起的活动。人们对此感兴趣，首先是因为好奇、好玩，其次是因为人类与生俱来亲自然的本能。"这种身份的感觉是冒险的，甚至神圣的，在树屋里会发生很多事情"[9]。树屋能对都市白领提供真正的开心之所。

## 3.2 植物墙

植物墙可以软化建筑环境，也可以为昆虫、鸟类和无脊椎动物提供栖息地，还可以吸收空气污染物（图 1）。当人们可以透过窗户看到室外的植物墙或者在室内拥有植物墙，便可随时随地感受植物生长所带来的生命力，从而缓解疲劳和压力。

图 1 某企业内部的植物墙

## 3.3 水景

动态的水体，或流动，或喷涌，或直泻，可以给使用者带来活泼灵动的积极感受，而静态水景或小溪等，可以塑造安静祥和的氛围，因此水景在舒缓都市白领精神压力方面的作用也不可小觑。郑丽等人在总结国内外优秀设计案例后，将康复花园水景设计按其功能主要归纳为放松休闲、安静冥想、寄托情感和激发互动四类，相应的形式有跌水、瀑布等动态水景，以及小溪、水池等静态水景，并指出针对不同使用人群，可设置不同的水景功能和形式[10]。在小溪、水系等周边搭配不同的水生植物，可满足白领对安静和私密性的需求（图 2～图 4）。

图 3 静水池边的休息空间

图 2 平静的水面和柔软的植物

图 4 有趣的小鸟饮水台

### 3.4　树木座椅

通过树木制作或者围合的座椅空间，可以鼓励使用者去观察自己身边的事物(图5、图6)。脚下柔软的草地和身旁的植物可以给使用者平静和富含感知的空间[9]。例如英国设计师安德鲁·费希尔·汤姆林设计的树木座椅为康复花园注入了新的活力，有利于促进使用者的互动交流和深层次的沟通。

图5　杜鹃丛中的座椅

图6　背靠植物墙的座椅

### 3.5　花园房间

在康复花园中建造不同主题的花园房间，可以使都市白领根据自己的心情找到恰当的场所，无条件和无评判地表达自己的感情，例如在由松树围合的"房间"中毫无保留地袒露心声，释放压力，或进行冥想。

针对都市白领的康复花园还鼓励在花园房间里开展园艺课堂，由园艺治疗师讲授园艺知识，让康复花园成为都市白领学习和拓展的场所，激发他们对植物的兴趣，提高他们对生活和生命的感知度。

### 3.6　回廊

借鉴修道院花园设置回廊为僧侣冥想和祈祷式的行走提供保护的手法，在针对都市白领的康复花园中，同样可设置回廊，鼓励使用者在其中冥想，放松身心或思考计划和未来，以满足他们反思自省的心理需求。回廊中可搭配各式各样的攀援植物，使访问者仿佛置身花海，思绪无限放飞，激发无限联想和思考。

### 3.7　寻景步道

寻景步道也是针对都市白领的康复花园中必不可少的设计元素。以寻树小径或自然小道为媒介，引导使用者单独或以组合的形式探寻特色植物或抵达特殊景观空间，沿途提供一定的线索来提高使用者的参与性，并阶段性地安排能带来较高愉悦感和掌控感的活动以鼓励使用者前行，达到动机和信念建立及绿色锻炼的效果。

### 3.8　植物组团

千姿百态的植物能让人感受到自然的神奇，也能启发生命的意义。因此，针对都市白领的康复花园中要充分运用植物的色彩、形态、气味等特征营造不同的感官体验空间，增强使用者对自然的体会与感悟，激发探索自然、感知自然的兴趣，既在生理上刺激人的感官神经系统，又在心理上调节人的情绪，达到康复的目的（图7、图8）。例如可以运用芳香植物所产生的香气刺激人的神经系统，产生镇定、放松或兴奋的效果。

图7　充满野趣的植物组团

图 8　可触摸的芳香植物组团

图 10　康复花园中的花卉种植区

### 3.9　操作区

　　人类具有亲生物性的先天需求。研究表明培育植物生长的满足感可极大提升种植者的自尊心和自信心。"植物需要我，它们需要水，它们需要被种植"，种植操作让使用者觉得有意义，找回生活的目标感。整地、清理、挖坑、播种、搬运花木以及浇水施肥除草等过程，在消耗体力的同时，还可抑制冲动，培养忍耐力与注意力，从而调节人们情绪，被认为具有治疗效果[11]。因此，在针对都市白领的都市花园中，可设置单独的操作区，为使用者创造与植物、与自然亲密接触的机会，显著提高使用的成就感和获得感。

图 9　康复花园中的蔬菜种植区

## 4　康复活动

　　对于都市白领来说，花园的场所和活动都应该是安全

　　的，可根据具体需要、心情和兴趣来进行使用。康复花园里可以邀请园艺、理疗、职业治疗、医学和心理治疗等专业人员定期开展形式多样的活动。郑丽等提出在康复花园中引入有关二十四节气民俗活动，比如立春"打春牛"、清明"插柳"、谷雨"宴饮赏花"、小满"做功"、小暑"食新"、处暑"庆赞中元"、冬至"挂冬"等，利用活动事件激发康复花园的空间活力，有益于提升健康效益，更能加强人们对于康复花园的空间记忆，促进人与人交流、人与环境的融合。

　　各种节气性活动事件随时间序列变化而变化，例如立春时节翻土、种植花草、制作盆景，清明时节制作艾叶烟熏，芒种时节制作养生花草茶等。依据时令的变化为都市白领创造形式各异的接触自然的机会，达到缓解压力、提高身体的免疫能力、体会自然带来的乐趣等目的[12]（图 9、图 10）。

## 5　对康复花园设计者的建议

　　都市白领由于年龄和工作的特殊性，对康复花园功能的需求具有特殊性。为了最大限度地发挥康复花园的功能和提高康复花园频率，建议在设计阶段注意以下两点。

### 5.1　体察用户的需求

　　通过访谈、调查等方式了解使用者的需求。调查可采用问卷的形式，问卷设置要科学，考虑尽可能周详，覆盖面要尽可能广。面对面交流时要注意捕捉被访者内心的想法，充分挖掘使用者不同层面的需求。

## 5.2　设计师需具备同理心

与使用者感同身受，从使用者的角度出发，在进行设计时当成是自己的花园去设计，设计的每个阶段都必须用心地完成。针对都市白领的康复花园设计必须超越普通的场所设计，使作品起到感染生命的作用。

# 6　结论和展望

当代都市白领生活压力大，工作节奏快，情绪经常无处发泄，长期堆积在内心，出现抑郁等亚健康问题。在都市环境中设计和建造有利于这一群体身心健康的空间环境，对于减轻都市人群压力和提升生活质量都有所帮助，具有减压和冥想功能的康复花园无疑是最有效的形式之一。针对白领人群的年龄、工作性质和时间分配特征，康复花园的交通便捷性是重要条件，以此为基础，那些在企业周边的绿色自然空间和企业内部的平坦屋顶都具备营建康复花园的条件。此外，基于白领人群的教育、经济和审美水平考虑，以植物为主导的景观形式和活动内容的设计应成为减压和冥想康复花园营建的核心，通过设计手段为使用者创造多样化的植物组团、空间形式，以及与自己、与自然交流互动的机会，达到放松身心、助益健康的目的。

康复花园的公共效益和健康效益对政府、企业管理者或风景园林工作者来说，都应该得到关注和重视。对于政府来说，在当下各种医疗基础投入与日俱增的情况下，康复花园的投资建设是一种低成本的应对医疗费用上升的手段。对于企业来说，鼓励员工劳逸结合、定期访问康复花园，一方面是为员工身心健康提供福祉，另一方面压力、疲劳减少，意味着潜在的工作效益的提升，对企业的长远发展亦有重要作用。对于景观设计工作者来说，积极开发健康导向型规划设计，既是挖掘空间、土地的潜在价值，亦是对空间使用者的人文关怀[6]。在未来工作环境设计中，应当将健康作为一个重要目标，更多地探索如何发挥绿色空间助益健康的作用。

## 参考文献

[1] 赵丹. 基于失智老人行为特征的康复花园设计研究[D]. 西安：西安建筑科技大学，2021.

[2] 唐瑜皎. 基于住宅区户外小尺度空间的康养花园设计探究——以重庆龙湖颐年公寓康复花园为例[J]. 四川农业科技，2021(5)：69-71.

[3] 李艾芬. 癌症儿童康复花园的参与式设计——以观山湖公园"3C"花园为例[D]. 贵阳：贵州师范大学，2021.

[4] 杨欢，刘滨谊，帕特里克·A. 米勒. 传统中医理论在康健花园设计中的应用[J]. 中国园林，2009(7)：13-18.

[5] 郭梦涵，季岚. 基于用户体验的亚健康办公人群屋顶康复花园研究[J]. 四川建材，2020，46(10)：52-53+55.

[6] 姚亚男，黄秋韵，李树华. 工作环境绿色空间与身心健康关系研究——以北京IT产业人群为例[J]. 中国园林，2018，34(9)：15-21.

[7] 丹尼奥·温特巴顿，刘娟娟. 自然与康复：为何我们需要绿色疗法[J]. 中国园林，2018，34(9)：26-32.

[8] 冯晨，严永红，徐华伟. "休闲涉入"与"社会支持"——基于积极心理干预的大学校园健康支持性环境实现途径研究[J]. 中国园林，2018，34(9)：33-38.

[9] SOUTER-BROWN G. Landscape and urban design for health and well-being [M]. London, New York：Routledge, Taylor&Francis Group, 2014.

[10] 郑丽，汪园，贾君兰. 康复花园水景设计案例研究[J]. 中国名城，2019(12)：74-79.

[11] ADEVI A A, MÅRTENSSON F. Stress rehabilitation through garden therapy：The garden as a place in the recovery from stress[J]. Urban forestry & urban greening, 2013, 12(2)：230-237.

[12] 贾君兰，汪园，郑丽. 试论"二十四节气"生态智慧在康复景观设计中的转译与表达[J]. 景观园林，2020(4)：133-135.

## 作者简介

李茜玲，1986年生，女，硕士，高级工程师，毕业于北京林业大学森林培育专业，毕业后在园林绿化企业从事设计研发工作。

# 广州市口袋公园设计探索与建设实践浅析①
## ——以天河区口袋公园为例

Design Exploration and Construction Practice of Pocket Park in Guang zhou

马文卿

**摘　要**：为构建更加满足居民生活的社区生活圈，城市建设中越来越重视可达性高的口袋公园的设计与建设。本文以广州市天河区为例，对 2021 年新增的 14 个口袋公园进行分析，并结合实例，对文化艺术游园、温馨社区花园、趣味科普游园、通勤休憩花园等四种类型口袋公园的设计、建设以及维护使用情况进行分析，以期为后续口袋公园的建设提供一定的参考。

**关键词**：口袋公园；设计；建设；使用现状；天河区

**Abstract**：In order to build a social circle that much more satisfied residents' life，more and more attention is paid to the design and construction of pocket park with high accessibility in urban construction. The article takes a case study in Tianhe District of Guangzhou City，analyzes the general situation of 14 new pocket parks in 2021，and focuses on the design exploration，construction practice and maintenance and use status of four different types of pocket parks，including culture and art amusement park，warm community garden，interesting popular science amusement park and commuting rest garden，expected to provide some reference for the follow-up construction of pocket park.

**Keyword**：Pocket Park；Design；Construction；Usage；Tianhe District

## 引言

　　口袋公园，又称袖珍公园，是指在城市高密度中心区的呈斑块状分布的小型公园，面积多在 1 万 m² 以下[1]。口袋公园一经提出，即有了与中央公园同样的重要意义。1967 年诞生于美国的第一个口袋公园——佩雷公园[2]，是世界著名的口袋公园之一，它的面积只有 390m²，是纽约中央公园的 1/8000，但它的平均面积年游客量是纽约中央公园的两倍多。随着城镇化进程的快速发展，以及城市中心区高密度建筑现状，人们越发渴望能够在喧嚣的城市中可以觅得一方宁静、轻松的"绿色小岛"，而相对于距离较远的综合性公园，见缝插针地建造于城市街心、社区等的口袋公园更加符合现代人们对可达性的要求。

## 1　概况

　　近年来，广州在不断加强 15 分钟社区生活圈的构建。预计到 2035 年，主城区、南沙副

① 基金项目：广州市建筑集团有限公司科技计划项目（〔2021〕-KJ014）和广州市建筑集团有限公司科技计划项目（〔2022〕-KJ019）资助。

中心和外围城区实现卫生、教育、文化、体育、养老等社区公共服务设施 15 分钟步行可达覆盖率 90%。其中在公园绿地方面，广州市提出"推窗见绿、出门入园"的目标，计划未来 15 年在全市域范围内新建 400 个口袋公园，未来口袋公园将更加"触手可及"。

基于广州市对于口袋公园的建设目标，2021 年天河区通过前期摸查，在珠江新城区域利用零星公共绿地，较为系统地开展了口袋公园提升改造项目。项目总提升面积约 5 万 m²，建设范围包括南国花园、珠江公园、花城广场、太阳新天地等周边区域 14 块公共绿地，建设内容主要包括区域活动平台、公共设施、植物绿化、配套标识等城市景观元素内容的完善、提升。针对口袋公园景观提升要求，力求将 14 块口袋公园打造成文化艺术游园、温馨社区花园、趣味科普游园和通勤休憩花园，进一步满足市民群众休闲需求，让实用又精致的口袋公园成为市民的幸福"微空间"。

# 2　口袋公园的选址与设计探索

## 2.1　口袋公园的选址

口袋公园的选址一般包括老旧居民区违章建筑拆迁重建，对传统小公园、街心花园、社区花园等的规划翻新，或是见缝插针选定新址等。无论哪种，最重要的是在增加公共绿地的同时，为市民提供方便。此次 14 个口袋公园均位于珠江新城区域，在周边用地类型方面，其中 3 个为居住属性，10 个在公共或商业的属性上兼具居住属性，满足市民对口袋公园最基本的可达性需求。具体的地址与类型如表 1 所示。

**天河区口袋公园地址与改造类型统计表**　　表 1

| 地址 | 周边用地类型 | 口袋公园改造类型 |
| --- | --- | --- |
| 广州图书馆东侧绿地 | 公共+居住 | 文化艺术游园 |
| 华普绿岛 | 商业+居住 | 温馨社区花园 |
| 礼顿绿岛 | 居住 | 温馨社区花园 |
| 江月圆 | 商业+居住 | 温馨社区花园 |
| 杨箕东小区东侧绿地 | 居住+公共+商业 | 温馨社区花园 |
| 金穗幼儿园旁绿地 | 居住 | 趣味科普游园 |
| 天河中学南侧绿地 | 公共+居住 | 趣味科普游园 |
| 金穗路-华夏路下沉转盘 | 商业+居住 | 通勤休憩花园 |
| 美领馆西侧绿地 | 公共+居住 | 通勤休憩花园 |
| 供电站东侧绿地 | 公共+商业 | 通勤休憩花园 |
| 妇女儿童医疗中心南侧绿地 | 商业+居住 | 通勤休憩花园 |
| 美国驻广州总领事馆前绿地 | 商业+居住 | 通勤休憩花园 |
| 中海璟晖华庭东侧绿地 | 居住 | 通勤休憩花园 |
| 冼村小学南侧绿地 | 公共+居住 | 通勤休憩花园 |

## 2.2　口袋公园的设计探索

口袋公园到底能装多少设计？回答这个问题对设计师来说并非易事。由于城市规划、人口分布各不相同，市民需求也不尽相同，口袋公园的设计不能简单地复制粘贴，而应每一处都"量身打造"。但口袋公园因其面积小，以及场地"城市消极空间"的限制，在设计上有诸多的难点[3]。面积较小的口袋公园功能无法像综合公园一样全面，因此在功能设计上需在充分分析后做到既能弥补现状的不足，又不影响基本的交通、生态、景观等功能。在此基础上，适当增加休憩、科普、文化等使用功能，以满足市民的多样需求。

### 2.2.1　文化艺术游园——广州图书馆东侧绿地

广州图书馆位于广州市珠江东路，是广州的文化窗口。广州图书馆东侧绿地总面积 872m²，原绿地休憩、活动设施缺乏，人行道狭窄、通行空间不足，绿地整体形象与图书馆标志性建筑风格融合度不高。

为了更好地发挥广州图书馆的文化窗口作用，设计师将图书馆东侧绿地定位为文化艺术游园，增加休憩设施，将特色层级草阶座凳和座椅的外观与图书馆外立面相呼应，同时设计石凳与原木座椅相结合的形式，打破石凳的单调性；统一地面铺装，设置无障碍出入口，拓宽人行空间，提高行人通过效率与安全性。

植物景观方面，乔木可为行人提供舒适的通行空间，树种选择以小叶榄仁为主。小叶榄仁姿态优雅，树形美观，颇具文人风骨，与周边建筑相辅相成，形成文化游园氛围，其不同的季相变化亦可引导行人关注四季风景。花叶绿萝等藤本植物的应用，既作为建筑通风口的遮挡，又可为休憩市民形成一个相对的私密空间，同时低矮灌木与草坪形成了开朗通透的空间感，在面积不大的绿地中形成了一个富有变化的文化艺术游园。

### 2.2.2　温馨社区花园——礼顿绿岛

礼顿绿岛位于市民居住地周边，绿地总面积 462m²，该绿地原状为规则式园林，休憩空间相对封闭，活动面积较小，且缺乏林荫，植物景观氛围弱。

为提升景观效果与改善城市生态环境，设计师对绿地空间进行了分割，将具有一定坡度种植池的间断点设置为无障碍出入口，增大树木种植范围，用一年多次开花的美丽异木棉形成中心景观，打造视觉焦点，增加外围花丘地被的栽植，将礼顿绿岛打造成城市花丘，同时结合石质坐凳，将栽植区布置成半围合空间，满足坐憩需要，营造出温馨社区花园的环境。

### 2.2.3 趣味科普游园——金穗幼儿园旁绿地

金穗幼儿园旁绿地总面积 3654m²，原绿地乔木生长良好，但场地定位模糊，服务周边的功能缺失，场地便民设施陈旧，布局不成体系，出入口及外侧人行道交通不通畅。对周边进行分析，该绿地位于居住用地周边，而且与金穗幼儿园相邻。

为此，设计师结合幼儿园功能，将绿地升级为特色活动区：统一设计座凳、标识、灯具等景观设施，统一硬地铺装，打造整体简洁明朗的景观效果；通过重新规划布局，结合出入口增设外围人行道，设置康体健身区与儿童游乐区，同时满足周围居民中老人与儿童两大关键群体的使用需求。儿童游乐区以"星球"为主题，设置星球墙、丘陵钻洞、攀爬小山丘、不锈钢滑梯等儿童游乐设施，将绿地打造成一个趣味科普游园。

植物景观方面，以线条疏朗的凤凰木和小叶紫薇等乔木与草坪形成通透的视线，配置以红檵木、花叶女贞、红背桂、金叶假连翘等彩叶灌木以及龙船花、姜荷花、紫花翠芦莉等开花地被，打造一个多姿多彩的游园。

### 2.2.4 通勤休憩花园——金穗路—华夏路下沉转盘

金穗路—华夏路下沉转盘绿地总面积 350m²，地下通道四面联结，是人行交通要道。原绿化为圆盘式，空间功能定义模糊，中部空间利用率低，仅有一定的交通功能与生态景观功能，休憩、活动功能缺失；场地植被丰富，生长状况良好，但遮挡行人视线，同时因缺乏导向性标识，影响了行人通行效率。

设计师结合周边环境休憩设施少的特点，将该绿地定位为休憩空间，为来往行人提供开阔的休憩与活动场地；进一步优化景观功能，梳理和简化植物层次，增设与树池结合的座椅和导向标识，进行景观设施的优化，使空间满足多种使用功能。

## 3 口袋公园的建设实践与使用现状

本次广州市天河区珠江新城口袋公园提升改造项目的建设单位广州市名卉景观科技发展有限公司按照"优良样板工程"标准进行施工，全过程加强施工管理，重点关注施工技术难点与关键点，全面把控工程质量与细节标准，提高项目的品质与精细化水平。下面简述以上 4 个口袋公园的建设与使用情况。

### 3.1 图书馆东侧绿地

为保证图书馆东侧绿地和图书馆的整体性，该口袋公园施工建设过程中，硬景部分根据施工图纸复核、计算并放样出路面边线和标高，路基挖土采用分层开挖，回填土方分层压实并拉线找平，找平层与铺设层中间严防空鼓，铺设时对缝，保证铺设效果。植物造景部分注重乔木规格、分支点及支撑点的统一，地被植物同一品种的植株规格基本一致，且应符合设计要求，栽植前定好株行距，种植后覆盖度大，以不裸露地面为标准。

该处口袋公园作为图书馆的室外延伸空间，与周围环境形成良好的关联度，将原本单一的通行空间改造成为集通行、休憩、游玩等于一体的多功能游园，打造出融洽的城市空间氛围，络绎不绝的行人通行高效，休憩设施使用者在其中怡然自得，维护现状良好（图 1）。

图 1 图书馆东侧绿地使用现状

### 3.2　礼顿绿岛

礼顿绿岛的施工重点与难点为不规则坡度的花台边缘、圆形石凳等，施工选用的材料进场前根据图纸放样切割完成，以保证线条的弧度与流畅度符合设计要求。植物景观方面，乔木、时花地被等规格按设计要求，注重植物种植土壤的品质，对不适宜栽种的土壤进行改良，时花复绿时选择兰引三号进行满铺，铺种前对地形按坡度进行平整，以利于草坪草生长及后期管养。

礼顿绿岛作为一个社区里的口袋公园，虽周边楼宇林立，但依然可以在方寸之间获得宁静。美中不足的是，铺设材料与石质座凳的色调整体为灰色，冷色调明显，且质感亦偏硬偏冷，未配备适合社区居民的其他活动设施，现场仅见几人坐或躺在石凳上休息，缺乏一定的社区活力。同时，绿岛周围因未考虑停车场所，出入口易被车辆阻挡，影响公园使用者的出入。总体来说，该口袋公园的使用状况不够理想（图2、图3）。

图2　礼顿绿岛使用现状1

图3　礼顿绿岛使用现状2

## 3.3 星球乐园

该处口袋公园在硬景部分使用仿石砖与塑胶两种铺设材料，施工过程中除做好铺设外，还应注意两种铺设材料间的接缝处理；星球墙、丘陵钻洞、滑梯、沙池、攀爬小山丘等游乐设施，健身区与儿童游乐区设置的休憩廊架，以及植物造景部分，均严格按图施工，成功将公园打造为高标准、高品质的口袋公园。

星球乐园是上述公园中唯一一个有 logo 的口袋公园，顾名思义，其主要使用群体为儿童，目标明确。笔者走访过程中发现公园中的游乐设施很受孩童喜爱，游玩中的儿童或奔跑追逐或三两相聚，在"星球"之间自由玩耍，观者亦被他们的童趣所感染。而健身康养区也不乏使用者，成为一个很好的锻炼与交流场所。由维护与使用现状可见，星球乐园是一个非常具有标志性的口袋公园（图 4）。

图 4　星球乐园使用现状

## 3.4 金穗路—华夏路下沉转盘

该下沉转盘绿地的施工难点与重点和礼顿绿岛类似，为规则坡度的花台边缘与圆弧石凳，仿石砖的铺设应注意与圆弧石凳之间的衔接，严防空鼓、细碎边角等状况的出现。植物种植部分同样按照设计要求，与上述公园施工标准一致。

该处口袋公园建成后，视线开阔，导向标识集中且明显，可较好地满足行人的通行、休憩功能。作为道路圆盘的地下下沉绿地，现代、简洁的设计手法符合周边的环境氛围。由于其临近花城广场，笔者认为其在文化传播方面的功能还可进一步拓展，例如在中心小广场开展一些小型的集会、展览、快闪等活动，将广州市新城市中心区文化展示窗口的作用"以小见大"地发挥好（图 5）。

图 5　金穗路—华夏路下沉转盘绿地使用现状

# 4　讨论

面对城市中日益稀缺的土地资源，建设口袋公园将是未来城市发展及满足人民现代生活需求的重要方向。但与其他绿地一样，口袋公园的建设也必须因地制宜。

现阶段，广州市天河区口袋公园建设过程中所作出的设计探索与建设实践，综合考虑了口袋公园的选址、周边用地类型、环境融合、使用群体、功能设置、景观营造等多方面因素，原绿地经提升改造后成为可达性高、景观度好、使用活力较好的城市开放空间，满足了惠民利民的基本要求。诚然，通过分析发现个别口袋公园也存在文化传播功能不足、公园活力不足、厕所等便民设施缺乏的问题。这些还需要在今后的设计中进一步解决。

目前，广州市其他区域均在广州市的统一规划下加强了对口袋公园的建设，越秀区、白云区、花都区亦涌现出一批效果良好的口袋公园。未来，对口袋公园将加强在系统规划、设计营造、活力评价等方面的研究，通过学习国内外优秀口袋公园的建设经验，致力于将城市中的"消极空间"逐步转变为"积极空间"。

## 参考文献

［1］陈婷婷，王东玮，施富超，等．我国口袋公园研究及应用现状［J］．中国园艺文摘，2017，33(2)：81-83＋149.

［2］王钰童．低碳生态视角下的口袋公园设计研究——纽约2015总体规划的启示［C］//中国城市规划学会．活力城乡　美好人居——2019中国城市规划年会论文集．北京：中国建筑工业出版社，2019.

［3］林文喆．城市口袋公园景观设计——以广州市口袋公园为例［J］．智能城市，2021，7(5)：39-40.

## 作者简介

马文卿，1985年生，女，广州市名卉景观科技发展有限公司、广州建筑股份有限公司、广东省观赏园艺与立体绿化工程技术研究中心，风景园林施工高级工程师。

# 风景园林文史哲

# 清代文人绘画中的广府园林花事生活研究①②

## Flower Activities in Guangfu Gardens in the Literati Paintings of the Qing Dynasty

郑焯玲　李沂蔓　李晓雪*

摘　要：岭南地区独特的地理气候条件和社会风俗孕育了这里悠久的花事生活习俗与传统。广府文人作为花事活动的重要参与者，将花事活动融入园居生活的方方面面，这也影响了园林营建。运用图像学图文互证方法，对清代广府文人画作中描绘的花事活动内容与园林空间、园居生活的关系进行了分析：图像中主要包含了种花、赏花、插花、采花、绘花 5 种活动，这些活动结合了中国传统文人情趣和广府地方生活风俗，表现出雅俗共赏的特征。园林中的花事活动也与广府古典园林中的空间布局、构筑形态和植物种植方式互相影响，反映出岭南园林空间营造特色与园居活动、文化观念之间的密切关系。

关键词：广府园林；花事活动；文人绘画

Abstract：The unique geographical and climatic conditions and social customs of Guangfu gave birth to the time-honored customs and traditions of flower activities. Guangfu literati，as an important participant of flower activities，enjoyed flower into all aspects of garden life，which also affected garden construction. This paper analyzes the relationship between the content of flower activities depicted in the Guangfu literati paintings of the Qing Dynasty and the garden space and garden life，using the graphic evidence method of iconography. The images mainly contain five kinds of activities，that is，planting flowers，appreciating flowers，arranging flowers，picking flowers and painting flowers，which combine traditional Chinese literati's interest and the local customs of Guangfu，showing the characteristics suit both refined and popular taste. These flower activities also interact with the spatial layout，architectural forms and planting form in the classical gardens of Guangfu，reflecting the interaction between the spatial creation characteristics of Lingnan gardens and the activities and cultural concepts of garden dwellers.

Keyword：Guangfu Garden；Flower Activity；Literati Paintings

　　广州府一直是岭南地区的核心，清代广州府主要由元代之广州路、桂阳州、连州合成，辖番禺、南海、顺德、东莞、新安、三水、增城、龙门、清远、香山、新会、新宁、从化、花县 14 县[1]。得益于优越的地理环境和气候条件，广府百姓自古与花结缘。当地繁荣的花艺产业与岭南丰富的物产，使他们形成了独特的生活习惯与文化习俗，有大量以花卉为主题的生活内容与日常活动。这些花事活动的发展历程在一定程度上反映了社会和文化的发展变迁[2]。清代，广府花事活动达到鼎盛[3,4]，也为本地文人艺术创作提供了广泛而丰富的素材。广府文人学者流连园林与花间，莳花弄草，赏花赋诗，饮酒作画，留下了不少与花事活

① 基金项目：国家自然科学基金青年科学基金项目（编号 51908227）；华南农业大学线上线下混合式课程建设立项项目。

② 本文已发表于《广东园林》，2023 年第 2 期，21～25 页。

动相关的诗词画作，为该时期的广府园居生活样貌留下了宝贵的研究材料。

本文主要以清代广州府代表性的文人画家如黎简①、谢兰生②、苏六朋③、蒋莲④、居巢⑤、居廉⑥等的画作作为研究素材，分析画作中的种种花事活动，并根据花事活动与园林空间、园居生活之间的联系，从种花、赏花、插花、采花、绘花5种活动类型，来探讨广府园林空间营造的相关特点。

# 1　种花与灵活的园林空间布局

清代，广府地区花卉种植业进入鼎盛时期。花田的繁盛促进、支持了清代广府人爱花养花的风尚，文人雅士之间更是如此，园林之中花木繁茂，奇花异木屡见不奇。

香花和果树是广府园林种植的一大特色。清代画家居巢"因购盆卉十种，列阶砌中，以慰晨夕。颜其室曰'十香馆'，各赋一词"[5]。后来居廉不仅根据居巢的"十香词"补全了"十香图册"，还在其广州的住所种了素馨花（*Jasminum grandiflorum*）、瑞香（*Daphne odora*）、夜来香（*Telosma cordata*）、鹰爪花（*Artabotrys hexapetalus*）、茉莉花（*Jasminum sambac*）、夜香木兰（夜合花，*Magnolia coco*）、珠兰（金粟兰，*Chloranthus spicatus*）、鱼子兰（*Chloranthus erectus*）、白兰（*Michelia alba*）、含笑花（*Michelia figo*）10种香花，取名为"十香园"。居廉、居巢（以下并称"二居"）在寄住东莞可园时期也留下大量可园内的花卉写生，比较真实记载了可园的植物种植情况，包括荔枝（*Litchi chinensis*）、阳桃（*Averrhoa carambola*）等果树21种，木棉（*Bombax ceiba*）、黄兰（*Michelia champaca*）等木本与花卉46种[6]。

奇花异草、野花杂卉亦是广府文人养护观赏的对象。居廉在光绪十六年（1890年）所作的《花春四时》册中共画有草花15种，皆为十香园中的花卉写生。册中常见庭院观赏花卉有石斛（金钗斛，*Dendrobium nobile*）、水仙（*Narcissus tazetta*）、兰花（*Cymbidium* ssp.）、秋海棠（*Begonia grandis*）、菊花（*Chrysanthemum morifolium*）、朱槿（*Hibiscus rosasinensis*）、菖蒲（*Acorus calamus*）等，

还有堇菜（如意草，*Viola verecunda*）、蒲公英（*Taraxacum mongolicum*）、酢浆草（*Oxalis corniculata*）、竹叶草（*Oplismenus compositus*）等杂草野卉（图1）。居廉亦在画中题："余啸月琴馆多蓄异石，以草花点缀，杂莳篱落间，殊有园林之势，施愚山句'偶种杂花成野圃'也"。各类草花或种于盆，或附于石，草虫嬉戏期间，相映成趣。

图1　居廉《花春四时》中绘堇菜
（图片来源：香港中文大学文物馆）

文人爱花种花的趣味与广府独特的气候条件，催生了广府园林独特的种植布置方式。园林之中多用以砖石砌作或乱石堆围而成的花台栽种植物，或用矮栏式砌造的花基放置盆花、盆玩[6]，形成规整的种花、休憩场所。这种种植布置方式能够适应岭南湿热的气候，避免植物疯长、蚊虫滋生，有利于保持整洁。同时，可移动的盆栽使得庭院种植更加方便灵活。居廉所作《邱园八景图·淡白径》（图2）中门栏旁设有一花台，上立有2块奇石，与其十

图2　居廉《邱园八景图·淡白径》
（图片来源：《海珠博物馆·十香园编·居巢居廉研究》）

---

① 黎简（1747—1799年），字简民，又字未裁，自号二樵，顺德人，清代画家，能诗，工摹印。
② 谢兰生（1769—1831年），字佩士，号澧浦，又号里甫，别号理道人，南海人。兰生为古文，得韩、苏家法，诗学东坡；书师颜平原，参以褚河南、李北海；画学尤深探吴仲佳、董香光之妙。
③ 苏六朋（1791—1862年），字枕琴，顺德人。画人物得元人法，亦效黄瘿瓢，时有奇致，作细笔者尤佳。道光间，张维屏、黄培芳诸人修禊，多属六朋绘图。
④ 蒋莲（1796年—不详），字香湖，别署芗湖居士，香山人。工人物。
⑤ 居巢（1811—1889年），字梅生，番禺人。颜所居曰"今夕庵"。工花卉、草虫，笔致工秀，而饶有韵味。工诗词，为画所掩。
⑥ 居廉（1828—1904年），字古泉，居隔山乡，自号隔山老人，巢弟。画花卉、翎毛，草虫皆称能事，尤长指头画，亦能写。

香园啸月琴馆中"多蓄异石，以草花点缀"遥相呼应，反映了清代广府文人由地域风俗引发的构园巧思与生活意趣。如今，广府地区现存的不少清代私人园林中仍保留了花基的形式，围合形成休憩的空间。

园林种植布置方式灵活多样，使得广府文人花木种植形式更加丰富。或许正是因为花台、花基的运用，居廉所作花卉写生中有不少盆栽，例如广州艺术博物院藏的《野趣（之一）》《野趣（之二）》等。其中所画花盆或肥或瘦、或高或低，还有吊盆、网篓等，展示了清代广府文人丰富的种植形式。这些图像与后人的文献相互印证，反映了当时园林花事空间营造的场景。

## 2　赏花与全方位的园林空间体验

广府人酷爱赏花。在广府的民俗中，以赏花为主题的节日活动便有许多，例如：人日游花埭，花朝节以百花拜花神，七夕游花田、乘素馨花艇[4]，重阳赏菊、喝菊花酒等。广府文人在众人欢庆的节日里积极加入赏花的队伍，日常生活中亦处处为赏花创造条件。

园林之中可赏之花种类众多，常见如梅（Armeniaca mume）花、素馨花、梨（Pyrus spp.）花、桃（Prunus persica）花、牡丹（Paeonia×suffruticosa）、水仙、木棉等；园中还种植各种奇珍异草。香花果树此落彼开，为文人们带来丰富的赏花体验。

园林之中的赏花体验是动态的、全方位的。园林内处处皆花景，节点处以花台、花基展示自己喜爱的花卉盆栽；入口转折处的屏障以花缠绕篱屏；联系各处的廊架也种满了花卉。在居廉所作《邱园八景图·紫藤花馆》（图3）

图3　居廉《邱园八景图·紫藤花馆》
（图片来源：《海珠博物馆．十香园编．居巢居廉研究》）

中，紫藤（Wisteria sinensis）缠绕整面篱壁，花蔓沿着屋架攀援下垂，既能分割园林空间，又营造一幅紫藤花墙靓景。紫藤花馆用李白句"闲吟步竹石，长醉歌芳菲"为联，点明园主人闲隐的志向。

由于岭南夏日天气酷热，庭院建筑多以廊道相通，形成连廊广厦的格局。廊多以藤花攀附，形成花廊，营造出立体丰富的花卉种植景观，同时增强降温效果，提供纳凉空间。可园中名为"花之径"的曲折小径上便曾设置花廊架，沿花径一路延伸至可楼，上面攀援着紫藤与炮仗花（Pyrostegia venusta）。小径两侧设置花基，种茉莉花、栀子（Gardenia jasminoides）等香花，为行走在其间的人带来了沉浸式的体验，居巢称"人穿花里行，时消惊蝴蝶"[7]。从"二居"的画作中推测，庭院内常见的藤蔓植物应有凌霄（Campsis grandiflora）、炮仗花、牵牛花（Ipomoea nil）、紫藤、忍冬（Lonicera japonica）、夜来香、清香藤（Jasminum lanceolaria）等。

文人们或以攀援植物缠绕附着建筑，或以吊盆、网篓悬挂于檐架，这种方式不仅能够起到降温的作用，而且丰富了园林立面的景观，将建筑与自然植物充分融合起来。人在廊下、篱旁、身边、眼前、头顶都是盛开的鲜花，全身心地沉浸在花卉的世界中，文人亲近自然的精神需求得到了充分满足。

## 3　插花与雅俗共赏的园居生活

插花活动是将自然花卉引入园林居室的主要途径，美化环境，更让居室芳香四溢。插花作为居室中的装饰之物与主人的雅玩之物，其花材种类、色彩、构图、在室内空间的摆放等，均可见得文人的审美品位。

清供图是最能细致体现插花风格的画材。清供为清雅的陈设，亦有供奉之意，为表敬奉之心。清代广府清供图中插花在花材的选择上丰富多样，造型自由，不拘泥于传统，在体现文人雅趣的同时又灵动活泼。

节日里的清供为表对神明的敬意，迎和节日风俗，尤为注重花材所蕴含的寓意，多根据不同的节庆选择常见的时令名花。"天中清供"应端午节气择菖蒲、石榴（Punica granatum）之类；"中秋清供"则以桂（木樨，Osmanthus fragrans）、瓜果为佳；"岁朝图"则选春冬盛开的年花。广府文人因循传统清供绘画特征，根据地方的花卉品类和民间习俗选择花材入画。如居廉1888年所作《岁朝图》（图4）为桃花、水仙、鱼、鸭、柿子（Diospyros kaki）、酒坛的写生组合，1898年作《岁朝图》以茶花（Camellia sp.）、水仙、桃花为花材。茶花、水仙、桃花是广府地区岁朝时节常见的花卉，至今仍是广府人过年必备花卉；而鱼、鸭、白菜（Brassica rapa）等节日贡品入画，在广府文人画作中也颇为常见。这种文人雅好与日常世俗生活相结合的清供在中国传统文人绘画之中甚少出现。广府日常所作的清雅陈设则不再严谨遵循花卉品类搭配的惯例。

图 4　居廉《岁朝图》
（图片来源：香港中文大学文物馆）

在花材的选择上，除了节日清供常用的花卉以外，诸如绣球（Hydrangea macrophylla）、朱槿、紫薇（Lagerstroemia indica）、木芙蓉（Hibiscus mutabilis）、莲蓬、余甘子（Phyllanthus emblica）等地方时令花果，亦被画家作为清供品描绘入画，以表对家乡自然风物之赞美与崇敬之意。

清代广府插花花材选择自由，在插花瓶器、花型的选择创作上也更为灵动，既有以展现花材姿态美、自然美为目的的传统典雅造型，又有突出花团锦簇、色彩丰富的西式插花风格。在居廉等人的画作中可见以花团簇拥缠绕形成的几何造型，这在传统清供图中很是少见。

插花作为文人园居生活中重要的清雅装饰，其风格陈设也因不同的场所空间而异。借助留存的绘画作品，今人得以窥探瓶花装饰在文人书斋、雅集场所和仕女活动空间 3 种不同园居场景中的情形。

书斋插花与雅集场所中的插花均以清简取胜，表现出文人"尚雅"的风格。苏六朋的画作有很大一部分描绘了书斋场景和雅集场景。如香港艺术馆藏的《苦吟图》《仿赵孟頫焚香读书》《夜读图》均为文人读书图，画中虽仅展示书斋一角，但书斋中的器物陈设、文玩雅致却有充分描绘。文人于其中对灯夜读，安宁闲适的意趣跃于纸上。苏六朋的《梅花雅集图》（图 5）记载了一次以梅花插花为主题的雅集活动，画中梅花插花共 24 件，取"二十四花信"之意，其中瓶梅造型各异，体现了文人的雅趣。插花作为雅集聚会的陈设，还可见于苏六朋 1854 年作《松下赏鹤图轴》，中有万年青（Rohdea japonica）插置的胆瓶；以及黎简 1787 年作《湖边消夏图》，应消夏之题绘有

荷花（Nelumbo nucifera）等。其中，插花作为文人表现其个人兴趣、审美追求不可或缺的要素，对于园居空间意境的塑造和氛围的渲染起到重要的作用。因此，在花材选择上多为梅花、荷花等花中"雅客"，以观赏花枝线条、花朵形态为主，尽显中国文人传统。

图 5　苏六朋《梅花雅集图》
（图片来源：《苏六朋苏仁山书画》）

相较于文人书斋图、雅集图，仕女画中插花的花材数量更丰富，风格更多样。蒋莲擅画仕女，其笔下仕女园居空间中必摆设插花。从其于丙申年（1836 年）所作仕女图册中可以看到，插花在造型上以端庄清雅为主，相比于其在癸巳年（1833 年）所作《董安于人物图》、戊戌年（1838 年）所作《人物立轴》等画作中以男性为使用主体的书斋、雅集空间中的插花，花材花型更娇嫩、花色更艳丽。居巢《二乔图》（图 6）中的插花也符合这样的特征，反映了清代广府文人的女性审美倾向。

图 6　居巢《二乔图》
（图片来源：《明清广东书画集》）

## 4　采花与雅俗共赏的自然体验

山林自然为文人的花事活动提供了更加广泛的素材。畅游于大自然之中，见花木盛开，难免撷取几枝，或佩戴于身，或插供于瓶，或移植于庭园之中。屈大均作《瓶花辞》：" 兰菊芙蓉及野梅，桂花同带早霜开。折归分向铜瓶插，几种幽香入梦来 "。文人游历山林采花而归的生活充满了生机与惊喜，而在与自然花木的对话中，文人的精神也得到了升华。

广府文人采花源于文人采薇的传统，往往以梅、兰、竹、菊等花中君子为对象，表达文人对高洁品德的欣赏与追求，也是自身高雅情趣的体现。此类题材在画中多见于高士采薇图，如苏六朋的《采薇图》《隐士图》《采芝图》。

广府文人亦有以采花图记录岭南丰富物产和趣味生活。居廉于光绪二十三年（1897 年）作《采花归扇面》（图 7），以荷叶包裹茉莉花、木芙蓉、玉簪（Hosta plantaginea）、萱草（Hemerocallis fulva）等花卉，一旁散落素馨花、鱼子兰、夜合花等，极富岭南地区生活情趣。居巢《四时花卉》第二屏中亦绘有荷叶包花以表现夏日采花的主题，包裹的花材有茉莉花、月季花（Rosa chinensis）、射干（Belamcanda chinensis）等，搭配玉兰（Yulania denudata）、百合（Lilium brownii）、紫薇折枝。广府文人描绘的采花活动还常常与仕女生活有关，这类画作不同于文人采薇，是以仕女日常生活中的植物为素材，或园林中的花枝，或野外的芳草，画面轻松愉快，结合仕女情思，展示了她们生活各态。苏六朋的《撷芳图》（图 8）

图 8　苏六朋《撷芳图》
（图片来源：香港中文大学文物馆）

描写女子采花的情景，与 " 二居 " 的采花扇面有着异曲同工之妙。

## 5　绘花与雅俗共赏的明志抒怀

花鸟画作为清代广府文人绘画中重要的画科，集中体现了文人与作为审美客体的自然生物的审美关系，具有较强的抒情性。除了以竹（Bambusoideae）、梅、牡丹、菊花、松（Pinus spp.）、兰花、水仙等具有高尚吉祥寓意的花卉抒发自己志向之外，还有不少画作体现了清代广府的地域特征。

以木棉为题材是清代广府文人绘画的一大特色。早在唐朝，木棉已经成为岭南地域与时令的象征[8]。清代画家黎简对木棉尤为喜爱，将木棉称为 " 海外第一花 "，他的《碧嶂红棉》（图 9）是当时广府木棉题材绘画的代表之一。谢兰生也常为木棉写生，有 " 吾粤画人，自二樵山人始以红棉入山水，第俱用朱点花而不叶，写叶则自里甫始（谢兰生）也 "[9]。在岭南画家眼中，木棉是孤傲、刚毅人格的象征，更蕴含着 " 中原他日思南卧，或有兹图到

图 7　居廉《采花归扇面》
（图片来源：广州艺术博物院）

图9　黎简《碧嶂红棉》
（图片来源：广州艺术博物院）

图10　居廉《邱园八景图·壁花轩》
（图片来源：《海珠博物馆．十香园编．居巢居廉研究》）

见闻"的浓浓思乡之情，寄托着强烈的本土意识，成了地域文化的载体，远播岭外。

在居巢、居廉流传下来的1000余件画作中，绝大多数以花鸟鱼虫为绘画对象。香港艺术馆藏《百花图》长达6m，精细地绘写了长春花（Catharanthus roseus）、雁来红（Amaranthus tricolor）、百合、菊花、水仙等岭南花卉。在本文研究的184幅"二居"的花鸟画中，绘制花卉达52种，不仅有牡丹、兰花等传统花卉，而且记录了众多岭南特色花卉及海外种类，例如素馨花、射干、夹竹桃（Nerium oleander）、鸢尾（Iris sp.）、韭莲（Zephyranthes carinata）等。

广府文人画家的画作也反映了他们闲雅野逸的乡土生活。在居廉笔下，有大量田间菜畦里的花卉，例如红蓼（Persicaria orientalis）、南瓜花（Cucurbita moschata）等[7]。其1903年所作的《朱顶兰》在题识中写道："余家近花田，数村篱落，间行偶见朱顶兰一种，红芳可爱，归而写此遣兴。"

园林是文人作画写生的重要场所。前文提及的诸多画作，大部分发生于园林之内。园林之中的楼阁亭台、花基、花廊，都是文人进行园居花事必不可少的设施。可园主人张敬修筑有"滋树台"以滋养兰蕙，常与友人在此种花、观赏、作画，其留存的大部分画作以兰花为主题。居廉的十香园以闲花野草点缀，亦富于趣味。其《邱园八景图·壁花轩》（图10）有邱园主人邱仲迟自撰小序："植花四围，前后皆以帘屏，榜曰'壁花'，借喻其景，不必拘定三更画船矣"。画中有一人在轩内赏花作画，正是文人于园内对花写生的真实写照。对于广府文人而言，无论是筼筜菡萏、红丁碧亚的清雅之景，亦或是姹紫嫣红、浓

郁葱茏的岭南乡土风光，都可日夕吟啸。园林中时时有花相伴，月月有花可赏，充满了生活情调，主人们在其中休憩养生、陶冶性情。

# 6　结语

广府文人的园林花事生活在继承中国传统文人文化与花事生活传统的基础上，发展并形成了花事活动雅俗共赏、兼容并包的广府地域文化特征，进而渗透到园林生活与营造之中。

一方面，由于广府文人长期受到中国传统文人教育的熏陶，自然山水审美与高洁品性成为他们共同的追求。因此，图像中反映出来的广府文人花事活动在类型上均为文人雅集传统的延续，又特别以名花为雅。这种对于传统花材的喜爱、对植物品格寓意的看重，也符合传统文人尚雅的情趣。

另一方面，在广府地区的求实心理及在经济繁荣、物产丰富带来的地域认同感的促使下，广府文人在花事生活中充分表达了其强烈的乡土情怀，将传统文人的花事活动与当地风俗、充满烟火气的日常生活相结合，对于地域性的花材，乃至故乡的杂草野卉，都表达出了强烈的重视和赞美之情。因此，他们的花事活动和艺术作品频繁地出现乡土花卉，充满浓厚的泥土气息，呈现出雅俗共赏、活泼自然的特征。

广府文人雅俗共赏的花事活动充分地渗透到了园林之中，反映出岭南园林空间营造特色与园居活动、文化观念之间的密切关系。清代广府文人通过灵活的种植与观赏方

式，巧妙利用园林空间，创造了良好的园林莳花雅玩的场
所，为花事活动提供了有利条件。从这种园居生活文化与
广府园林空间营造之间的互动，能管窥广府园林空间的形
成机制与内在动因。

## 参考文献

[1] 陈泽泓. 广府文化[M]. 广州：广东人民出版社，2008：165.

[2] 杨晓东. 明清民居与文人园林中花文化的比较研究[D]. 北京：北京林业大学，2011.

[3] 吴建新. 花境园艺业小史[J]. 古今农业，1990(1)：39-42.

[4] 叶春生. 广州的花市与花卉文化[J]. 中山大学学报(社会科学版)，1992(3)：120-126.

[5] 黄国乐. 岭南绘画集团研究[D]. 桂林：广西师范大学，2014：193.

[6] 梁明捷. 岭南古典园林风格研究[D]. 广州：华南理工大学，2013：219，272.

[7] 陈滢. 花到岭南无月令：居巢居廉及其乡土绘画[M]. 上海：上海古籍出版社，2010：143，255-259.

[8] 陈灿彬. 岭南植物的文学书写[D]. 南京：南京师范大学，2017：91.

[9] 谢兰生. 常惺惺斋日记 外四种[M]. 李若晴，整理. 广州：广东人民出版社，2014：521.

## 作者简介

郑焯玲，1998 年生，女，华南农业大学林学与风景园林学院在读硕士。研究方向为风景园林遗产保护。

李沂蔓，1994 年生，女，华南理工大学建筑学院在读博士。研究方向为风景园林历史与理论。

（通信作者）李晓雪，1980 年生，女，博士，华南农业大学林学与风景园林学院，讲师。研究方向为风景园林遗产保护，风景园林历史与理论，传统园林技艺研究。电子邮箱：1455193005@qq. com。

# 日本名胜无邻庵庭园的保护管理经验研究①②

The Study on Conservation and Management Experience of Murin-an Garden in Japan

李晓雪*　刘佩雯

**摘　要**：日本庭园遗产一直享誉世界，其保护管理经验丰富，有较为完善的保护管理体系与针对庭园要素的保护管理措施。日本名胜无邻庵庭园作为日本近代庭园的代表作，其日常保护与管理注重对庭园原真意境的保护，结合对历史文化的继承与融合对庭园要素管理措施有精细化的管理计划，并重视日本庭园遗产的公众参与与公众教育。基于日本庭园保护管理经验的相关背景，通过对日本名胜无邻庵庭园的历史发展与遗产价值的梳理，从"意境"和"技术"两方面总结名胜无邻庵庭园注重原真性、日常性、体系化、精细化的保护管理经验，以期为国内园林遗产于当代生活语境下的保护管理提供经验参考。

**关键词**：日本庭园；无邻庵庭园；遗产价值；保护管理；管理经验

**Abstract**：Japanese gardens' heritage enjoys a high reputation in the world and has rich experience in conservation and management systems and management measures of garden elements. As a representative garden in modern Japan, Murin-an garden focuses on daily conservation and management，especially on the original artistic conception of the garden and the specific management measures of the garden elements，which are based on the meticulous management plan for the inheritance and integration of historical culture，and highlight the importance to the public participation and education of the Japanese garden heritage. Based on the background of the conservation and management experience of gardens in Japan，this paper analyzes the historical development and heritage value of Murin-an garden and summarizes the conservation and management experience of Murin-an garden from the aspects of "artistic conception" and "technology"，focusing on the authenticity, routine, systemization, and delicacy. This case study will provide us with a reference for the conservation and management of garden heritage in the current life context in China.

**Keyword**：Japanese Garden；Murin-an Garden；Heritage Value；Conservation and Management；Management Experience

## 1　日本庭园遗产保护管理概况

日本庭园保护管理经验的成熟与完善，离不开国家层面较早对文化遗产的保护意识与行动，并逐渐发展成健全的文化遗产保护体系。早在1897年，日本政府颁布的《古社寺保护

① 基金项目：国家自然科学基金青年项目"英石叠山匠作体系及其技艺传承研究"（编号：51908227）。

② 本文已发表于《园林》，2023，40（03）98-105.

法》就开始关注古社寺建筑物与文物保护。从 1919 年颁布《史迹名胜天然纪念物保存法》开始，被指定为"历史遗迹""风景名胜"的日本庭园便受到保护与管理；1929 年颁布的《国宝保护法》，是在《古社寺保护法》基础上扩大了建筑物的保护范围，从古社寺扩大到国有、公有及私有的建筑场所，此时开展了对日本茶庭中古建筑的保护[1]。1950 年后，日本正式颁布《文化财保护法》，日本庭园作为"纪念物"一类被指定为"名胜"，具有较高遗产价值的庭园则被追加为"特别名胜"进行保护管理[2]。日本庭园保护管理有较为完善的保护管理体系，从政策法规到相关保护主体与管理机构，具有体系化、精细化以及操作性强的特点，为日本庭园遗产保护提供了完善的法律体系、分工明确的组织架构以及具体的保护管理计划与措施。

## 1.1 日本庭园保护管理法规政策

日本庭园保护管理有较完整的法律体系，国家法律法规与地方条例共同配合，国家法与地方法比较健全且相互衔接。内容上，在明确规范对象和范围的基础上，对保护的方法与手段只做原则性规定，而对保护管理相关程序、利益相关方职责与相互关系、保护资金来源及违法处罚等相关规定十分详尽，使得法律自身可操作性较强，系统科学保障了庭园遗产保护管理工作。

国家层面上，以《文化财保护法》为基本法，庭园在文化财体系中作为"纪念物"，采用指定制度与登录制度双重保护制度[3]。自上而下的指定制度到自下而上的登录制度，既注重从国家层面保护庭园，又注重鼓励当地居民主动申请保护管理，达到更细致、更广泛的保护管理效果。地方层面上，由地方政府、相关协会及指定组织以城市为范围进行保护，根据当地文化遗产组成情况制定相关条例及具体保护管理计划。如 1966 年日本颁布《古都历史风貌保存特别措施法》，由国家立法保护日本历史上具有重要地位的城市，而庭园遗产作为城市的重要组成部分，也有相关保护管理措施。此外，日本 2008 年颁布的《历史城镇建设法》，将建造物、名胜庭园等文化遗产以及周边环境作为一个整体来保护。这项法规从地域的视角把握庭园遗产，通过整合一定地域的文化遗产，让文化遗产及遗产周边环境在内的地域得到综合性保护与利用。两部法律都注重将庭园遗产作为城市整体规划的组成部分，注

重从行政部门上位层次制定整体计划与保护管理措施，并注重给予政策建议及资金支持，通过有效的立法保证了庭园遗产保护工作的顺利进行。

各地方政府还会依据国家法律颁布《文化财保护条例》《文化财保护条例施行规则》《文化财保护审议会条例》《文化财保护事业补助金交付规则》等地方性法规。地方条例的制定使庭园管理操作性更强，成效显著。针对入选世界遗产或重点名胜的庭园，地方政府还会制定具体的保存管理指南，如京都市名胜无邻庵庭园，地方教育委员会制定《名胜无邻庵保存管理指南（暂定版）》(2015)，以此指南为基础，提出对庭园遗产进行"培育管理"的理念，进行深入研究与管理。

## 1.2 日本庭园保护管理机构

日本的庭园遗产保护管理组织部门根据《文化财保护法》，大体上分为两个基本层次：中央政府和地方公共团体，此外还有庭园遗产所有者及管理者、一般国民等。国家与地方一体化运作，组织架构完善，各单位协同进行保护管理，职能分工清晰。

除此之外，日本还成立了较多专门研究庭园保护修复的协会及学会，共同助力日本庭园的保护管理。如成立于 1918 年的日本庭园协会，由来自日本各地的庭园爱好者、技术人员、研究人员组成，以研究、普及庭园遗产知识为目的，定期举办研讨会、学习小组、讲座，以挖掘与传播更多庭园遗产相关历史信息，传承庭园历史文化。成立于 1925 年的日本造园学会，则定期与韩国造景学会、中国风景园林学会进行交流，共同探讨庭园遗产的保护管理工作。为了深入研究日本庭园意境营造，日本造园学会专门设有"日本庭园意境研究推进委员会"（日本庭園のこころとわざ研究推進委員会）[1]，从历史、文化、技术、工艺方法等多角度对庭园遗产进行研究。此外还有地方性的协会组织，如京都府造园协同组合（京都府造園協同组合），制定京都庭园遗产的具体保护管理计划。

## 2 名胜无邻庵庭园价值与保护管理历程

无邻庵作为日本近代名园的代表，于《文化财保护法》颁布的第二年（1951 年）就成为日本国家级指定名

---

胜庭园[2]。无邻庵位于京都市左京区南禅寺附近，建成于1896年，由日本明治时期著名的园林大师第七代小川治兵卫①为日本军事家、政治家、前内阁总理大臣山县有朋所建的别邸。设计基于园主的构想，呈现出池泉回游园的特点，是京都南禅寺一带别墅群与近代庭园的代表作

（图1），由于保护管理的精细化，无邻庵至今仍完好地保留了园主在世时的形态。其保护管理现状充分展现了日本庭园保护管理的丰富实践经验，能为中国园林遗产的保护提供借鉴。

图1　名胜无邻庵庭园

## 2.1　无邻庵庭园的遗产价值

作为日本近代名园的代表，无邻庵从造园伊始便受到高度评价[4]。无邻庵庭园记录了山县有朋军事、政治生涯与日常生活，也记录了在此发生的日本近代重要的历史事件[5]，无邻庵还曾作为京都一带著名的东山大茶会煎茶之地[6]。在造园上，园主追求豪壮、雄伟的情趣，同时向往自然景观，造园艺术价值主要体现在引水及借景。全园主要分为5个区，即建筑区、田园风景区、露地风景

区、山林景观区和水景区（图2）。设计结合地形并利用虹吸原理引入京都琵琶湖水，营建瀑布、溪流、池面等丰富水景，水流虽浅却可以丰润地荡漾着水花，瀑布周边种植松树和杉树，形成水声震天的深山景象，充满野趣；扇形开阔草坪与水面结合，借景东山，视野开阔，营造了现代庭园景观。明治时代的图像文献资料中描绘的无邻庵"是洋溢着田园风情的新式庭园的代表"，也成为后代庭园争相效仿的对象[7]。

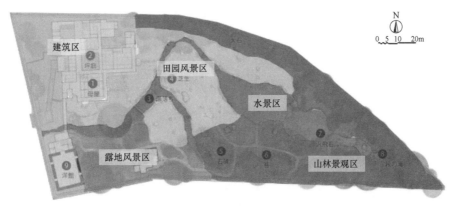

图2　无邻庵分区图

① 小川兵治卫主要作品有东京的旧古河邸园、大坂的庆泽园、京都的平安神宫庭园和无邻庵庭园。

## 2.2 无邻庵庭园的保护管理历程

无邻庵庭园比较早就被有意识地进行保护与管理。山县有朋在 1920 年就成立了财团法人无邻庵保存会①，对庭园进行募捐保护管理[5]。为了让这座名园长久流传，1941 年，庭园的管理权限由山县家转让给了京都市政府并延续至今。2007 年，无邻庵庭园开始引进投标制度（よりプロポーザル入札制度），管理方针的提案内容基于委托者进行择优录取，设施运营则受京都市委托由京都市观光协会②进行持续管理。自 2016 年起，无邻庵引入指定管理者制度③，由以往不同的委托者进行庭园管理和设施运营，转为由同一家事业者统一管理[8]，交由植弥加藤造园株式会社④管理（表 1），至此，庭园文化与景观得到了很好的融合与继承。

无邻庵从建立到保护管理的历程     表 1

| 年份 | 主要事件 |
| --- | --- |
| 1894—1896 年 | 山县有朋建造无邻庵庭园 |
| 1920 年（大正 9 年） | 山县有朋创立无邻庵保存会 |
| 1921 年（大正 10 年） | 由松风嘉定发起成立的洛陶会主办东山大茶会，无邻庵被用作煎茶席，茶会传统沿袭至今 |
| 1941 年（昭和 16 年） | 山县家将无邻庵捐给京都市政府 |
| 1951 年（昭和 26 年） | 无邻庵被指定为日本国家名胜 |
| 2007 年（平成 19 年） | 无邻庵引入投标制度 |
| 2015 年（平成 27 年） | 制定《无邻庵保护管理指南》 |
| 2016 年（平成 28 年） | 无邻庵的运营和管理由植弥加藤造园株式会社统一管 |

从 2016 年开始，植弥加藤造园株式会社持续对无邻庵庭园进行保护管理[9]，通过对无邻庵历史资料的研究，其在保护管理过程中注重原真意境的营造，制定了精细化

的庭园要素管理措施。除了以"培育管理"理念对庭园要素进行保护管理之外[10]，还举办各种活动以重现园主的生活景象，并通过举办讲座来加强公众参与与公众教育。无邻庵从建立保存会、转让给京都市政府，再到交付给植弥加藤造园株式会社进行统一管理，其在保护管理上效果显著。对比 1907 年《续江湖愉快录》中有关无邻庵的记载，其至今仍完好地保留了园主在世时的形态[5]。

## 2.3 名胜无邻庵庭园的保护管理措施

无邻庵保护管理体系清晰，管理主体分工明确，主要有所长、节目总监、工匠、研究员及工作人员等职位，其中节目总监策划适合无邻庵庭园的活动，以在庭园中渗透日本文化为目标；工匠在尊重山县有朋造园意境的基础上进行符合现代价值观的庭园修整；研究员主要向游客介绍无邻庵庭园及山县有朋的历史；工作人员向游客介绍庭园的四季景色观赏重点及生物特性。各管理部门制定具体的管理措施，对庭园内部各要素实行精细化管理。无邻庵庭园的造园价值主要体现在引水与庭园借景，管理方除了特别重视对池泉、植栽、景石等庭园要素的保护管理之外，还将组成要素如流水、东山、野花、苔藓等（图 3）作为无邻庵的代表性价值元素予以符号化，展示在网站、门票、工作人员服装上等。管理方重视庭园价值的宣传，更将造园价值要素渗透至管理的每一个环节。日常工作时，工作人员要求穿上统一工作服，在开始工作前通读京都市发行的《无邻庵保护管理指南》并且定期接受培训，以保证能在 10min 内将庭园指南信息向参观者准确说明[9]。

雨      苔      东山      野花      流水

图 3 无邻庵庭园要素图案<br>（图片来源：网络）

---

① 保存会以保持无邻庵的名胜价值为宗旨，以捐款为运营资金，进行庭院、建筑物和收藏品的保护。
② 京都市观光协会（DMO KYOTO）是京都市区内唯一致力于促进旅游的组织，是利用京都独有的旅游资源与政府和其他相关组织合作的企业，目标是为市民、游客、企业未来提供高满意度的旅游目的地管理。
③ 指定管理者制度是伴随着 2003 年 9 月 2 日日本《地方自治法》的修正而创设的制度。过去，公共设施管理仅限于公共团体等，但根据指定管理者制度，除公共团体外，民间团体也可以被委托管理公共设施。指定管理者可以接受公共设施的管理权限，也可以进行使用许可等。
④ 植弥加藤造园株式会社创办于嘉永元年（1848 年），是日本一家历史悠久的园林公司，专门针对日本庭园进行保护、修复和活化利用等，日本较多的世界遗产、国家名胜庭园如智积院、平城京左京三条二坊宫迹庭园及平等院凤凰堂等都指定其进行日常运营及修复管理。

区别于界限分明、形态明确的西方园林保护管理方法，东方园林保护内涵注重人文传统、空间和意趣的维护。日本庭园保护在这方面特别注重庭园意境的保护，日本庭园意境研究推进委员会在其活动计划书中专门提到庭园保护要从"意境"（こころ）和"技术"（わざ）两方面进行保护管理①。研究推进委员会将"意境"作为庭园保护的重要内容，是造园的重要思想，主要从美学、自然及空间入手。技术则是指看不到的智慧和功夫（見えない知恵や工夫），主要有地形、池泉、山石、植栽及庭园设施等。基于以上思路，无邻庵的保护管理措施也主要从意境和庭园技术两方面进行。

### 2.3.1　意境保护注重庭园价值的传承

在意境上，为了保护山县有朋造园时期的作庭意图，植弥加藤造园株式会社采用"培育管理"理念对周边环境及植栽进行保护管理，根据《京华林泉帖》里的旧照片结合现状环境进行修剪。此外，对草坪野花及苔藓进行精细化保护培育，保留具有观赏性的野花以确保庭园自然景观

的野趣性；在环境氛围营造方面，为展示庭园自然野趣的声景，如水流声，管理者运用各种庭园管理技术开展对庭园声景的维护。如尽量控制使用吹叶机等机械，树木整形修剪使用京都锻冶的专用剪刀，清扫时使用竹材等自然素材制造的大扫把以及笤帚[11]，以此营造自然氛围，并将这些使用能够发出令人愉悦声音道具的行为也作为款待嘉宾的方式。

管理方还根据园主造园游览路线②（图4）、园路走势及景点分布规划单向游览路线，通过设置路标来进行游览指引。这种游园方式不仅可以为游客提供合理的游线和体验，而且可以使游客有秩序地在一定范围内游览，保证观景时视野内依然是庭园景观原貌。旺季时，还会限定庭园游览人数，同一时间内停留在设施内的人数最多控制在50人左右[9]，以减少游客破坏庭园历史氛围。而庭园原真游览路线只会在举办体验活动的时候才会开放，并需要由专业的工作人员进行路线造园意境的讲解，保证庭园保护及造园意趣传达的平衡。

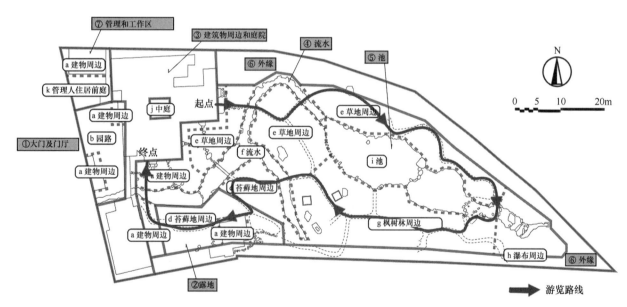

图4　无邻庵路线游览路径

管理方不仅注重庭园原真意境的营造以及历史文化的继承与融合，而且注重通过公众教育等方式加深参观者对庭园意境的理解。无邻庵是园主居住、感受自然，并与亲朋好友聚会的场所，同时具有一定行政用途。为了更好地保留及传承园主在世时的生活面貌，让游客能感受到当时

的庭园生活，管理者在庭园内引入能乐表演、茶会及主题讲座等，重现当时生活景象，以表达造园与生活的意境，展现园主时代的故事，同时将无邻庵的美景与魅力传达给游客。此外，通过公众教育、专业导览等方式加深参观者对庭园价值的理解。活动内容以庭园历史信息科普和庭园

① 2020年5月在日本造园学会全国大会上举行了一个以"日本庭园的文化和技术——未来应该继承日本庭园的空间文化和传统技术的价值思考"为主题的论坛，研究推进委员会基于庭园的建造、维持、培育、继承等进行讨论提到，从庭园"意境"与"技术"对庭园进行研究与保护管理。
② 根据《续江湖愉快录》记录，山县游览无邻庵的路线是从园子客堂间入场，通过园路东进，穿过从北侧流向西南的河道内的泽踏石，再向东行进，就到达庭池北侧的大石前方。继续往前走，可以看到斑驳的竹叶，一直走到三级瀑布的前方。从那里向西进，穿过恩赐松碑、茶室，回到客厅。

意境讲解与体验为主，分为特别活动及经常性活动（表2）。如何将庭园的本质价值准确地传达给参观者，是无邻庵运营管理的重点目标之一[8]，管理方为此开展游园评价信息收集，通过问卷调查、使用人群调查和在线调查三种方法梳理出庭园需要改善的地方，并制定可行对策。

### 2.3.2 庭园技术保护注重精细化管理

无邻庵除了在意境上最大限度地保护庭园的原真意境，在保护管理技术上更重视对庭园要素的精细化管理，制定具体的保护管理方法与实施计划。在庭园技术上，主要设立庭园部及建筑部，各部门分工明确，相互协调，重视对重要造园要素如池泉、植栽、景石的保护管理（图5）；在池泉与景石上，重视对原真环境以及材料、工艺、形状真实性的保护；在植栽上，采用"培育管理"理念，

制定精细化植物管养计划，重现庭园自然的乡土风情。

无邻庵运营管理的活动形式与内容　　表 2

| 活动 | 内容 | 具体形式 |
| --- | --- | --- |
| 合作讲座 | 与大学合作举办庭园管理知识讲座并进行现场演示及体验 | 不定期 |
| 能乐表演 | 由工作人员协助能乐表演者演绎不同主题 | 每月一次 |
| 路线体验 | 原造园路线导览讲解，一边品读历史书籍记载的无邻庵，一边进行现场游览及感受 | 不定期 |
| 技艺培训 | 庭园清洁，苔藓保养，植物修剪，松叶拔除，草坪野花施肥，枫叶护理 | 室内讲座科普、室外演示及实操 |
| 茶会 | 有无邻庵造园意境的迷你讲座，赏园与茶点 | 不定期 |
| 闻香沙龙 | 根据京都日本庭园季节变化举行 | 每月一次 |

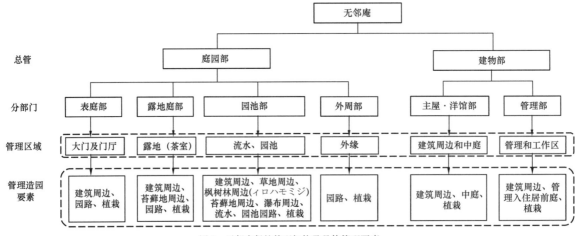

图 5　无邻庵保护管理架构及具体管理要素

**（1）池泉**

无邻庵庭园作为池泉回游式庭园，尤为注重对于池泉的保护，重视材料、工艺、形状的真实性保护，如针对瀑布水道修复，有明确的修复作业流程，包括准备、解体、现场调查、修理方法确认、施工、打扫清理等步骤。每项工作内容有明确的负责人，设有保存管理技术人员、研究人员、文化财保护负责人、主管负责人、调查负责人（表3）[12]。除了有明确的工作流程，还有各行政部门的文化遗产保护负责人以专业知识对庭园管理状况进行持续把控，庭园管理工作人员会听取研究人员的经验和意见，确保切实执行庭园修理的保存管理技术。

**（2）植栽**

在植栽养护管理上，无邻庵不是一成不变地进行保护管理，而是一边应对庭园的变化，一边改变管理方针。2016 年，由植弥加藤造园株式会社接手管理后，无邻庵的植栽保护管理工作从以统一的保护管理规范书为基础进行定期机械作业，转变为结合庭园的历史、文化背景及现

瀑布水道修复工程任务流程及各负责人　　表 3

| 序号 | 作业流程 | 负责人 | 具体内容 |
| --- | --- | --- | --- |
| 1 | 准备 | ACD | 修复前进行史料、场地旧照片等资料的收集 |
| 2 | 解体 | ACE | 对现场进行分区，分区进行研究 |
| 3 | 现场调查 | ABCDE | 研究人员对现场进行勘察与拍照，记录数据 |
| 4 | 修理方法确认 | ABCE | 结合史料对比现状，讨论最佳修复方法 |
| 5 | 施工 | AC | 技术人员进行现场施工，拍照记录各施工步骤 |
| 6 | 打扫清理 | ACD | 修复完成后，对周边环境进行复原 |

注：A（保存管理技术人员）——植弥加藤造园株式会社工作人员；B（研究人员）——尼崎博正（文化财保护审议会委员）；C（文化财保护负责人）——今江秀史（文化市民具文化财保护课）；D（主管负责人）——文化市民局文化艺术企画课；E（调查负责人）——吉村龙二、玉根德四朗、片石高幸（日本庭园·历史遗产研究所）。

状变化为基础的管理作业[13]。从事庭园植物保护管理的技术人员必须充分了解庭园所经历的历史背景及掌握足够

的树木管理技术和知识，进而对植物景观组成的各要素分别进行精细化管理。比如在乔木修剪上，通过研究历史资料及老照片，找出无邻庵庭园的原真风貌对照图，同时结合周边环境变化进行修剪，以保证庭园内部植物有良好光线、保留树姿、营造庭园景深和借景一体感等（图6）。

图6　无邻庵根据周边环境天际线的变化修剪植物
（底图来源：参考文献［11］）

野花管理采用"培育管理"理念，制定具体保护管理的计划，详细记载每种野花相关信息，重现野花营造的庭园乡土风情[14]。为了提高庭园野花的本质价值，建立完善的野花管理体系，从2015年开始对野花管理进行为期三年的调查，观察野花种类并做详细物种信息表，包括生长环境、花期、特点、文化背景、无邻庵庭园观赏特性等，形成"植物分类信息汇总表"[15]。将游客回馈、草坪状态、汇总表等作为决定野花管理的线索，制定各类植物的具体方针，列出详细的"保养方法一览表"[16]，并整理成信息发布给游客，告知其庭园不同季节可以观赏的野花品种。

（3）景石

在景石维护上，庭园中的景石因常年裸露而毁损，一般采用日本庭园常用的方法：直接在场地修复或者取下景石修复。后者一般将石头从原位置取走，在专门的场地进行修复，完成后再放回原位。景石修复基本原则要维持和原真位置的一致性，从取下前的位置到复位全部的误差以1cm以内精度为基准。在修复过程中根据传统技术及材料进行还原。景石修复工程一般分为庭园保养、拆卸前测量及景石等观察记录、景石拆卸、景石调理、拆卸痕迹记录、拆卸痕迹保养、景石修复和景石重新设置8个步骤，整个工序需要详细的现场记录和精细的施工。对于景石驳岸维护，同样重视位置的一致性，修复所用的材料配比和

工艺有统一标准。为了明确位置，应对每个石头贴上写有数字的胶带，用照片从多角度进行记录[12]。

（4）庭园设施

无邻庵庭园设施的设置也需要充分体现自然意趣。为了不损伤苔藓和土壤，运用石块镶嵌于草坪中，且在石头上刻有提示。运用石头大小变化来引导行人视线，使行人感受石头本身带来的自然野趣，减少指示牌设置以免破坏景观。园路采用碎石铺路，并用竹子做成道路两旁屏障，以免游客践踏草坪。道路越水多为汀步式，园中流水虽多，但用桥却少，以石涉水，显出自然意趣。

## 3　无邻庵对中国园林遗产保护管理的启示

### 3.1　无邻庵庭园的保护管理经验

日本无邻庵庭园保护管理经验总体来说以原真性、日常性、体系化、精细化为主要理念（表4）。意境的保护管理重视原真意境的还原与再现，重视庭园价值的继承与融合，并通过公众教育等方式加深游客对意境的理解。庭园技术重视原真工艺、材料等应用，采取精细化管理，对

重要造园要素制定具体的保护管理方法与实施计划。

**无邻庵保护管理措施总结　　　　　表 4**

| 类型 | 具体保护管理措施 |
|---|---|
| 意境 | 设置单向游览路线，限定游园人数，并由工作人员讲解路线造园意境；<br>控制使用吹风机等发出声音的机械，使用专用修剪剪刀、竹材扫把等维护自然野趣声景；<br>园内引入能乐表演、茶会及主题讲座等，重现园主当时生活景象及时代故事；<br>通过公众教育、专业导览等方式加深参观者对庭园意境的理解 |
| 技术 | 池泉：重视对原真环境的复原，重视材料、工艺、形状的真实性；有明确的流程安排、负责团队及主要负责人；各行政部门文化遗产保护负责人对庭园管理状况的持续把控；<br>植栽：充分了解庭园所经历的历史背景及掌握足够的树木管理技术和知识；采用"培育管理"对植物景观组成的各要素进行精细化管理；<br>景石：整个工序需要详细的现场记录和精细的施工；重视景石位置的一致性，修复所用材料配比、工艺有统一标准；<br>庭园设施：运用汀步、竹子等自然材料制作庭园设施；园路或运用石块镶嵌于草坪中，或采用碎石铺路 |

## 3.2　无邻庵对中国园林遗产保护管理的启示

中日园林作为东方庭园遗产的重要代表，有着一衣带水的渊源关系。相较于日本庭园的保护历程，中国园林遗产保护开始的时间其实并不晚，早在 1961 年国务院颁布《文物保护管理暂行条例》，并确定了全国重点文物保护单位名单。但此时园林归属于文物进行统一保护，对于园林遗产管理体制建设还在探索阶段，上层法规不完善，园林保护处于多部门管理和法规不健全的情况，且缺乏具体的保护标准与保护指导。同时，面向公众对园林遗产教育仍不足。

网师园，其占地面积与无邻庵相近，在 1950 年由园主捐给国家，1958 年由苏州市园林管理处接管，政府拨款进行抢修，并于 1959 年对外开放[16]。1996 年，苏州市出台的《苏州园林保护和管理条例》是国内首部园林保护和管理的地方性法规，对园林保护的职责、范围、内容做了明确规定，对网师园的保护、利用、管理等工作的法制化、规范化具有重要意义。在保护管理措施上，网师园管理处实行承包责任制，实施园林日常的全面管理工作，包括园容整洁，建筑、假山等"修旧如旧"的维修，花木植被的养护补植，家具陈设配套管理，周围环境景观保护监督等。在 1997 年入选为世界遗产之前，网师园仅由管理处进行管理，缺乏专门的园林管理人才。入选之后，为了更好地保护管理世界遗产园林，政府于 2005 年成立了苏州市世界文化遗产古典园林保护监管中心及世界文化遗产园林管理处[17]，形成由苏州市政府领导、苏州市园林

和绿化管理局主管、苏州市文物局监管、园林管理处具体负责的保护管理框架，履行世界文化遗产苏州古典园林的保护管理职能。中国园林遗产保护取得的伟大成就有目共睹，但因为城镇化进程的高速推进，园林遗产保护仍然存在一些问题，园林遗产保护管理体系仍在探索完善阶段。相较于中国园林遗产的保护历程，日本庭园遗产的保护管理体系在实践过程中不断完善，日本名胜无邻庵的具体保护管理理念和措施能为国内园林遗产的具体保护管理提供经验借鉴。

### 3.2.1　加强管理者对园林历史背景和技术的培训

中国园林遗产有着丰富的历史文化底蕴以及独具地域特色的传统园林技艺，是传统文化的重要组成部分，在历史园林保护管理中，更需重视对管理工作人员专业知识和技术的培训，加强园林遗产原真性呈现。日本政府会为地方庭园遗产的保护管理提供技术援助及定期举办相关培训，以促进庭园保护管理工作的顺利实施。此外，相关工作人员需要充分了解庭园的历史背景、通读管理指南并定期接受培训，将庭园的历史背景知识掌握，以保证能将庭园遗产价值向游客准确传达。在庭园技术技术上，重视原真工艺、材料等应用，有着一套严格且精细化的造园要素保护措施。

### 3.2.2　重视园林遗产的公众教育与公众参与

要保护好历史园林，还需提高公众对历史园林遗产价值的认知，增强保护管理意识，提高公众对于园林遗产保护的参与度。中国的历史园林保护工作多以"自上而下"的模式展开，以往历史园林活动形式较为单一，公众对历史遗产的保护意识不强，对历史文化遗产所展现出的文化内涵认识不够，近年来有所重视。日本在庭园保护管理中重视向公众传递日本庭园遗产价值以及日本庭园文化特点，从而加深日本公众对于日本文化的认同感与自豪感。除了通过举办活动重现庭园园主时代的生活景象，加深参观者对庭园本质价值的理解外，管理部门还会定期举办培训活动，与政府及高校合作，邀请专业庭园匠师及工作人员对公众进行庭园保护管理技艺培训及实操体验，以此提高公众在日本庭园保护管理过程中的参与性，并加深对日本庭园历史信息及造园意境的认识。这些历史园林活动对国内园林遗产保护工作有十分宝贵的参考价值。

### 3.2.3　完善园林遗产的法律体系和管理体制

法律法规的完善将成为园林遗产保护的重要保障。根据日本遗产保护管理经验，遗产保护首先要有完善的立法，日本《文化财保护法》对庭园保护进行专门规定，从中央层面对园林的保护管理体制和相关规定进行了立法。虽然我们目前有国家层面的文物法作保障，但文物法涵盖

内容较多，规定比较笼统，对历史园林保护不能形成有效约束。有了国家层面的立法，能确保有管理主体，明确各管理部门职能，消除多头管理，完善历史园林的保护管理体制。国家层面的保护法规是上位法，为确保可操作性，地方政府也需根据国家法律制定对应的保护法规，明确执法主体，制定相应的操作实施细则及保护管理程序等，如无邻庵有专门的保护管理部门对其进行历史研究，每个区域设立专门的管理部门，并制定精细化的管理计划，使得法律真正落到实处。

## 参考文献

[1] 周超. 日本文化遗产保护法律制度及中日比较研究[M]. 北京：中国社会科学出版社，2017.

[2] 平澤毅. 文化財保護護法により名勝に指定されている庭園の一覧[J]. 日本庭園学会誌，2007(16)：91-105.

[3] 路方芳. 日本历史文化遗产保护体系概述[J]. 华中建筑，2019，37(1)：9-12.

[4] 阪上富男，加藤友規. 無隣庵の維持管理[J]. 日本造園学会，2015(3)：15-16.

[5] 今江秀史. 山県有朋と無隣庵保存会における無隣庵の築造と継承の意志の解明[J]. 京都市文化財保護課，2018(3)：1-25.

[6] 阪上富男，加藤友規，出口健太，等. 名勝無隣庵庭園における本質的価値の検証にもとづく植栽の育成管理[J]. 日本造園学会，2021，82(10)：44-49.

[7] 加藤友規，清水一樹，阪上富男. 山縣有朋記念館所蔵の古写真に見る往時の無鄰菴庭園に関する研究[J]. 日本造園学会誌，2017(1)：1-6.

[8] 山田咲，太田絢子，加藤友規. 文化財としての名勝無隣庵庭園における本質的価値と顧客管理をむすびつけた運営の成果[J]. 日本造園学会，2021，84(11)：64-69.

[9] 山田咲，加藤友規，阪上富男，等. 文化財庭園における本質的価値の尊重と新たな価値創造型サービス—名勝無隣庵庭園等に見られる管理. 運営マネジメント[J]. 日本造園学会，2021，85(2)：196-199.

[10] 加藤友規. 京の庭師の精神[R]. 北米日本庭園協会カンファレンス，2014(1)：1-5.

[11] 曽和治好，土田义郎，张安. 无邻庵庭园声景研究[J]. 中国园林，2015，31(5)：54-57.

[12] 阪上富男，加藤友規. 無鄰菴庭園の緊急修理にみる保存管理の継続性[J]. 日本造園学会，2013(1)：1-5.

[13] 阪上富男，加藤友規. 名勝無鄰菴庭園の年間維持管理——山縣有朋の感性を読み取った庭園管理のあり方[J]. 日本造園学会，2015，78(8)：98-103.

[14] 阪上富男，加藤友規，出口健太，等. 野花の管理－無鄰菴庭園の価値性を尊重して－[J]. 日本庭園学会，2019(1)：1-6.

[15] 阪上富男，加藤友規，半田沙奈絵. 名勝無郡庵庭園における本質的価値としての野花を生かした芝生管理のあり方[J]. 日本庭園学会，2017，80(9)：40-45.

[16] 曹汛. 网师园的历史变迁[J]. 建筑师，2004(6)：104-112.

[17] 蒋叶琴. 世界文化遗产苏州古典园林保护中存在的问题及其对策[D]. 苏州：苏州大学，2018.

## 作者简介

（通信作者）李晓雪，1980 年生，女，博士，华南农业大学林学与风景园林学院，讲师。研究方向为风景园林遗产保护与管理、传统园林技艺与口述历史、风景园林遗产教育与传播。电子邮箱：scau-lixiaoxue@foxmail.com。

刘佩雯，1997 年生，女，华南农业大学林学与风景园林学院在读硕士。研究方向为风景园林遗产保护与管理。

# "画中游"与"游中画"：晚明园林游观中的赏月之"境"①

## "Touring in Painting" and "Painting in Touring"：the "Realm" of Moon Appreciation in the Late Ming Dynasty Garden Touring View

李晓雅　赵纪军

**摘　要**：意境的韵味往往是文学、哲学、美学等领域所追寻的。在园林中，也同样有着对于意境的高度追求，意境的塑造也需要具体的"景"来体现。月从春秋战国起，就是人们祭祀崇拜的对象，赏月也从中演变而来。久而久之，月的意象含蕴深化，文人也赋予了赏月更多的意蕴。晚明文人受到时代的影响，思想上追求"适意"，行为上也有远离官场的趋势。文人官场失意，郁郁不得志，园林此时便成为文人纾解心中苦闷的天地。有研究显示，晚明作为江南园林发展一个特殊时期，有着颇多的变化，故选择这一时期的园林作为研究对象。园中赏月作为一项文人活动，其意境的塑造在园林中也有着重要的体现。明代文人诗画繁多，本文通过研究晚明时期的文人诗画，试图研究赏月意境在晚明私家园林中的表达与塑造。最终希望通过此研究对当代的园林设计产生一定的启发。

**关键词**：晚明园林；赏月；意境

**Abstract**：The pursuit of artistic conception, often sought in the fields of literature, philosophy, and aesthetics, is also highly esteemed in the realm of garden design, necessitating specific "scenes" for its embodiment. Since the Spring and Autumn period and the Warring States period, the moon has been an object of human worship, and the activity of moon appreciation has evolved from this tradition. Over time, the moon's symbolism deepened and scholars imbued moon-gazing with further significance. The literati of the Late Ming Dynasty, influenced by their era, pursued "comfort" in their ideologies and demonstrated a trend to distance themselves from officialdom. With official careers proving unsatisfactory, gardens became the refuge for these literati to alleviate their inner melancholy. Studies indicate that the Late Ming Dynasty, being a unique period in the development of gardens in Jiangnan, underwent considerable changes, making it an intriguing subject for study. Moon-gazing, as an activity for the literati, played a vital role in shaping the artistic conception in these gardens. With numerous literati poems and paintings from the Ming Dynasty, this study endeavors to explore the expression and shaping of the moon-gazing artistic conception in the private gardens of the Late Ming Dynasty. Ultimately, it is hoped that this research can inspire future landscape design.

**Keyword**：Late Ming Garden；Moon Appreciation；Artistic Conception

① 基金项目：国家自然科学基金项目（编号 52078227）资助。

# 引言

　　"意境"一词在《辞海》中的定义是"文学艺术作品通过形象描写表现出来的境界和情调。"但在实际的语义应用中，美学、哲学等领域也大量涉及"意境"。在文学领域中，从刘勰的《文心雕龙》中"独照之匠，窥意象而运斤"，再到王昌龄的"三境论"——"一曰物境。二曰情境。三曰意境。"都有对"意境"的文学表达。在哲学领域中，庄子的"天地与我并生，万物与我为一"，隐含了"天人合一""情景交融"的意味。相较于西方直白的表达，中式更注重留白。"言有尽而意无穷"的留白之处，往往是意境的韵味所在。

　　古典园林中对于"意境"的追求沿袭了诗文画作。其中，园林各项要素之间的搭配也深化了意境的营造。可以说，传统园林对于"意境"的塑造从诗画中来，到具象中去。早在东汉刘熙的《释名》中，就有"景，境也"的表述，可见意境的表现是建立在具体的景物之上。杨锐认为"景"是视觉感觉，而"境"乃身心体验，"境"是"情"与"景"的交融[1]。王绍增进一步阐释，"景"是"从一组客体的外部对其审视的画面。以视觉为主，人在景外"，而"境"是"在一个空间的内部对其感受，是各种感觉和知觉的综合，人在境中"；"景与境是可以互相转化的：从外面看去是景，进去感受是境；从现象来看是'景在境中'，从创作来讲应该是'景从境出'"[2]。顾凯则对传统园林的意境有着自己的理解，即"境（意境）是空间的超越和画意的体现"，也可以理解成为意境是对眼前之景的呈现[3]。郭明友认为不同的园林虽然在具体的表达形式上存在差异，但对于意境的理解追求并没有壁垒[4]。这些理论无一不是从侧面说明通过园林要素的组合、留白，不仅给游览者留下了大量的想象空间，而且使游览者通过眼前之景联想到自身的情感。虽然营造意境的载体不同，但是对于意境含蕴的追求却相同。

　　月亮自从春秋战国起，就是人们祭祀、崇拜的对象。后来，月因其清亮、圆缺变化等特点以及寄托哀思、丰厚的文化底蕴等人为赋予的色彩，深受文人墨客的喜爱。名家也常常以月为意象，进行文学中意境的塑造。明朝高濂在《胜果寺月岩望月》中写道："胜果寺左，山有石壁削立，中穿一窦，圆若镜然。中秋月满，与隙相射，自窦中望之，光如合璧。秋时当与诗朋酒友，赓和清赏，更听万壑江声，满空海色，自得一种世外玩月意味。"为了更好地赏月，体味其意境，园林中也有为赏月而建造的空间。这其中不乏亭台楼阁等建筑物，也有水面、植物等旷奥空间的营造。古典园林中含"月"字的建筑、匾额、楹联也

不在少数。可见，月元素在园林意境营造中占重要的地位。

　　现有的研究多集中在对于意境的宏观把握，或者对于月元素在园林中的应用进行分析，对赏月的园林意境营造研究较少。其中，《南宋园林月境景观解读》基于南宋的时代背景，对园林月文化进行解读，研究南宋园林月文化造景[5]。邱明和王敏在《月上柳梢头：浅析赏月活动与晚明文人园的时空特征》中以明代园林谭上书屋和日涉园为例，指出赏月活动是园林生活中重要的一环，在此基础上详细阐述了晚明园林中有关赏月意境的空间营造[6]。而晚明作为园林的一个转变期，对其赏月意境研究也有着一定的理论意义。因此本文试图以月为载体，研究晚明园林中赏月意境试图探究赏月在晚明古典园林中的表现，以及其对后世的启发。

# 1 "画中游"：晚明园林游观之于赏月意境与体验

　　晚明是一个特殊历史时期，《皇明纪略》中对正德己卯年（1519 年）就有这样的描述："典刑坏乱，纪纲朝仪尽废……"[7]。与此同时，心学的盛行使晚明时期的人们更关注个体自我。在这样的背景下，士人心中渴望在闲情中释放自己，他们的审美态度、人生态度、文化活动均是对于当时情况的投射。"一卷书，一尘尾，一壶茶，一盆果，一重裘，一单绮，一奚奴，一骏马，一溪云，一潭水，一庭花，一林雪，一曲房，一竹榻，一枕梦，一爱妾，一片石，一轮月，逍遥三十年，然后一芒鞋，一斗笠，一竹杖，一破衲，到处名山，随缘福地，也不枉了眼耳鼻舌身意随我一场也。"[8]从"书""茶"到"月"的列举，都或多或少地表明了晚明士人对于简单、闲适生活的渴望，这也从侧面表明赏月对于晚明文人的精神塑造产生了重要的作用。"逍遥""随我一场"等表述，更是高度概括了晚明士人们渴望追求适意的意境。

　　同时，这种心境和态度也对实体园林的发展产生一定影响。顾凯认为晚明作为江南园林发展一个特殊时期，叠山、理水、植物、建筑（廊）等方面发生了重要转变[9]。陈一家基于图底关系方法，认为因时代环境原因，晚明造园较之前的时代更为兴盛，风格也多变[10]。顾凯也认为，晚明园林在画意的影响下，强化了园林体验，对于意境的塑造更加深刻，更加强调"情景交融"[11]。

　　赏月在此时便发挥了其意境营造作用，不仅作为士人追求闲适的活动，而且成为联系文人活动的枢纽，更在其

中有着对理想意境的追求和实现。赏月活动通常并非单独出现，而是与其他的文人活动相结合。陈继儒在《眉公杂著》中写道："香令人幽，酒令人远……月令人孤。"[12] 饮酒、饮茶、赏月，一系列活动相结合，从中才能获得短时的适意，这也从侧面表现出晚明文人与月建立的种种联系。正是因为在现实生活中的不顺意，晚明文人才会在赏月短暂的快乐与放松中联想到自己生活中的"孤"，从而寄情于月，月与情相融合。吴从先在《小窗自纪》中写道："灯下玩花，帘内看月，雨后观景，醉里题诗，梦中闻书声，皆有别趣"[13]，赏月趣味在文人活动之中，可能也或多或少地排遣了士人内心的苦闷，使其心情在赏月中得到适当放松。晚明文人画中也有对于赏月活动的绘制与描写。明朝沈周曾作《有竹庄中秋赏月图》，其中书法部分写道："少时不辩中秋月，视与常时无各别。老人偏与月相恋，恋月还应恋佳节。老人能得几中秋，信是流光不可留。古今换人不换月，旧月新人风马牛。"从中可读出沈周抒发物是人非的感慨，在赏月活动中达到了物我合一、寓情于景的境界。汤传楹在《闲余笔话》中写道："一庭一院，一花一石，一帘一几……当此之时，只愁明月尽矣。"简单的数字和"愁"字浅浅地反映出明代文人内心难以排解的苦闷，似乎只有通过那无言的月光，才能短暂化解愁苦之情。赏月活动也往往与登高相结合，文徵明月夜登高，在无尽的月色中抒发感悟，在《月夜登阊门西虹桥》写道："白雾浮空去渺然，西虹桥上月初圆。带城灯火千家市，极目帆樯万里船。人语不分尘似海，夜寒初重水生烟。平生无限登临兴，都落风栏露楯前。"眼前是繁华的万家灯火，而望着明月的文徵明，经历了短暂的官场生活，心中却想象古代先贤那样，过着适意追求意境的恬淡生活。这种追求隐逸的想法，与当时的大环境分不开，看似赏月，却是在赏月中情景交融了。

基于以上诗文，可见晚明文人在赏月中获得的不仅仅是对于眼前之景的赏味，更多的是从眼前之景联想到自身处境，以月作为连接精神世界与现实世界的纽带。无论是赏月中所产生的"孤""物是人非"的感受，抑或流露出对于隐逸生活的追求，都是在赏月中的情景交融。为使赏月意境得到进一步的深化，晚明文人在造园实践中也多有体现。

晚明是江南园林发展的特殊时期。此时，"儒匠"作为一个新的阶层开始出现，以计成和李渔为代表，大量参与造园活动。不同于一般的匠人，他们有着自己的绘画理论素养和文人情怀[14]。造园实践是其理论的实现，意境与画意的塑造也在造园实践中实现。园中构筑的题名通常为所见之景与园主情怀意志相结合的产物[15]，而赏月作

为一项文人抒怀、适意的活动，造园时在题名上也有所体现。开敞的高处往往是最适宜的赏月空间，这也能从以赏月命名的构筑物看出——含"月"字的楼、台、轩、阁等构筑物出现频率极高。桥以"月"为名的频率虽然不高，但桥因与月的形状相似而产生极佳的审美效果。"圆如半壁，映水则为满月"正是对桥恰如其分的描写。明萧士玮在《春浮园记》中有"桥最宜月，秋澄轮满，迫以惊湍，势不能负，泠泠有声，其被于地，人以为霜也"的记载[16]。虽然这是萧士玮的个人观点，但"桥最宜月"四字便将桥与月紧密结合在一起。无独有偶，王世贞在《弇山园记·五》中写道："为桥以导其水，两山相夹，故小得风辄波，乘月过之，溶漾琐碎可玩"。这样看来桥为赏月而营造也具有一定的普适性。桥可视为赏月中"化其形"的产物，此外，月形的门窗形状取自满月，欣赏它们或许可以被认为是一种抽象的赏月活动。《园冶·门窗篇》提到："月窗式，大者可为门空"，自明朝起，以满月为形的门窗便已盛行，这也是后来园林中"月洞门"的起源形式。

在园林中，也有许多没有带"月"字的构筑物构成的园主赏月空间，如拙政园的梧竹幽居（图 1），有诗云："萧条梧竹月，秋物映园庐"，"爽借清风明借月，动观流水静观天"。植物、水面与月构成了幽静的赏月空间，身处其间，心中的郁结似乎也能在风与月中得到短暂的排解。相似的还有拙政园"与谁同坐轩"，其名来源于苏轼的《点绛唇》中的"与谁同坐？明月清风我"。坐在轩中，微风拂面，抬头望月。轩的题名中没有提到"月"字，却处处有赏月的意味。

图 1　梧竹幽居

笔者根据文献，梳理了明代与"赏月"相关的园林建筑，并整理出表 1 明代园林中构筑物名称，试通过对于构筑物名称的整理，探索赏月活动对于构筑物题名的影响。

| 明代园林中构筑物名称 | | | 表 1 |
| --- | --- | --- | --- |
| 名称 | 隶属园子 | 园主 | 地点 |
| 濯月池 | 勺园 | 米万钟 | 北京 |
| 醉月楼 | 豫园 | 潘允端 | 上海 |
| 得月楼 | 豫园 | 潘允端 | 上海 |
| 明月亭 | 日涉园 | 陈所蕴 | 上海 |
| 漾月桥 | 日涉园 | 陈所蕴 | 上海 |
| 月榭星台 | 留园 | 徐泰时 | 苏州 |
| 花好月圆人寿轩 | 留园 | 徐泰时 | 苏州 |
| 云满峰头月满天楼 | 留园 | 徐泰时 | 苏州 |
| 游月楼 | 香草垞 | 文震亨 | 苏州 |
| 斜月楼 | 香草垞 | 文震亨 | 苏州 |
| 漾月梁 | 梅花墅 | 许玄祐 | 苏州 |
| 啸月台 | 归园田居 | 王心一 | 苏州 |
| 串月矶 | 归园田居 | 王心一 | 苏州 |
| 升月轩 | 谭上书屋 | 徐白 | 苏州 |
| 新月山房 | 江宁园 | — | 南京 |
| 水月如来阁 | 熙园 | — | 南京 |
| 邀月大士阁 | 熙园 | — | 南京 |
| 净月亭 | 愚公谷 | 邹迪光 | 南京 |
| 满月轮 | 愚公谷 | 邹迪光 | 南京 |
| 明月半轮窗 | 遁园 | 顾起元 | 南京 |
| 映月亭 | 息园 | 顾璘 | 南京 |
| 月榭 | 四锦衣东园 | 徐继勋 | 南京 |
| 月波桥 | 弇山园 | 王世贞 | 太仓 |
| 光月亭 | 弇山园 | 王世贞 | 太仓 |
| 先月亭 | 弇山园 | 王世贞 | 太仓 |
| 先月榭 | 寄畅园 | 秦燿 | 无锡 |
| 虹桥醉月 | 东皋草堂 | 瞿汝说 | 常熟 |
| 东楼月上 | 东皋草堂 | 瞿汝说 | 常熟 |
| 载月舟 | 淳朴园 | 沈拓 | 海宁 |
| 梅月峤 | 淳朴园 | 沈拓 | 海宁 |
| 沁月泉 | 寓园 | 祁彪佳 | 绍兴 |
| 半月池 | 石林园 | 许豸 | 福州 |

资料来源：笔者整理于文献 [16]。

## 2 "游中画"：晚明文人画之于赏月意境的表达

《不朽的林泉：中国古代园林绘画》中有言："绘画的优势，在于采用了一种直观的、视觉描述的方式，可以补文字之不足"[17]。我国绘画史上第一篇山水画论《画山水序》中对于画作的作用有这样的概括："夫以应目会心为理者，类之成巧，则目亦同应，心亦俱会。应会感神，神超理得。虽复虚求幽岩，城能妙写，亦城尽矣。"可见绘画对于意境表达的重要作用。晚明文人园的发展也与绘

画的兴盛有一定的关系，也可以说文人画的视觉经验是园林创作的基础之一[18]。同时期，纸上园林兴盛，间接或直接排遣了士人们心中的苦闷[19]。王昊题孙坦夫的想想园有云："世间有因即有想，八万四千尽迷惘。大地山河一想中，阿谁解脱蛛丝网。想到穷时证禅始，婆娑风月自翩翩。"[20]纸上园林的兴盛，使得文人的思想在其中徜徉，虽难以实现，却也是一种对心中意境的探寻。"纸上园林"仅仅是晚明绘画内容的一种表现形式，对于现实中园林的绘制与记录则是另一大类的绘画内容。《止园图》册和《小祇园图》都是对于晚明现实园林的详细描绘，通过绘画表现，从中也能或多或少探寻出晚明文人园的营造。同时，园主的诗文集也能够帮助了解当时园林的具体情况。

《止园图》册绘制于明天启七年（1627年），是明代绘画表现园林的巅峰之作。通过《止园图》册，我们能窥探出晚明赏月意境的一般表现。不同于竞相标榜写意的时代风气，《止园图》册仍然保留着对于写实的追求[17]，这也给后人研究增添了依据。赏月活动在《止园图》中主要有"临水胜"和"高楼胜"的表现。水面与赏月相结合，往往会出现"素月分辉、明河共影、表里俱澄澈"、"只见天上一轮皓月，池中一轮水月，上下争辉"的情景，眼前之景为此，心中也很难不诗兴大作，这也为意境的营造奠定了环境基础。《说文解字》中有对"楼"的定义，"楼，重屋也"。楼下起高台，这与古人的"观天象、月崇拜"活动有着密切的关系。同时，楼也是世俗活动的场所，登高赏月、饮酒吟诗在此场合也是再合适不过。吴亮在《止园记》中对止园中的梨云楼有这样的描述："睥睨中台，复朗旷临池，可作水月观，宜月"。梨云楼周围种有梅树，《止园图》册第十四开表现的是梅开如雪的景象。这也让人联想到林玉衡在《小楼咏雪月口占》中写梅花的香气与月色："梅花雪月本三清，雪白梅香月更明。"梅花香气四溢、月色澄明、微风荡漾，吴亮在梨云楼里创造的是有关宇宙观的开阔意境——"一登楼无论得全梅之胜，而堞如栉，濠如练，网如幕，帆樯往来，旁午如织，可尽收之……会心处不必在远，翳然林水，便自有濠濮间想"。

根据止园平面复原图（图2）可以看到，梨云楼（图3）前后皆临水，这也有赏月与水景的连续性。《止园图》册第十二开描绘的是北池及清浅廊（图4）。吴亮在《题止园》诗中亦云："一泓清浅汇方塘，几树梅花护曲廊。倚遍阑干明月上，半帘春雪散寒香。"其中方塘赏明月的形式也让人联想到朱熹的名句"半亩方塘一鉴开，天光云影共徘徊。问渠那得清如许？为有源头活水来。"从曲塘到方塘的审美形式改变，也侧面体现了明代文人对于心中

图 2　止园平面图复原
（图片来源：黄晓、王笑竹、戈祎迎绘）

图 5　（明）钱穀《小祇园图》（台北故宫博物院藏）

图 3　（明）张宏《止园图》册第十四开——梨云楼

图 6　小祇园平面复原图
（图片来源：《明代江南园林研究》）

美好愿望的追求，这也是一种"适意"和"求理"的意境
营造[21]。无独有偶，《弇山园记》中王世贞也有对方池
赏月的描写："其前有方池，延袤二十亩，左右旧圃夹之。
池渺渺受烟月，令人有苕、霅间想。寺之右，即吾弇山园
也，亦名弇州园。"这也再次印证了明代方池与赏月意境
的营造存在着或多或少的联系。

　　弇山园是明代煊赫一时的江南名园，《弇山园记》是园
主王世贞纪念这座园子的文章。小祇园是弇山园的别称，《小
祇园图》是钱穀所绘制的万历二年（1574 年）的弇山园（图
5），图中包含了园内的三座假山以及部分建筑，后来弇山园
名气太大，王世贞本人又在为弇山园题名的诗文集《山园杂
著》中附上木刻园景图。这些宝贵的诗文和绘画都在弇山园
平面复原研究中起到了重要作用（图 6）。弇山园最出名的

图 4　（明）张宏《止园图》册第十二开——清浅廊

便是其中的叠山，名为东弇、中弇、西弇，中弇、西弇是明代张南阳所作。王世贞在《弇山园记》中写道："宜月：可泛可陟，月所被，石若益而古，水若益而秀，恍然若憩广寒清虚府……此吾园之胜也。"如果赏月得宜的话，可以泛舟，可以登山。可见，赏月活动与园中各要素之间有着彼此增益的效果，这从《小祇园图》详细绘制的各个园林要素中可以看出。即在弇山园的绘画中，园林各要素搭配得当，赏月更是为这些要素增添趣味性。《小祇园图》东北部的叠山也从侧面印证假山营造的目的之一，或许也是为赏月打造更上一层的意境。连接中、西弇的桥名为"月波桥"，桥中央建了一座了供人赏月、歇脚的小亭子（图7）。夜晚，在月波桥上、小亭中，望着桥与月的倒影，也可能会在其中抒发出"举头见明月，低头泪涔霪……北斗酿酒浆，南斗为我斟。言欲解我忧，忧来一何深"[22]。在弇山园中，虽然赏月活动能使人短暂地忘却现实的不如意，但是当时的时代背景让每一个生活在其中的心系天下的有志之士难以适意，难以追求心中的意境。《弇山园记》中提到的"若憩广寒清虚府"也许描绘的不仅仅是地点，也可能是园主王世贞对于"神仙世界"的向往与超脱。王世贞在《弇山园记》的最后写道："且吾向者有百乐、不能胜一苦，而今者幸而所谓苦与乐而尽付之乌有之乡，我又何系耶？夫山河大地皆幻也。吾姑以幻语志吾幻而已。"其拳拳之心难以实现，即使在园中赏月、饮酒也不能化解。

图7　王世贞《山园杂著》木刻弇山园景图部分：中弇与东弇（美国国会图书馆藏）

## 3　结语

综上，无论是"画中游"抑或"游中画"都是基于赏

月，实现对于意境的营造。"画中游"多指将园林当作画，以赏月作为切入点，进行动态的游观。正如顾凯在《拟入画中行——晚明江南造园对山水游观体验的空间经营与画意追求》中所表达的，晚明园林在画意宗旨的影响下，更注重强化园林之中的山水游观，更深刻地认识到意境是情景交融的核心[23]。而"游中画"多指，将画当成精神性体验的对象，在园林中将抽象化的意境以具象化的方式进行表达。例如文人在园中因赏月建造构筑物、搭配园林要素进行赏月意境的营造。从两者的形式与概念上来看，"画中游"与"游中画"最大的区别即一个是抽象化的游观，而另一个是具象化的构造。但是从目的上来看，这两者又有一定的联系。即对于意境的追求，这种追求是以赏月作为纽带，无论"画中游"抑或"游中画"只是以不同的概念形式来实现对于意境的追求。

明代中后期因政治昏暗、国力衰退、思想萌动、理学嬗变等原因，文人们所追求的似乎也发生了变化，此时他们更在意对于内心世界的探索、对于意境的追寻。官场失意与心中的苦闷无处排解，园林此时就成为文人们的一方小天地。在其中文人们吟诗、结社、赋诗、绘画、写作。赏月活动也成为其中的纽带，成为连接文人与内心意境不可或缺的环节之一。一方面，月文化景观的起源受自然崇拜、古代天文观与神话传说的影响，并在文人的加工下，逐步发展成为特征鲜明、具有多种意蕴内涵的景观类型。另一方面，因月深厚的意蕴内涵而营造不同的主题意境空间。同时期的大量诗文、绘画也印证了赏月活动的兴盛。赏月意境的营造最终在情景交融中抒发了文人的积压情绪，使得文人在一方园林中获得了对于天地万物宇宙观的体味。通过赏月意境的营造，使文人向内探索，做到了"天人合一"。这也给当今"千城一面"的园林设计提供一点参考。即通过意象的提取与塑造，并加之意境的创造，最终使游人感悟到景观意蕴的隽永，并得之情绪的抒怀与释放，实现"情"与"景"的融合。

### 参考文献

[1] 杨锐 . 论"境"与"境其地"[J]. 中国园林，2014，30(6)：5-11.

[2] 王绍增 . 论"境学"与"营境学"[J]. 中国园林，2015，31(3)：42-45.

[3] 顾凯 . 中国传统园林中的景境观念与营造[J]. 时代建筑，2018(4)：24-31.

[4] 郭明友 . 论"景境"——关于中国园林审美理论元概念的思考[J]. 文艺争鸣，2014(9)：195-198.

[5] 伍珍妮，江俊浩 . 南宋园林月境景观解读[J]. 浙江理工大学学报(社会科学版)，2018，40(5)：518-524.

［6］ 邱明，王敏．月上柳梢头：浅析赏月活动与晚明文人园的时空特征［A］//中国风景园林学会．中国风景园林学会 2019 年会论文集（上册）［C］．北京：中国建筑工业出版社，2019．

［7］ 皇甫录．皇明纪略［M］．北京：商务印书馆，1936：28．

［8］ 张大复．闻雁斋笔谈［M］．南京：江苏古籍出版社，1999：84-85．

［9］ 顾凯．重新认识江南园林：早期差异与晚明转折［J］．建筑学报，2009（S1）：106-110．

［10］ 陈一家，张德顺．基于图底关系比较的晚明江南文人园林建筑形态研究［J］．华中建筑，2022，40（1）：136-140．

［11］ 顾凯．画意原则的确立与晚明造园的转折［J］．建筑学报，2010（S1）：127-129．

［12］ 陈继儒．眉公杂著［M］．台北：伟文图书出版社，1977：1003．

［13］ 吴从先．小窗自纪［M］．武汉：崇文书局，2007：124．

［14］ 吴玢．晚明江南地区儒匠群体的技术科学化倾向［J］．自然辩证法通讯，2021，43（5）：74-78．

［15］ 阎景娟．中国古代园林的题名原则、事典源流及意义生长［J］．北京林业大学学报（社会科学版），2018，17（4）：39-44．

［16］ 汪菊渊．中国古代园林史［M］．北京：中国建筑工业出版社，2005．

［17］ 高居翰，黄晓，刘珊珊．不朽的林泉：中国古代园林绘画［M］．北京：生活·读书·新知三联书店，2012．

［18］ 纪圆，秦仁强，黄顺．文人山水园林的观照与流昀——基于《拙政园三十一景图册》的全景式复原［J］．中国园林，2016，32（9）：87-93．

［19］ 朱雯，王敏．"梦里溪山"——由纸上园林透视晚明文人心境与理想生活图景［J］．建筑与文化，2021（1）：123-126．

［20］ 王昊．硕园诗稿［M］．清五石斋钞本．

［21］ 顾凯．中国古典园林史上的方池欣赏：以明代江南园林为例［J］．建筑师，2010（3）：44-51．

［22］ 王世贞．弇州山人四部稿：卷五其三［M］．上海：上海古籍出版社，2021．

［23］ 顾凯．拟入画中行——晚明江南造园对山水游观体验的空间经营与画意追求［J］．新建筑，2016（6）：44-47．

## 作者简介

李晓雅，1999 年生，女，华中科技大学建筑与城市规划学院在读研究生。研究方向为风景园林历史与理论。电子邮箱：635643967@qq.com。

赵纪军，1976 年生，男，博士，华中科技大学建筑与城市规划学院，教授、博士生导师。研究方向为风景园林历史与理论。电子邮箱：jijunzhao@qq.com。

风景园林植物

# 基于多功能的当代花境设计探索与实践

## Exploration and Practice of Contemporary Flower Border Design based on Multifunctionality

李美蓉

**摘　要**：花境以自然灵动的外在风貌和生动的景观格局成为一种非常重要的植物景观设计方式。在当今生态园林建设的大背景下，本文探索实践了自然生态、动态可持续的当代花境设计形式，以多年生乡土地被植物为主要材料，通过自然种植方式，以动态可持续、自生演替、低维护管理为主要特点，兼具生态性、观赏性和经济性。

**关键词**：多功能；多年生草本植物；自然生态；动态持续

**Abstract**：The flower border has become a very important way of plant landscape design with its natural and flexible appearance and vivid landscape pattern. Under the background of today's ecological garden construction，this paper explores and practices the natural ecological，dynamic and sustainable contemporary flower border design forms，using perennial native land cover plants as the main materials，through natural planting methods，dynamic sustainable，self-successive succession ，Low maintenance management as the main feature，both ecological，ornamental and economical.

**Keyword**：Multi-functional；Perennial Herb；Natural Ecosystems；Dynamic Persistence

　　花境起源于欧洲，历经上百年漫长的发展历程，以其丰富的植物色彩、生动的自然本色和多样的植物种类等特点深受喜爱，也成为许多绘画的蓝本，例如莫奈的绘画作品中常常出现生动真切的花境景观。可见不论从普通大众还是从专业从业人员的视角，花境都是景观中一抹亮丽的风景线。在风景园林建设中，不同于高大乔木营造的空间氛围，花境以自然生动的风貌成为一种非常重要的植物景观设计方式。

　　花境所展现的风貌特点是有序的混乱，是连接人与自然，创造绿色、健康、野性的景观。这一应用形式具有非常大的弹性，并不局限于林缘空间，在城市棕地生态恢复、绿色基础设施、屋面绿化、雨水花园、草沟、林下空间等场景均可实施建设，受场地条件的制约少、可选择的植物种类丰富、表现形式灵活多样。

　　在当今生态园林建设的大背景下，花境设计的目标不再停留于观赏。从发挥生态功能、节约资源、构建栖息地环境的角度来说，实现多功能性、低维护低成本、可持续发展的花境是生态园林建设的迫切要求。

## 1　花境的概念与现代发展应用

　　花境的起源可追溯到19世纪，这种以草本植物为主要材料的种植形式所表现出的自然风貌、丰富色彩及生物多样性，对营造欣欣向荣、自然生动的景观功不可没。

## 1.1　花境的概念

花境是模拟自然界林缘地带各种野生花卉交错生长的状态，以宿根花卉、花灌木为主，经过艺术提炼而设计成宽窄不一的曲线或直线式的自然式花带，表现花卉自然散布生长的景观[1]。美国园艺学家 Traey Disabato-Aust 提出并阐述了混合花境的概念：以草本植物及木本植物为素材，以一二年生花卉、宿根花卉及球根花卉作为春夏季主要开花植物，将不同质地、株形和色彩的植物混合种植，以营造周年变化的景观[2]。

## 1.2　花境的现代发展应用

### 1.2.1　城市野境

随着传统花境的发展与演变，其所蕴含的生态功能逐渐被重视。基于植物景观的生态功能，已有学者对城市野境进行了研究。不同于城市荒野，王向荣将城市野境界定为：城市中以自然而非人为主导的土地，这片土地能够在人的干预之外进行演替，它的主人是土地本身和其上自由栖息的生命[3]。曹越等人研究了城市区域中野性自然的保护与改造，城市野境在重新连接人与自然、促进人类身心健康、保护生物多样性、维持生态系统服务方面具有重要和独特的价值，提出保护、修复、设计与融合 4 种营造城市野境的途径[4]。

### 1.2.2　类荒野景观的设计思潮

在城市野境等类荒野景观的设计中，许多设计师追求植物景观的自然野态，也涌现出了多种花境设计的思潮。例如，派特·欧多夫（Piet Oudolf）提出了种植设计的"新多年生运动"，提倡利用野生植物、禾本科植物、观赏草等多年生植物来营造景观；詹姆斯·希契莫夫（James Hitchmough）则提倡通过草花混播的种植方式来建立复杂的多年生草本植物群落，推崇"低成本生态景观"[5,6]。

由此可见，当代花境设计以多年生乡土被植物为主要材料，通过自然种植方式，以动态可持续、自生演替、低维护管理为主要特点，兼具生态性、观赏性和经济性。

## 2　花境的多功能性

针对城市花境的评价标准，有不少学者做出研究，王

嘉楠等基于层次分析法构建花境评价指标体系，研究发现评价较高的城市花境表现为：物种多样、色彩丰富、景观层次分明、能进入或近距离观赏、有适当的地形变化[7]。

花境的植物群落强调多功能性，主要体现在以下几个方面。

## 2.1　生态性

花境植物种类丰富，高低植物复合组种的形式大大提高了单位面积的植物丰富度，这些多年生草本植物的花朵、果实可以为昆虫类、爬行类、鸟类等动物提供食源及栖息空间。

Müller 等研究表明，城市绿色空间的相对野性程度与生物多样性之间存在正相关关系[8]，自我生长、自我演替的生态过程能够促进生物多样性的提升。

## 2.2　观赏性

花境最大的风貌特征在于自然，高低植物搭配围合出的包裹感，置身其中带来放松、有趣的景观体验。花境的美不仅在于单种植物的观赏性，更重要的是多种植物组合带来的梦幻和自然的艺术体验。

为了延长观赏周期，花境设计可以采用套种的种植形式，以某一季节的植物材料为主，同时套种一定比例的形态相近的其他季节植物，以此来延长观赏周期。

## 2.3　经济性

花境以乡土多年生植物、节水耐旱植物、低养护管理植物为主要材料，通过多种植物组合的形式，提高了地表绿色覆盖的时间。即使在寒冬时节，凋零的植物也提供了覆盖效果。

## 3　当代花境设计建造的实践

基于上述理论基础的研究，笔者于 2021 年有幸参与第二届北京国际花园节的设计及建造，并对当代花境的设计营造进行了探索与实践。

## 3.1　场地整理及游览路线设计

现状场地为北京世园公园内北京建工企业展园的一部

分，设计总面积不足 100m²（图 1），现状绿地被三条园路分割成四块狭长的绿地，这对花境的展示是不利的场地条件。因此设计之初，拆除了部分园路，重新组织了游览路线（图 2），并设计 2m 高的绿篱将花园与外部环境分隔，形成相对私密、安静的空间。场地内设计廊架、置放遮阳伞及休闲桌椅，满足游客在花园中进餐、驻足观赏的需求。

图 1　施工前场地现状

图 2　设计平面图（重新组织场地游览路线）

## 3.2　种植结构

继承传统花境的设计要点，本项目花境设计在植物色彩、质感、高度、形态等方面遵循节奏与韵律、体量与均衡等美学规律，但相比于以上设计要点，更注重的是种植结构的合理性，强调营造稳定的群落结构（图 3、图 4）。种植结构主要体现在以下三个层面。

图 3　效果图

图 4　建成实景照片

### 3.2.1　骨架植物

该花境以蓝紫色系植物为骨架植物，在植物选择上筛选出株形松散、叶型独特、花朵飘逸、特征鲜明的多种蓝紫色系植物共同组建成骨架植物组团，自由、随机地沿主要游览路线分布。

### 3.2.2　分散植物

各个骨架植物组团之间以分散植物进行融合并消除各骨架植物组团的边界感。分散植物的选择标准以株型开散或伞型花序、色彩饱和度低植物为主，例如细茎针茅（*Reynoutria japonica*）、藁本（*Rhizoma ligustici*）、地榆（*Sanguisorba officinalis*）等。

### 3.2.3　基底植物

基底植物以枝叶细密、株型紧凑、花型较小的植物为主，强调整体性，调和骨架植物与分散植物的肌理和质感，是骨架植物花期的补充。

## 3.3　植物材料的选择

根据以上植物群落结构的定位，综合考虑项目所在地的气候特点、土壤条件、光照条件等因素，植物材料以北京多年生乡土地被植物为主，乡土植物数量占比达到 95% 以上。植物材料表详见表 1。

植物材料表　　　　　　　　　　表 1

| 植物类型 | 植物种类 | 花期 | 花色/叶色 | 植物特点 |
|---|---|---|---|---|
| 骨架植物 | 蓝山鼠尾草 *Salvia nemorosa* 'Blue Hill' 套种 高山紫菀 *Aster alpinus* | 蓝山鼠尾草 6 至 8 月，高山紫菀 9 至 11 月 | 蓝色 紫色 | 株形松散、叶型独特、特征鲜明的植物选作主题植物 |
| | 德国鸢尾 *Iris germanica* 套种 千屈菜 *Lythrum salicaria*＋冬凌草 *Rabdosia rubescens* | 德国鸢尾 4 至 5 月，千屈菜 6 至 8 月，冬凌草 9 至 12 月 | 蓝色 紫色 蓝色 | |

续表

| 植物类型 | 植物种类 | 花期 | 花色/叶色 | 植物特点 |
|---|---|---|---|---|
| 骨架植物 | 耧斗菜 Aquilegia viridiflora 套种柳叶白菀 Aster ericoides ＋ 婆婆纳 Veronica didyma | 耧斗菜 4 至 5 月，柳叶白菀 9 至 11 月，婆婆纳 6 至 8 月 | 蓝紫色白色蓝色 | 株形松散、叶型独特、特征鲜明的植物选作主题植物 |
| | 剪秋萝 Lychnis fulgens 套种蓝刺头 Echinops sphaerocephalus | 剪秋萝 5 至 6 月蓝刺头 8 至 9 月 | 红色蓝色 | |
| 基底植物 | 紫露草 Tradescantia ohiensis | 紫露草 6 至 8 月 | 紫色 | 枝叶细密、株型紧凑、花型较小的植物为主，强调整体性 |
| | 毛茛 Ranunculus japonicus 套种龙牙草 Agrimonia pilosa | 毛茛 4 至 5 月龙牙草 6 至 9 月 | 黄色黄色 | |
| | 虾夷葱 Allium schoenoprasum 套种射干 Belamcanda chinensis | 虾夷葱 5 至 6 月射干 6 至 8 月 | 粉色橙色 | |
| | 大滨菊 Leucanthemum maximum | 4 至 6 月 | 白色 | |
| | 荆芥 Nepeta cataria | 4 至 6 月 | 蓝紫色 | |
| | 夏枯草 Prunella vulgaris | 5 至 9 月 | 浅紫色 | |
| | 委陵菜 Potentilla chinensis | 5 至 10 月 | 黄色 | |
| | 山桃草 Gaura lindheimeri | 5 至 8 月 | 白色 | |
| | 千叶蓍 Achillea millefolium | 5 至 7 月 | 粉色 | |
| | 绵毛水苏 Stachys lanata | 5 至 11 月 | 粉白色 | |
| 分散植物 | 玉带草 Phalaris arundinacea | 4 至 11 月 | 绿白色 | 以株型开散或伞型花序、色彩饱和度低植物为主 |
| | 细茎针茅 Reynoutria japonica 套种拂子茅 Calamagrostis epigeios | 细茎针茅 4 至 12 月拂子茅 4 至 12 月 | 绿色绿色 | |
| | 藁本 Rhizoma ligustici | 9 至 11 月 | 白色 | |

## 3.4　延长观赏周期的种植模式

　　多年生草本植物的花期多集中于晚春、仲夏和初秋，以夏季为主要的盛花期。为了延长花境的观赏周期，以多种植物套种的形式，延长植物群落的开花时长。花境的魅力，在于盛花时的惊艳，也在于凋零时的动容（图 5～图8）。从全年周期来看，从春季到秋季是整体植株高度逐渐增高变化的过程，春季植物高度在 50～60cm 以内，是草木绕膝的空间氛围，而到秋季，高大的植物高度已经超过100cm，甚至可达到 150～200cm，此时，在花境中有被植物包裹的自然感。这种随季节变化的不同风貌也是花境

的魅力所在。自然生态、动态可持续的花境的设计不仅注重盛花时的绚丽多彩，而且注重枝叶姿态和凋零花序所展现出的冬日景观。

图 5　春季实景

图 6　夏季实景

图 7　秋季实景

图 8 冬季实景

## 4 建造与实施

花境建造与实施的过程也是二次设计的过程，是对设计图纸的现场优化。在本项目中，笔者参与了花境施工的全过程，并且在放线过程中对图纸的落地进行全程把控，设计师参与现场施工过程是控制花境效果的关键环节（图 9、图 10）。

图 9 设计师现场放线

图 10 现场栽植过程

## 5 当代花境应用前景展望

当代花境因其自然的野趣、类荒野的外在风貌、较低人工维护和管理成本，能够提供支持、供给和调节城市生态系统，提供野性自然的游憩机会和审美体验。"久在樊笼里，复得返自然"，自然共生的当代花境景观传达给游客的是放松平静、野趣自然的景观体验，是连接人与自然的诗意生活。

未来，这种形式可应用于更多绿色空间，如生态花沟、雨水花园、康复花园等，在美化环境的同时，发挥更大的生态价值和经济价值。可供选择的多年生草本植物种类丰富，其中有很多优良的引蝶类、引蜜蜂类植物，这也构建了一种传粉昆虫与花卉景观的协同工程系统，从而构建了营巢生境与庇护生境。从建设生境廊道来说，花境无疑是受限制条件最小，应用范围最广的类型，对于其生态价值、经济价值等分析研究还有待进一步探索。

### 参考文献

[1] 北京林业大学园林系花卉教研组. 花卉学 [M]. 北京：中国林业出版社，1990.

[2] DISABATO-AUST T. The well-designed mixed garden building beds and borders with trees, shrubs, perennials, annuals, and bulbs [M]. Portland: Timber Press, 2003.

[3] 王向荣. 城市荒野与城市生境 [J]. 风景园林，2019，26(1)：4-5.

[4] 曹越，万斯·马丁，杨锐. 城市野境：城市区域中野性自然的保护与营造 [J]. 风景园林，2019，26(8)：20-24.

[5] 尹豪，杭烨，方小雨，等. 英国谢菲尔德大学詹姆斯·希契莫夫教授对话北京林业大学董丽教授 [J]. 风景园林，2018，25(2)：42-53.

[6] 朱玲，刘一达，王睿，等. 新自然主义种植理念下的草本植物群落空间研究 [J]. 风景园林，2020，27(2)：72.

[7] 王嘉楠，储显，刘慧，等. 城市花境景观特征及其公众评价 [J]. 中国园林，2020，36(3)：126-129.

[8] MÜLLER A, BØCHER P K, FISCHER C, et al. 'Wild' in the city context: Do relative wild areas offer opportunities for urban biodiversity [J]. Landscape and urban planning, 2018, 170: 256-265.

### 作者简介

李美蓉，1987 年生，女，北京易景道景观设计工程有限公司高致工作室，高级工程师。

# 10 个杜鹃花新品种在上海道路绿地中的应用调查①

Investigation on the Application of 10 New Varieties of Rhododendron in Shanghai Road Green Space

龚　睿　张春英*

**摘　要**：本文对 10 个杜鹃花新品种在上海道路绿地中的生长情况和景观表现进行了调查分析。结果显示，不同品种在绿地中生长表现差异较大，其中 4 个品种（‘红阳’‘红运来’‘春潮’和‘宝玉’）适应性较差，叶片发黄干枯现象严重，部分植株死亡；3 个品种（‘胭脂蜜’‘粉秀’和‘盛春 2 号’）在栽培初期表现良好，开花繁密，但经一个生长季后出现部分植株叶片黄化现象，适应性一般；1 个品种（‘粉妆楼’）小范围应用生长良好，适应性尚可；2 个品种（‘红苹果’‘仙鹤’）在调查期间生长健壮，适应性好，花大色艳，可在城市绿地中试推广应用。此外，杜鹃花绿地种植中植物配置应注意乔灌草结合，常绿树种与落叶树种相结合。

**关键词**：杜鹃花；上海道路绿地；适应性；应用

**Abstract**：In this paper, the growth and landscape performance of 10 rhododendron cultivars in Shanghai road green space were investigated. The results showed that there were significant differences in the growth performance of different varieties in green space, among which four varieties ('Hongyang', 'Hongyunlai', 'Chunchao' and 'Baoyu') had poor adaptability, and their leaves were yellow and dry, and some plants died. Three varieties ('Yanzhimi', 'Fenxiu' and 'Shengchun 2') performed well in the early stage of cultivation and blossomed in abundance, but after one growing season, part of the leaves of plants appeared yellowing, and their adaptability was general. One variety ('Fenzhuanglou') grew well in a small area and had good adaptability; Two varieties ('Red Apple' and 'Xianhe') grew healthily during the investigation period, with good adaptability, large flowers and bright colors, which can be promoted and applied in urban green land pilot scale. In addition, the combination of tree, shrub and grass and the combination of evergreen and deciduous trees should be paid attention to in the plant configuration of green space.

**Keyword**：Rhododendron；Shanghai Road Green Space；Adaptability；Application

杜鹃花是杜鹃花科（Ericaceae）杜鹃花属（*Rhododendron*）植物的总称，种类繁多，花色娇艳，体态各异，观赏价值极高，深受各国人民喜爱。在欧洲有"无鹃不成园"的说法。杜鹃花是园林中不可或缺的花灌木，也是珍贵的盆栽花卉。全世界杜鹃花属植物有 1000 余种，分布广泛。杜鹃花属是我国种子植物最大的属之一；我国约有 570 种杜鹃花属植物，其中 400 多种为我国特有种。杜鹃花在我国分布极为广泛，除新疆和宁夏两地至今没有野生杜鹃花分布的记录外，其余各省区都有[1]。

① 基金项目：上海市科学技术委员会项目（19DZ1203704）。

杜鹃花在我国栽培历史悠久，蕴含着丰富的花文化，有"花中西施"的美誉，为我国"十大传统名花"之一，也是享誉世界的著名木本花卉[2]。我国是杜鹃花的故乡，城市绿地中常见杜鹃花的应用。上海地区由于夏季炎热、土壤偏碱性，园林中能够选择的杜鹃花种类十分有限，绿地中应用品种单调问题突出。因此，本文对绿地中试种的新品种生长情况和适应性进行调查，为上海适生品种的选择提供依据。

# 1　调查对象与方法

## 1.1　调查对象

本次调查选取黄浦滨江绿地、虹口广粤路绿地作为调查地点。黄浦滨江绿地位于南浦大桥下，紧邻黄浦江，呈带状分布。虹口广粤路绿地由主干道旁的绿化隔离带和街头绿地两部分组成。上述绿地土壤经改良后，pH 值达 7.92，EC 值为 0.12mS/cm，有机质含量 17.61g/kg，水解性氮含量 85.08mg/kg，有效磷含量 55.12mg/kg，速效钾含量 135.84mg/kg。绿地试种的 10 个新品种为：'红苹果''胭脂蜜''红阳''粉秀''仙鹤''红运来''粉妆楼''宝玉''盛春 2 号''春潮'，分别于 2020 年 1 月和 6 月种植于绿地中。以杜鹃花'紫鹤'为对照。

## 1.2　调查方法

调查采用实地踏查法，测量株高、记录生长情况，并拍照记录现状，对调查样地中经两个生长季后的杜鹃花种类、花色、花期、生境和配置方式进行调查并分析，记录杜鹃花新品种在上海绿地中的生长和应用情况。

# 2　结果与分析

## 2.1　品种的适应性调查

实地调查研究发现，杜鹃花 10 个新品种在上海绿地中的适应性不同（表 1）。对照品种'紫鹤'是上海绿地中最为常见的杜鹃花种类，株高 66cm，花紫红色，花期 4 月，能较好地适应上海气候和土壤条件，生长健壮，叶片浓绿。与对照相比，品种'红阳''红运来''春潮'和'宝玉'的绿地适应性明显较差。'红阳'在种植初期植株高于其他品种，但春季开花稀疏，夏季叶片干枯发黄，叶片有褐色病斑，土壤适应性差，部分植株死亡。'红运来''春潮'种植初期生长良好，4 月初开花繁密，色彩艳丽，但后期叶片黄化严重，且存在部分植株死亡现象。'宝玉'植株较低矮，株高仅 40cm，花小叶小，但开花最早，花淡粉色，3 月下旬盛花期时花量繁密不见叶。但夏季过后生长表现不佳，无遮阴处植株叶片全部发黄，遮阴处部分植株叶片发黄，适应性不佳。上述 4 个品种均不适合上海绿地环境条件。'胭脂蜜'和'粉秀'在绿地中生长表现相似，均是片植花坛形式栽培，边缘外围的植株叶片发黄的较多，而内部的植物叶片翠绿，植株比较健康，黄化叶片比例较低，这可能与外围的土壤易干燥有关。'粉妆楼'花粉色，'盛春 2 号'花紫红色，花色艳丽，花期比较集中，4 月上旬始花，一直开至 4 月下旬，'粉妆楼'适应性较好，植株叶片黄化的比例较低，而'盛春 2 号'初期生长开花表现良好，后期外围植株部分叶片发黄。'红苹果'和'仙鹤'适应性表现最好，植株生长健康，花大色艳，'红苹果'叶片冬季变红，'仙鹤'花粉紫色，观赏价值高。

杜鹃花不同品种适应性调查表　　　　　　　　　　　　　表 1

| 品种 | 株高(cm) | 花色 | 始花期 | 盛花期 | 末花期 | 越夏表现 | 越冬表现 | 整体评价 |
|---|---|---|---|---|---|---|---|---|
| 紫鹤（CK） | 66 | 紫红色 | 4 月 4 日—4 月 6 日 | 4 月 7 日—4 月 26 日 | 4 月 27 日—4 月 29 日 | 生长健康，叶色翠绿 | 生长良好 | 适应性好，长势良好，开花繁密 |
| 红苹果 | 55 | 紫红色 | 3 月 26 日—3 月 29 日 | 3 月 30 日—4 月 12 日 | 4 月 13 日—4 月 14 日 | 生长健康，叶色翠绿 | 生长良好，冬季老叶变红 | 适应性好，长势良好，开花繁密 |
| 胭脂蜜 | 63 | 玫红色 | 3 月 25 日—3 月 29 日 | 3 月 30 日—4 月 11 日 | 4 月 12 日—4 月 14 日 | 外围植株叶片发黄 | 部分植株叶片受冻呈黄色干枯状 | 适应性一般，长势尚可，叶片部分发黄 |
| 红阳 | 83 | 紫红色 | 5 月 4 日—5 月 7 日 | 5 月 8 日—5 月 22 日 | 5 月 23 日—5 月 24 日 | 叶片发黄干枯 | 花芽和新叶叶尖受冻呈黄色干枯状 | 适应性差，长势和开花均不佳，部分植株死亡 |
| 粉秀 | 44 | 粉色 | 3 月 24 日—3 月 28 日 | 3 月 29 日—4 月 20 日 | 4 月 21 日—4 月 22 日 | 外围植株叶片发黄，中间植株健康，叶片翠绿 | 生长良好 | 适应性一般，长势良好，开花繁密 |

续表

| 品种 | 株高(cm) | 花色 | 始花期 | 盛花期 | 末花期 | 越夏表现 | 越冬表现 | 整体评价 |
|---|---|---|---|---|---|---|---|---|
| 仙鹤 | 65 | 粉紫色 | 3月29日—4月3日 | 4月4日—4月24日 | 4月25日—4月27日 | 生长健康，叶色翠绿 | 生长良好 | 适应性好，长势良好，开花繁密 |
| 红运来 | 52 | 红色 | 4月6日—4月8日 | 4月9日—4月24日 | 4月25日—4月26日 | 新叶老叶均发黄 | 叶片受冻害影响部分发黄 | 适应性差，初期开花繁密，花后植株叶片整体发黄干枯，部分植株死亡 |
| 粉妆楼 | 52 | 粉色 | 3月28日—3月30日 | 3月31日—4月21日 | 4月22日—4月23日 | 生长健康，叶色翠绿 | 生长良好 | 适应性良好，长势良好，开花繁密，零星有新叶发黄 |
| 宝玉 | 40 | 粉色 | 3月22日—3月23日 | 3月24日—4月11日 | 4月12日—4月14日 | 无遮阴处植株整体黄化 | 生长一般，植株低矮，叶片稀疏 | 适应性欠佳，叶片大部分发黄 |
| 盛春2号 | 69 | 紫红色 | 3月29日—3月31日 | 4月1日—4月22日 | 4月23日—4月25日 | 生长良好，外围植株叶片发黄 | 生长良好 | 适应性一般，开花繁密，外围植株叶片发黄 |
| 春潮 | 48 | 深粉色 | 3月28日—3月30日 | 3月31日—4月18日 | 4月19日—4月21日 | 叶片整体发黄 | 长势不佳，叶片发黄 | 适应性差，初期开花繁密，后期长势不佳，叶片整体发黄 |

## 2.2　不同植物配置中的应用调查

由表2可知，杜鹃花'紫鹤''红苹果''胭脂蜜''红阳''粉秀'这5个品种，采用群植的方式栽植，黄浦滨江绿地入口处初步形成一定的杜鹃花景观（图1）。上层植物为水杉，无小乔木和其他灌木搭配。'胭脂蜜'和'粉秀'表现为外围植株叶片发黄；而'红阳'叶片干枯发黄，花朵萎蔫。'仙鹤''红运来''粉妆楼''宝玉''盛春2号''春潮'等品种栽植于虹口广粤路街头绿地，

植物配置丰富，景观层次丰富，还搭配有景石、石凳、石阶等园林小品（图2）。植物配置方面，上层乔木有广玉兰、雪松、银杏、罗汉松、香樟、桂花、紫叶李等，中层有红枫、鸡爪槭、紫薇、南天竹、八仙花等。乔灌草相结合，形式丰富，空间层次感强，落叶树与常绿树相结合，品种多样；观花观叶观果植株搭配，四季有景，观赏价值高，道路彩化效果好。其中品种'红运来''宝玉'和'春潮'初期生长开花良好，但由于对绿地土壤的不适应，后期植株整体黄化严重，景观效果受到影响。

**不同植物配置中的杜鹃花应用调查表**　　表2

| 品种 | 上木 | 下木 | 种植方式 | 光照情况 | 生长情况 | 开花情况 |
|---|---|---|---|---|---|---|
| 紫鹤（CK） | 水杉 | 无 | 群植 | 80%光照 | 生长良好，适应性佳 | 花紫红色，花大，开花繁密 |
| 红苹果 | 水杉 | 无 | 群植 | 80%光照 | 生长良好，适应性佳 | 花紫红色，花大，开花繁密 |
| 胭脂蜜 | 水杉 | 无 | 群植 | 80%光照 | 外围植株叶片发黄，中间叶片翠绿 | 花玫红色，开花繁密 |
| 红阳 | 水杉 | 无 | 群植 | 80%光照 | 生长不佳，整体叶片发黄，部分植株死亡 | 花紫红色，开花稀疏 |
| 粉秀 | 水杉 | 无 | 群植 | 80%光照 | 生长良好，外围植株叶片稍发黄 | 花粉色，开花繁密 |
| 仙鹤 | 广玉兰、紫叶李 | 红枫 | 片植 | 50%光照 | 生长良好，适应性佳 | 花粉紫色，开花繁密 |
| 红运来 | 雪松、北美海棠、桂花 | 鸡爪槭 | 片植 | 50%光照 | 初期生长良好，后期适应性差，整体叶片发黄，部分植株死亡 | 花红色，花色艳丽，开花繁密 |
| 粉妆楼 | 罗汉松、广玉兰、北美海棠 | 八仙花、百子莲 | 片植 | 50%光照 | 生长良好，偶有叶片发黄 | 花粉色，开花繁密 |
| 宝玉 | 雪松、北美海棠、桂花、紫叶李 | 紫薇 | 片植 | 50%光照 | 生长一般，植株低矮，不耐热，叶片大部分发黄 | 花粉色，花小量大，开花繁密 |
| 盛春2号 | 香樟、银杏、桂花 | 南天竹、漫疏 | 片植 | 50%光照 | 初期生长良好，后期外围植株叶片发黄 | 花紫红色，开花繁密 |
| 春潮 | 香樟、桂花 | 红枫、南天竹、漫疏 | 片植 | 50%光照 | 初期生长良好，后期生长不佳，叶片全部发黄 | 花深粉色，开花繁密 |

图 1　黄浦滨江绿地杜鹃花春季景观

图 2　虹口广粤路街头绿地中杜鹃花春季景观

## 2.3　不同绿地类型中的应用调查

从表 3 可以看出，杜鹃花品种'仙鹤''红运来'在不同类型绿地中生长表现不同。'仙鹤'在黄浦滨江绿地中以群植的方式种植，上方种植有水杉，整个生长季期间表现良好，苗木健壮，叶片浓绿，花粉紫色，开花时大而密。虹口广粤路绿化隔离带中以杜鹃花'仙鹤'和'红运来'两个品种交替着带植，上木为三角枫，下木种有溲疏，但种植当年受冬季低温骤降影响，两个品种的花芽遭冻害呈现枯萎状态，春季开花极其稀疏，花期表现不佳，且新叶叶色发黄（图 3），其中'红运来'长势较差，叶片黄化严重。与之相反，'仙鹤'和'红运来'在广粤路街头绿地中景观表现明显优于隔离带，其长势良好，春季花开烂漫、花色艳丽（图 4），且与雪松、广玉兰、紫叶李、北美海棠、红枫、鸡爪槭相配植，层次丰富。但花期后'红运来'对绿地的不适应性逐渐显现，叶片黄化，部分植株死亡。

不同绿地类型中的杜鹃花应用调查表　　　　　　　　　　　　　　　　　　　　　表 3

| 品种 | 绿地类型 | 上木 | 下木 | 种植方式 | 生长情况 | 开花情况 |
|---|---|---|---|---|---|---|
| 仙鹤 | 黄浦滨江绿地 | 水杉 | 无 | 群植 | 生长良好 | 花粉紫色，开花繁密 |
| | 虹口广粤路隔离带 | 三角枫 | 溲疏 | 带植 | 少量新叶叶尖发黄 | 花芽受冻害影响，春季开花稀疏 |
| | 虹口广粤路街头绿地 | 广玉兰、紫叶李 | 红枫 | 片植 | 生长良好 | 花粉紫色，开花繁密 |
| 红运来 | 虹口广粤路隔离带 | 三角枫 | 溲疏 | 带植 | 不耐热，叶片发黄，部分植株死亡 | 花芽受冻害影响，春季开花极少 |
| | 虹口广粤路街头绿地 | 雪松、北美海棠、桂花 | 鸡爪槭 | 片植 | 初期生长良好，后期叶片整体发黄，部分植株死亡 | 花红色，开花繁密 |

图 3　绿化隔离带中的杜鹃花'仙鹤'和'红运来'春季开花情况

图 4　街头绿地中的杜鹃花'仙鹤'和'红运来'春季开花情况

# 3　调查结论与建议

## 3.1　调查结论

### 3.1.1　品种的适应性差异

上海绿地中应用的杜鹃花大多为毛鹃品种'紫鹤'。因此本文以'紫鹤'为对照品种评价新品种适应性。通过对 10 个杜鹃花新品种在上海道路绿地中应用情况调查，笔者发现：'红阳''红运来''春潮'和'宝玉'这 4 个品种适应性较差，叶片发黄干枯症状严重，存在部分植株死亡现象；'胭脂蜜''粉秀'和'盛春 2 号'在栽培初期表现良好，开花繁密，但栽培 1 年后外围植株叶片黄化明显，适应性一般；'粉妆楼'仅在广粤路绿地有小范围应用，生长表现良好，黄化植株很少，适应性较好；'红苹果''仙鹤'在调查期间表现与'紫鹤'近似，生长势表现良好，叶片黄化率很低，说明这两个品种对上海绿地环境有较好的适应性，但是'红苹果'冬季叶片比较稀疏，株型不够紧凑。

### 3.1.2　适合的植物配置方式推荐

上海的气候条件不利于杜鹃花生长，但城市绿地中科学合理的植物配置可为杜鹃花生长营造良好的小环境。调查结果表明，杜鹃花绿地种植中植物配置应乔灌草结合，常绿树种与落叶树种相结合。乔木层以落叶树种为主，辅以部分常绿树种，夏季遮阴降温，防止叶片灼伤，冬季落叶光照充足，促进杜鹃花花芽发育。乔木树种选择深根性树种（银杏、无患子、枫香等），避免侧根横向发展对杜鹃花群落根系的影响[3]，中层灌木类树种一般选择与杜鹃花观赏期不同的类型（八仙花、山茶、红枫等），弥补夏、秋、冬三季景观的单调。此外，杜鹃花周围适当种植一些草本植物（鸢尾、玉簪、蕨类等），不仅景观丰富，而且为杜鹃花根部遮阴。

### 3.1.3　不同类型绿地杜鹃花品种选择

不同类型绿地可选择不同杜鹃花品种。道路绿化隔离带栽培环境较差，遮阴率低，容易干燥，应选择植株生长健壮、适应性强、养护管理简单的毛鹃系列品种，如'仙鹤''紫鹤'等。街头绿地栽培环境相对较好，可适当放宽品种选择的要求，以满足品种多样、色彩丰富的景观需求，吸引附近居民休憩娱乐，除毛鹃系列品种外，栽培条件要求较高的品种'盛春 2 号''粉妆楼'等也可在街头绿地中种植。

## 3.2 建议

### 3.2.1 加强杜鹃花抗逆性种质资源创新

上海绿地中杜鹃花栽培主要受限于夏季高温和土壤碱性这两大因子，导致品种单调问题凸出。杜鹃花作为典型的酸性指示植物，大多数种类适宜的土壤 pH 值为 4.5～6.0[4]，在中性至碱性土壤中栽培则会出现叶片黄化，生长迟缓、萎缩，甚至死亡等问题[5]。城市地区栽培杜鹃花土壤改良是必需措施已经成为共识，但在上海土壤条件下，很难维持土壤 pH 值 7.0 以下。绿地施工中，根据杜鹃花栽培要求土壤改良到位的很少，改良后的土壤有机质有所增加，pH 值稍许降低，但是仍然在 pH 8.0 以上。因此选择和培育对土壤 pH 值不敏感的品种非常必要，加强对抗性强的野生资源的引种驯化，同时开展抗性品种选育研究，是改善上海杜鹃花景观的必由之路。

### 3.2.2 提升城市绿地养护管理水平

绿地的养护管理措施也是影响杜鹃花景观效果的关键，杜鹃花是一类要求精细养护的植物，如夏季浇水不及时、施肥不当、叶片褐斑病和网蝽等病虫害严重等都会影响其景观表现。苗木质量是保证景观效果的前提，苗木养护则是维持绿地景观的关键。"三分种、七分养"，上海的气候、土壤条件对于杜鹃花的需求有一定差距，要想让杜鹃花在城市绿地中枝繁叶茂，做好水分、养分和病虫害管理工作是重点，此外，应加强绿地养护考核，提升管理水平，为杜鹃花创造良好的生长环境。

## 参考文献

[1] 中国科学院中国植物志编辑委员会. 中国植物志(第 57 卷第 1 分册)[M]. 北京：科学出版社，1999：1-15.

[2] 张长芹. 杜鹃花[M]. 北京：中国建筑工业出版社，2003.

[3] 徐忠，张春英. 上海杜鹃花栽培及应用[M]. 北京：中国林业出版社，2013.

[4] KINSMAN D J J. Rhododendrons in yunnan, China-pH of associated soils[J]. Digital library & archives of the virginia tech University libraries, 1999.

[5] DEMASI S, CASER M, KOBAYASHI N, et al. Hydroponic screening for iron deficiency tolerance in evergreen azaleas[J]. Notulae botanicae horti agobotanici cluj-Napoca, 2015, 43(1)：210-213.

## 作者简介

龚睿，1992 年生，女，工程师，上海植物园。电子邮箱：gongrui@shbg.org。

(通信作者)张春英，1971 年生，女，教授级高级工程师，上海植物园。电子邮箱：zhangchunying@shbg.org。

# 高温对不同品种杜鹃花叶绿素荧光和光合参数的影响①

## Effects of High Temperature Stress on the Chlorophyll Fluorescence and Photosynthesis Parameters of Different *Rhododendron* Cultivars

夏　溪　张春英*

**摘　要**：以 6 个杜鹃花（*Rhododendron* cv.）品种 1 年生扦插苗为试验材料，研究了不同高温胁迫（30℃、40℃）对杜鹃花形态、叶绿素荧光参数及光合色素的影响。结果表明：高温胁迫致使杜鹃花幼苗叶片的潜在光化学活性（$F_v/F_o$）、最大光化学效率（$F_v/F_m$）、最大天线转化效率（$F_v'/F_m'$）以及叶绿素含量显著下降，变化幅度与胁迫强度成正比。耐热性强的杜鹃花品种非光化学猝灭系数（NPQ）和叶黄素表现中温胁迫下降高温胁迫上升的趋势。对叶绿素荧光和光合色素含量分析得出，'紫鹤'和'白鹤'具有较高耐热性，其在受到高温胁迫后启动了热耗散机制适应环境高温。本研究可为揭示杜鹃花光合结构对高温的响应机制以及耐热品种的筛选提供依据。

**关键词**：杜鹃花；高温胁迫；叶绿素荧光；光合色素

**Abstract**：In this study，one year old cutting seedlings from six *Rhododendron* Cultivars used as experimental materials to evaluate the effects of different high temperature stresses（30℃，40℃）on morphology，chlorophyll fluorescence parameters，and photosynthetic. The results showed the $F_v/F_o$（potential activity of PSII），$F_v'/F_m'$（efficiency of excitation capture of open PSII center），$F_v/F_m$（efficiency of maximal photochemical）and the chlorophyll content of *Rhododendron* seedlings were significantly decreased by high temperature stress，and the magnitude of the changes was directly proportional to the intensity of the stress. The NPQ（non-photochemical quenching）and lutein of heat-tolerant *Rhododendron* cultivars showed a trend of decreasing in medium-temperature stress and increasing in high-temperature stress. The analysis of chlorophyll fluorescence and photosynthetic parameters revealed that 'Zihe' and 'Baihe' have high heat tolerance，and their heat dissipation mechanism was activated to adapt to high ambient temperature. This study can provide a basis for deriving a mechanism for the response of the photosynthetic apparatus to high temperature and for screening heat-tolerant cultivars.

**Keyword**：Rhododendron；High Temperature Stress；Chlorophyll Fluorescence；Photosynthetic Pigments

　　光合作用是植物能量合成最重要的生理过程，其关键参与者是植物细胞内部的叶绿体。高温会引起植物生长和发育的不可逆损伤，导致叶绿体中酶的失活，加速蛋白质降解并使膜的完整性丧失[1]。高温胁迫可引起植物光合效率的降低，从而影响植物的生长[2]。叶绿素荧光技术是以体内叶绿素荧光为探针检测植物光合作用状态的植物活体测定和诊断技术[3]。一般认为植物的叶片光合机构对高温特别敏感，叶绿素荧光能真实反映植物叶片光合效应及

① 基金项目：上海市绿化和市容管理局科学技术项目（G190303）。

环境因子对光合作用的影响和热耗散情况，其具有快速无损的检测特点，是无损判断植物生长状况和抗逆性强弱，筛选植物耐高温品种的重要方法[4-6]。

杜鹃花是杜鹃花科（Ericaceae）杜鹃属（Rhododendron）植物的统称，是世界著名的高山花卉和中国十大名花之一。其品种繁多，花色丰富，具有很高的观赏及经济价值[7,8]。全世界杜鹃花属约有 1000 种，中国作为杜鹃花属的分布与起源中心，约有杜鹃花 560 余种，其中特有种约 400 余种，主要分布于西南高海拔地区[9-11]。杜鹃属植物对生态环境要求较高，性喜冷凉湿润气候，耐热性较差，其生长适宜的温度为 12～25℃[12,13]。高温热害是制约其生长发育的主要环境因子，严重影响了杜鹃花在园林绿化中的应用。国内杜鹃花遗传资源丰富，不同种间生态习性及耐热性存在较大差异。目前，对杜鹃花耐热的研究主要集中于耐热生理的研究[13-20]，对杜鹃花在热胁迫下光合系统的研究较少[21,22]。因此，开展杜鹃花高温胁迫机制研究对其耐热性鉴定及耐热资源的挖掘与利用具有重要意义。

# 1 材料与方法

## 1.1 试验材料

供试材料为 6 个杜鹃花品种，分别为'紫鹤''白鹤''粉红泡泡''红苹果''玉秀'和'艳秀'，6 个品种均由上海植物园提供。所有供试品种均为 1 年生扦插苗，栽植于花盆中，于温室中适应 3 个月后，选取长势一致、无病虫害的植株进行试验。试验于 2020 年 7 月在上海植物园温室内进行。

## 1.2 试验方法

试验于人工气候箱中进行，采用 25℃/25℃（昼/夜，

轻度高温胁迫）、30℃/30℃（昼/夜，中度高温胁迫）、40℃/40℃（昼/夜，重度高温胁迫）3 个温度梯度处理，培养箱空气相对湿度 70%，光照 16h/8h（光/暗）。盆底设置盛水托盘（水深 2cm）补充盆土水分并每天补水保持。分别在处理 7 天时观测植物外观形态变化并测定叶绿素荧光参数、叶绿素和类胡萝卜素，每个处理选取 3 个叶片作为重复。为解决高温胁迫对不同杜鹃品种叶片 $F_o$ 的影响，采用 LI-6400 便携式光合仪检测，叶片测定前充分暗适应 30min，使用配套的 40-荧光叶室测定初始荧光 $F_o$。高温胁迫对不同杜鹃品种叶片 $F_v/F_m$ 和 $F_{v'}/F_{m'}$ 的影响，分别采用 $F_v/F_m = (F_m - F_o)/F_m$ 和 $F_{v'}/F_{m'} = (F_{m'} - F_{o'})/F_{m'}$ 计算。高温胁迫对不同杜鹃品种叶片非光化学猝灭系数（NPQ）的影响，采用 vanKooten 和 Snell 的公式计算，$NPQ = F_m/F_{m'} - 1$。

## 1.3 统计分析

用 Microsoft excel 软件对所有试验数据进行处理。

# 2 结果与分析

## 2.1 高温胁迫对杜鹃花外观形态的影响

在 25℃/25℃处理条件下，至处理 7 天，供试的杜鹃品种均生长良好，叶片颜色鲜绿，无受害症状。在 30℃/30℃处理条件下，至处理 7 天，'紫鹤''白鹤''红苹果'除叶片出现少量黑斑，均生长状况良好，叶片颜色呈绿色。'艳秀'和'玉秀'除新叶呈黄绿色，总体叶片呈绿色，见少量黑斑。'粉红泡泡'总体叶片呈黄绿色，黑斑较多。在 40℃/40℃处理条件下，至处理 7 天，'艳秀''粉红泡泡'和'玉秀'全株叶片发生明显萎蔫枯黄，最后全株死亡，'紫鹤'和'红苹果'仅存新叶，'白鹤'整体叶片下垂，叶片叶柄基部松动，机械碰触后易脱落（图1）。

图1 6 种杜鹃花品种在不同高温胁迫下的表型

注：从左到右分别为'紫鹤''红苹果''艳秀''粉红泡泡''玉秀''白鹤'

## 2.2 高温胁迫对不同杜鹃花品种叶片叶绿素荧光参数的影响

6个品种的$F_v/F_m$在25～30℃过程中均未有显著变化，随着温度的升高'粉红泡泡''红苹果''艳秀'和'玉秀'表现出明显的下降趋势，'玉秀'降低得最多，比30℃时降低了56.41%，'紫鹤'和'白鹤'$F_v/F_m$值在3个温度中均较稳定，高温胁迫比中温胁迫分别降低了6.33%和2.56%（图2-a）。

'白鹤'和'粉红泡泡'的$F_v/F_o$在3个温度中呈下降趋势，其在30℃中比25℃中分别降低了7.47%和4.69%，在40℃中比30℃中分别降低了5.48%和48.36%。'紫鹤''红苹果''艳秀''玉秀'的$F_v/F_o$在中温胁迫下均显示略升高，分别升高了0.52%、2.08%、1.35%和3.41%，而在高温胁迫下显示出下降的趋势，分别下降了24.48%、63.52%、76.53%和85.71%（图2-b）。

不同高温胁迫下，6个品种的$F_v'/F_m'$，除'粉红泡泡'，其余5个品种均显示出在25℃到30℃过程中无明显变化，在40℃高温中下降的趋势。其中'白鹤'在3个温度中最稳定，其$F_v'/F_m'$值在30℃中比25℃降低了2.63%，而在40℃中比30℃中升高了0.27%。'紫鹤'$F_v'/F_m'$值在30℃中温胁迫下无变化，在40℃中比30℃中降低了15.38%。'玉秀'的$F_v'/F_m'$值在高温胁迫下在所有品种中降低最高，达85%（图2-c）。

'紫鹤'的$NPQ$在高温胁迫中显示出逐渐升高的趋势，其在30℃中比25℃中升高了5.48%，在40℃中比30℃中升高了6.4%。'白鹤''粉红泡泡''红苹果'这3个品种的$NPQ$值在中温胁迫中表现略升高，分别升高了2.5%、8.21%和3.6%，而在高温胁迫中呈下降的趋势，分别下降了2.84%、9.82%、25.69%。'艳秀'和'玉秀'在不同高温胁迫下显示出逐渐降低的趋势，其在30℃中比25℃中分别降低了0.92%和5.93%，在40℃中比30℃中分别降低了36.74%和62.61%（图2-d）。

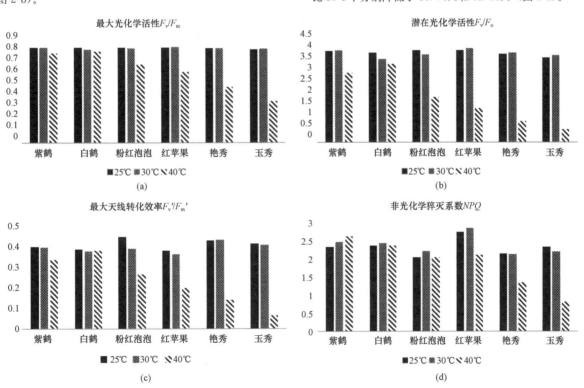

图2　热胁迫对不同品种杜鹃叶片叶绿素荧光参数的影响

## 2.3 高温胁迫对不同杜鹃品种光合色素的影响

高温胁迫使6个杜鹃花品种的叶绿素a、叶绿素b和总叶绿素均有所降低，其中4个品种在中高温两种胁迫中较25℃指标均降低（表1）。'紫鹤'在30℃时较25℃降

低10.01%、6.07%、8.77%，40℃时较25℃降低了11.98%、5.54%、9.62%。'红苹果'在30℃时较25℃降低1.82%、2.75%、2.26%，40℃时较25℃降低了16.99%、13.5%、15.75%。'紫鹤'和'红苹果'的叶绿素指标在3个温度中无显著性差异。'白鹤'在30℃时

较 25℃降低 13.79%、11.19%、12.78%，40℃时较 25℃降低了 27.44%、20.65%、25.51%，叶绿素指标在高温胁迫下（40℃）中显著低于 25℃。'玉秀'在 30℃时较 25℃降低 0.23%、3.38%、1.19%，40℃时降低了 59.80%、71.69%、58.41%，高温胁迫下（40℃）叶绿素指标显著低于低温（25℃）和中温（30℃）胁迫。2 个品种在中温胁迫时指标有

所上升，而在高温胁迫时降低。'粉红泡泡'在 30℃时较 25℃升高 1.63%、3.05%、2.12%，在 40℃时较 25℃降低了 56.91%、52.82%、54.76%。'艳秀'在 30℃时较 25℃升高 11.62%、6.5%、10.3%，在 40℃时较 25℃降低 54.30%、50.78%、49.58%。这 2 个品种的叶绿素指标均在高温胁迫下显著低于低温和中温胁迫。

6 个杜鹃品种在 25℃、30℃、40℃胁迫下叶片光合指标变化　　　　　　　表 1

| 品种 | 温度（℃） | 叶绿素 a（mg/g） | 叶绿素 b（mg/g） | 总叶绿素（mg/g） | 叶黄素（mg/g） | 总类胡萝卜素（mg/g） |
|---|---|---|---|---|---|---|
| 紫鹤 | 25 | 13.19±1.25a | 3.79±0.44a | 17.78±1.82a | 2.59±0.17a | 4.44±0.30a |
| | 30 | 11.87±2.50a | 3.56±0.62a | 16.22±3.27a | 2.12±0.50a | 3.88±0.76a |
| | 40 | 11.61±1.37a | 3.58±0.49a | 16.07±2.01a | 2.80±0.33a | 4.47±0.52a |
| 白鹤 | 25 | 13.85±1.20a | 4.02±0.41a | 18.78±1.72a | 2.39±0.13a | 4.41±0.34a |
| | 30 | 11.94±1.34ab | 3.57±0.29ab | 16.38±1.69ab | 2.07±0.34a | 3.83±0.34a |
| | 40 | 10.05±1.79b | 3.19±0.37b | 13.99±2.22b | 2.22±0.54a | 3.95±0.63a |
| 粉红泡泡 | 25 | 14.69±1.38a | 4.26±0.44a | 19.85±1.96a | 2.89±0.38a | 5.14±0.51a |
| | 30 | 14.93±0.85a | 4.39±0.33a | 20.27±1.23a | 2.93±0.02a | 3.62±2.56a |
| | 40 | 6.33±2.17b | 2.01±0.17b | 8.98±1.09b | 1.17±0.48b | 2.43±0.41a |
| 红苹果 | 25 | 13.71±2.22a | 4.00±0.74a | 18.60±3.17a | 2.49±0.40a | 4.37±0.68a |
| | 30 | 13.46±1.49a | 3.89±0.48a | 18.18±2.13a | 2.57±0.38a | 4.55±0.45a |
| | 40 | 11.38±0.87a | 3.46±0.21a | 15.67±1.03a | 2.47±0.18a | 4.21±0.23a |
| 艳秀 | 25 | 10.24±0.75a | 3.23±0.33a | 14.18±1.26a | 1.99±0.08a | 3.51±0.07a |
| | 30 | 11.43±0.38a | 3.44±0.14a | 15.64±0.52a | 2.39±0.15a | 4.06±0.06b |
| | 40 | 4.68±0.63b | 1.59±0.66b | 7.15±1.40b | 1.41±1.32a | 2.29±0.24c |
| 玉秀 | 25 | 12.87±1.76a | 3.85±0.50a | 17.60±0.37a | 2.25±0.57a | 4.10±0.57a |
| | 30 | 12.84±1.38a | 3.72±0.39a | 17.39±1.90a | 2.71±0.29a | 4.30±0.55a |
| | 40 | 5.18±1.06b | 1.09±0.70b | 7.32±1.81b | 0.99±0.72b | 1.55±0.65b |

'紫鹤'和'白鹤'的叶黄素和总类胡萝卜素在受到中温胁迫后降低，而受到高温胁迫后又出现上升的趋势。其中'紫鹤'的叶黄素和总类胡萝卜素 30℃时较 25℃降低了 18.15%、12.61%，而在 40℃时较 30℃升高了 32.08%、15.21%。'白鹤'的叶黄素和总类胡萝卜素 30℃时较对照降低了 13.39%、13.15%，而在 40℃时较 30℃升高了 7.25%、3.13%。这 2 个品种的叶黄素和总类胡萝卜素在 3 个温度下无显著性差异。其余 4 个品种的叶黄素和总类胡萝卜素呈现在受中温胁迫后升高，受到高温胁迫后下降的趋势。

## 3　结论与讨论

高温胁迫会抑制植株的生长，对植物的光合系统产生多方面的影响[23]。PSII 对逆境胁迫非常敏感，高温胁迫会导致 PSII 的光能转换效率降低[4,24]。$F_v/F_o$ 反映了

PSII 的潜在活性，$F_{v'}/F_{m'}$ 是光下开放的 PSII 反应中心激发能捕获效率，$F_v/F_m$ 反映 PSII 反应中心内光能转换效率，其在逆境胁迫下被用于指示 PSII 的受损程度[25]。本研究发现，随着温度的升高，供试 6 个杜鹃花品种的 $F_v/F_o$、$F_v/F_m$、$F_{v'}/F_{m'}$ 呈下降趋势，变化幅度与胁迫温度成正比。这 3 个指标在中温胁迫下变化趋势平缓或不显著，而在高温胁迫下参数相对发生剧烈变化。6 个品种中，'紫鹤'和'白鹤'在受中温和高温胁迫后 $F_v/F_m$ 和 $F_{v'}/F_{m'}$ 值变化不大，$F_v/F_o$ 值在高温胁迫后略有下降。说明在高温下，与其他 4 个品种相比，'紫鹤'和'白鹤'的 PSII 光能转换效率更高，PSII 反应中心的开放程度更大，对光合电子传递速率的影响较小，有效地保护了光合机构。6 个品种中'玉秀'的 $F_v/F_o$、$F_v/F_m$、$F_{v'}/F_{m'}$ 值在受高温胁迫后下降最大，说明其类囊体膜已发生不可逆转的伤害。这在水稻、大葱、葡萄等研究上有类似报道[5,24,26]。NPQ 表示 PSII 吸收的光能中不能用于光合电子传递而以热的形式耗散的部分，是植物的一种自我保

护机制[27]。6 个品种在受中温胁迫后，除'玉秀'和'艳秀'NPQ 略微下降，其余 4 个品种 NPQ 值均略微上升。而受高温胁迫后，'紫鹤'NPQ 有所上升，'白鹤'和'粉红泡泡'NPQ 略微下降，其余 3 个品种 NPQ 值下降明显。说明'紫鹤'PSII 反应中心具有一定的自我恢复能力，可以通过热耗散消耗多余热量来抵御过剩光能伤害，其耐热保护机制较强。'红苹果'和'艳秀'可能由于高温抑制了叶黄素循环的关键酶活性。'玉秀'在中高温胁迫中 NPQ 值均表现持续下降的趋势，说明其 PSII 反应中心受伤程度较大，已超出自身修复范围。根据叶绿素荧光参数和光合数据的指标，推测 6 个品种中耐热性较好的'紫鹤'和'白鹤'在受到高温胁迫后启动了热耗散机制适应环境高温，及时消耗掉多余的激发能减轻光合机构损伤。而在重度胁迫下，其余 4 个杜鹃品种叶黄素和 NPQ 迅速降低，表明热耗散保护机制丧失，进一步加速叶片死亡。

在选择园林绿化植物时，应对多种因素加以综合后进行判断。针对上海市夏季高温炎热的环境特点，考虑在植物选择时注重观赏性的同时应兼顾其耐热性。本文对 6 种杜鹃花品种的叶绿素含量和叶绿素荧光参数的综合分析发现，'紫鹤'和'白鹤'不仅在叶绿素含量上表现突出，在受高温胁迫后启动热耗散的能力强，在 6 种杜鹃花植物中表现最为突出，更适应上海市的夏季环境。以上筛选出的耐热品种可作为杂交亲本之一，为耐热型杜鹃花的育种研究提供参考依据。本研究从叶绿素荧光和生理指标方面初步探讨了杜鹃花光合机构对高温的响应机制，后期可从热激蛋白等方面深入研究杜鹃花的耐热分子机制。

## 参考文献

[1] ZHANG H，LIU K，WANG Z Q，et al. Abscisic acid，ethylene and antioxidative systems in rice grains in relation with grain filling subjected to postanthesis soil drying[J]. Plant growth regulation，2015，76(2)：135-146.

[2] 欧祖兰，曹福亮. 植物耐热性研究进展[J]. 林业科技开发，2008(1)：1-5.

[3] 王瑞华，郭峰，魏亦农，等. 高温下不同葡萄品种叶绿素荧光特性研究[J]. 北方果树，2013(6)：11-12.

[4] 陈大印，刘春英，袁野，等. 不同光强与温度处理对'肉芙蓉'牡丹叶片 PS II 光化学活性的影响[J]. 园艺学报，2011，38(10)：1939-1946.

[5] 梁雪，颜坤，梁燕，等. 高温对耐热大葱品种 PSII 和抗氧化酶活性的影响[J]. 园艺学报，2012，39(1)：175-181.

[6] 陆思宇，杨再强，张源达，等. 高温条件下光周期对鲜切菊花叶片光合系统荧光特性的影响[J]. 中国农业气象，2020，41(10)：632-643.

[7] 张春英. 杜鹃花的育种发展及现代育种[J]. 山东林业科技，2005(3)：77-79.

[8] 张长芹. 杜鹃花[M]. 北京：中国建筑工业出版社，2003.

[9] WU Z Y，RAVEN P H. Flora of China：Vol. 14[M]Beijing：Science Press，2005：260-455.

[10] 方明源，何明友，胡文光，等. 中国植物志：第 57 卷第 2 分册[M]. 北京：科学出版社，1994.

[11] 刘晓青，苏家乐，李畅，等. 杜鹃花种质资源的收集保存、鉴定评价及创新利用综述[J]. 江苏农业科学，2018，46(20)：21-24.

[12] 张乐华. 杜鹃属植物的引种适应性研究[J]. 南京林业大学学报(自然科学版)，2004，28(4)：92-96.

[13] 郑宇，何天友，陈凌艳，等. 高温胁迫对西洋杜鹃光合作用和叶绿素荧光动力学参数的影响[J]. 福建农林大学学报：(自然科学版)，2012，41(6)：608-615.

[14] 何丽斯，李辉，刘晓青，等. 基于光合特性评价 10 个杜鹃花品种的耐热能力[J]. 江苏林业科技，2019，46(4)：21-26.

[15] 刘婉迪，王威，谢倩，等. 9 个杜鹃品种的高温半致死温度与耐热性评价[J]. 西北林学院学报，2018，33(5)：105-110.

[16] 罗倩，罗伟聪，董运常，等. 高温胁迫下杜鹃花生理指标变化及耐热性研究进展[J]. 现代农业科技，2018(6)：125-126，129.

[17] 张乐华，周广，孙宝腾，等. 高温胁迫对两种常绿杜鹃亚属植物幼苗生理生化特性的影响[J]. 植物科学学报，2011，29(3)：362-369.

[18] 李小玲，雒玲玲，华智锐. 高温胁迫下高山杜鹃的生理生化响应[J]. 西北农业学报，2018，27(2)：253-259.

[19] 费昭雪，刘莉丽，胡蝶，等. 高温胁迫对西洋杜鹃理化指标的影响[J]. 北方园艺，2018(8)：102-105.

[20] 申惠翡，赵冰. 杜鹃花品种耐热性评价及其生理机制研究[J]. 植物生理学报，2018，54(2)：335-345.

[21] 刘婉迪，袁媛，王威，等. 热胁迫对杜鹃叶片叶绿素荧光特性的影响[J]. 江苏农业科学，2019，47(8)：144-148.

[22] 周媛，童俊，徐冬云，等. 高温胁迫下不同杜鹃品种 PSII 活性变化及其耐热性比较[J]. 中国农学通报，2015，31(31)：150-159.

[23] 孙胜楠. 设施黄瓜对高温胁迫的响应与适应[D]. 泰安：山东农业大学，2017.

[24] 查倩，奚晓军，蒋爱丽，等. 高温胁迫对葡萄幼树叶绿素荧光特性和抗氧化酶活性的影响[J]. 植物生理学报，2016，52(4)：525-532.

[25] 王兆，刘晓曦，郑国华. 低温胁迫对彩叶草光合作用及叶绿素荧光的影响[J]. 浙江农业学报，2015，27(1)：49-56.

［26］　滕中华，智丽，宗学凤，等．高温胁迫对水稻灌浆结实期叶
绿素荧光抗活性氧活力和稻米品质的影响［J］．作物学报，
2008，34(9)：1662-1666.

［27］　马博英，金松恒，徐礼根，等．低温对三种暖季型草坪草和
叶绿素荧光特性的影响［J］．中国草地学报，2006，28(1)：
58-62.

## 作者简介

夏溪，1984 年生，女，硕士，上海植物园，高级工程师。研究方向为观赏植物育种。电子邮箱：xiaxi@shbg.org。

（通信作者）张春英，1971 年生，女，上海植物园，教授级高级工程师。电子邮箱：zhangchunying@shbg.org。